建筑信息模型（BIM）技术应用系列新形态教材

土木建筑工程BIM技术

——Revit 建模与应用

（第二版）

李　娜　赵岩枫　主　编

清華大學出版社
北　京

内 容 简 介

本书编者通过高等院校、高职高专院校及工程行业代表针对现阶段BIM教材的内容及BIM技术发展对教材需求的变化等情况进行研讨分析，吸纳国内外BIM教材的优点，结合BIM新技术的发展要求和最新的BIM规范进行编写，详细阐述了BIM技术应用思路和BIM模型搭建方法与技巧，便于BIM课程教学和工程行业技术人员理解BIM技术。本书案例包含建筑专业和结构专业BIM模型搭建的方法与思路，操作步骤清晰，符合高等院校、高职高专院校BIM实训和工程行业技术人员学习BIM模型搭建的需求。

本书以Revit 2018中文版为操作平台，以实际项目为例，系统地介绍了使用Revit进行建模设计的方法和技巧以及BIM模型的应用。全书共分为13章，主要内容有BIM技术理解与应用；Revit基本操作：标高、轴网、基础、主体结构、二次结构、围护结构以及楼梯、栏杆扶手、坡道、屋顶、场地与表现、房间、明细表的创建；模型设计、深化、出图以及族和概念体量的介绍。

本书可作为高等院校、高职高专院校土木建筑大类相关专业BIM课程的教材，也可作为相关建筑从业人员、BIM技术人员的参考用书。

图书在版编目（CIP）数据

土木建筑工程BIM技术：Revit建模与应用 / 李娜，赵岩枫主编 . --2版 . -- 北京：清华大学出版社，2024.8 --（建筑信息模型（BIM）技术应用系列新形态教材）. --ISBN 978-7-302-67092-6

Ⅰ. TU201.4

中国国家版本馆CIP数据核字第2024LT0789号

责任编辑：杜　晓
封面设计：曹　来
责任校对：刘　静
责任印制：宋　林

出版发行：清华大学出版社
网　　址：https://www.tup.com.cn, https://www.wqxuetang.com
地　　址：北京清华大学学研大厦A座　　**邮　　编：**100084
社 总 机：010-83470000　　**邮　　购：**010-62786544
投稿与读者服务：010-62776969, c-service@tup.tsinghua.edu.cn
质量反馈：010-62772015, zhiliang@tup.tsinghua.edu.cn
课件下载：https://www.tup.com.cn, 010-83470410
印 装 者：三河市龙大印装有限公司
经　　销：全国新华书店
开　　本：185mm×260mm　　**印　　张：**17　　**字　　数：**408千字
版　　次：2020年3月第1版　2024年8月第2版　　**印　　次：**2024年8月第1次印刷
定　　价：59.00元

产品编号：107081-01

序

建筑业作为我国国民经济的重要支柱产业，在过去几十年取得了长足的发展。随着科技的进步，目前建筑业正在进行工业化、数字化、智能化升级和加快建造方式转变。工业化、数字化、智能化、绿色化成为建筑行业发展的重要方向。例如，BIM（Building Information Modeling）技术的应用为各方建设主体提供协同工作的基础，在提高生产效率、节约成本和缩短工期方面发挥重要作用，在设计、施工、运维方面很大程度上改变了传统模式和方法；智能建筑系统的普及提升了居住和办公环境的舒适度和安全性；人工智能技术在建筑行业中的应用逐渐增多，如无人机、建筑机器人的应用，提高了工作效率、降低了劳动强度，并为建筑行业带来更多创新；装配式建筑改变了建造方式，其建造速度快、受气候条件影响小，既可节约劳动力，又可提高建筑质量，并且节能环保；绿色低碳理念推动了建筑业可持续发展。2020 年 7 月，住房和城乡建设部等 13 个部门联合印发《关于推动智能建造与建筑工业化协同发展的指导意见》（建市〔2020〕60 号），旨在推进建筑工业化、数字化、智能化升级，加快建造方式转变，推动建筑业高质量发展，并提出到 2035 年，“‘中国建造’核心竞争力世界领先，建筑工业化全面实现，迈入智能建造世界强国行列”的奋斗目标。

然而，人才缺乏已经成为制约行业转型升级的瓶颈，培养大批掌握建筑工业化、数字化、智能化、绿色化技术的高素质技术技能人才成为土木建筑大类专业的使命和机遇，同时也对土木建筑大类专业教学改革，特别是教学内容改革提出了迫切要求。

教材建设是专业建设的重要内容，是职业教育类型特征的重要体现，也是教学内容和教学方法改革的重要载体，在人才培养中起着重要的基础性作用。优秀的教材更是提高教学质量、培养优秀人才的重要保证。为了满足土木建筑大类各专业教学改革和人才培养的需求，清华大学出版社借助清华大学一流的学科优势，聚集优秀师资，以及行业骨干企业的优秀工程技术和管理人员，启动 BIM 技术应用、装配式建筑、智能建造三个方向的土木建筑大类新形态系列教材建设工作。该系列教材由四川建筑职业技术学院胡兴福教授担任丛书主编，统筹作者团队，确定教材编写原则，并负责审稿等工作。该系列教材具有以下特点。

（1）思想性。该系列教材全面贯彻党的二十大精神，落实立德树人根本任务，引导学生践行社会主义核心价值观，不断强化职业理想和职业道德培养。

（2）规范性。该系列教材以《职业教育专业目录（2021 年）》和国家专业教学标准为依据，同时吸取各相关院校的教学实践成果。

（3）科学性。教材建设遵循职业教育的教学规律，注重理实一体化，内容选取、结构安排体现职业性和实践性的特色。

（4）灵活性。鉴于我国地域辽阔，自然条件和经济发展水平差异很大，部分教材采用不同课程体系，一纲多本，以满足各院校的个性化需求。

（5）先进性。一方面，教材建设体现新规范、新技术、新方法，以及现行法律、法规和行业相关规定，不仅突出 BIM、装配式建筑、智能建造等新技术的应用，而且反映了营改增等行业管理模式变革内容。另一方面，教材采用活页式、工作手册式、融媒体等新形态，并配套开发数字资源（包括但不限于课件、视频、图片、习题库等），大部分图书配套有富媒体素材，通过二维码的形式链接到出版社平台，供学生扫码学习。

教材建设是一项浩大而复杂的千秋工程，为培养建筑行业转型升级所需的合格人才贡献力量是我们的夙愿。BIM、装配式建筑、智能建造在我国的应用尚处于起步阶段，在教材建设中有许多课题需要探索，本系列教材难免存在不足之处，恳请专家和广大读者批评、指正，希望更多的同仁与我们共同努力！

胡兴福

2023 年 7 月

第二版前言

党的二十大报告指出："建设现代化产业体系。坚持把发展经济的着力点放在实体经济上，推进新型工业化，加快建设制造强国、质量强国、航天强国、交通强国、网络强国、数字中国。实施产业基础再造工程和重大技术装备攻关工程，支持专精特新企业发展，推动制造业高端化、智能化、绿色化发展。"建筑业要摆脱传统粗放式的发展模式，走绿色、可持续发展之路，需要在数字技术引领下，以新型工业化与信息化的深度融合打造绿色建筑，对建筑业全产业链进行更新、改造和升级。因此，以 BIM 为核心的信息技术，将持续提升建筑业工业化和信息化水平，并成为建筑业转型升级的重要驱动力量。如何利用 BIM 技术促进传统建筑业的转型升级，是每个工程技术人员都面临的一项迫切的学习任务。

本书改版主要遵从以下原则。

（1）本书坚持以习近平新时代中国特色社会主义思想为指导，深入贯彻党的二十大精神，落实立德树人根本任务，以"润物细无声"的方式融入党的二十大精神。在具体案例和项目导读中弘扬社会主义核心价值观，弘扬工程师严谨细致的精神，激发学生参与大国工程建设的责任感和使命感。

（2）本书按照"岗课赛证"融通模式开发，将建筑信息模型技术员等岗位工作任务、"1+X"建筑信息模型（BIM）职业技能等级证书要求以及 BIM 相关职业技能竞赛标准充分融合，实现"岗课赛证"融通。本书通过真实工程案例讲解和实践操作，将理论和实践相结合，使学生不仅可以掌握 BIM 建模及应用的技能，还能为考取 BIM 相关的职业技能等级证书、参加 BIM 技能竞赛奠定基础。

（3）本书以实际工程项目的典型工作任务为载体，充分考虑职业院校学生认知和学习特点，将 BIM 建模岗位所需的知识、能力和素养有机结合，有效激发学生的学习兴趣和创新潜能。本书按照 BIM 建模技术人员岗位要求和工作开展程序划分为四个模块 13 个学习项目，项目编排顺序环环相扣，有助于培养学生系统性的 BIM 建模知识和规范的 BIM 建模能力。同时建设了与教材配套的数字化教学资源，并选取国内丰富的 BIM 技术应用工程案例作为课外拓展内容，旨在开阔读者视野、拓展工程思维。

本书由昆明工业职业技术学院李娜、云南国土资源职业学院赵岩枫任主编，云南经贸外事职业学院刘顺生、昆明工业职业技术学院向秀佳、云南林业职业技术学院杨旸任副主编，云南农业职业技术学院方俊达、云南心梦想职业技能培训学校有限公司黄开良、云南锡业职业技术学院江梅参编。具体编写分工为：李娜、刘顺生负责编写第 1~ 第 4 章，赵岩枫、杨旸负责编写第 5~ 第 8 章，向秀佳负责编写第 9、第 10 章，方俊达负责编写第 11 章，黄开良负责编写第 12 章，江梅负责编写第 13 章。全书由李娜、赵岩枫负责校对及统稿，昆明理工大学津桥学院刘鹏、云南心梦想职业技能培训学校有限公司胡家彪负责审核。

本书软件应用部分基于 Autodesk Revit 2018 版本编写，在编写过程中整合了一线工程企业的力量，借鉴和参考了大量的文献资料，由云南心梦想职业技能培训学校有限公司黄开良、胡家彪提供技术支持，在此深表谢意。由于编者水平有限，疏漏与不足之处在所难免，敬请广大读者批准指正。

编者

2024 年 4 月

目　录

模块 1　BIM 基础认知

模块 2　结构模型创建

模块 3　建筑模型创建

模块 4　BIM 模型应用

模块 1

BIM 基础认知

第1章　BIM概述

知识目标

1. 了解 BIM 的概念。
2. 掌握 BIM 技术特性。
3. 了解 BIM 技术给建筑业带来的影响。
4. 了解 BIM 的发展历程。

教学视频：
BIM 概述

能力目标

1. 能够了解 BIM 技术在项目全生命周期的应用价值。
2. 能够掌握 BIM 应用思路和方法。

素养目标

1. 了解 BIM 技术给建筑业带来的影响，树立正确的世界观、人生观、价值观，增强民族自豪感和使命感。
2. 认识课程的重要性，树立学好课程的决心，培养行业认同感和专业自信心。
3. 认识建筑可持续发展的重要性。

1.1　BIM 的概念及发展历程

1.1.1　BIM 的概念

建筑信息模型（Building Information Modeling，BIM）是一个完备的信息模型，能够将工程项目在全生命周期中各个不同阶段的工程信息、过程和资源集成在一个模型中，方便被工程各参与方使用。《建筑信息模型统一应用标准》（GB/T 51212—2016）对 BIM 的定义为：在建设工程及设施全生命期内，对其物理和功能特性进行数字化表达，并依此设计、施工、运营的过程和结果的总称。BIM 技术通过三维数字技术模拟建筑物所具有的真实信息，为工程项目设计、施工和运营提供相互协调、内部一致的信息模型，使该模型达到设计—施工—运营一体化，各专业协同工作，从而降低工程生产成本，保障工程按时按质完成，为工程项目的运营维护提供数据支持。

在理解 BIM 概念时，需要明确以下几个观点。

（1）BIM 不等同于三维模型，也不是三维模型和建筑信息的简单叠加。虽然我们常说 BIM 是建筑信息模型，但 BIM 实质上关注的并不只是模型，还包括添加到模型中的建筑信息，以及项目各阶段参建方如何应用这些建筑信息为决策提供可靠依据，从而实现智能建造。

（2）BIM 不是某一款具体的软件，而是一种技术和流程。BIM 的实现需要依赖多款软件产品的相互协作。有些软件适用于创建 BIM 模型（如 Revit、Bentley、Civil3D 等），有些软件适用于做建筑性能分析（如 STAAD、PKPM、绿建斯维尔等），有些软件适合做施工模拟（如 Navisworks、Fuzor、Synchro4D 等），有些软件适合做基于 BIM 模型的造价算量（如晨曦、广联达、鲁班），还有一些软件可在有标准化模型的基础上做项目管理和运维管理。任何一款软件都不可能独立完成所有的工作，关键在于所有的软件都应该基于 BIM 的理念进行数据交流，以支持 BIM 流程的实现。

（3）BIM 不仅是一种设计工具，更是一种先进的项目管理流程和先进项目管理理念。BIM 的目标是在整个建筑项目全生命周期内，将工程建设过程（包括规划、设计、招投标、施工、竣工验收及物业管理等）作为一个整体，形成衔接各个环节的综合管理平台，通过相应的信息平台创建、管理及共享同一个完整的工程信息，从而减少工程建设各阶段衔接及各参建方之间的信息丢失，实现项目精细化管理，最终实现建筑业提质、增效，减少资源浪费。

1.1.2　BIM 在国外的发展与现状

BIM 的理念最早由查克·伊斯曼（Chck Eastman）教授在 1975 年提出。2002 年美国 Autodesk 公司正式发布《BIM 白皮书》，对 BIM 的内涵和外延进行界定，并逐渐得到全球建筑行业的普遍接受。与此同时，英国、日本和新加坡等国逐渐开始使用 BIM 技术进行建筑设计和管理。

美国 BIM 发展是以市场为依托，政府部门示范引导与业界自身发展需求相结合的普及推广模式。虽然美国政府官方较少出台针对 BIM 技术的强制性法规，但由于巨大的市场和领先的软件公司的推动，BIM 技术在美国具有相对较高的成熟度。截至 2022 年，BIM 在全美设计行业的整体采用率接近 80%，超过 98% 的大型建筑公司采用了 BIM，超过 30% 的小型公司将其用于一些建模和文件编制。

英国是目前全球 BIM 技术应用增长最快、成效显著的国家之一，也是全球 BIM 技术标准体系最健全，且实施推广力度最大的国家之一。英国政府自 2011 年先后发布了《政府建设战略》《英国数字建设战略》和《转变基础设施绩效：到 2030 年的路线图》等文件，旨在将数字技术引入建筑全生命周期管理，探索如何利用数字技术改善建筑及人居环境。英国 BIM 应用率已从 2011 年的 13% 提高至 2021 年的 71%，英国政府将 BIM 框架视作达成英国信息管理战略的关键过程。

德国在 BIM 技术的全面应用比较缓慢。2015 年，德国联邦交通和数字基础设施部为逐步引入 BIM 方法制定了全面的路线图，开展一系列精心规划的试点项目，并制定详细的指导方针和政策立场。2020 年德国政府推出了首个要求在联邦基础设施项目中实施 BIM 技术的政策。目前，德国正在抓紧制定 BIM 的统一国家标准，研究更广泛的 BIM 技术应用行政命令，预计将于 2025 年推出。

日本 BIM 的开发过程起步较早，最初是由政府制定和宣布的相关应用指南决定的，应用状况则相对落后。十多年来，日本政府一直在努力将 BIM 列入建筑行业的议程，发布了各种路线图和指导方针。早在 2010 年，日本国土交通省就宣布开始在公共建筑工程中使用 BIM 的试点项目。日本建筑师协会制定了 BIM 在设计中的使用指南，日本建筑学会提供了 BIM 项目的流程图，日本建筑承包商联合会致力于为建筑承包商提供实施 BIM 的技能。但由于日本独特的建筑业商业习惯和运作方式，BIM 的使用从来都不是强制性的，各地根据当地情况进行定制，没有统一稳定的实施路线，目前的落地实施比较缓慢。

新加坡政府通过制定适当的标准和发展战略来促进本国的 BIM 技术的发展。新加坡是最早应用 BIM 处理与自动审查建筑物全生命期项目文件的国家之一。2010 年新加坡公共工程全面要求设计施工导入 BIM，2015 年开始要求以 BIM 兴建所有公私建筑工程。2017 年提出集成数字交付（IDD）战略，鼓励更多的建筑环境行业公司实现数字化。2019 年推出了智能设施管理指南，为其整个建筑运营阶段提供保障。新加坡在 2022 年已经通过 BIM、GIS 等手段完成构建了全球首个国家级数字孪生。

经过二十多年的发展，BIM 技术已经在全球范围内得到业界的广泛认可，被誉为建筑业变革的革命性力量。由于使用 BIM 的信息管理正在改变建筑、工程和施工行业过程，加上政府要求行业实施 BIM 技术，预计到 2030 年，全球 BIM 技术市场规模将超过 1500 亿元人民币。

1.1.3 BIM 在我国的发展与现状

在 21 世纪初，BIM 理念及相关技术传入我国，并逐渐获得了建筑行业的认可，政府也在采取各种措施积极推广 BIM 技术发展。目前，我国已经成为全球最大的 BIM 服务市场和全球 BIM 技术发展最快的国家之一。

2003 年颁布的《2003—2008 年全国建筑业信息化发展规划纲要》提出要“运用信息技术全面提升建筑业管理水平和核心竞争能力，实现建筑业跨越式发展”。与此同时，BIM 技术作为新一代信息技术手段开始在我国建筑业中探索应用。2011 年颁布《2011—2015 年建筑业信息化发展纲要》，首次提出把 BIM 技术作为“支撑行业产业升级的核心技术”。2016 年颁布的《2016—2020 年建筑业信息化发展纲要》则着重强调了 BIM 集成应用并提出了向“智慧建造”的方向发展。到 2020 年末，我国新立项项目勘察设计、施工、运营维护中，集成应用 BIM 技术的项目比例达到 90%。

2021 年，根据我国 BIM 技术发展现状和进程，国家从战略高度出台了完善的建筑信息模型标准，要求推动数字化建设全业务链的深度融合、加快智慧城市建设、推动 BIM 人才培养等相关政策和标准。各省（区、市）密集出台了相关 BIM 技术发展规划、支持政策和具体措施，进一步发挥了政府的主导和引领作用。同时，公路、铁路、轨道交通、装配式建筑等专业工程的 BIM 技术应用标准也不断出台和完善。

党的二十大报告中提出，要推进工业、建筑、交通等领域清洁低碳转型。我国 BIM 的发展随着建筑业的转型升级正在经历转变。2022 年印发的《“十四五”建筑业发展规划》明确提出了到 2025 年基本形成 BIM 技术框架和标准体系的具体要求，也明确提出要以场景应用为依托，充分运用 5G、BIM、物联网、人工智能、大数据、云计算等技术，开展运行监测预警技术产品研发和迭代升级，提升管理效率和监测预警防控能力。

我国 BIM 技术的发展已经从前十年主要关注单一模型的建立和模型应用，到如今逐步融合绿色低碳理念，并与新一代信息技术如互联网、云计算、大数据和人工智能相结合，BIM 正不断助力我国建筑业的数字化转型，并深刻影响着建筑业从供应链管理到数字化建造、智慧化营运的全过程。我国建筑业推进 BIM 技术应用具有如下特点：首先，普及范围广泛，尽管建筑企业对技术的应用深度和广度存在差异，但它们在某种程度上都使用了这些技术；其次，注重 BIM 价值挖掘，从简单的“错漏碰缺”发现、投标标书应用，到专项价值创造，持续寻求价值创造的场景和维度；最后，从 BIM 专业技术人员应用向工程项目在岗人员必备技能的方向转变，逐渐在工程项目的各个管理岗位普及。

目前，BIM 技术已成为我国工程项目常态化应用之一，从招投标到设计、施工、运维都有了更为成熟和深入的应用。以 BIM 为核心基础的“泛 BIM”应用日益增加，BIM 技术和云计算、大数据、物联网、5G、人工智能等新技术的结合应用也在各阶段、各建筑业态上多有成效。随着数字经济的迅猛发展，BIM 技术在未来将会有更广阔的应用前景。

1.2　BIM 的应用价值及特性

1.2.1　BIM 的应用价值

当前，利用数字化手段实现建筑业的转型升级已经成为行业共识，其中 BIM 是推动建筑业转型的关键技术与重要手段。对于项目或企业而言，要把 BIM 价值发挥得淋漓尽致，关键在于模型数据结构信息标准化、集成应用流程化、项目参建方信息共享无损化。同时要做到这三点的前提在于 BIM 基础模型标准化。

BIM 标准化的落地实施手段和体系化的战略规划，将为项目和企业 BIM 成功应用保驾护航。统一 BIM 模型创建标准及信息管理标准，将实现 BIM 模型在建筑规划、设计、施工和运维全生命周期的应用价值最大化。BIM 体系化应用就是综合考虑 BIM 技术在规划设计、施工以及运营维护阶段的全过程应用。包括设计阶段在模型上开展的各类分析计算，模型中附带的信息如何指导构件生产；施工阶段如何应用模型信息进行施工的进度、安全、成本、质量的四控管理，建材厂商及产品构件库的大数据应用；竣工模型传递到建筑物后期运营维护阶段的各种数据信息的分析应用等。模型及信息的合理创建与有效传递是 BIM 体系化应用的关键。BIM 体系化的应用才能真正实现 BIM 技术在全行业的落地应用，这个是 BIM 应用的战略性问题。

在工程建设中，BIM 技术的综合应用是分阶段进行的，同时，参与方不同，其应用点与价值也会有不同的侧重。BIM 在工程项目的不同阶段发挥着不同的应用价值，如图 1-1 所示。

BIM 的提出和发展，对传统建筑业的转型升级产生了重大影响，我们可以从项目阶段、项目参与方和 BIM 应用层次三个维度来建立对 BIM 的认识。应用 BIM 技术，可大幅度提高建筑工程的集成化程度，促进建筑业生产方式的转变，提高工程全生命期投资、设计、施工、运维的质量和效率，提升科学决策和精细化项目管理水平。对于投资，有助于业主提升对整个项目的掌控能力和科学管理水平，能够提高效率、缩短工期、降低投资风险；对于设计，支撑绿色建筑设计、强化设计协调、减少因“错漏碰缺”导致的设计变更，促进设计效率和设计质量的提升；对于施工，支撑工业化建造和绿色施工、优化施工方案，促进工程项目实现精细化管理、提高工程质量、降低成本和安全风险；对于运维，有助于提高资产管理和应急管理水平，有效节约国家资源。

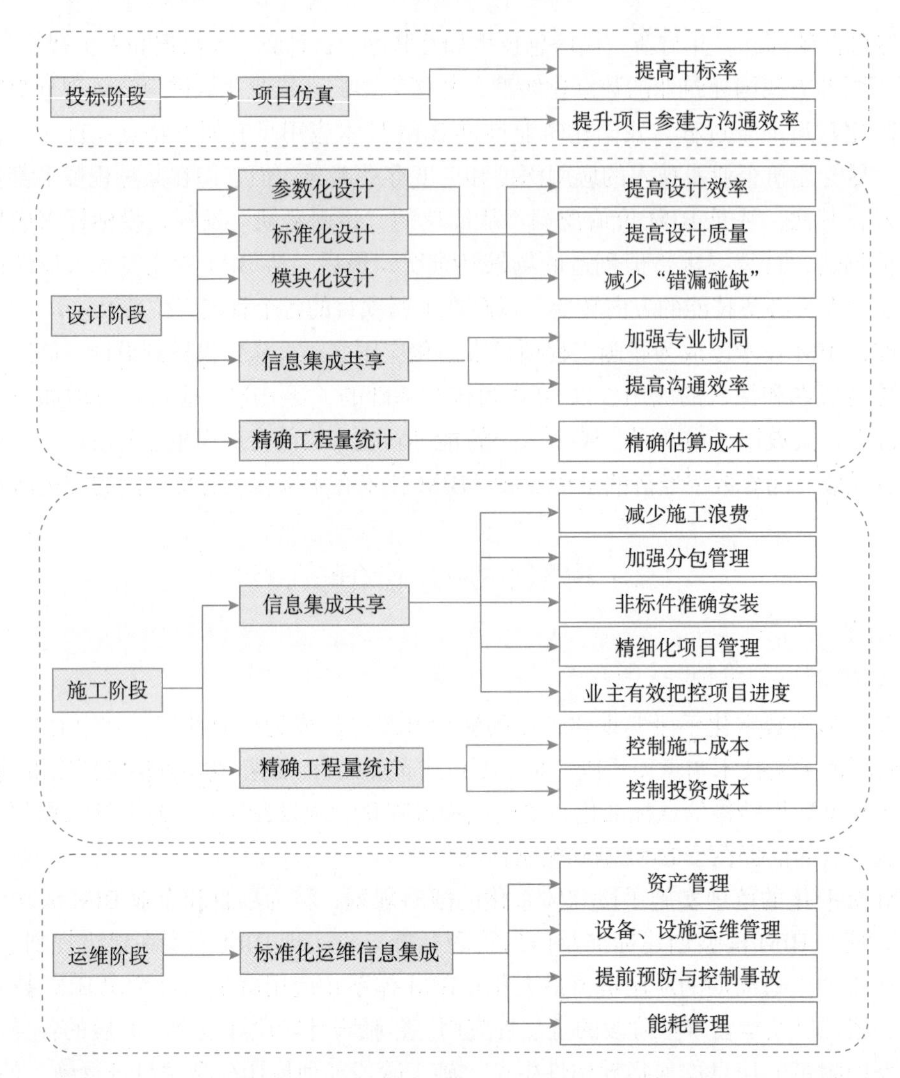

图 1-1　BIM 在工程项目各阶段的应用价值

1.2.2　BIM 的特性

BIM 利用三维数字模型将建筑工程中的信息不断集成，在应用过程中具有以下几个特性。

1. 可视化（visualization）

BIM 可视化是一种能够同构件之间形成互动性和反馈性的可视，不仅可以用三维方式来展示效果图及智能化生成报表，更重要的是项目规划、设计、建造、运营过程中的沟通、讨论、决策都在可视化的状态下进行。

2. 模拟性（simulation）

模拟性并不是只能模拟设计出的建筑物模型，还可以模拟无法在真实世界中进行操作的工作。设计阶段进行 3D 建筑性能模拟，绿建分析等；招投标阶段和施工阶段进行 4D 模拟，根据施工的组织设计模拟实际施工，从而确定合理的施工方案来指导施工；还可以进行基于 3D 模型的造价控制，从而实现成本控制；后期运营维护阶段可以模拟日常紧急情况的处理方式的模拟，地震人员逃生模拟及消防人员疏散模拟等。

3. 协调性（coordination）

协调是工程建设工作的重要内容，也是难点问题。无论是施工单位还是业主以及设计单位，无不在做着协调及相互配合的工作。一旦项目的实施过程中遇到了问题，就要将项目相关人员组织起来召开协调会，找出问题的原因及解决办法，然后出变更，采取相应补救措施解决问题。BIM 的协调性不仅包括各参与方之间的协调、参与方内部的协调，还包括数据标准的协调和专业之间的协调。在同一个数据源（模型）上开展相应的工作，可以大大减少矛盾和冲突的产生，这是 BIM 最重要的特点，也是其在实践中发挥广泛作用的价值体现。

4. 优化性（optimization）

优化受三个要素的制约：信息、复杂程度和时间。BIM 模型可以提供建筑物的静态信息，包括几何信息、物理信息、规则信息，还可以提供建筑物动态变化过程信息。利用这些信息可以实现自动关联、智能运算等功能，可以最大限度地缩短优化过程，有利于快速、准确、及时地提出合理的优化方案。BIM 的优化可以做下面的工作。

（1）项目方案优化：把项目设计和投资回报分析结合起来，设计变化对投资回报的影响可以实时计算出来；使业主对设计方案的选择不局限在形状的评价上，而更多的可以使业主知道哪种项目设计方案更有利于自身的需求。

（2）特殊项目的设计优化：裙楼、幕墙、屋顶、大空间等异型设计，占整个建筑的比例不大，但工作量和工作难度以及投资往往要更多，对这些内容的设计和施工方案进行优化，可以带来显著的工期和投资改进。

5. 可出图性（portability）

由于 BIM 模型具有完备的 3D 几何信息和拓扑关系，不仅能够进行建筑平、立、剖及大样详图的输出，还可以在碰撞报告的基础上，输出经过优化的综合管线图、综合结构预留洞口图（预埋套管图）、构件加工图等。同时，通过 BIM 模型对建筑构件的信息化表达，还可以指导构件生产，实现预制构件的数字化制造。

6. 参数化（parameterization）

参数化建模是指通过参数而不是数字建立和分析模型，改变模型中的参数值就能建立和分析新的模型。BIM 中图元是以构件的形式出现，这些构件之间的不同，是通过参数的调整反映出来的，参数承载了图元作为数字化建筑构件的所有信息。通过修改参数，可以在构件自动关联的部分反映出来，大大提高模型的生成和修改速度。

1.3　BIM 技术给建筑业带来的影响

建筑业作为我国国民经济支柱产业，近几年总体规模一直保持了持续扩大的增长态势，工程建造能力不断增强，吸纳了大量农村转移劳动力，带动了大量关联产业，对我国经济社会发展、城乡建设和民生改善做出了重要贡献。BIM 的应用发展对建筑业提质增效产生了积极的影响，已经成为建筑企业实现生产方式转变和管理模式变革的有效手段。

首先，BIM 让建筑全生命周期的价值最大化。目前，BIM 技术已经从最初在深化设计阶段的单场景应用，发展到设计、招投标、施工、运维等各阶段的全面应用。在设计阶段，已经从“二维”向“三维”转变，并逐步向“三维正向设计”拓展，BIM 为空间设计提供了强有力的技术支持；参数化建模、结构化设计不仅仅能够在设计阶段对建筑结构的各个专业进行更好地整合和校正，更为后期的算量、造价、施工等提供了基础性的参考数据。在施工阶段，以 BIM 作为数据载体，参建各方实时共享项目数据，进而更有效地实现生产要素和生产过程的精细化管控，有效提升施工效率，降低施工安全风险。在运维阶段，以 BIM 为基础，融合 GIS、大数据、IoT、AI 和云计算等技术，整合建筑运维各个子系统信息数据，实现人、建筑和设备的互联互通，提升建筑及设备的运维效率。

其次，BIM 对建筑项目各个参与方组织模式产生影响。近年来，国家大力推行促进建筑业持续健康发展的工程组织模式改革，出现了工程总承包（EPC）、全过程工程咨询等模式。BIM 的应用打破了建筑业原有的工作模式、管理方式、团队结构、协作形式、交付方式等传统架构，以三维虚拟模型作为集成全生命周期建筑数据、项目业务流程数据的关键载体，重塑了各个参与方的组织模式。

BIM 通过建立虚拟的三维模型，利用数字化技术提供完整的建筑工程信息库，使建筑工程的信息集成化程度大大提高，从而为建筑工程项目的相关方提供了一个工程信息交换和共享的平台。设计人员可以通过此平台协同展开设计工作，显著提升建筑设计质量及效率;施工人员通过平台数据模拟，制订更周密的施工计划，做到各工序衔接紧密，消除窝工，减少返工，从而保证建筑工程的质量、缩短工期。

最后，BIM 已成为全球建筑业提升生产力的主要导向。从各国政府发展经济战略的层面来说，BIM 已经成为提升建筑业生产力的主要导向，是开创建筑业持续发展新里程的理论与技术。各国政府正因势利导，陆续颁布各种政府文件，制定相关的 BIM 标准来推动 BIM 在各国建筑业中的应用发展，提升建筑业发展水平。BIM 通过信息模型为数据载体，强化信息的交流与共享，消除信息孤岛，通过对信息的综合应用做出正确的决策，有效提高建筑企业信息应用水平和经营水平。

习近平总书记指出:“我们要把握数字化、网络化、智能化融合发展的契机，以信息化、智能化为杠杆培育新动能。”当前，建筑业全面迈向高质量发展阶段，利用数字化手段实现建筑业的转型升级已经成为行业共识，其中 BIM 是推动建筑业转型的关键技术，已经成为实现贯穿建筑全寿命周期的信息集成、展现和协同的重要支撑。当前，BIM 与新技术的集成应用，打造了面向全寿命周期、多方主体协同管理平台，实现了以新设计、新建造、新运维为代表的产业升级，进而实现从传统建造向智慧建造、从建造大国向建造强国转变。

思政元素　爱国情怀——制度自信、民族自豪

BIM 技术在北京大兴国际机场的应用

北京大兴国际机场（图 1-2）是一座超大型国际航空综合交通枢纽，也是全球最大枢纽机场。BIM 技术在北京大兴国际机场的应用与管理主要有以下几点。

图 1-2 北京大兴国际机场

（1）利用 BIM 的多专业协同设计，进行各专业深化设计建模。形成全专业的深化设计 BIM 模型，并进行全专业综合协调检查，提高深化设计工作的质量和效率，减少设计问题对施工的影响。

（2）利用 BIM 技术进行仿真模拟，对复杂施工技术方案、各专业施工复杂节点、复杂施工工序、机电方案进行模拟。进行可视化交底，确保复杂部位施工，提高施工技术、安全、质量、进度等管理能力。

（3）利用 BIM 的管理平台，收集整理项目动态管理和信息。

（4）利用 BIM 技术的配合提高项目商务运行能力。将 BIM 模型与施工现场管理紧密结合，实现基于 BIM 的进度、成本、竣工交付等现场管理工作，提高对各专业分包及独立承包的管理水平和现场协调管理能力。

思考: BIM 技术为北京大兴国际机场的建设带来了哪些优势？

课后练习

1. 总结归纳 BIM 的概念。
2. 查阅相关资料，举例说明 BIM 的特性在实际项目中是如何应用的。
3. 查阅相关资料，总结 BIM 在项目全生命周期各阶段的应用价值。

第2章 BIM建模流程及思路

知识目标

教学视频：
BIM建模流程及思路

1. 掌握BIM应用流程（模型应用阶段、模型拆分和整合、模型应用规划）等建模前需要做好的准备工作。

2. 掌握BIM规划思路（模型精度、BIM资源准备、项目样板制定）等BIM应用标准和关键资源。

3. 了解项目样板和族样板的概念。

4. 了解BIM的协同设计。

能力目标

1. 能够熟悉BIM模型建模的思路以及流程。

2. 能根据具体项目情况选择合适的BIM模型建模方案。

3. 能够选择合适的样板创建项目文件。

素养目标

1. 培养一丝不苟、严谨求实、精益求精的工匠精神。

2. 了解到集中力量办大事的好处，激发学生爱国、爱党的热情，树立制度自信、民族自豪感。

3. 具有良好的语言、文字表达能力以及团队沟通合作能力。

2.1 明确BIM模型搭建阶段

在进行BIM模型搭建前需要认识清楚搭建模型的用途，再根据相关BIM模型搭建标准进行模型搭建。BIM模型搭建思路和搭建流程具体可分为以下几个方面（图2-1）。

2.1.1 方案设计阶段

方案设计阶段的BIM应用主要是利用BIM技术对项目的设计方案进行数字化仿真模拟表达以及对可行性进行验证，对下一步深化工作进行推导和方案细化。利用BIM软件对建筑项目所处的场地环境进行必要的分析，如坡度、坡向、高程、纵横断面、填挖量、等高线、流域等，作为方案设计的依据。利用BIM软件建立建筑模型，输入场地环境相应的信息，进而对建筑物的物理环境（如气候、风速、地表热辐射、采光、通风等）、出入口、人车流动、结构、节能排放等方面进行模拟分析，选择最优的工程设计方案。因此，搭建方案设计阶段的 BIM 模型只要能满足方案设计阶段的需求模型元素即可。

图 2-1　BIM 模型搭建思路和搭建流程

2.1.2　初步设计阶段

初步设计阶段是介于方案设计和施工图设计之间的过程，是对方案设计进行细化的阶段。本阶段主要包括深化结构建模设计和分析核查，推敲完善方案设计模型。应用 Revit 软件，对专业间平面、立面、剖面位置进行一致性检查，将修正后的模型进行剖切，生成平面、立面、剖面，形成初步设计阶段的建筑、结构模型和二维设计图。因此，搭建初步设计阶段的 BIM 模型只要能满足初步设计阶段的需求模型元素即可。

2.1.3　施工图设计阶段

施工图设计阶段的 BIM 应用是各专业模型构建并进行优化设计的复杂过程。各专业信息模型包括建筑、结构、给排水、暖通、电气等。在此基础上，根据专业设计、施工等知识框架体系，进行碰撞检测、三维管线综合、竖向净空优化等基本应用，完成对施工图阶段设计的多次优化。针对某些会影响净高要求的重点部位，进行具体分析并讨论，优化机电系统空间走向排布和净空高度等。因此，搭建施工图设计阶段的 BIM 模型只要能满足施工图设计阶段的需求模型元素即可。

2.1.4 施工图深化设计阶段

施工图深化设计阶段的 BIM 应用主要体现在施工图深化设计、施工方案模拟及构件预制加工等优化方面。该阶段的 BIM 应用对施工图深化设计的准确性、施工方案的虚拟展示以及预制构件的加工能力等方面起到了关键作用。施工单位应结合施工工艺及现场管理需求对施工图设计阶段模型进行信息添加、更新和完善，以得到满足施工需求的施工作业模型。如搭建的 BIM 模型是为施工图深化设计阶段服务，搭建的模型只要能满足施工图深化设计阶段的需求模型元素即可。

2.1.5 施工过程阶段

施工过程阶段是指自工程开工至竣工的实施过程。本阶段的主要内容是通过科学有效的现场管理完成合同规定的全部施工任务，以达到验收、交付的条件。基于 BIM 技术的施工现场管理特性，一般是将施工准备阶段完成的模型配合选用合适的施工管理软件进行集成应用，不仅是可视化的媒介，还能对整个施工过程进行优化和控制，因此，搭建施工过程阶段的 BIM 模型只要能满足施工过程阶段的需求模型元素即可。

2.1.6 运维管理阶段

运维管理阶段的 BIM 应用是基于业主设施运营的核心需求，充分利用竣工交付模型，搭建智能运维管理平台并付诸具体实施过程。主要工作包括运维管理方案策划、运维管理系统搭建、运维模型构建、运维数据自动化集成、运维系统维护五个步骤。其中，基于 BIM 的运维管理的主要功能模块包括空间管理、资产管理、设施设备维护管理、能源管理、应急管理。运维管理阶段的 BIM 模型搭建应满足运维信息需求。

2.1.7 明确模型精度

模型精度为 BIM 建模人员指明建模深度并清晰地认识模型创建依据，以“模型精度等级（Levels of Detail，LOD）”来定义 BIM 模型中建筑构件的精度。BIM 构件的详细等级共分为 5 级。

（1）LOD100——概念性，表示几何数据，或线条、面积、体积区域等。

（2）LOD200——近似几何，以 3D 显示通用元素，包括最大尺寸和用途。

（3）LOD300——精确几何，以 3D 表达特定元素，具体几何数据的 3D 对象，包含尺寸、容量、连接关系等。

（4）LOD400——加工制造，即为加工制造图，用以采购、生产及安装，具有精确性的特点。

（5）LOD500——建成竣工，建筑部件实际成品。

说明

LOD100~LOD500 的具体模型精度可参照国家 BIM 模型搭建标准执行。

思政元素　工匠精神——精益求精，追求极致的职业品质

在 BIM 设计阶段，必须要保证信息数据的精度，BIM 设计中“失之毫厘”就可能会“差之千里”，一旦信息错漏会导致工程的巨大损失。因此注重检查、注重细节是非常重要的。

2.2　BIM 资源准备

2.2.1　软件准备

BIM 软件选择是 BIM 模型搭建的最重要环节。正确选用 BIM 模型搭建需要的 BIM 软件应明确 BIM 模型应用目标，对主流的 BIM 软件进行深入调研，综合考虑软件主要性能特点、后期升级服务能力等内容，并予以量化的分析对比，选出最合适的 BIM 软件。常用的 BIM 建模及算量软件有 Revit、Bentley、Tekla、广联达、鲁班、晨曦等，本书主要讲述 Revit 应用于建筑和结构模型创建的方法和思路。

2.2.2　构件库准备

构件库的建设可按照建模专业进行分类，主要包括建筑专业、结构专业、给排水专业、暖通专业、电气专业。也可按照设计标准图集分类：按照国家标准或地方标准的工程做法、标准图集进行分类，例如建筑楼板根据国家标准工程做法分为地 1、楼 1 等。按国家标准清单分部分项工程可分为土石方工程、砌筑工程、混凝土及钢筋混凝土工程等。标准化构件库可以实现对 BIM 模型构件名称、材质等进行统一，为 BIM 模型出图、计量、集中存储及结构化管理做好基础工作。建模人员通过简单的调用即可使用大量标准化构件，大幅降低了建模人员的工作量，有效提高了三维设计效率。构件库中构件信息的完整性和规范性保证了后续数据的传递，为各类 BIM 应用打下了坚实的基础。

2.2.3　人员配备

BIM 团队人员构成要考虑完善的专业、工种和岗位配备，主要包括建筑、结构、装修、机电、钢结构、景观、市政、交通等专业人员，根据项目专业需求情况配置满足项目专业健全的技术人员，为保障项目顺利实施和 BIM 技术价值最大化，还需要配置设计类、施工类、造价类技术人员。

2.2.4　文件管理

为了保障 BIM 资料的准确性、完整性、便捷性，务必做好收集、保管、维护文件的完整和安全等工作。BIM 文件管理在 BIM 模型搭建和 BIM 模型应用过程中属于非常重要的工作环节，文件管理中可将文件分为：图纸文件、漫游文件、动画视频文件、模型文件（建筑模型文件、机电模型文件、结构模型文件）和备份文件。清晰的文件管理方法和文件划分思路可以保障建模工作顺利开展。

2.3 定制项目样板

2.3.1 项目样板概述

样板文件制作是在模型创建之前对 Revit 建模软件进行基础标准化设置，建立规范统一的样板文件是实现 BIM 标准化建模和交付标准化模型必不可少的基础条件。Revit 软件本身所提供的系统样板文件不符合国内设计制图规范，应用者从各种渠道获得各种类型的样板也会与自己所在设计单位的一些要求或设计师的个人习惯有所差异。因此，尽可能地改变和缩小这些差异就是项目样板文件定制的目标。同时做好 BIM 模型搭建前期的标准化工作，可减少模型搭建过程中重复的工作量，为交付合格模型奠定基础，从而提高设计质量和设计效率。

从上述描述中我们可以看出项目样板文件的重要性。定制项目样板文件可按如下方式进行分类。

（1）通用制图样板文件。此种样板文件制作需符合国家和行业规范的标准制图样板，例如，中国施工图样板、方案设计样板、深化设计样板、运维模型样板等。

（2）通用专业设计样板。此种项目样板制作需按照设计规范和惯例制定项目样板，例如，建筑专业样板、结构专业样板、机电专业样板（水、暖、电）、总图样板、景观样板等。其中，根据链接和工作集等不同协同方式，且便于各参与人员的协调，可划分为建筑结构样板、机电样板和全专业样板。

（3）专项应用样板。例如，PC 构件加工样板、机电管线加工样板、节能样板等。

（4）行业样板。特殊建筑工程应用的样板，其中包括该行业特殊的建模、出图要求和加载该行业构件类别。例如，轨道交通建筑、住宅建筑、医疗建筑、电力设施等行业样板，Revit 软件视图样板的创建要对视图比例、详细程度、模型可见性、过滤器、规程等进行设置。图纸目录包括封面、目录、设计说明和本专业基本或常用的图纸，例如，楼层平面图、立面图、剖面图、构造详图等工作内容。

2.3.2 族的概念及分类

族是 Revit 软件和项目样板中一个非常重要的构成要素，BIM 设计是通过修改族参数来实现 BIM 参数化设计。族的开放性和灵活性使 BIM 技术人员在进行 BIM 模型设计时可以自由定制符合各自设计需求的注释符号和三维构件。例如，在 Revit 软件中可以通过修改门窗族的参数（如宽度、高度或材质等）来实现 BIM 模型设计。在 Revit 软件中，族分为内建族、系统族和可载入族。

（1）内建族。内建族是通过“内建模型”命令在项目内部创建的族图元。当项目需要某种几何图形模型但创建的模型不想重复使用时，通常会创建内建族。

（2）系统族。系统族已提前制作并存储在 Revit 样板和项目中，不能从外部文件载入样板文件和项目中，也不能在 Revit 软件中创建、复制、修改或删除，但可以通过复制和修改自定义系统族中的类型。系统族可以在不同项目间传递，常见的系统族有墙、楼板、屋顶、管道等系统图元。

（3）可载入族（标准构件族）。在 Revit 软件默认情况下，可载入族可存储于项目样板或载入项目使用，由于标准构件族的种类繁多，更多的标准构件族存储在企业的构件库（产品库）中并从构件库载入使用。可使用族编辑器创建和修改构件，可以复制和修改现有构件族，也可以根据各种族样板创建新的构件族。族样板可以是基于主体的样板，也可以是独立的样板。基于主体的族包括需要主体的构件。例如，以墙族为主体的门族、窗族等可载入族；独立族包括家具、苗木等。族样板有助于创建和操作构件族。标准构件族可以位于项目环境外，其扩展名是 .rfa；可以将它们载入项目，从一个项目传递到另一个项目；还可以从项目文件保存到企业的构件库中；也可以通过“载入族”命令进行外部族载入，如门、窗、桌子、图框、窗注释、轴网标头等。

2.3.3　族与样板文件制作

族的创建与管理以及项目样板文件制作过程复杂、步骤繁多，我们将在本书配套资料中进行讲解。

2.4　BIM 协同设计

在进行 Revit 模型搭建之前，厘清 Revit 协同工作的方式是非常必要的。Revit 协同工作方式可分为“文件链接”方式和“工作集”方式。“文件链接”方式为链接类似于 AutoCAD 中通过 CAD 文件之间的外部参照，使得专业间的数据得到可视化共享，在此模式中可以通过 Revit 软件中复制 / 监视、协调 / 查阅的功能来实现不同模型文件间的信息沟通。“工作集”方式为工作共享的模式，是利用工作集的形式对中心文件进行划分，工作组成员在属于自己的工作集中进行设计工作，设计的内容可以及时在本地文件与中心文件间进行同步，成员间可以相互借用属于对方构件图元的权限进行交叉设计，实现了信息的实时沟通。

“工作集”和“文件链接”两种方式各有优点和缺点。“工作集”为工作共享允许多人同时编辑一个项目模型，而“文件链接”是独享模型，在链接模型的状态下我们只能对链接到主项目的模型进行复制 / 监视、协调 / 查阅的功能而不能对模型进行更改，要实现编辑功能需要对链接模型进行绑定、解组操作，同时也失去了协同的属性。理论上“工作集”是最理想的协同工作方式，既解决了一个大型模型多人同时分区域建模的问题，又解决了同一模型可被多人同时编辑的问题。而“文件链接”只解决了多人同时分区域建模的问题，无法实现多人同时编辑同一模型。虽然“工作集”是理想的工作方式，但由于“工作集”方式在软件实现上比较复杂，且 Revit 软件目前在工作共享的协同方式下大型模型的稳定性和速度上都存在一些问题；而“文件链接”技术成熟、性能稳定，尤其是对于大型模型在协同工作时，其性能表现优异，占用的硬件资源比“工作集”模式相对较少。

2.4.1　划定项目拆分原则

在进行 BIM 模型搭建前先进行项目拆分，可保障 Revit 建模工作顺利开展，也可为后期模型合并做好基础工作准备和项目顺利实施提供保障。项目拆分可按专业拆分、按楼层拆分、按区域拆分。大型项目也可把整个项目划分为三个部分，即地库、裙房、塔楼。基于控制数据量的考虑，建筑、结构、机电三个专业的模型将分别创建。最终将会产生九个模型，分别是建筑专业的地库、裙房、塔楼模型，结构专业的地库、裙房、塔楼模型，机电专业的地库、裙房、塔楼模型。前期模型拆分合理可为后期模型合并创造先决条件。

本案例工程我们按建筑专业和结构专业拆分为建筑部分和结构部分，并分别进行模型搭建，拆分后的模型如图 2-2 所示。

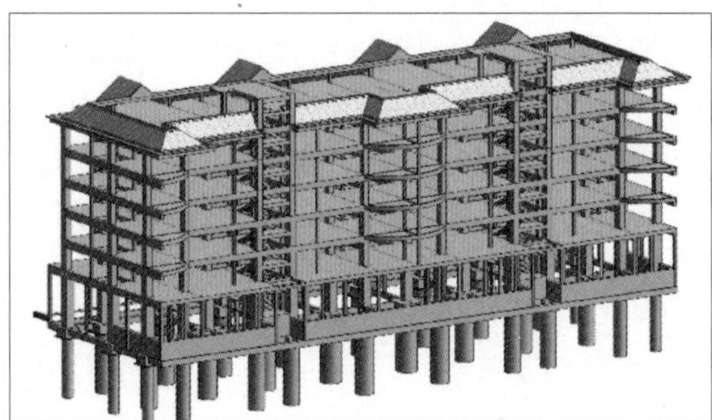

图 2-2　案例工程模型拆分

2.4.2　标准模型整合

标准模型整合包括专业模型整合、楼层模型整合和区域模型整合。专业模型整合是在 BIM 模型设计和 BIM 翻模工作中，以单专业建模，各自完成本专业的模型；在做管综优化时，要把各自的模型合并成一个完整模型。以结构模型文件为源对象，整合建筑、机电等专业模型。楼层模型整合是在模型搭建过程中，根据模型拆分原则，按楼层拆分模型，根据人员配备情况，给建模人员分配建模任务，明确每一层模型由谁负责搭建，最后建模人员各自完成自己负责的楼层模型，然后通过文件链接的形式以其中一位建模人员的模型为源对象，整合其他建模人员负责搭建的楼层模型，最终形成一个完整的模型文件。区域模型整合是在模型搭建过程中根据项目大小与模型拆分原则，按照区域拆分模型，然后给建模团队分配任务，每块区域的建筑模型搭建分别由不同的团队负责完成，每个团队完成自己负责的区域模型，最终以任意一个团队的模型为源对象整合其他团队完成的区域模型。

根据 2.4.1 小节的模型拆分原则进行模型搭建，各专业模型搭建完成后需要整合成一个完整模型，本书重点介绍通过模型之间建立链接协同方式完成模型整合，具体操作如下。

（1）打开基础模型。基础模型可以是建筑模型，也可以是结构模型，本案例工程以结构模型作为基础模型。在 Revit 中打开结构模型，依次单击“插入”选项卡→“链接”面板→“链接 Revit”工具，如图 2-3 所示。

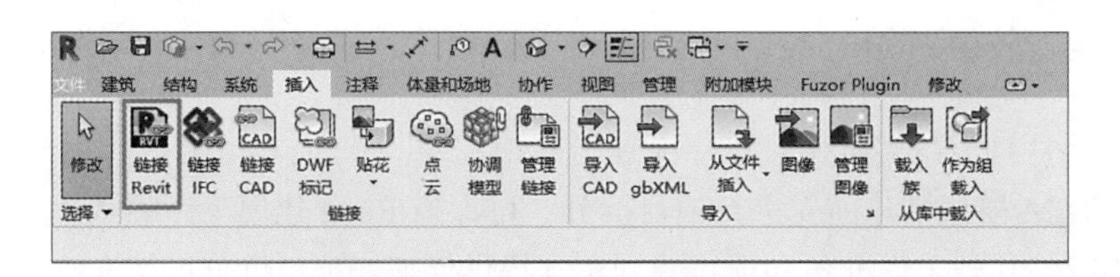

图 2-3　进入模型链接选项

（2）弹出“导入 / 链接 RVT”对话框，在该对话框中选择建筑模型文件保存的路径，然后选择建筑模型，定位点选择“自动 - 原点到原点”，如图 2-4 所示。

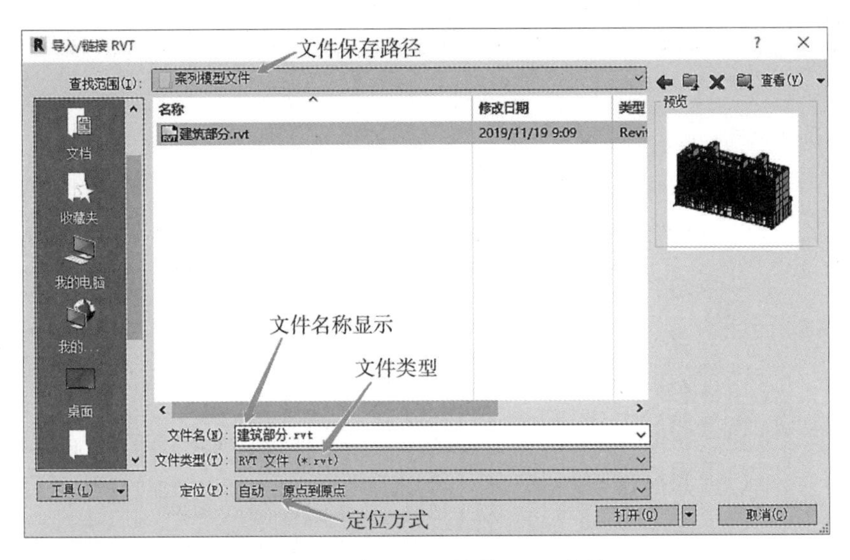

图 2-4　选择需要链接的 Revit 文件

提示

针对不同专业模型定位方式的选择，Revit 软件共提供 7 种定位方式，如图 2-5 所示。

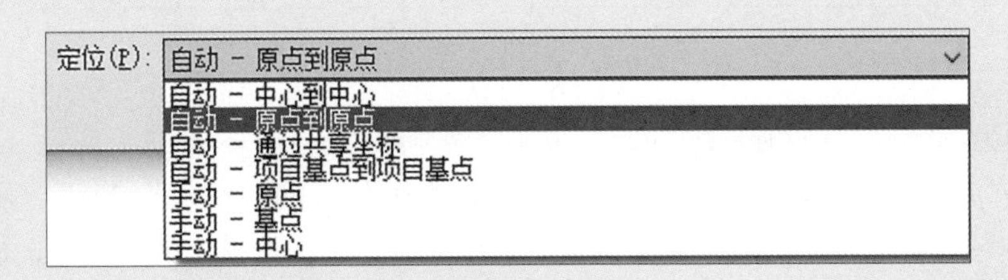

图 2-5　定位点种类

① 自动 - 中心到中心：Revit 以自动方式将链接模型中心放置到当前项目模型的中心，在当前视图中可能看不到此中心点。

② 自动 - 原点到原点：Revit 以自动方式将链接模型原点放置在当前项目的原点上。

③ 自动 - 通过共享坐标：Revit 以自动方式根据导入的几何图形相对于两个文件之间共享坐标的位置，放置导入的几何图形。如果当前没有共享坐标，Revit 会提示选用其他的方式。

④ 自动 - 项目基点到项目基点：项目在用户坐标系中测量定位的相对参考坐标原点，需要根据项目特点确定共同项目基点，用项目基点链接模型，链接的模型会自动放置在指定位置，项目的位置会随着基点的位置变换而变化。

⑤ 手动 - 原点：用手动方式以链接模型原点为放置点将文件放置在指定位置。

⑥ 手动 - 基点：用手动方式以链接文件基点为放置点将文件（仅用于带有已定义基点的 AutoCAD 文件）放置在指定位置。

⑦ 手动 - 中心：用手动方式以链接模型中心为放置点将文件放置在指定位置。

（3）选择好需要链接的模型文件后，单击“打开”按钮导入建筑模型文件，即可完成文件的链接。链接后的完整模型如图 2-6 所示。

图 2-6　链接后的完整模型

（4）模型的链接管理和链接绑定。

① 在“属性”面板中单击“可见性 / 图形替换”后的“编辑”按钮，弹出“可见性 / 图形替换”对话框，单击“Revit 链接”选项卡，勾选链接模型的可见性，显示或隐藏模型，如图 2-7 所示。

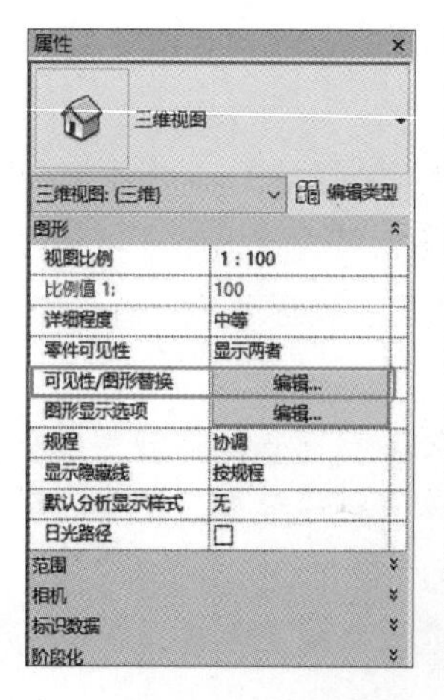

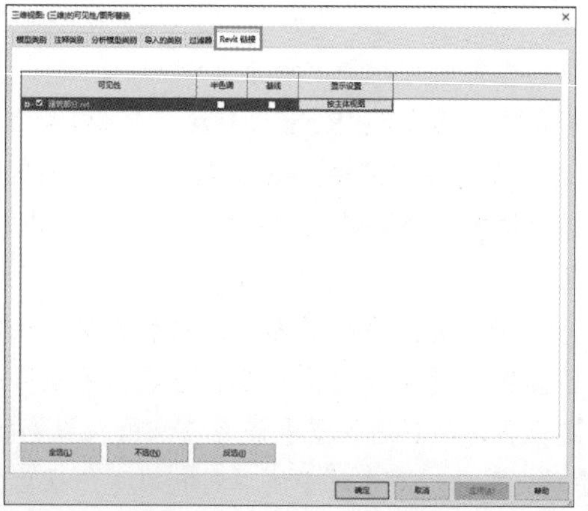

图 2-7　可见性设置

② 依次单击“管理”选项卡→“管理项目”面板→“管理链接”工具，如图 2-8 所示，弹出“管理链接”对话框。

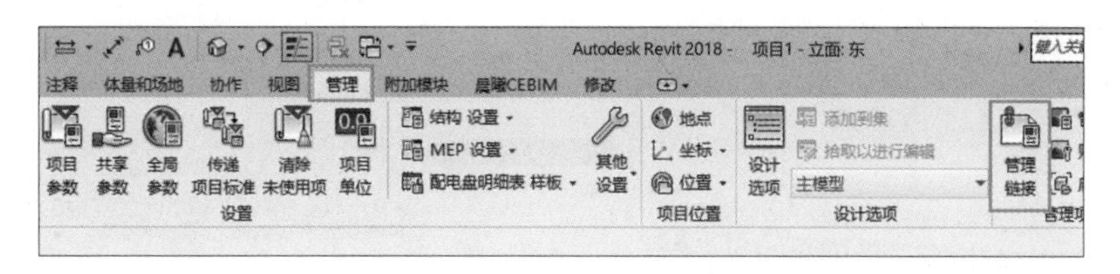

图 2-8　管理链接

③ 在“管理链接”对话框中单击 Revit 选项卡，在“参照类型”列表中，可将链接模型的参照类型修改为“附着”或者“覆盖”，如图 2-9 所示。其中，附着是将其导入其他模型，嵌套链接模型可见；覆盖是将其导入其他模型，嵌套链接模型不可见。无论选择“附着”或者“覆盖”，将导入模型进行“绑定链接”后，绑定后的整体模型导入其他模型都可见。

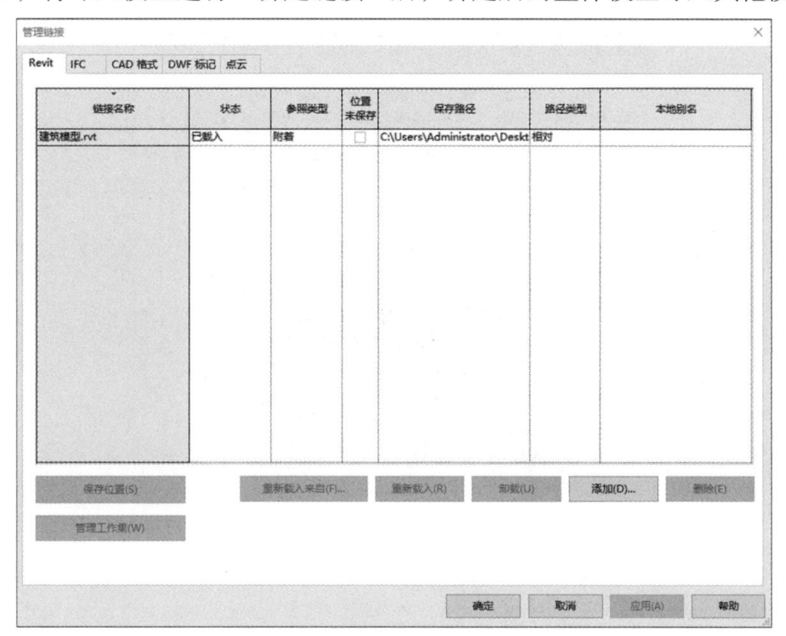

图 2-9　“附着”与“覆盖”选择

④ 单击链接管理中的某链接文件，即可激活对话框下方的功能按钮，可针对选择的文件进行重新载入、卸载、添加、删除等操作，单击“确定”按钮完成链接管理。

⑤ 为了更方便协同工作，还需要绑定和解组。单击建筑链接模型，右上角会出现“绑定链接”命令，选择“绑定链接”命令，在“绑定链接选项”对话框中勾选“附着的详图”选项，单击“确定”按钮，如图 2-10 所示。模型解组操作与模型绑定操作类似，此处不再赘述，如图 2-11 所示。

注意

不选择“标高”和“轴网”，是因为项目中已经存在标高和轴网，如果绑定标高和轴网，会生成新的标高和轴网。

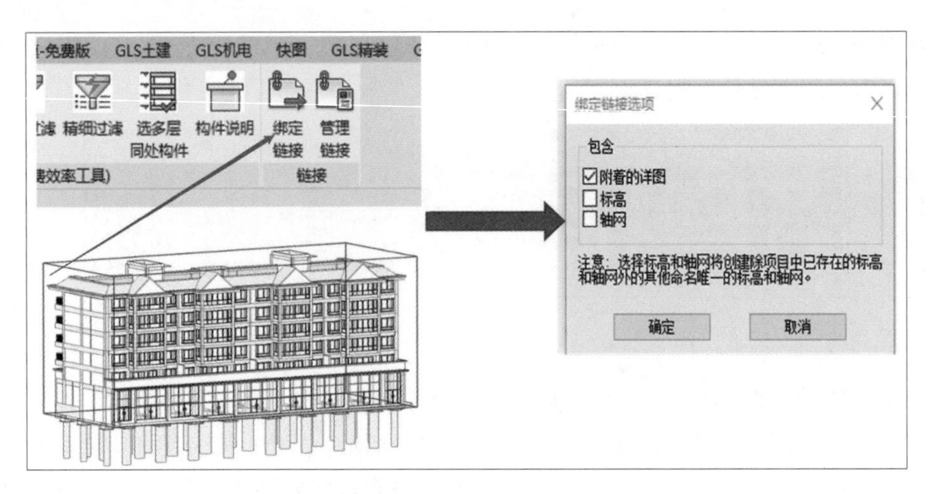

图 2-10　模型绑定

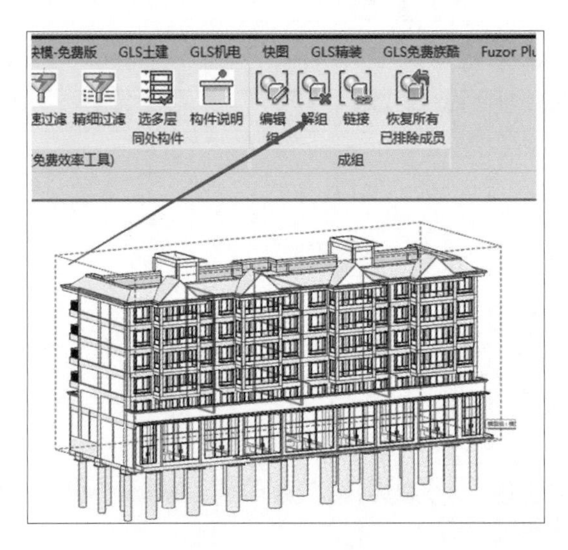

图 2-11　模型解组

说明

本操作适用于链接的 Revit 模型，其余链接类型见相应微课。Revit 软件还有另外一种协同模式为工作集模式，此种模式对硬件和技术人员要求较高，在以后的工作中如果具备条件，可以采用工作集模式进行 BIM 协同工作。

思政元素　团队精神——多学科背景下的团队协作能力，民族自豪

BIM 技术在火神山和雷神山医院的应用

在抗击新型冠状病毒感染的战疫中，雷神山医院、火神山医院应运而生。一座可容纳 1000 张床位的火神山医院，总共用了 10 天建设完成时间，雷神山医院 15 天建设完成。两所医院以小时计算的建设进度、万众瞩目下演绎了新时代的中国速度。在中国力量和中国

速度的背后，BIM 技术的应用功不可没，BIM 团队的技术支持雪中送炭。其主要是采用了行业最前沿的装配式建筑和 BIM 技术，最大限度地采用拼装式工业化成品，大幅减少现场作业的工作量，节约了大量的时间。

BIM 技术主要应用在以下场景。

（1）利用 BIM 的协同管理功能保证施工质量、缩短工期进度、节约成本、降低劳动力成本。提高建设项目管理效率和沟通协作效率，确保了如期完成任务。

（2）利用 BIM 的仿真模拟和方案比选功能，安排好了各单元的场地布置，统筹好了各项繁杂工序，尤其是在结合医院建设的特点上，进行了采光、通风、噪声、管线布置等优化，确保了工程质量，做好了绿色施工。

（3）利用 BIM 的参数化设计功能，可视化管控充分发挥了 BIM+ 装配式建筑的优势，使项目的全生命周期都处于数字化管控之下，参数化设计、可视化交底、基于模型的竣工运维等。

思考：火神山、雷神山医院为什么建设周期短？

2.5　BIM 模型应用

BIM 技术逐渐得到了政府的大力支持。经过大量项目实践后，目前，BIM 技术在不同阶段的主要应用内容有以下几个方面。

（1）设计阶段应用：方案设计、扩初设计、施工图、设计协同、设计工作重心前移。

（2）施工阶段应用：碰撞检查、减少返工、模拟施工、有效协同、三维渲染、宣传展示、知识管理、信息保存。

（3）运维阶段应用：空间管理、实施管理、隐蔽工程管理、应急管理、节能减排管理等。

课后练习

1. 总结归纳 BIM 建模流程及思路。
2. 在开展 BIM 建模工作前，应该做哪些准备？

第3章 Revit 建模准备

知识目标

1. 熟悉软件界面、功能区和常用功能按钮。
2. 厘清建模流程和思路。
3. 掌握项目的创建方法，标高和轴网、工作平面的设置。

教学视频：Revit 建模基本能力

能力目标

1. 能够创建、打开并保存项目文件、族文件。
2. 能够创建案例工程项目的标高、轴网。

素养目标

1. 培养提前准备和计划工作任务的良好习惯。
2. 培养创新意识、不畏艰险的职业与坚持精神。
3. 培养与时俱进的科学精神和团队合作精神。

3.1 熟悉 Revit 软件操作界面

Revit 软件操作界面是执行显示、图形编辑处理等操作的区域，完整的 Revit 软件操作界面可分为 12 个部分，如图 3-1 所示。

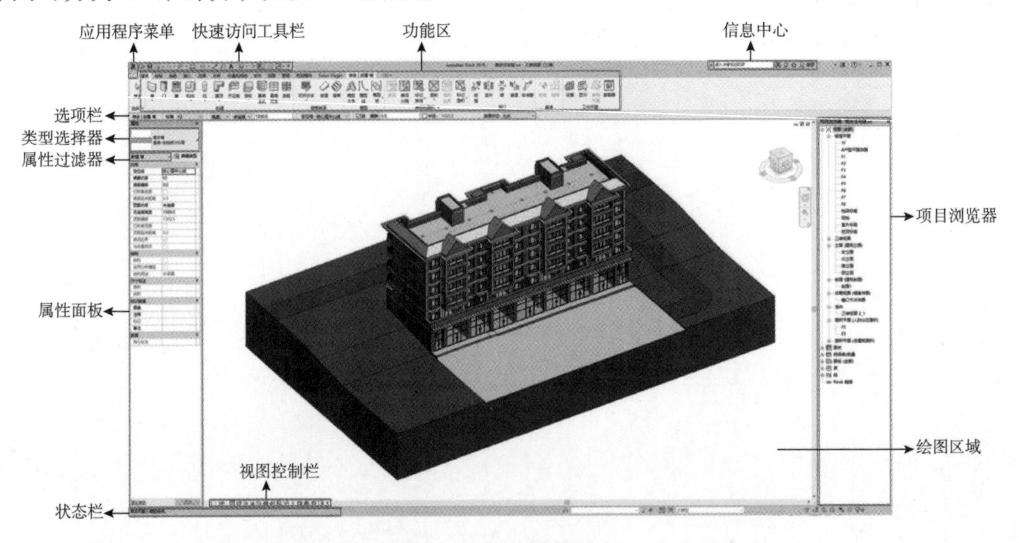

图 3-1 软件操作界面

3.1.1　应用程序菜单

应用程序菜单提供对常用文件操作的访问，例如“新建”“打开”和“保存”等，还允许使用更高级的工具（如“导出”和“发布”）来管理文件，如图 3-2 所示。

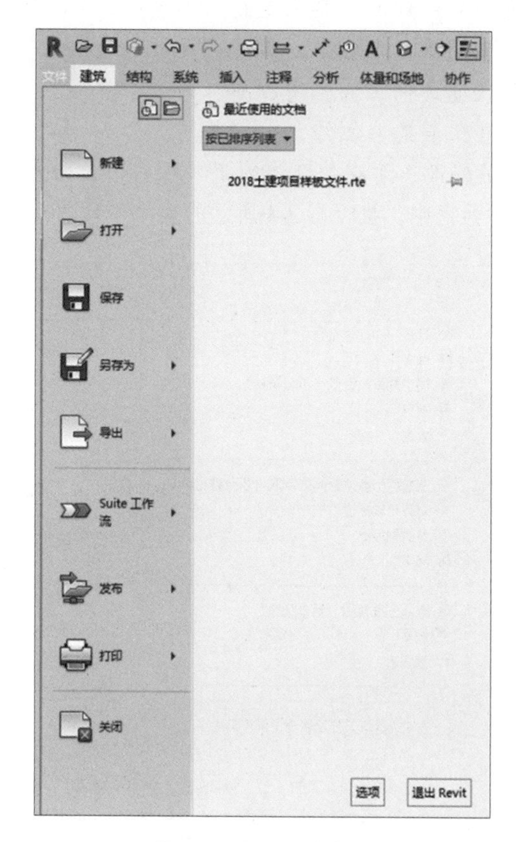

图 3-2　应用程序菜单

3.1.2　快速访问工具栏

快速访问工具栏包含一组默认工具。使用者可以对该工具栏进行自定义，使其显示最常用的工具，如图 3-3 所示。

图 3-3　快速访问工具栏

快速访问工具栏可进行移动，显示在功能区的上方或下方。如果要修改设置，可在快速访问工具栏中单击“自定义快速访问工具栏”按钮，在弹出的下拉列表中选择“在功能区下方显示”选项。在功能区内浏览显示要添加的工具，在该工具上右击，然后选择“添加到快速访问工具栏”选项，即可将工具添加到快速访问工具栏中。

说明

上下文选项卡中的某些工具无法添加到快速访问工具栏中，如选择框、线处理命令。如果从快速访问工具栏中删除默认工具，可以单击“自定义快速访问工具栏”按钮，在弹出的下拉列表中选择要添加的工具来重新添加这些工具。要修改快速访问工具栏，可在快速访问工具栏的某个工具上右击，然后选择下列选项之一。

（1）删除工具：从快速访问工具栏中删除。

（2）添加分隔符：在工具的右侧添加分隔符线。

（3）要进行更广泛的修改，可在快速访问工具栏的下拉列表中单击“自定义快速访问工具栏”按钮。在该对话框中，执行图 3-4 所示的操作即可进行自定义快速访问工具栏。

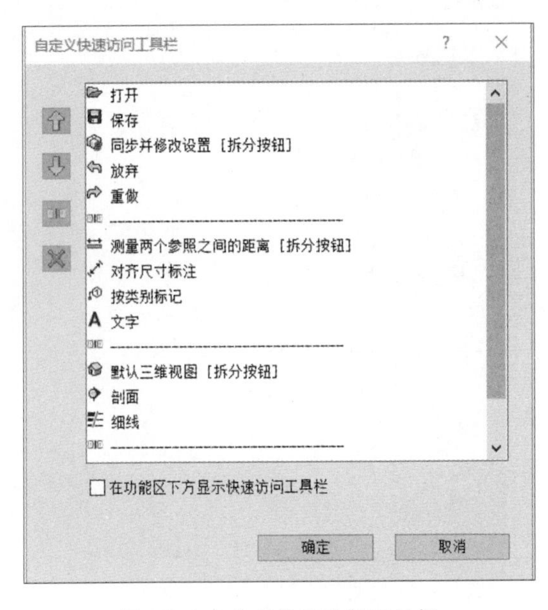

图 3-4　自定义快速访问工具栏

3.1.3　信息中心

信息中心包括一个位于标题栏右侧的工具集，可访问许多与产品相关的信息源。根据 Autodesk 不同的产品和配置，这些工具可能有所不同。例如，在某些产品中，“信息中心”工具栏还可能包含 Autodesk 360 服务的“登录”按钮或 Autodesk Exchange 的链接。

注意

信息中心使用 Internet Explorer 来支持 Autodesk Live Update 技术。即使使用者更改了默认浏览器，信息中心也将始终使用 Internet Explorer。

3.1.4　选项栏

选项栏位于功能区下方，根据当前工具或选定的图元显示对应操作工具，如图 3-5 所示。

图 3-5　选项栏

要将选项栏移动到 Revit 界面的底部（状态栏上方），可在选项栏上右击，然后选择“固定在底部”。

3.1.5　类型选择器

类型选择器是用来选择图元的区域，如图元处于活动状态，或者在绘图区域中选择了同一类型的多个图元，则“属性”面板的顶部将显示“类型选择器”。“类型选择器”标识当前选择的族类型，并提供一个可从中选择其他类型的下拉列表。单击“类型选择器”时，会显示搜索字段。在搜索字段中输入关键字可快速查找所需的族构件，如图 3-6 所示。

为了使“类型选择器”在“属性”面板关闭时可用，可在“类型选择器”中右击，然后选择“添加到快速访问工具栏”选项，如图 3-7 所示。要使类型选择器在“修改”选项卡中可用，可在“属性”面板中右击，然后选择“添加到功能区修改选项卡”选项。每次选择一个图元，都将反映在“修改”选项卡中。

3.1.6　属性过滤器

类型选择器的正下方是属性过滤器，属性过滤器用来标识放置的图元类别，或者标识绘图区域中所选图元的类别和数量。如果选择多个类别或类型，则选项板上仅显示所有类别或类型共有的实例属性。当选择多个类别时，属性过滤器的下拉列表可以仅查看特定类别或视图本身的属性。选择特定类别不会影响整个选择集，如图 3-8 所示。

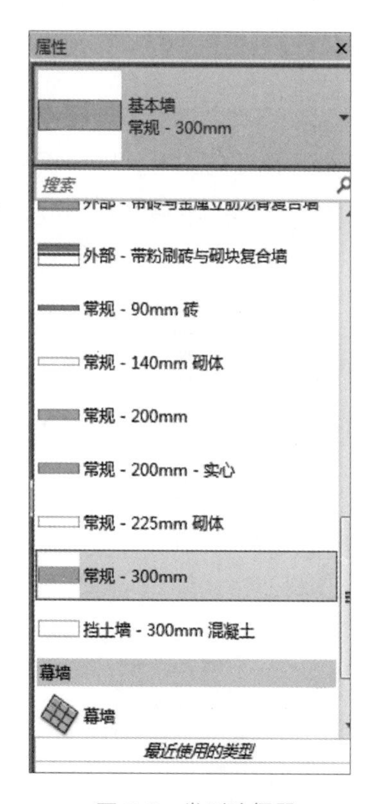

图 3-6　类型选择器

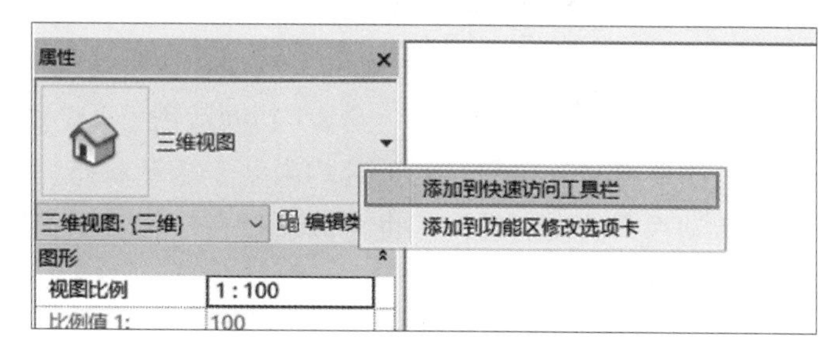

图 3-7　添加到快速访问工具栏

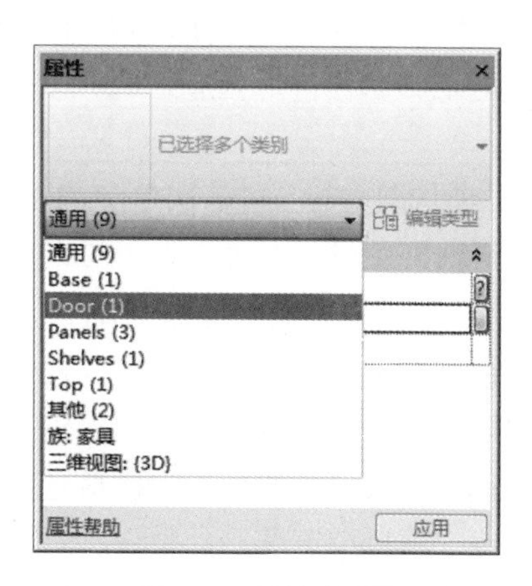

图 3-8　属性过滤器

当选择同类型的图元时，单击“编辑类型”按钮将会弹出一个对话框，该对话框用来查看和修改选定图元或视图的类型属性。

3.1.7 属性面板

属性面板可以用来查看和修改图元属性的参数。第一次启动 Revit 时，属性面板处于打开状态并固定在绘图区域左侧“项目浏览器”的上方。如果关闭属性面板，则可以使用下列任一方法重新打开属性面板。

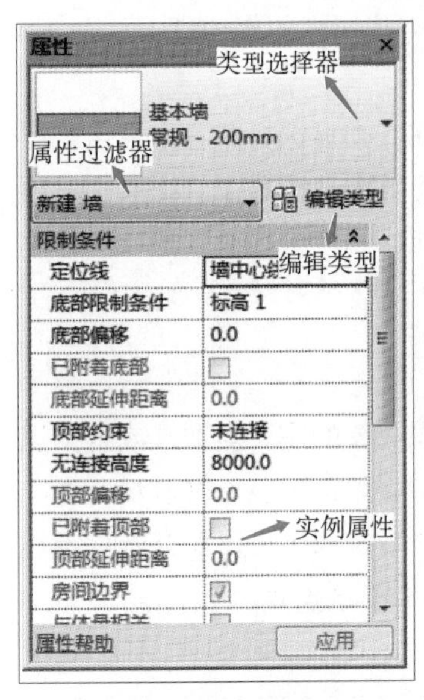

图 3-9 属性面板

（1）依次单击“修改”选项卡→“属性”面板→“属性”工具。

（2）依次单击“视图”选项卡→“窗口”面板→“用户界面”工具，在弹出的下拉列表中选择“属性”选项。

（3）在绘图区域中右击，并选择“属性”选项。

（4）为了方便查看和修改构件属性，可以将该面板固定到 Revit 界面的任一侧，并在水平方向上调整大小。在取消对面板的固定之后，可以在水平方向和垂直方向上调整大小。同一个用户从一个任务切换到下一个任务时，面板的显示和位置将保持不变。图 3-9 所示即为属性面板。

（5）通过使用类型选择器，选择要放置在绘图区域中的图元类型，或者修改已经放置的图元类型。

（6）查看和修改要放置的或者已经在绘图区域中选择的图元属性。

（7）查看和修改活动视图的属性。

（8）访问适用于某个图元类型的所有实例的类型属性。

（9）如果用来放置图元的工具均未处于活动状态，而且未选择任何图元，则面板上将显示活动视图的实例属性。也可以通过在“项目浏览器”中选择视图来访问视图的实例属性。

3.1.8 项目浏览器

“项目浏览器”用于显示当前项目中所有视图、明细表、图纸、组和其他部分的逻辑层次。展开和折叠各分支时，将显示下一层项目。

若要打开“项目浏览器”，可依次单击“视图”选项卡→“窗口”面板→“用户界面”工具，在弹出的下拉列表中选择“项目浏览器”，或在应用程序界面中的任意位置右击，然后依次选择“浏览器”→“项目浏览器”即可打开。可以使用“项目浏览器”对话框中的“搜索”选项在项目浏览器中搜索条目。具体操作为在项目浏览器中选中条目的时候右击，然后选择“搜索”打开此对话框。若要更改“项目浏览器”的位置，可单击拖动标题栏。若要更改尺寸，可单击拖动边。对项目浏览器的大小和位置所做的修改会被自动保存，如图 3-10 所示。

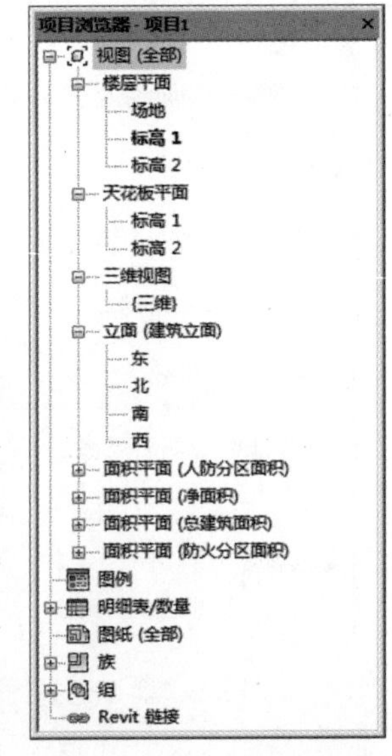

图 3-10 项目浏览器

3.1.9　状态栏

状态栏会提供在绘图过程中执行操作的相关提示。高亮显示图元或构件时，状态栏会显示族和类型的名称。状态栏在应用程序界面底部显示，如图 3-11 所示。

图 3-11　状态栏

（1）隐藏状态栏的方法：依次单击“视图”选项卡→“窗口”面板→“用户界面”工具，在弹出的下拉列表中取消勾选“状态栏”选项。

（2）状态栏的右侧会显示其他控件：如提供对工作共享项目的“工作集”对话框的快速访问。该显示字段显示处于活动状态的工作集。下拉列表可以显示已打开的其他工作集。

（3）隐藏“工作集”控件和“编辑请求”图标：可依次单击“视图”选项卡→“窗口”面板→“用户界面”工具，在弹出的下拉列表中取消勾选“状态栏 - 工作集”选项。

（4）编辑请求：对于采用工作集建模项目，表示请求未解决的编辑请求数。

（5）设计选项：提供对“设计选项”对话框的快速访问。该显示字段显示处于活动状态的设计选项。使用下拉列表可以显示其他设计选项。使用“添加到集”工具可以将选定的图元添加到活动的设计选项。

（6）隐藏“设计选项”控件：可依次单击“视图”选项卡→“窗口”面板→“用户界面”工具，在弹出的下拉列表中取消勾选“状态栏 - 设计选项”。

（7）仅活动项：用于过滤所选内容，以便仅选择活动的设计选项构件。

（8）仅可编辑：用于过滤所选内容，以便仅选择可编辑的工作共享构件。

（9）排除选项：用于过滤所选内容，以便排除属于设计选项的构件。

（10）选择链接：可在已链接的文件中选择链接单个图元。

（11）选择基线图元：可在基线中选择图元。

（12）选择锁定图元：可选择锁定的图元。

（13）通过面选择图元：可通过单击面而不是单击边来选中某个图元。

（14）选择时拖曳图元：在视图中，不用先选择图元就可以通过拖曳操作移动图元。

（15）过滤：用于优化在视图中选定的图元类别。

3.1.10　视图控制栏

视图控制栏可以快速访问影响当前视图的功能，如图 3-12 所示。

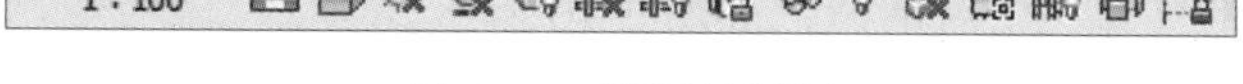

图 3-12　视图控制栏

“视图控制栏”位于视图窗口底部、状态栏的上方。它包含以下工具：视图比例、详细程度、视觉样式、打开 / 关闭日光路径、打开 / 关闭阴影、显示 / 隐藏渲染对话框（仅当绘图区域显示三维视图时才可用）、裁剪视图（不适用于三维透视视图）、显示 / 隐藏裁剪区域、解锁 / 锁定的三维视图、临时隐藏 / 隔离、显示隐藏的图元、工作共享显示（仅当项目启用了工作共享时才适用）、临时视图属性、显示或隐藏分析模型（仅用于 Revit Structure）、高亮显示置换组、显示限制条件、预览可见性（只在族编辑器中可用）。

注意

在视图样板中定义某些视图属性后，相应的控件可能会被禁用，若要更改这些视图属性，可修改视图样板属性。

3.1.11 绘图区域

绘图区域显示当前项目的视图以及图纸和明细表。每次打开项目中的某一视图时，此视图会显示在绘图区域中已经打开的视图上面。其他视图仍处于打开状态，但这些视图在当前视图的下面。使用“视图”选项卡下的“窗口”面板中的工具可排列项目视图。

修改绘图区域背景颜色的具体操作步骤如下。

（1）单击软件界面左上角的“应用程序菜单”按钮，在弹出的下拉菜单中选择“选项”。

（2）在“选项”对话框中单击“图形”选项卡，即可进行软件绘图区域背景颜色的修改。

3.1.12 功能区

创建或打开文件时，功能区会自动显示。该功能区提供创建项目和族所需的全部工具，如图 3-13 所示。

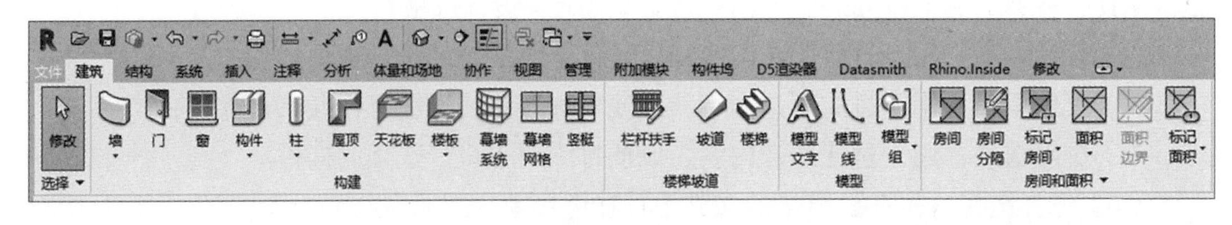

图 3-13 功能区

（1）调整窗口大小时，会发现功能区中的工具可根据可用的空间自动调整大小。功能区所有按钮在一般显示器屏幕尺寸下都可见。面板标题的箭头表示该面板可以展开，显示相关的工具和控件，如图 3-14 所示。

（2）在默认情况下，当单击面板以外的区域时，展开的面板会自动关闭。要使面板在功能区选项卡显示期间始终保持展开状态，可单击展开的面板左下角的图钉图标，如图 3-15 所示。

（3）对话框启动器：可以打开用来定义相关设置的对话框。单击面板右下角的“对话框启动器”按钮↘将打开一个对话框，如图 3-16 所示。

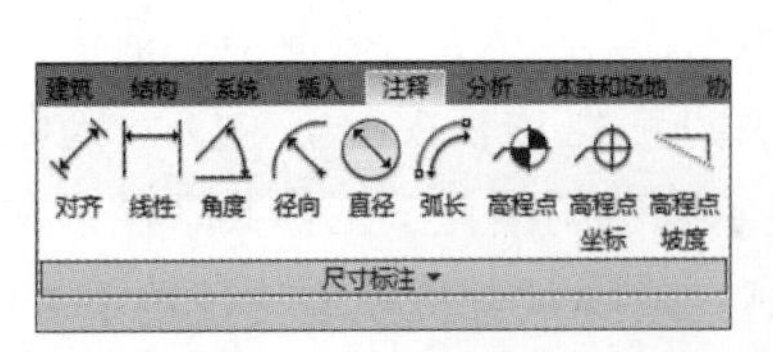

图 3-14 功能区的面板

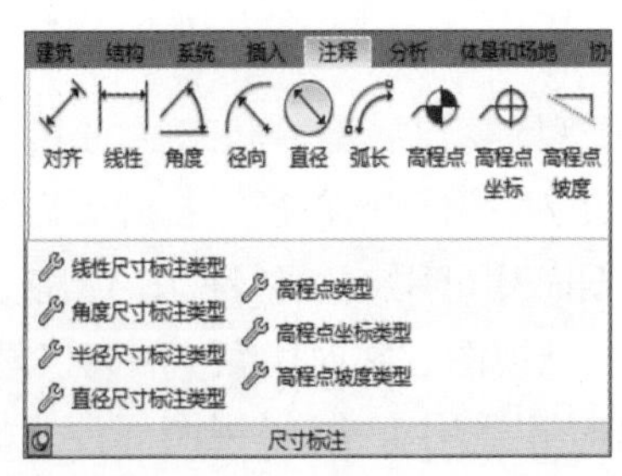

图 3-15 锁定展开的面板

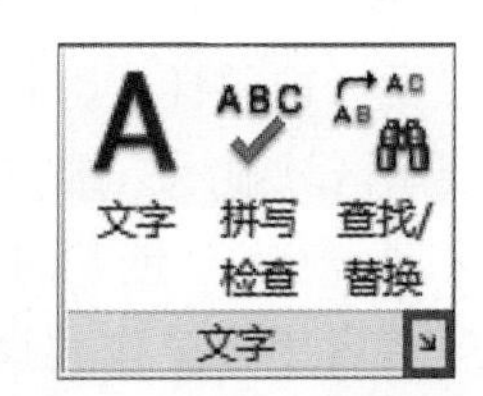

图 3-16 对话框启动器

（4）上下文功能区选项卡：使用某些工具或者选择图元时，上下文功能区选项卡中会显示与该工具或图元的上下文相关的工具。退出该工具或取消该选项时，该选项卡将关闭，如图 3-17 所示。

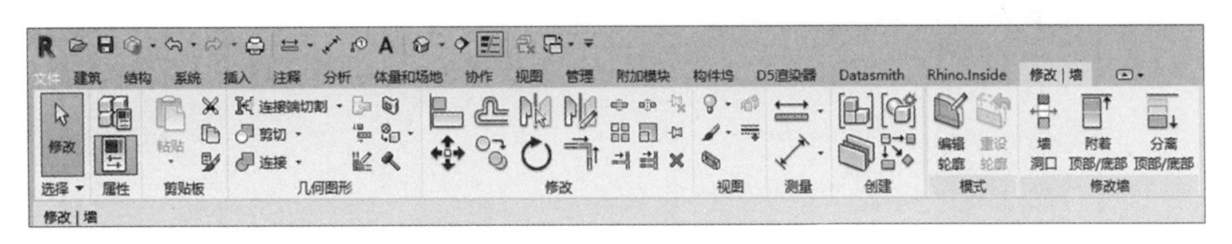

图 3-17　上下文功能区选项卡

3.2　建模前准备工作

3.2.1　模型搭建思路分析

根据 BIM 技术特性和项目的实际需求，Revit 建模可分为两种情况：一是从设计阶段开始就进行 BIM 模型搭建，走正向设计路线；二是项目在设计阶段沿用传统二维设计方式，未采用 BIM 技术进行设计，但在项目建造阶段又需要应用 BIM 技术，从建造阶段介入的 BIM 可称为“后 BIM”或翻模。本书主要通过案例工程讲解，让广大 BIM 技术人员能参照图纸，熟练掌握 Revit 建模及后期的模型应用技能。

正向设计建模流程为先创建建筑方案模型，再从建筑模型中提取数据后进行结构模型设计。而翻模大多是先创建结构模型再创建建筑模型，或者根据已有图纸按照 BIM 协同设计原则进行模型搭建分工协作。本书的案例工程模型创建顺序不重点介绍先结构后建筑，还是先建筑后结构，具体建模顺序应根据实际情况再行定夺。根据现阶段多数项目的实际情况，本书介绍的模型创建顺序为先搭建结构模型，后搭建建筑模型。广大 BIM 技术人员通过本书的案例工程掌握 Revit 软件建模方法，在实际工作中可根据项目实际情况自行选择建筑、结构模型搭建顺序。

3.2.2　案例工程项目创建

1. 案例工程项目概况

本项目主体结构为现浇框架结构，类型为多层住宅，基础类型为桩基础，总建筑面积为 3500 多平方米，一层为商用，二层及以上为住宅。

选用本案例工程项目的优势主要包括以下 3 个方面。

（1）构件种类包含的框架结构人工挖孔桩、承台、基础梁、剪力墙、框架柱、框架梁、有梁板、墙和门窗等。

（2）建筑外立面和屋顶造型复杂。

（3）应用 Revit 软件功能较多，覆盖面广等。

2. 案例工程项目创建步骤

（1）启动 Autodesk Revit 软件，单击软件界面左上角的“应用程序菜单”按钮，在弹出的下拉菜单中依次选择“新建”→“项目”选项，弹出“新建项目”对话框，如图 3-18 所示。

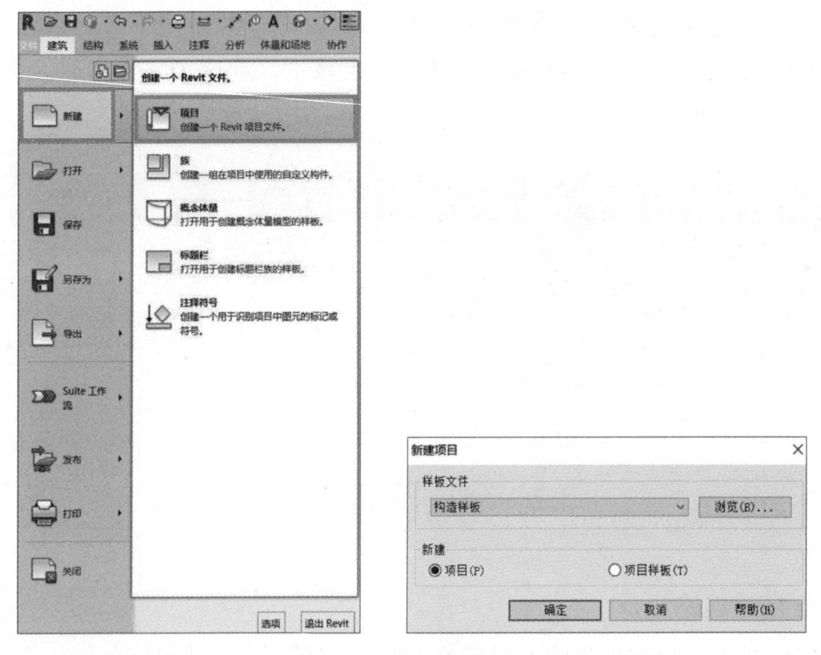

图 3-18　新建项目

（2）在“新建项目”对话框中单击“样本文件”后的“浏览”按钮，在弹出的对话框中选择提供的样板文件“2018 土建项目样板文件 .rte”，单击该对话框右下角的“打开”按钮，如图 3-19 所示。

提示

此样板文件是 Revit 2018 版本，在选择样板文件的时候需要对应软件版本。

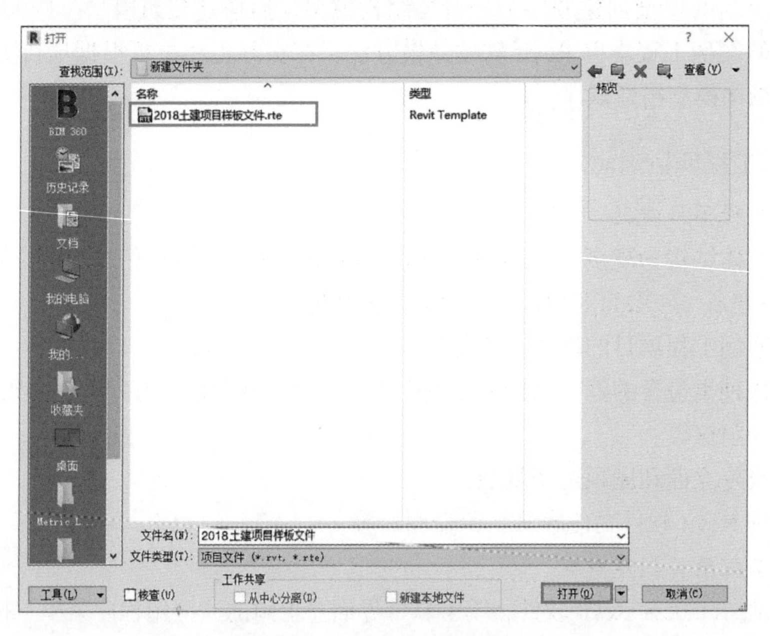

图 3-19　选择项目样板文件

（3）完成样板文件的选择后，在“新建项目”对话框中选择“新建”列表框中的“项目”选项，单击“确定”按钮，即可新建一个项目文件，如图 3-20 所示。

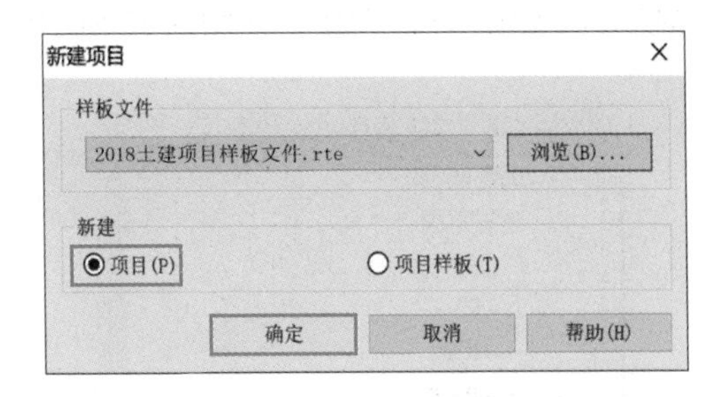

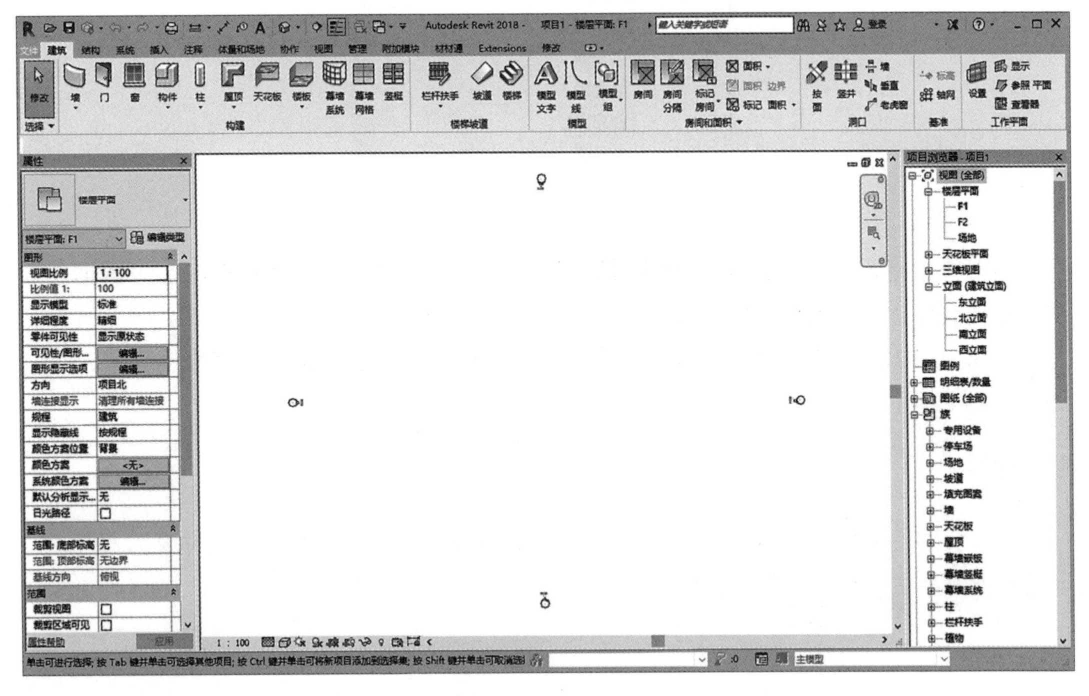

图 3-20　新建项目样板文件

（4）单击软件界面左上角的“文件”按钮，在弹出的下拉菜单中依次单击“另存为”“项目”；在自动弹出的“另存为”对话框中将文件名修改为“商务住宅楼”，单击“选项”按钮弹出“文件保存选项”对话框，将最大备份数设置为“3”；样板文件另存为项目文件，后缀将由 .rte 变更为 .rvt 文件，即项目文件，以防止误将样板文件被替换，如图 3-21 所示。

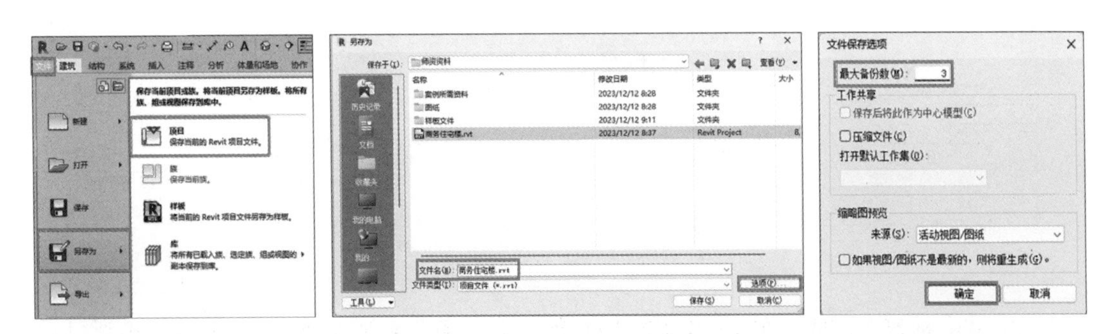

图 3-21　样板文件另存为项目文件

3.2.3 案例工程标高创建

（1）在项目浏览器中展开“立面”项，双击打开任意一个立面视图后即可在绘图区域绘制标高，以“南立面”视图为例进行标高创建，如图 3-22 所示。

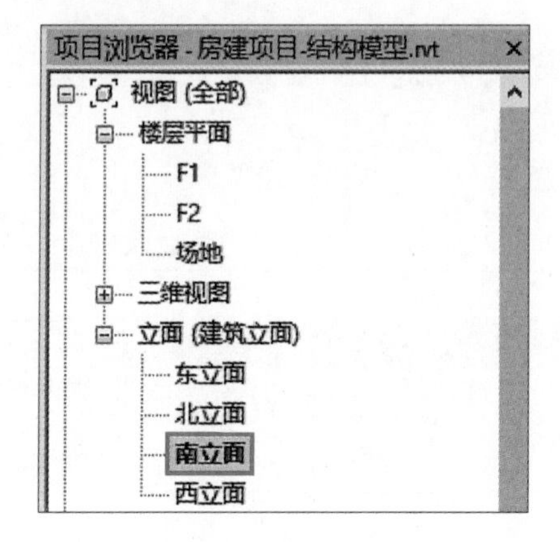

图 3-22 选择“南立面”视图建立标高

（2）修改标高高度。此样板默认设置了 3 个标高：室外标高、F1 和 F2。可根据需要修改标高高度，主要有以下两种方法。

① 单击 F2 标高符号上方的数字，该数字变成可输入状态，将该数字修改为“5.400”，如图 3-23 所示。

> **注意**
>
> 样板文件中已经将标高单位修改为“米”，保留 3 位小数，在以后制作项目样板的过程中需要注意标高单位的调整。

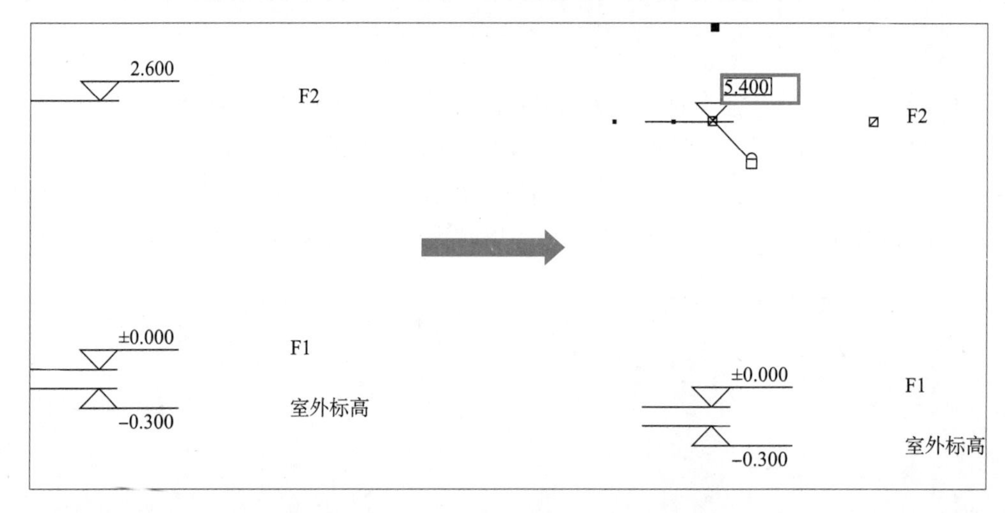

图 3-23 修改标高高度

② 单击标高 F2 时，在 F1 与 F2 之间会显示一条蓝色临时尺寸标注，单击激活临

时尺寸标注上的数字，重新输入新的数值同样可以调整标高高度，如图 3-24 所示。

图 3-24　修改标高高度

说明

定义标高时，楼层标高一般以“米”为单位，楼层高度以“毫米”为单位，使用临时尺寸标注修改标高位置时，单位为“毫米”。

（3）标高创建方法。标高的创建有 3 种方法：第一种是使用“标高”工具直接绘制；另外两种是通过现有的标高进行复制和阵列。3 种方法创建标高的具体操作步骤如下。

① 直接绘制。依次单击“建筑”选项卡→“基准”面板→“标高”工具，勾选选项栏中的“创建平面视图”选项。光标在绘图区域移动到现有标高左侧标头上方，当出现蓝色虚线时，单击开始从左向右绘制标高，当光标移动到标高右侧出现蓝色虚线时单击即可完成标高绘制。根据图纸在标高绘制完成后将桩顶标高高度调整为 –1.250m，同理，将地梁标高高度调整为 –0.350m，1F 标高高度调整为 1.800m，如图 3-25 所示。

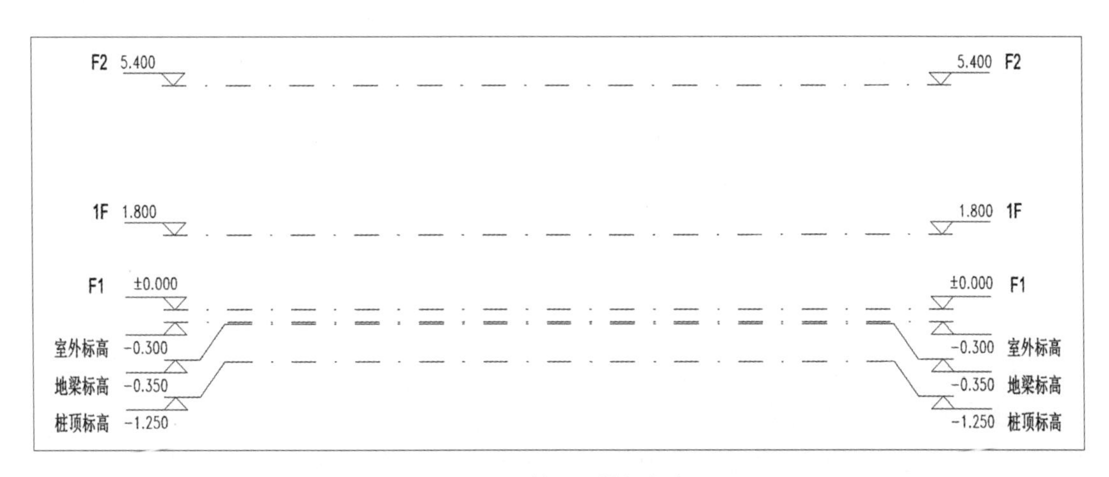

图 3-25　桩顶、地梁标高

注意

标高有上标高标头、下标高标头、正负零标高标头。修改标高标头的方法：在项目浏览器中展开“立面”项，双击“南立面”，在视图中单击标高，在“属性”面板的类型选择器中选择上标高标头（下标高标头、正负零标高标头），如图 3-26 所示。

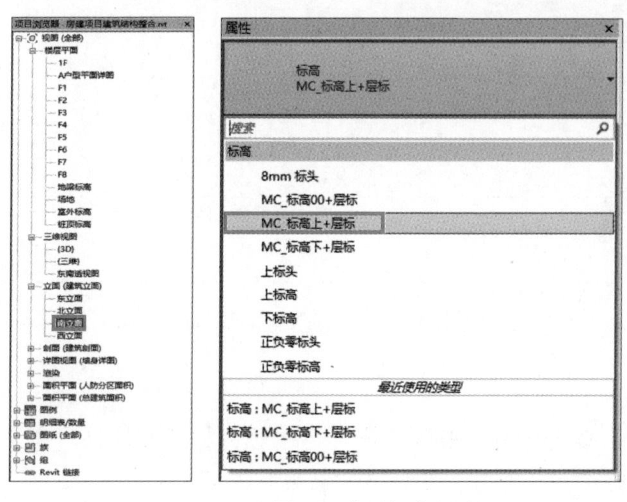

图 3-26　选择不同类型标高标头

② 复制。选择标高 F2，单击功能区的“复制”工具，并勾选选项栏中的“约束”和“多个”选项。光标回到绘图区域，在标高 F2 上单击，并向上移动，此时可直接输入新标高与被复制标高间的距离数值 3000，输入后按 Enter 键即可完成一个标高的复制，如图 3-27 所示。

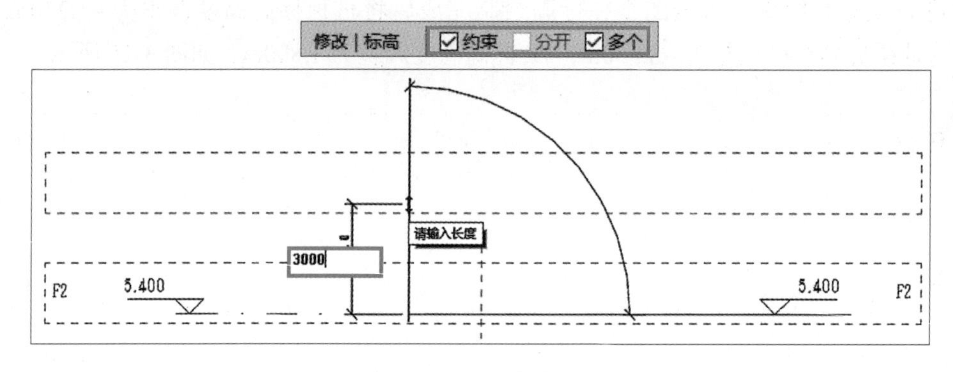

图 3-27　F3 标高的创建

③ 阵列。

a. 选择标高 F3，依次单击“修改 | 标高”上下文选项卡→“修改”面板→“阵列”工具，弹出设置选项栏，取消勾选选项栏中的“成组并关联”选项，输入“项目数”为“6”，再选择“移动到”为“第二个”，并勾选“约束”选项以保证正交，如图 3-28 所示。

修改 | 标高　成组并关联　项目数: 6　移动到: 第二个　最后一个　约束　激活尺寸标注

图 3-28 “阵列”参数设置

b. 设置完选项栏后，单击标高 F3，并将光标向上移动，同时输入标高间距 3000，按 Enter 键后，将自动生成标高 F4~F8，如图 3-29 所示。

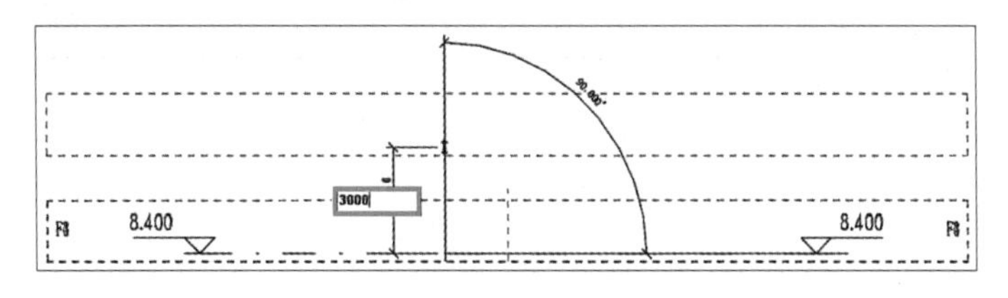

图 3-29 输入标高间距

c. 本案例工程标高如图 3-30 所示。

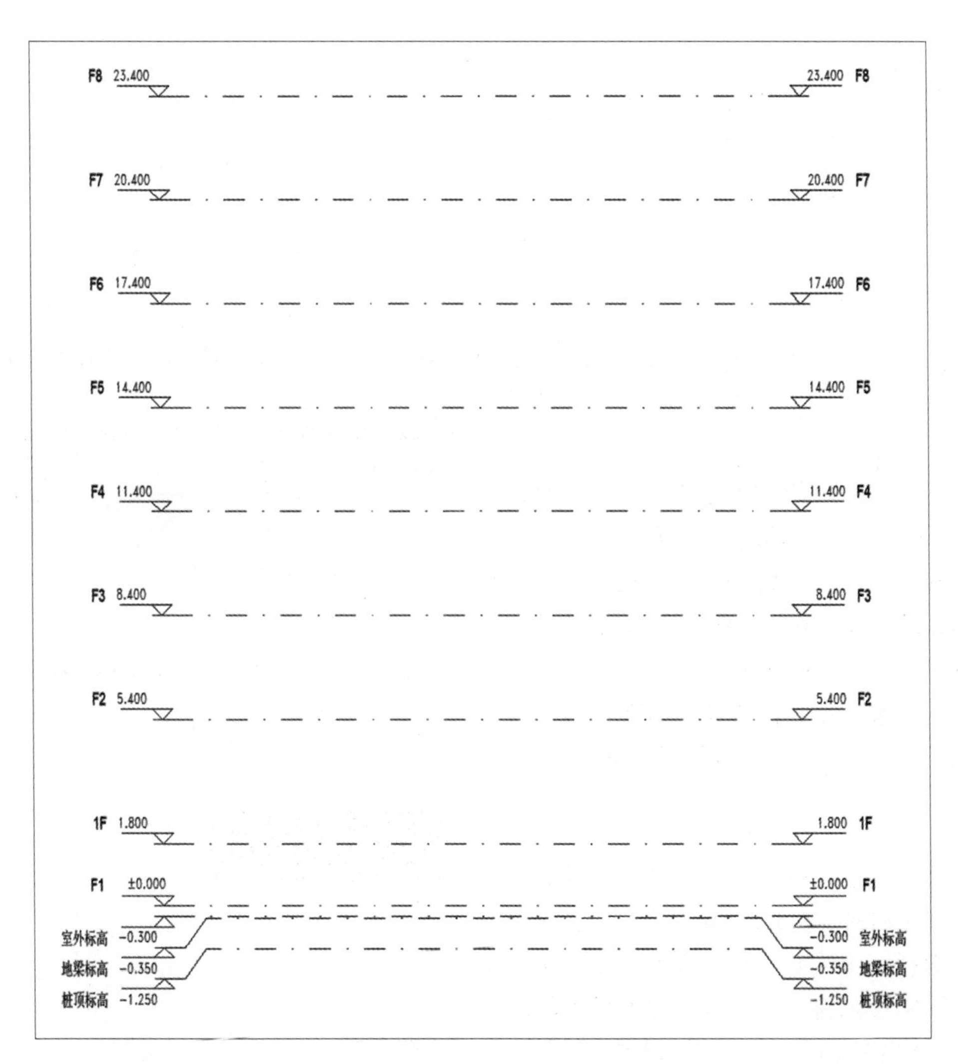

图 3-30 案例工程标高

说明

观察“项目浏览器”中“楼层平面”项下的视图，通过复制及阵列的方式创建的标高均未生成相应平面视图。同时观察立面图，有对应楼层平面的标高标头为蓝色，没有对应楼层平面的标高标头为黑色，因此双击蓝色标高标头，视图将跳转至相应平面视图，而黑色标高标头不能引导视图跳转，如图 3-31 所示。

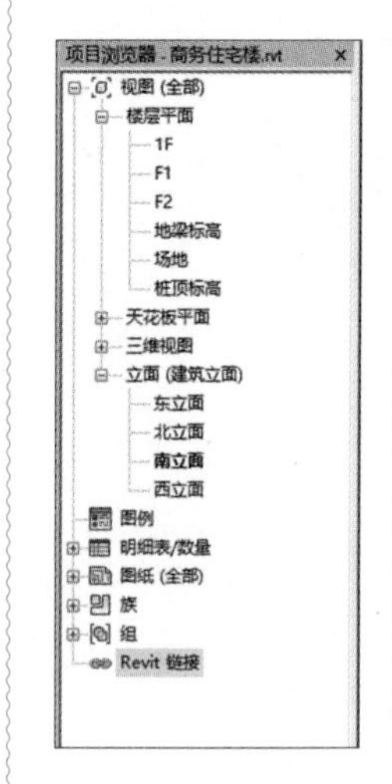

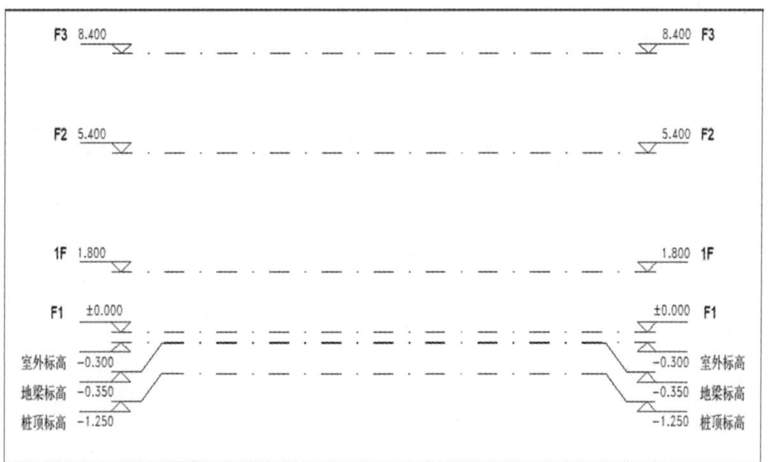

图 3-31 立面视图与平面视图

3.2.4 楼层平面创建

（1）依次单击“视图”选项卡→“创建”面板→“平面视图”工具，在弹出的下拉列表中选择“楼层平面”命令，如图 3-32 所示。

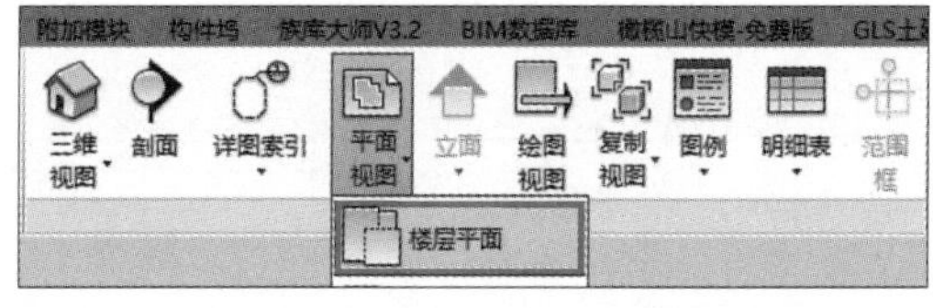

图 3-32 选择“楼层平面”命令

（2）在弹出的“新建楼层平面”对话框中单击选择第一个标高 F3，按住 Shift 键，单击选择最后一个标高 F8，以上操作将全选所有标高，单击“确定”按钮，即可完成楼层平面创建，如图 3-33 所示。

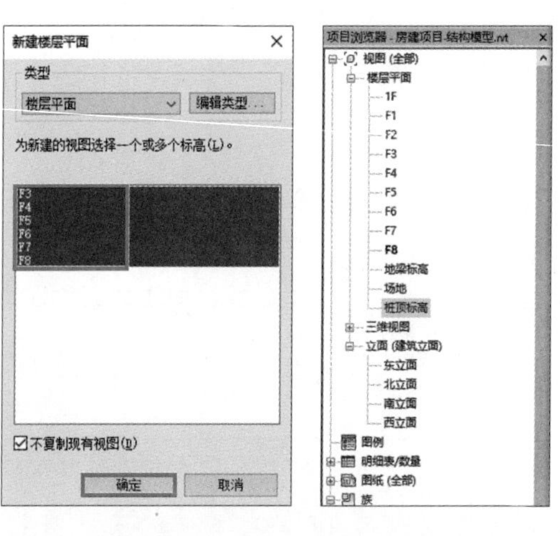

图 3-33 楼层平面创建

再次观察项目浏览器，所有复制和阵列生成的标高已创建了相应的平面视图。

3.2.5 案例工程轴网创建

标高创建完成后，接下来要在楼层平面图中创建轴网。在 Revit 中轴网只需在任意一个平面视图中绘制一次，其他平面、立面和剖面视图中都将自动生成。在项目浏览器中双击“楼层平面”项下的 F1 视图，打开首层平面视图。

（1）依次单击“建筑”选项卡→“基准”

面板→“轴网”工具，移动光标到绘图区域左上角，单击捕捉一点作为轴线起点。然后从上向下垂直移动光标一段距离后，再次单击捕捉轴线终点创建第一条垂直轴线，轴号为 1，如图 3-34 所示，第一条轴线建立完成。

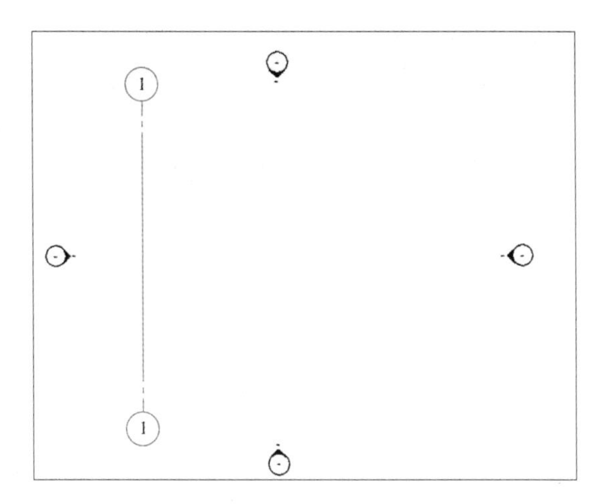

图 3-34 绘制基础轴线

（2）选择 1 轴，再选择功能区的“复制”命令，勾选选项栏中的“约束”和“多个”选项，如图 3-35 所示。

图 3-35 勾选“约束”和“多个”选项

（3）移动光标在 1 轴上单击捕捉一点作为复制参考点，然后水平向右移动光标，并在输入间距值 3600 后按 Enter 键确认，完成 2 轴的复制。保持光标位于新复制轴线的右侧，依次输入间距值 5000、1500、2600、1500、5000、3600，并在输入每个数值后按 Enter 键确认，完成 3~8 轴的复制。按两次 Esc 键，结束绘制后生成 1~8 轴，如图 3-36 所示。

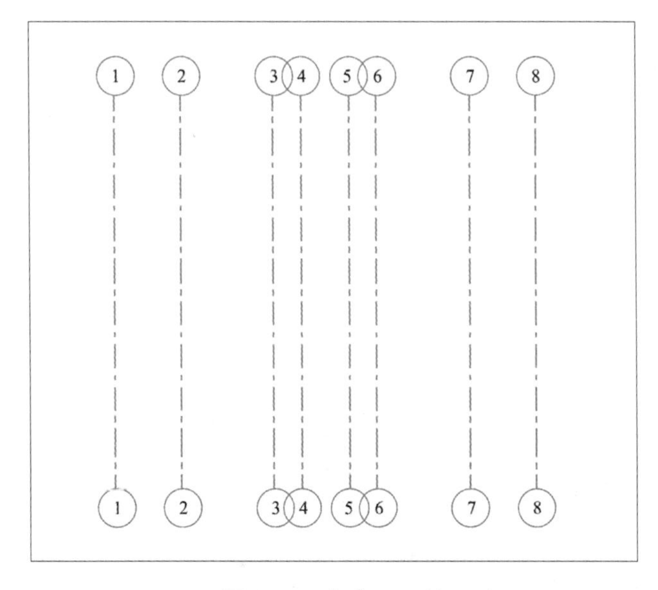

图 3-36 生成 1~8 轴

（4）案例图纸中 9~15 轴与 2~8 轴间距相同，因此可采用复制的方式快速完成 9~15 轴的绘制。选中 2~8 轴，单击功能区的“复制”工具，光标在 1 轴上任意位置单击作为复制的参考点，光标水平向右移动，在 8 轴上单击完成复制操作，生成案例工程 9~15 轴，如图 3-37 所示。

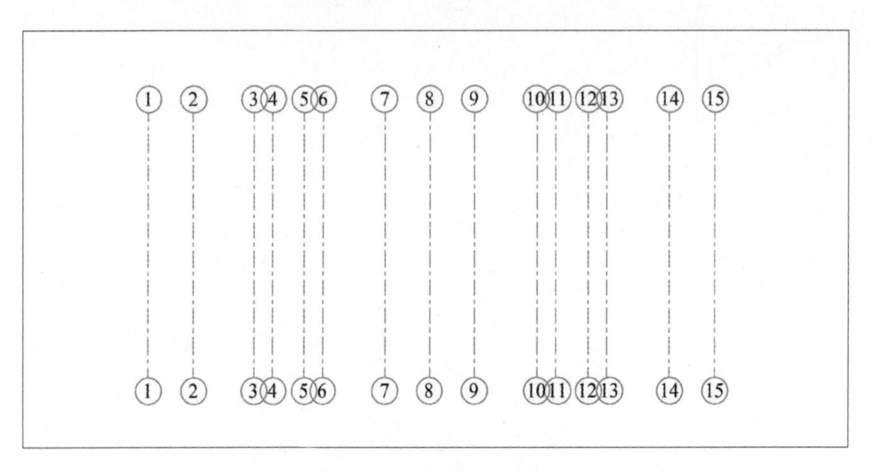

图 3-37　1~15 轴绘制

说明

在本项目中，1~7 轴以 8 轴为中心镜像同样可以生成 9~15 轴，但镜像后 9~15 轴的顺序将发生颠倒，即 15 轴将在最左侧，9 轴将在最右侧。因为在对多条轴线进行复制或镜像时，Revit 默认以复制源的绘制顺序进行排序，因此绘制轴网时不建议使用镜像的方式。

（5）依次单击“建筑”选项卡→“基准”面板→“轴网”工具，使用同样的方法在视图左下角单击定位，绘制水平轴线。选择已经创建的水平轴线，单击标头，标头数字被激活，输入新的标头文字“A”，完成 A 轴的创建，如图 3-38 所示。

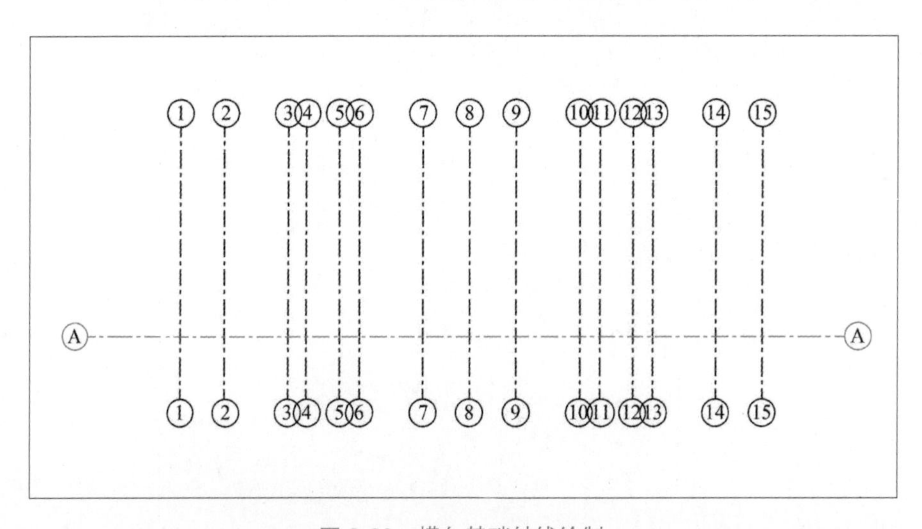

图 3-38　横向基础轴线绘制

（6）选择 A 轴，选择功能区的“复制”命令，在选项栏中勾选“多个”和“约束”选项，移动光标在 A 轴上单击捕捉一点作为复制的参考点，然后水平向上移动光标至较远位置，依次输入间距值为 5100、6300，并在每次输入数值后按 Enter 键确认，完成 B 轴和 C 轴的创建，如图 3-39 所示。

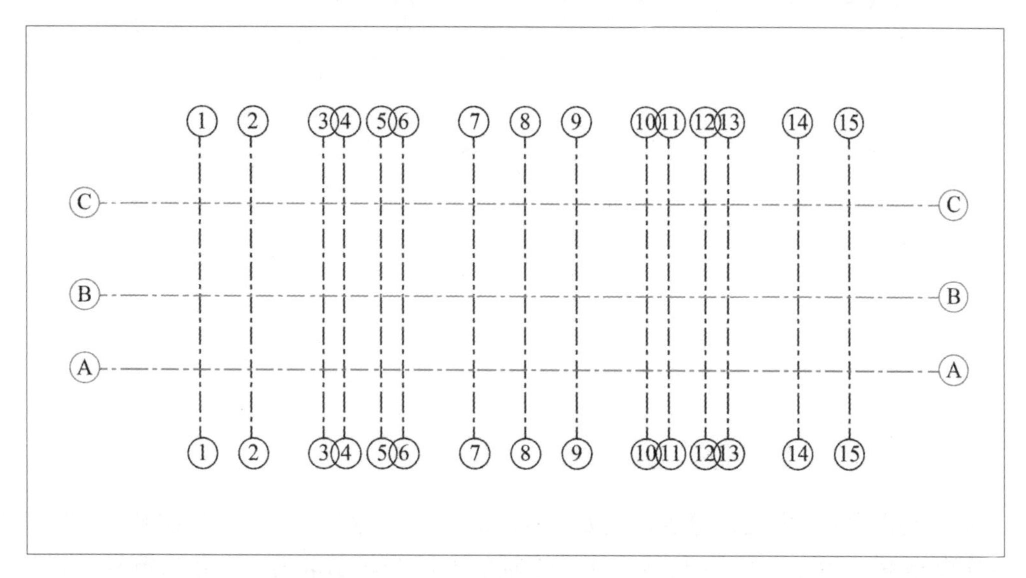

图 3-39　B 轴和 C 轴的创建

（7）如果绘制完成所有轴网后，发现轴网不在 4 个立面符号中间，可以框选所有轴网，使用功能区的“移动”命令，将轴网移动到 4 个立面符号中间，选择任意轴网，轴网标头内侧将出现空心圆，按住空心圆向上或向下拖动，将调整轴网长度，如图 3-40 所示。虚线表示该轴网标头与其他轴网标头对齐。锁形标记表示锁呈开启状态时该轴网标头可单独拖动，不影响其他轴网标头；锁呈关闭状态时拖动该轴网标头，其他轴网标头也会随之移动。

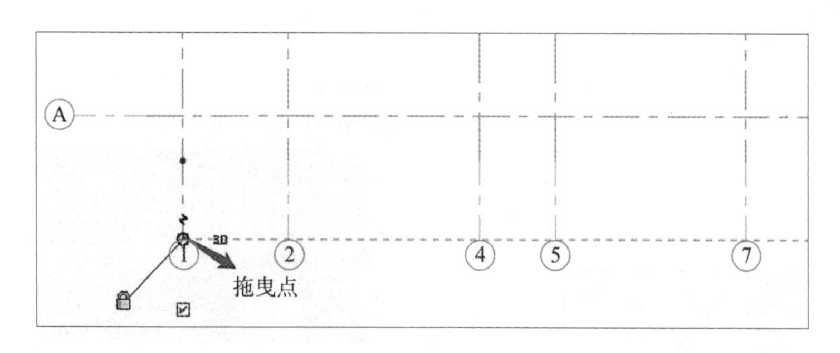

图 3-40　调整轴网位置

（8）根据轴线定位的墙体位置及长度需对轴线进行调整：选择 3 轴，取消勾选下标头下方正方形内的对钩，取消下标头的显示。单击轴线下标头旁边的锁形标记解锁，按住 3 轴下标头内侧的空心圆向上拖曳至 B 轴，如图 3-41 所示。

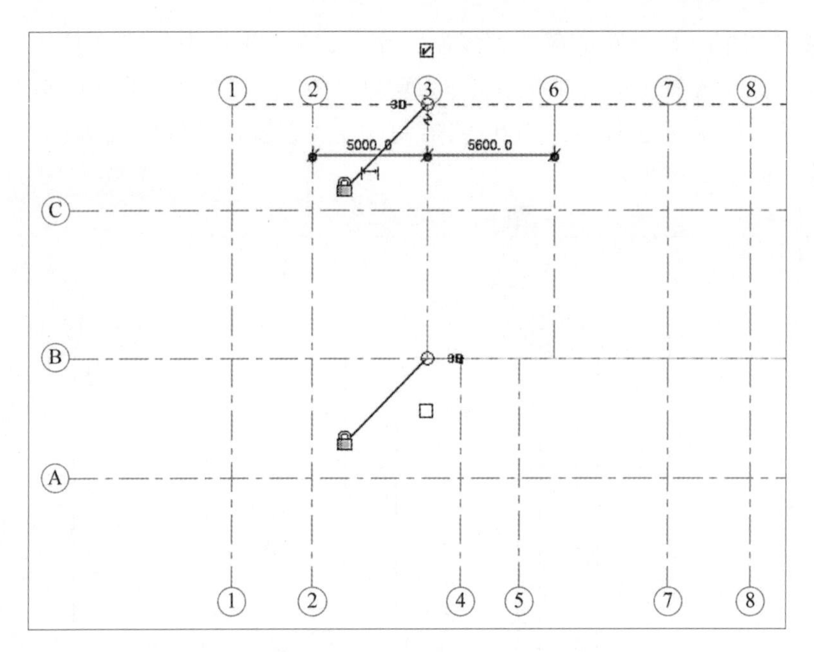

图 3-41 修改轴线

（9）使用同样的方法，分别取消 6、10、13 轴的下标头显示，并依次解锁，将其下标头拖曳至 B 轴锁定。再将 4、5、11、12 轴的上标头显示取消，并依次解锁，将其拖曳至 B 轴锁定。

（10）打开平面视图 F2，观察该视图发现针对轴线个别标头的可见性控制未传递到 F2 视图。回到 F1 视图，框选全部轴线，依次单击“修改 | 轴网”上下文选项卡→“基准”面板→“影响范围”工具，如图 3-42 所示。

（11）在弹出的“影响基准范围”对话框中单击选择“楼层平面：1F”，然后按住 Shift 键，选择“楼层平面：桩顶标高”，所有楼层及室外标高楼层平面都被选中，单击任意被选择的视图名称左侧的矩形框，将勾选所有被选择的视图，单击“确定”按钮完成应用，如图 3-43 所示。

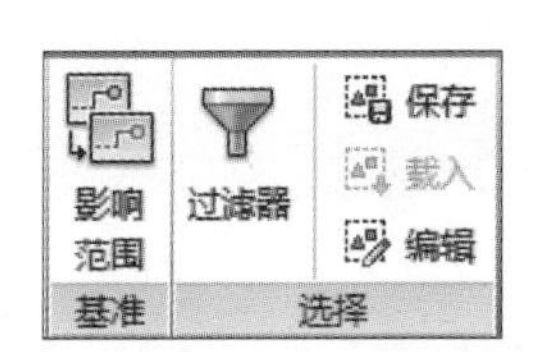

图 3-42 单击“影响范围”工具

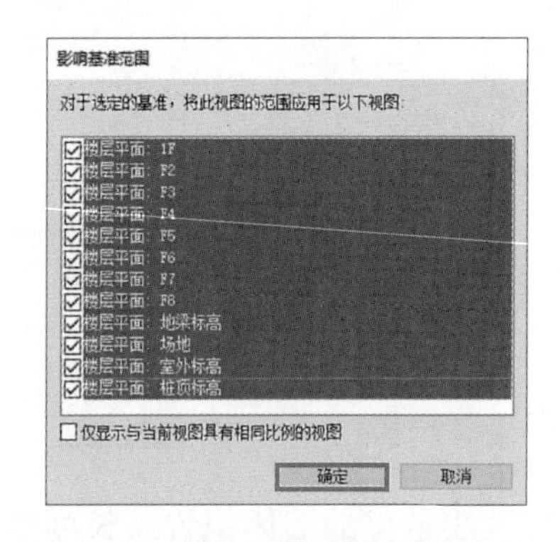

图 3-43 “影响基准范围”对话框

打开平面视图 F2，观察针对轴线标头的可见性控制是否已经传递到 F2 视图。

（12）为防止绘图过程中因误操作移动轴网，需将轴网锁定。打开平面视图 F1，框选所有轴网，单击功能区“锁定”工具，如图 3-44 所示。

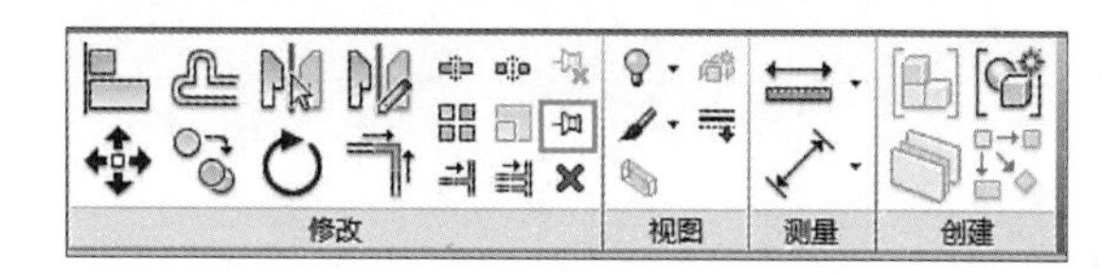

图 3-44 单击“锁定”工具

说明

使用“锁定”工具可以将建模构件锁定在适当的位置。锁定建模构件后，该构件就不能再移动了。如果试图删除锁定的构件，则 Revit 会显示警告，提示该构件已锁定，如图 3-45 所示。

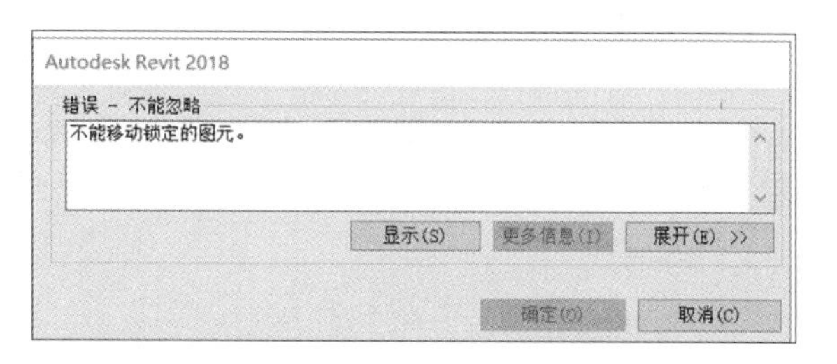

图 3-45 删除锁定构件的警告提示

（13）在图元旁边会显示一个图钉控制柄，表示该图元已被锁定。锁定后如需调整某条轴线，可选择该轴线，单击如图 3-46 所示的图钉控制柄，将在此锁定控制柄附近显示 ×，表明该图元已解锁，修改完成后可再次单击图钉控制柄恢复锁定。

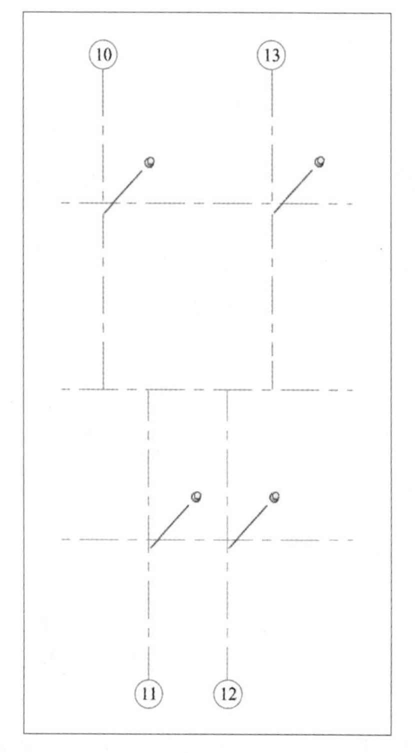

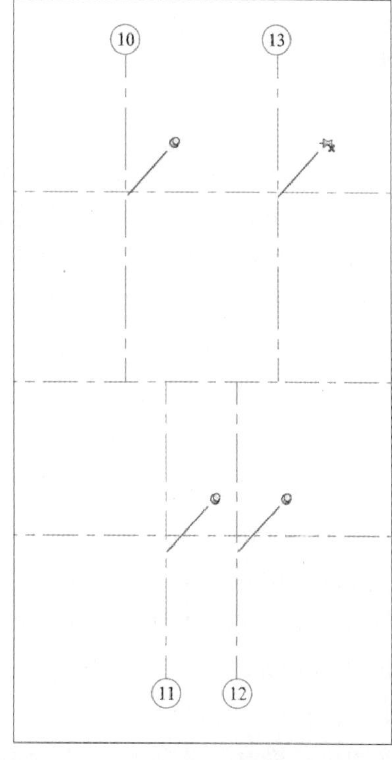

图 3-46 轴线解锁

注意

如需将所有轴网解锁，请框选轴网，单击功能区中如图 3-47 所示的“解锁”工具。

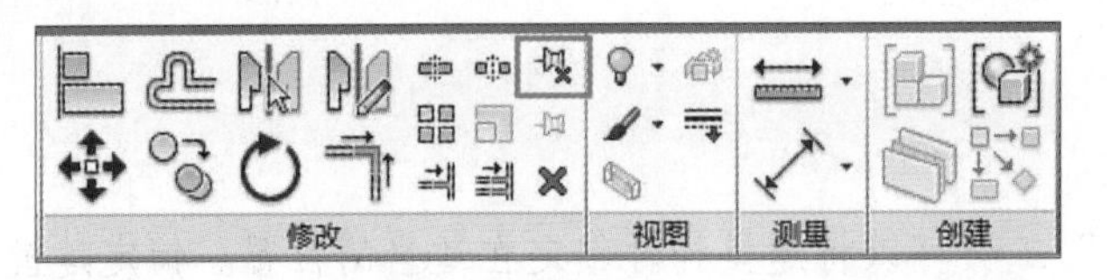

图 3-47　单击“解锁”工具

（14）按照以上操作即可完成本案例工程轴网创建，调整完成的轴网如图 3-48 所示。

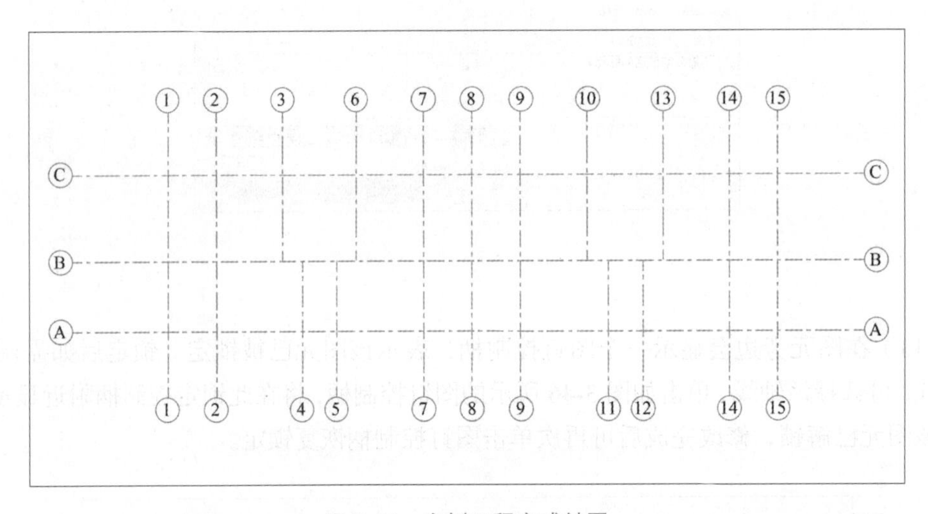

图 3-48　案例工程完成轴网

3.2.6　模型扣减关系处理

BIM 模型构件之间扣减关系的处理是 BIM 模型应用成功与否的重要因素，如模型要满足项目施工指导、下料、用料统计或造价计量需求，模型就应该按照各种不同需求考虑构件之间的扣减规则处理，BIM 模型构件之间扣减关系的处理是否符合相应的扣减规则也是衡量建模人员专业知识是否扎实的重要指标。因此，建模技术人员在进行 Revit 建模时，考虑模型构件之间扣减规则也是非常重要的一项工作。Revit 软件是一款全球性产品，构件之间默认的扣减规则不符合国内市场需求，所以建模人员在进行建模时要根据模型用途考虑模型构件之间的扣减规则。Revit 软件在建模时处理扣减方式总体有 3 种情况：一是在进行构件绘制时就考虑扣减，比如梁分段画时每段梁只画到柱边，板画到梁边等考虑扣减规则进行建模；二是通过国内插件解决算量，比如 BIM 模型需要解决造价算量时可以安装广联达、鲁班、晨曦、斯维尔等国内专业造价算量插件；三是通过 Revit 软件本身连接几何体和剪切功能完成模型构件之间的扣减，此种方法需要建模人员有较强的专业功底。教材中主要介绍 Revit 软件本身连接几何体和剪切功能完成案例工程框架构件之间的扣减，具体操作如下。

（1）依次单击“修改”选项卡→“几何图形”面板→“连接”工具，在弹出的下拉列表中选择“连接几何图形”命令，如图 3-49 所示。

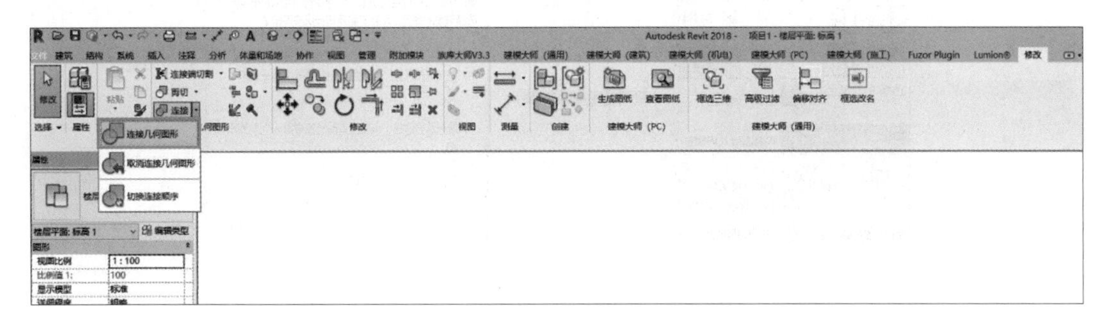

图 3-49　选择“连接几何图形”命令

（2）按照梁避让柱，板避让梁，墙避让梁等扣减规则，它们的扣减关系为：先单击柱再单击梁，完成单个柱和梁的扣减关系，重复操作完成整个项目柱和梁的扣减关系。

（3）依次单击“修改”选项卡→“几何图形”面板→“连接”工具，在弹出的下拉列表中选择“连接几何图形”命令，如要实现墙构件和柱、梁、板构件扣减，需勾选“多重连接”选项，不勾选“多重连接”选项则只能实现墙与柱构件的扣减，操作如图 3-50 所示。

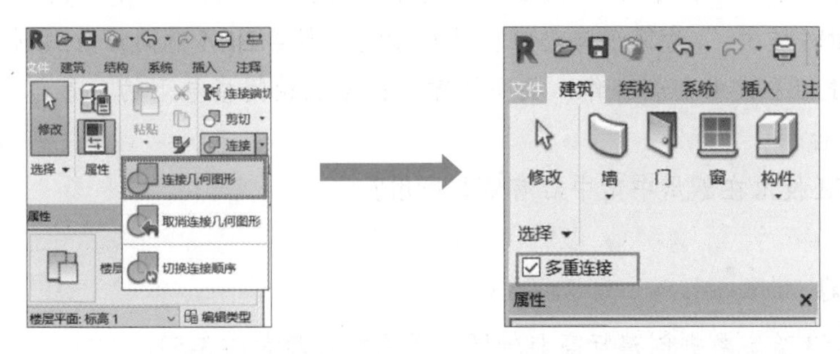

图 3-50　选择“连接几何图形”命令及勾选“多重连接”选项

（4）如要实现板和柱、梁构件扣减，先单击需要被扣减的板，从右往左框选柱、梁图元，此时会提示如图 3-51 所示的对话框。

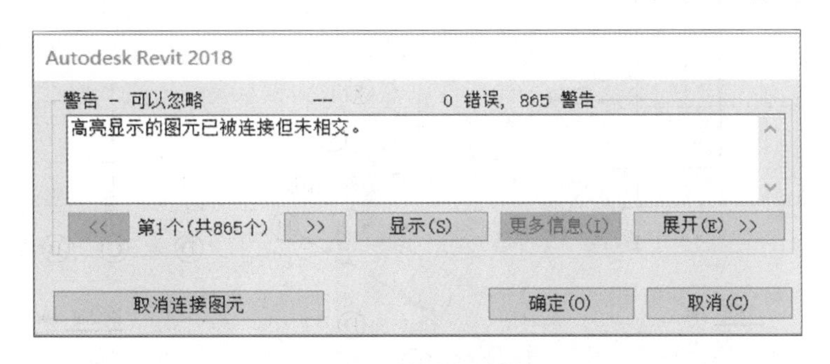

图 3-51　构件扣减提示

（5）单击扣减提示对话框中的“确定”按钮后，再依次单击“修改”选项卡→“几何图形”面板→“连接”工具，在弹出的下拉列表中选择“切换连接顺序”命令，单击一层板从左上角向右下角框选，弹出“切换连接顺序”对话框，选择“切换连接，不统一剪切”选项，切换扣减顺序，即可完成扣减，如图 3-52 所示。

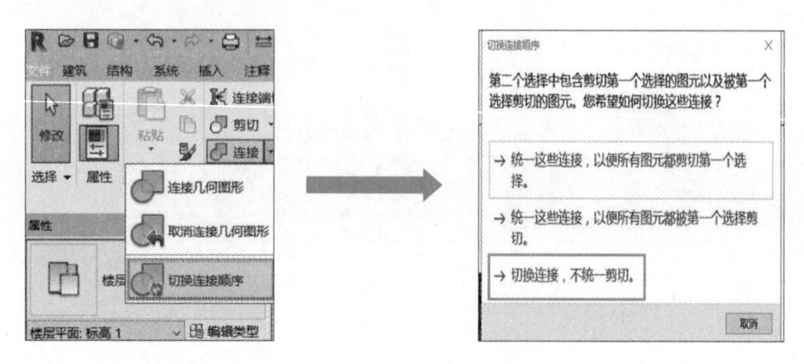

图 3-52　扣减顺序调整

思政元素　工匠精神——团队精神、科学精神

BIM 在苏州中南中心的应用

苏州中南中心建筑高度为 499.15m，应用 BIM 技术解决项目要求高、设计施工技术难度大、协作方众多、工期长、管理复杂等诸多问题。该项目的业主谈到“这个项目建成后将成为苏州城市的‘新名片’，为保证项目的顺利进行，我们不得不从设计、施工到竣工全方面应用 BIM 技术。”为保证跨组织、跨专业的超高层 BIM 协同作业顺利进行，业主方选择了与 BIM 相关技术企业合作，共同搭建“在专业顾问指导下的多参与方的 BIM 组织管理”协同平台。

思考：BIM 技术在苏州中南中心有哪些应用？

课后练习

根据图 3-53 给定数据创建标高与轴网，显示方式参考图 3-53。

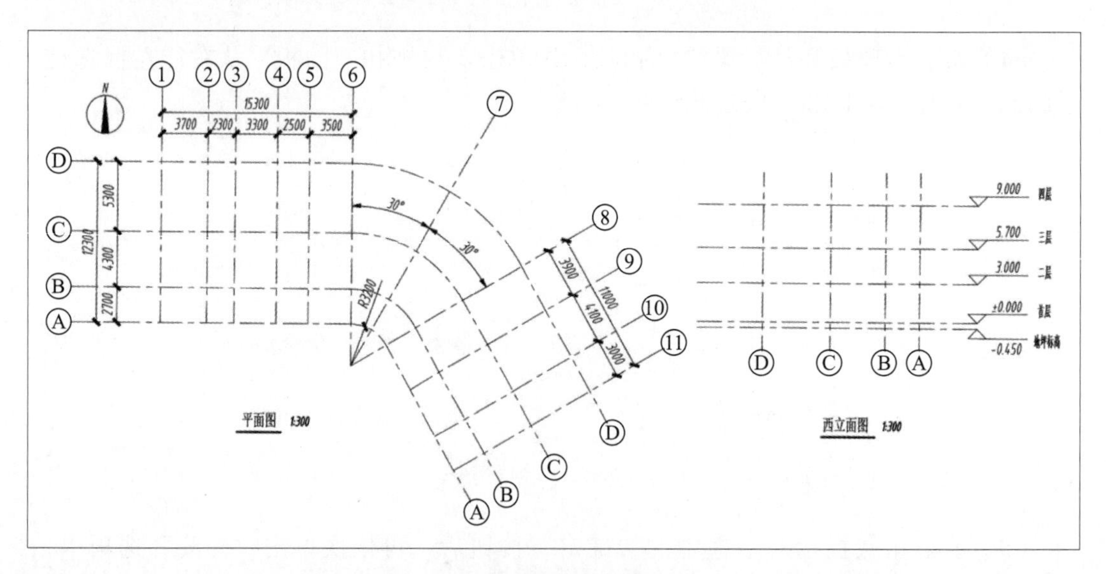

图 3-53　课后练习图

模块2

结构模型创建

第4章　结构模型创建

知识目标

1. 了解基础、承台、基础梁的表达方法。
2. 了解框架柱、剪力墙、框架梁、楼板、构造柱的表达方法。
3. 熟悉建筑结构建模操作。

教学视频：
结构模型搭建

能力目标

1. 能熟读图纸信息，并创建基础、承台、基础梁、框架柱、剪力墙、框架梁、楼板、构造柱等构件的模型。
2. 能运用BIM建模软件的快捷命令。

素养目标

1. 培养敬业、有担当的工匠精神。
2. 培养口头与书面表达能力、人际沟通能力。

4.1　案例工程基础构件模型创建

4.1.1　基础构件建模资料准备

在正式建模前我们将导入已经设计好的CAD图纸，具体操作如下。

（1）在项目浏览器下双击进入桩顶标高平面，依次单击“插入”选项卡→“导入”面板→“导入CAD”工具，弹出“导入CAD格式”对话框，在“案例所需资料”文件夹里找到“结构-基础平面布置图.dwg”文件。

（2）进行导入设置：勾选“仅当前视图”选项，“图层/标高”选择“可见”，“导入单位”选择“毫米”，“定位”选择“自动-原点到原点”，“放置于”选择“桩顶标高”，其他选项保留默认设置，单击“打开”按钮导入，如图4-1所示。

（3）导入CAD图纸后，选择图纸，解锁图纸后用“移动”工具，调整导入图纸和已创建轴网重叠，然后依次单击“修改”选项卡→“修改”面板→“锁定”工具，将导入的CAD图纸锁定。

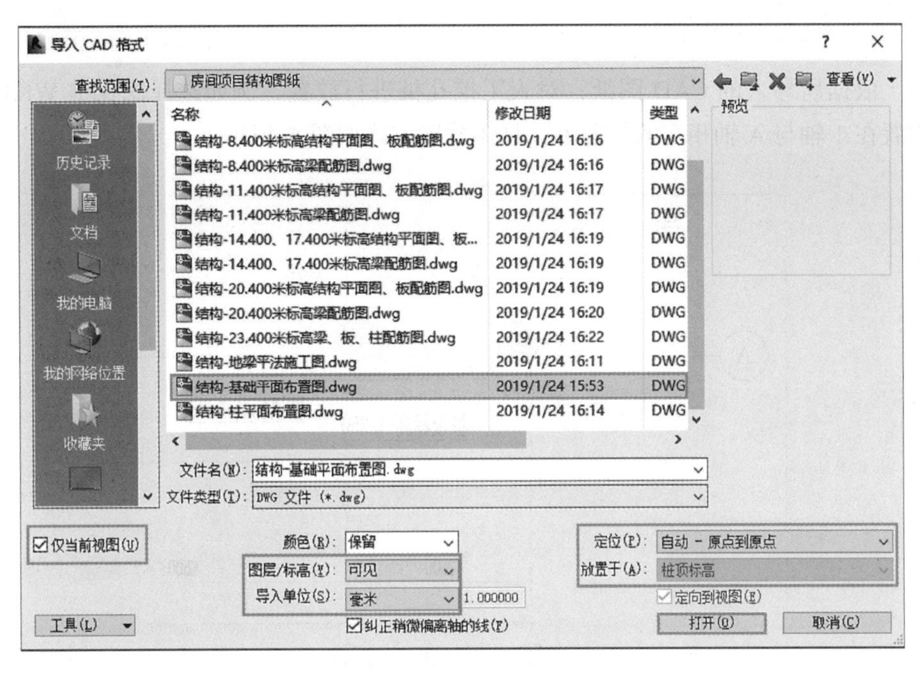

图 4-1　选择图纸文件及导入设置

4.1.2　人工挖孔桩参数设置

（1）依次单击“结构”选项卡→“模型”面板→“构件”工具，在弹出的下拉列表中选择“放置构件”命令，如图 4-2 所示。

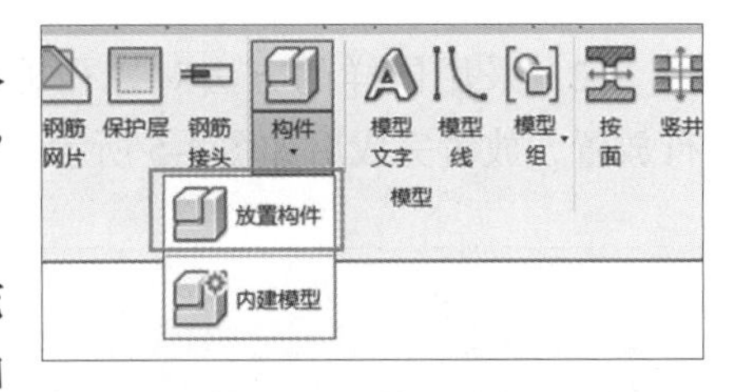

图 4-2　选择“放置构件”命令

（2）在类型选择器中选择“人工挖孔桩 C30 挖孔桩 WKJ1-C30”，并根据图纸调整相关属性参数，如图 4-3 所示。

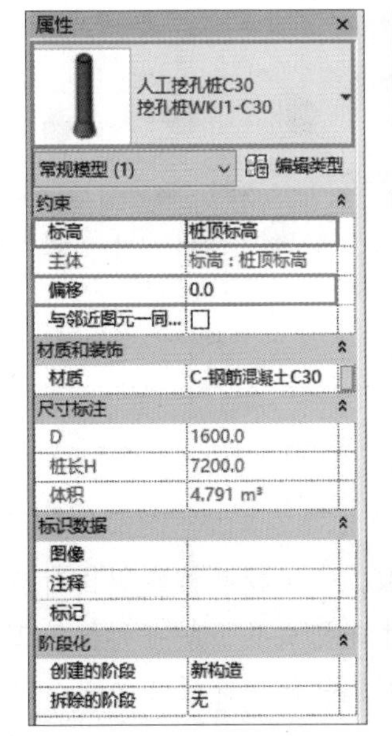

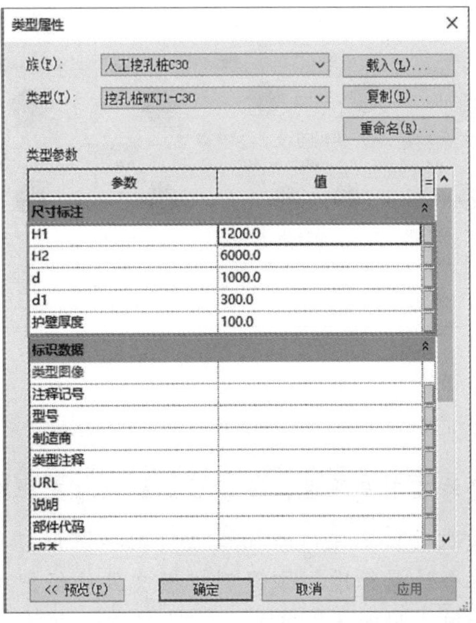

图 4-3　人工挖孔桩属性调整

4.1.3 人工挖孔桩模型创建

（1）依据所导入的 CAD 图纸，对人工挖孔桩进行放置，例如选择挖孔桩 WKJ1-C30 后，放置在 1 轴与 A 轴相交的位置上。具体放置方式如图 4-4 所示。

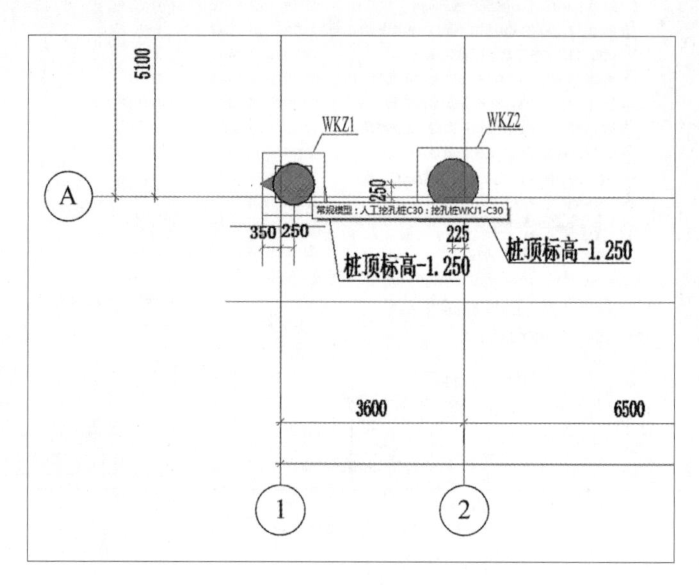

图 4-4 挖孔桩 WKJ1-C30 的放置

（2）采用同样的方法对挖孔桩 WKJ2-C30、WKJ3-C30、WKJ4-C30、WKJ5-C30 进行放置，放置完成后如图 4-5 所示。

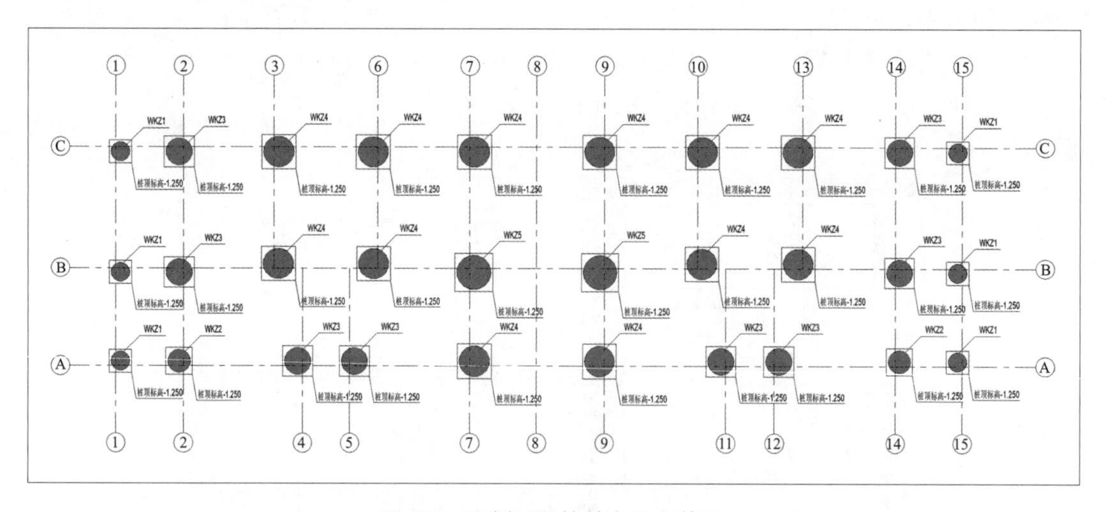

图 4-5 案例工程桩基布置完整图

说明

为满足施工工艺要求，方便后期桩基施工模拟，人工挖孔桩在制作时应把护壁和桩芯用嵌套族进行创建，后期在进行施工模拟时才能把成孔、护壁和桩芯工艺展现出来，并且符合计量标准。本案例样板文件已经把桩族制作在样板文件中，以方便 BIM 技术人员使用，如图 4-6 所示。

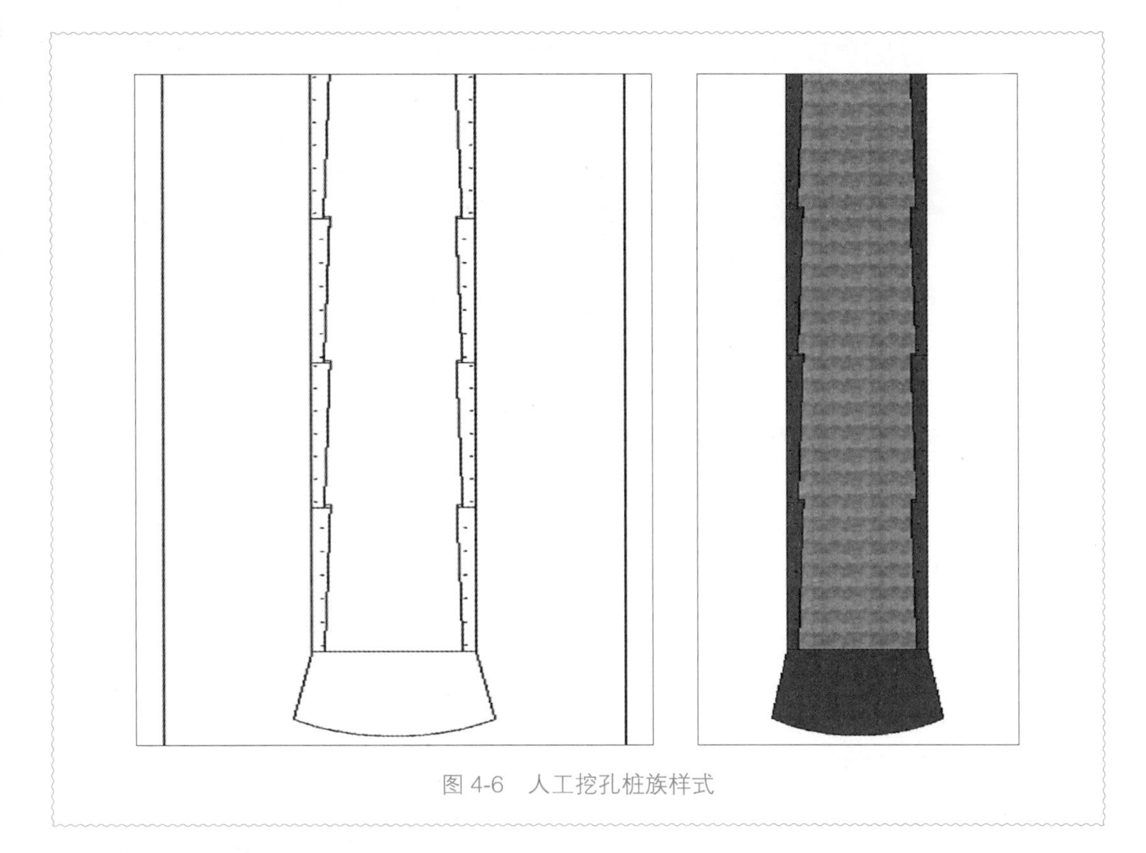

图 4-6　人工挖孔桩族样式

4.1.4　基础垫层参数设置

（1）在 Revit 软件中，基础垫层可以用结构基础楼板创建。依次单击“结构”选项卡→“基础”面板→“板”工具，在弹出的下拉列表中选择“结构基础：楼板”命令，如图 4-7 所示。

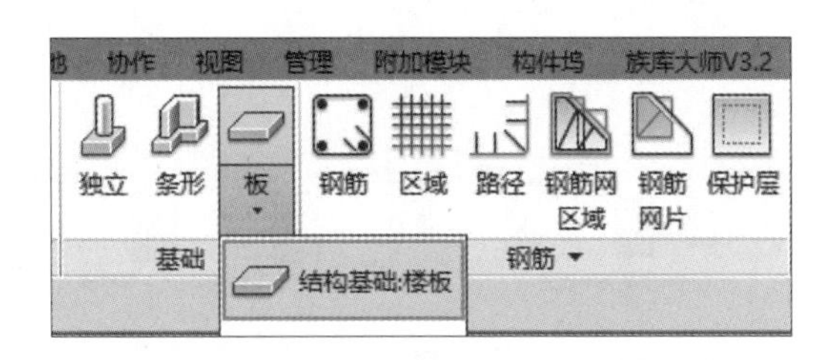

图 4-7　选择“结构基础：楼板”命令

注意

在 Revit 中垫层构件一般选用楼板作为基础构件，然后对基础底板的属性进行修改。

（2）在“属性”面板的类型选择器中选择“150mm 厚基础底板”。单击“编辑类型”按钮，弹出“类型属性”对话框，单击“复制”按钮，重命名为“混凝土垫层 100 厚-C20”。

单击“结构”后的“编辑”按钮，弹出“编辑部件”对话框，更改材质为“C_素混凝土C20”，厚度为“100”，如图 4-8 所示。

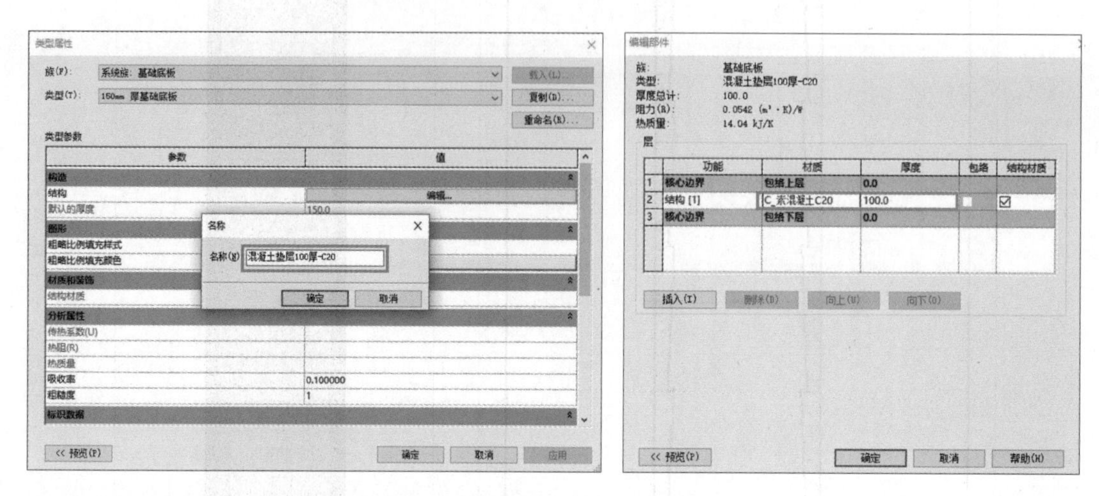

图 4-8　创建混凝土垫层 100 厚-C20

4.1.5　基础垫层模型创建

（1）根据导入进来的 CAD 图纸为垫层构件定位，在“属性”面板的类型选择器中选择“混凝土垫层 100 厚-C20”，设置“自标高的高度偏移”为“0”，在“绘制”面板中选择“矩形”工具，在选项栏中设置偏移值为 100（一般垫层都比承台宽 100mm）。把光标移动到绘图区域，根据 CAD 底图的边界依次绘制生成封闭的底板边界，如图 4-9 所示。

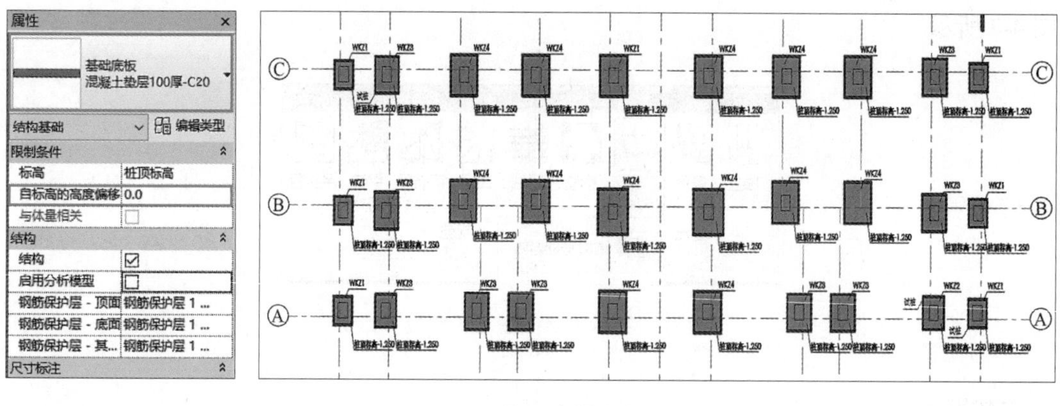

图 4-9　垫层边界绘制

（2）垫层绘制完成后的三维模型如图 4-10 所示。

4.1.6　桩承台参数设置

（1）回到桩顶标高楼层，依次单击“结构”选项卡→“基础”面板→“独立”工具，如图 4-11 所示。

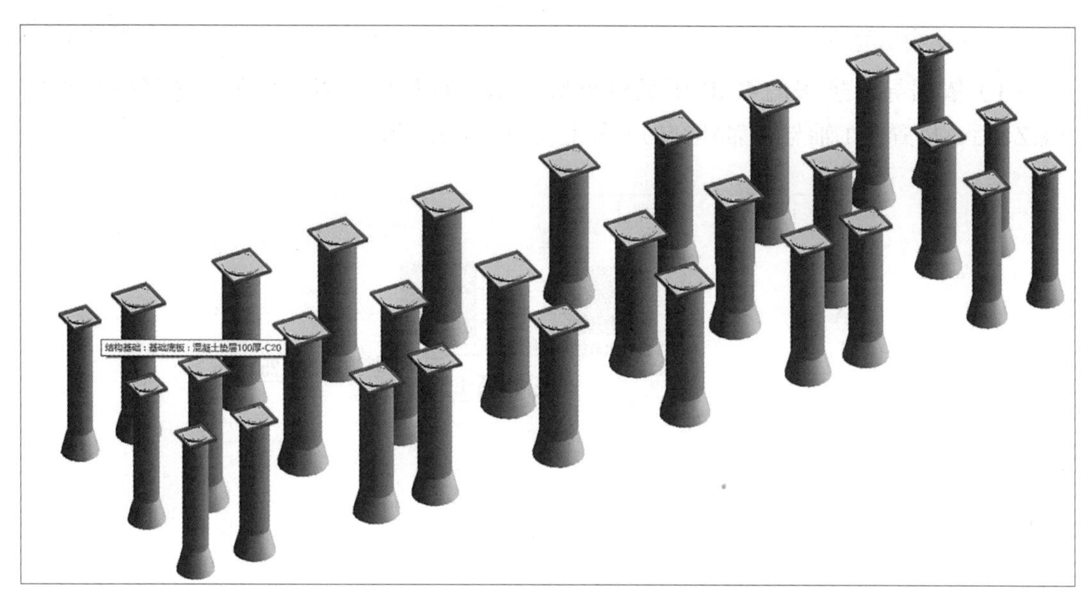

图 4-10　垫层三维模型

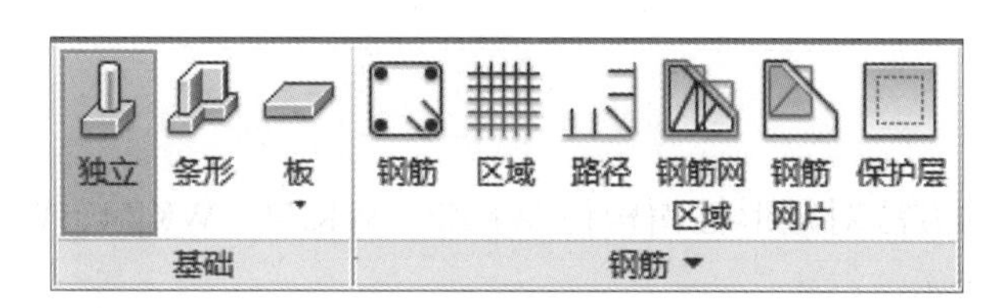

图 4-11　选择“独立”工具

（2）在“属性”面板的类型选择器中选择“矩形桩帽-C30 WKZ1”，并对实例属性进行设置:“标高”为“桩顶标高”,“结构材质”为“C_ 钢筋混凝土 C30”。单击“编辑类型”按钮，弹出“类型属性”对话框，将“宽度”和“长度”均设为“1200”，“厚度”设为“900”，如图 4-12 所示。

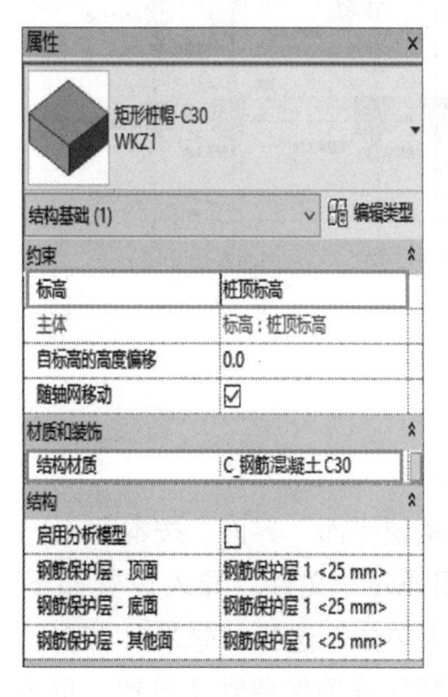

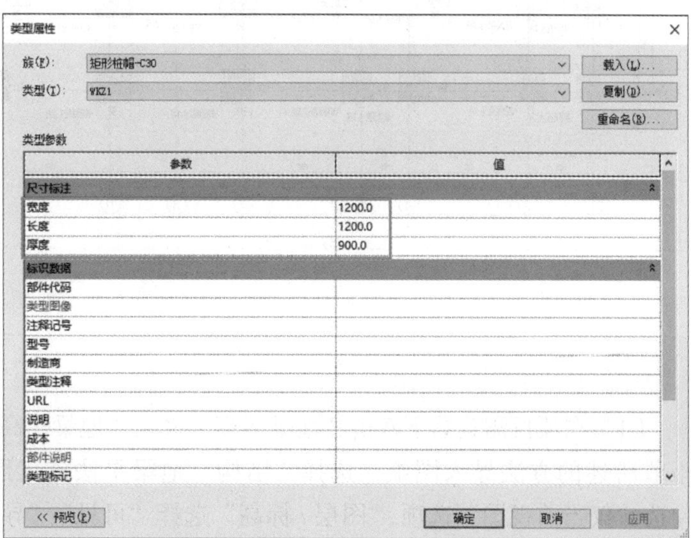

图 4-12　矩形桩帽属性设置

4.1.7 桩承台模型创建

（1）依据导入进来的 CAD 图纸对矩形桩帽进行相应放置，例如，选择矩形桩帽 WKZ1 后，放置在 1 轴与 A 轴相交的位置上，如图 4-13 所示。

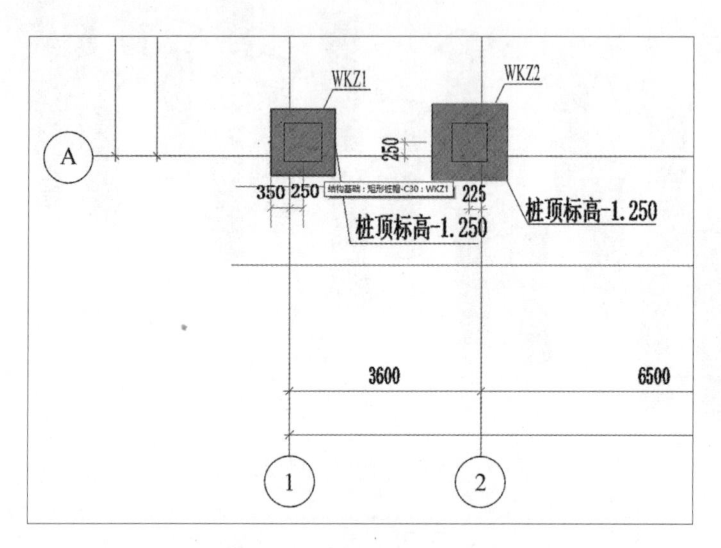

图 4-13　矩形桩帽 WKZ1 的放置位置

（2）采用同样的方法对矩形桩帽构件 WKZ2、WKZ3、WKZ4、WKZ5 进行放置，放置完成后如图 4-14 所示。

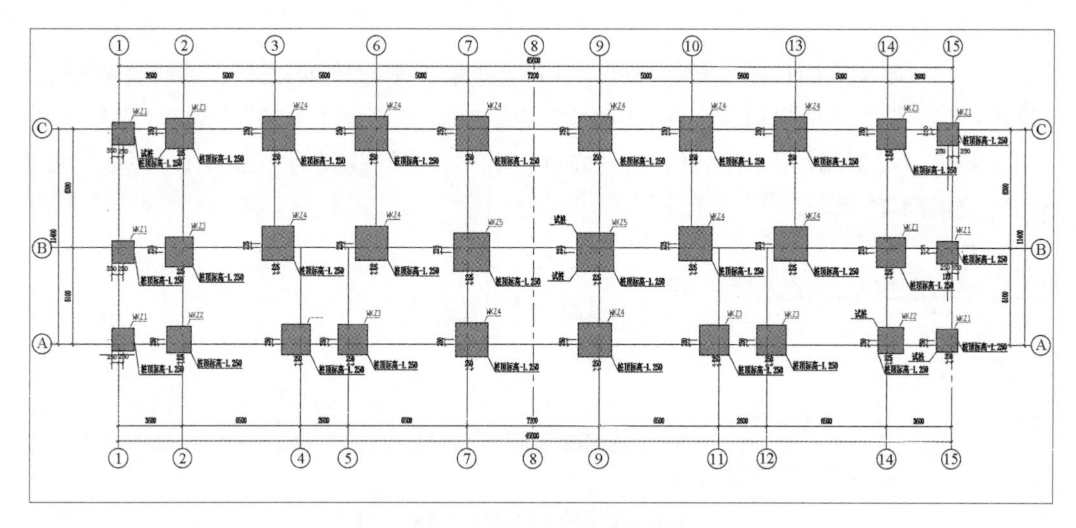

图 4-14　矩形桩帽位置布置图

4.1.8 基础梁模型创建准备

（1）在项目浏览器下双击“地梁标高”进入“地梁标高楼层平面”界面，按本章 4.1.1 小节所述的方法导入图纸，选择“结构 - 地梁平法施工图.dwg”文件。导入设置如下：勾选“仅当前视图”选项，“图层 / 标高”选择“可见”，“导入单位”选择“毫米”，“定位”选择“自动 - 原点到原点”，“放置于”选择“地梁标高”，其他选项保留默认设置，单击“打开”按钮导入，如图 4-15 所示。

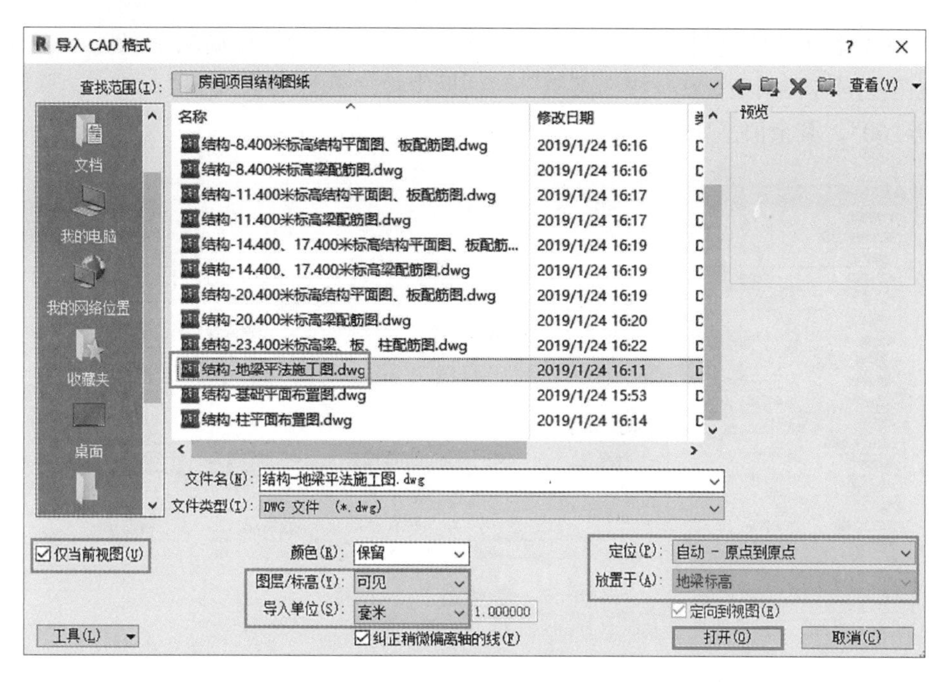

图 4-15　图纸导入设置

（2）导入 CAD 图纸后，选中图纸，将轴线移动或对齐到与模型轴线一致的位置，然后将图纸锁定。

（3）对案例视图范围进行调整，调整的方法如下。

① 视图范围是对平面中构件的可视深度的调整。通过调整属性来改变所在平面中构件的可视位置，达到绘图所需的可视范围，也称为可见范围。视图范围是通过对“顶视图”“剖切面”和“底视图”数值的调整来形成可见区域，顶视图和底视图为控制可见范围的深度，剖切面是控制剖面可见区域的剖切点，用于视图深度确定后构件在平面上的剖面位置的定义。其中，底视图数值不得低于标高但可与标高数值相同。

② 视图深度是主要范围之外的附加平面。更改视图深度，以显示底裁剪平面下的图元。默认情况下，视图深度与底剪裁平面重合。如图 4-16 所示的立面显示了平面视图的视图范围⑦、顶部①、剖切面②、底部③、偏移（从底部）④、主要范围⑤和视图深度⑥，右侧平面视图显示了此视图范围的结果。

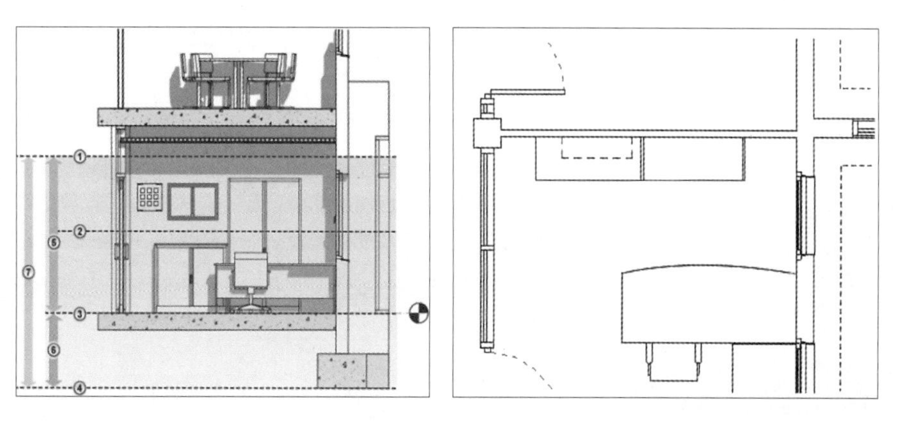

图 4-16　视图范围设置

③ 依据上述条件绘制基础梁的时候，梁是在平面视图范围标高之下 200mm，所以需要把视图范围进行调整，在“视图范围”对话框中将“视图深度”选项下的“偏移量”修改为“-200”，其余值不变，单击“确定”按钮，如图 4-17 所示。

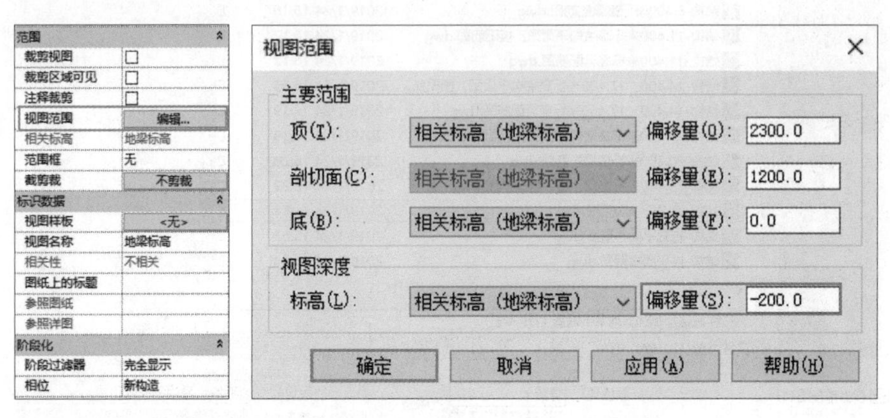

图 4-17　案例视图范围调整

4.1.9　基础梁参数设置

（1）依次单击“结构”选项卡→“结构”面板→“梁”工具，如图 4-18 所示。

图 4-18　选择“梁”工具

（2）在类型选择器中选择“ZM_ 现浇混凝土基础梁-C30 400*800”的梁构件，单击“编辑类型”按钮，弹出“类型属性”对话框，单击“复制”按钮，重新创建基础梁“DL1-200*400”，将“结构材质”设为“C_ 钢筋混凝土 C30”，h 与 b 的值分别设为“400”和“200”，如图 4-19 所示。

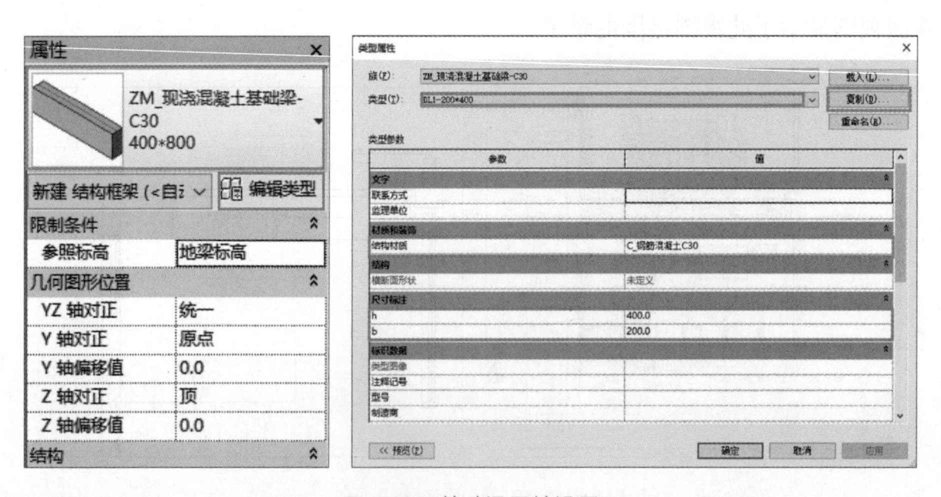

图 4-19　基础梁属性设置

4.1.10 基础梁模型创建

（1）依据所导入的 CAD 图纸，对基础梁进行相应位置绘制，例如选择基础梁 DL1-200*400 后，绘制如图 4-20 所示。

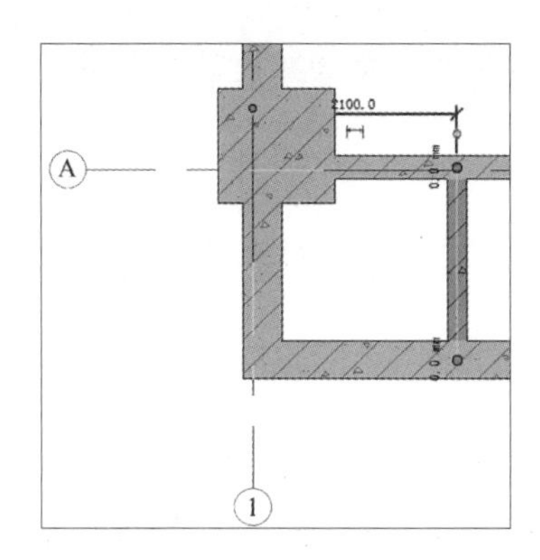

图 4-20　基础梁 DL1-200*400 的布置位置

（2）应用同样的方法对其余的基础梁进行绘制，根据图纸完成整层基础梁平面图的绘制，完成后的效果如图 4-21 所示。

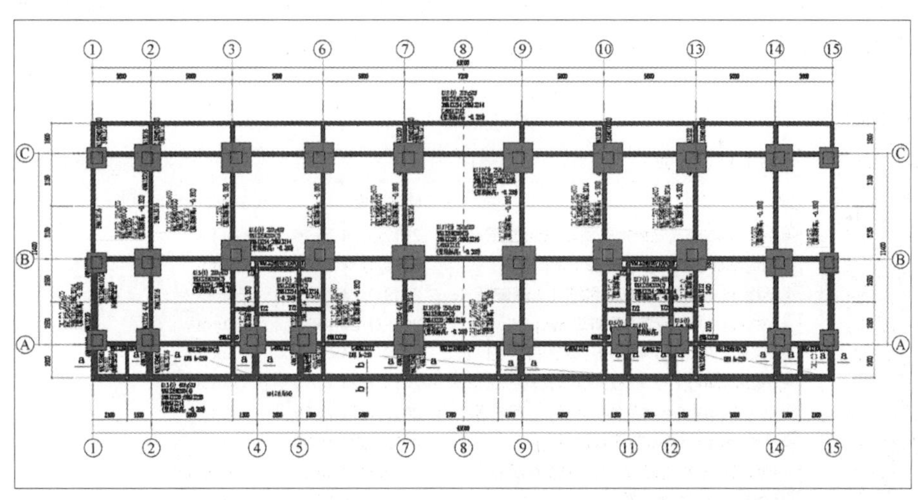

图 4-21　整层基础梁完成图

说明

在基础梁构件绘图时，同一条梁有多跨时，可拉通绘制也可分段绘制，分段绘制梁时各跨梁只绘制到支座边，同一条梁在断面不同时选择不同断面分别绘制；同一条梁有多跨时也可拉通绘制，绘制完成后再应用 Revit 软件“链接几何图形”和“剪切几何图形”功能进行扣减关系处理，有扣减关系的模型才能满足后期模型应用。

4.2 框架柱模型创建

4.2.1 框架柱模型创建准备

（1）在项目浏览器下，双击进入地梁标高平面。

（2）导入图纸：依次单击“插入”选项卡→“导入”面板→“导入 CAD”工具，弹出“导入 CAD 格式”对话框，在“案例所需资料”文件夹里找到“结构 - 柱平面布置图.dwg”文件。

（3）导入设置如下：勾选“仅当前视图”选项，“图层 / 标高”选择“可见”，“导入单位”选择“毫米”，“定位”选择“自动 - 原点到原点”，“放置于”选择“地梁标高”，其他选项保留默认设置，单击“打开”按钮导入，如图 4-22 所示。

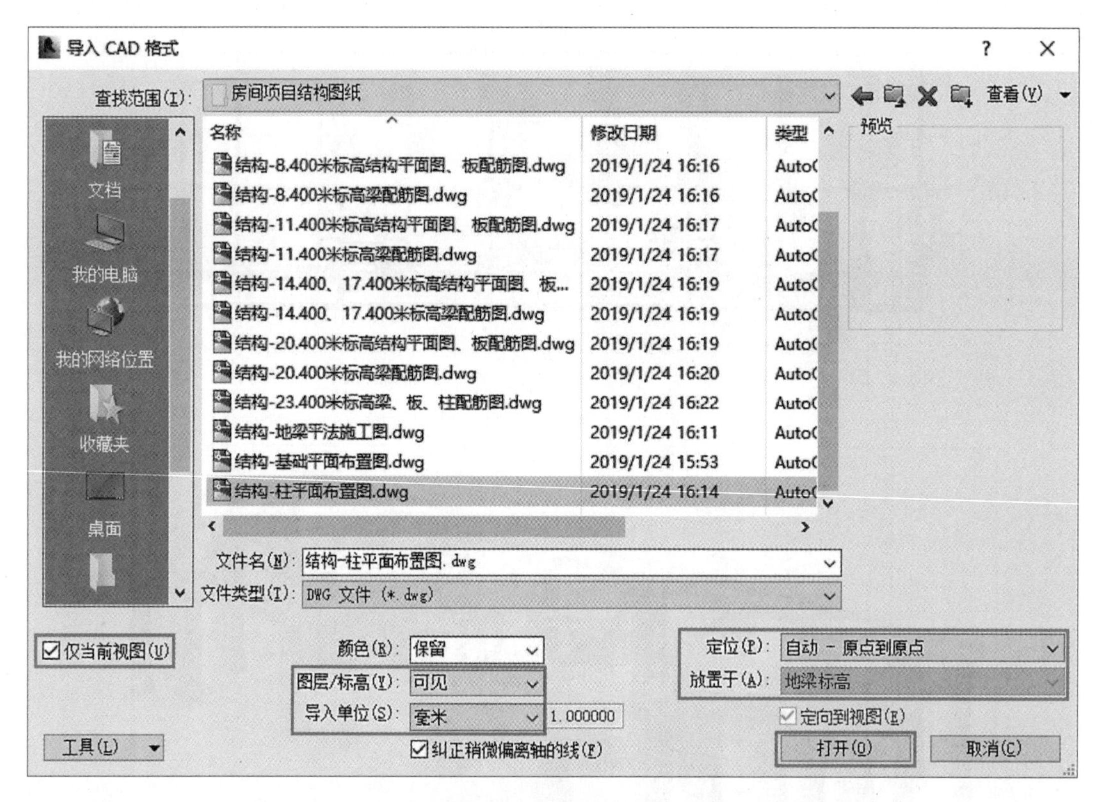

图 4-22 图纸导入设置

（4）导入 CAD 图纸后，选中图纸解锁，将轴线移动或对齐到与模型轴线一致的位置，然后将图纸锁定，如图 4-23 所示。

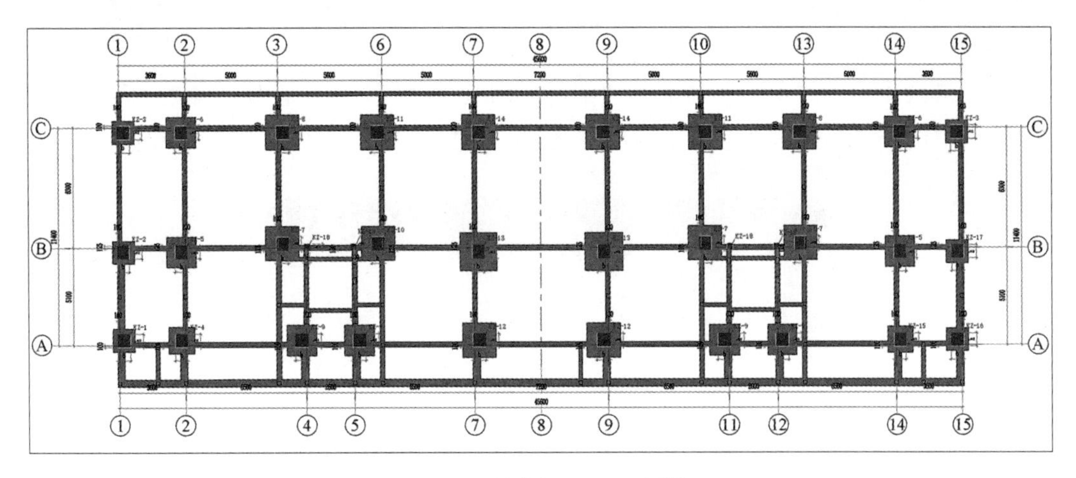

图 4-23　锁定导入 CAD 图纸

（5）使用快捷键 VV，打开“楼层平面：地梁标高的可见性 / 图形替换”对话框。单击“导入的类别”选项卡，取消勾选“结构 - 地梁平法施工图 .dwg”选项，如图 4-24 所示。单击“确定”按钮后，“结构 - 地梁平法施工图”被隐藏。

提示

导入图纸时需注意 3 点：①图纸导入设置；②图纸对齐到模型轴网；③图纸锁定。

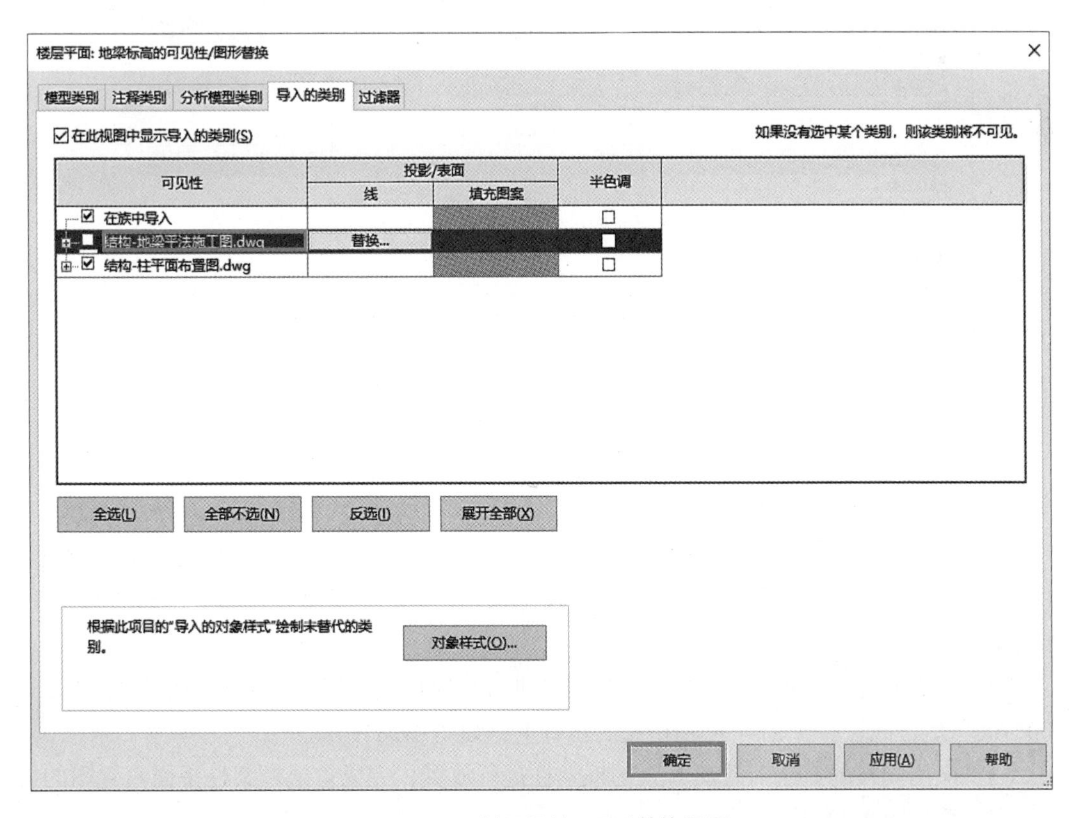

图 4-24　图纸可见性 / 图形替换设置

4.2.2 框架柱参数设置

（1）依次单击“结构”选项卡→“结构”面板→“柱”工具，如图 4-25 所示。在类型选择器中选择“ZM_ 现浇混凝土矩形柱 -C30”，对框架柱的属性进行修改调整。

图 4-25 单击“柱”工具

（2）依据“结构 - 柱平面布置图 .dwg”创建项目所需的柱类型，例如框架柱“KZ-1 700∗700”的创建，如图 4-26 所示。以此方式可创建所有框架柱构件。

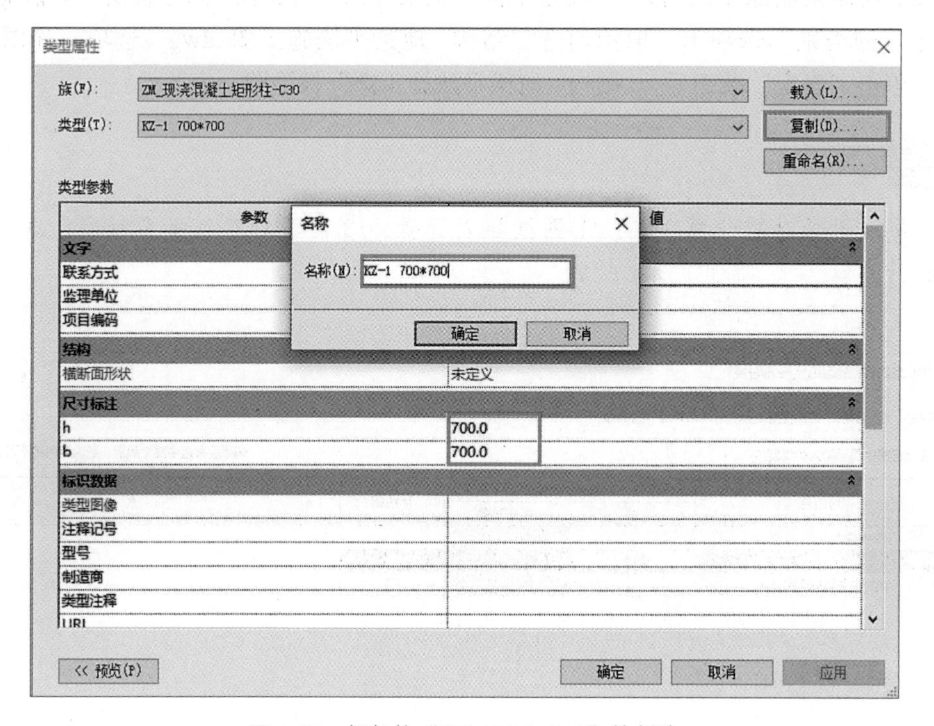

图 4-26 框架柱“KZ-1 700∗700”的创建

4.2.3 首层框架柱模型创建

（1）在“属性”面板的类型选择器中选择“ZM_ 现浇混凝土矩形柱-C30 KZ-1 700∗700”，根据 CAD 图纸里结构柱的截面尺寸选择相应的柱类型，进行实例属性的设置，如图 4-27 所示。

（2）依据所导入的 CAD 图纸，对框架柱进行相应位置放置，例如选择框架柱“KZ-1 700*700”后，放置在 1 轴与 A 轴相交的位置上，如图 4-28 所示。

（3）应用同样的方法对首层其余的框架柱进行放置，完成首层框架柱平面布置图的放置，完成后如图 4-29 所示。

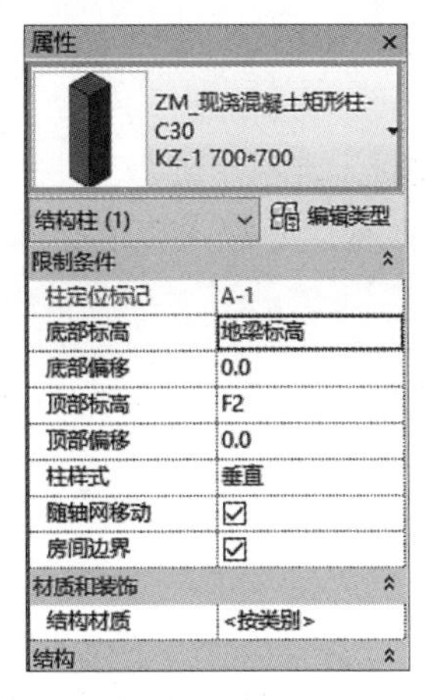

图 4-27 框架柱“KZ-1 700*700”实例属性设置

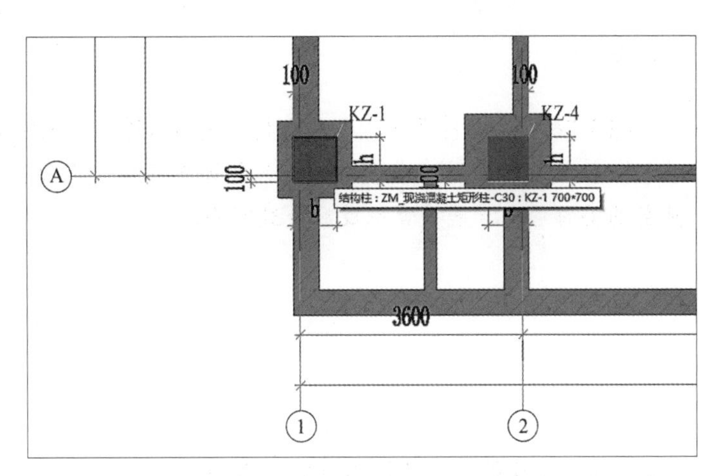

图 4-28 框架柱“KZ-1 700*700”的放置位置

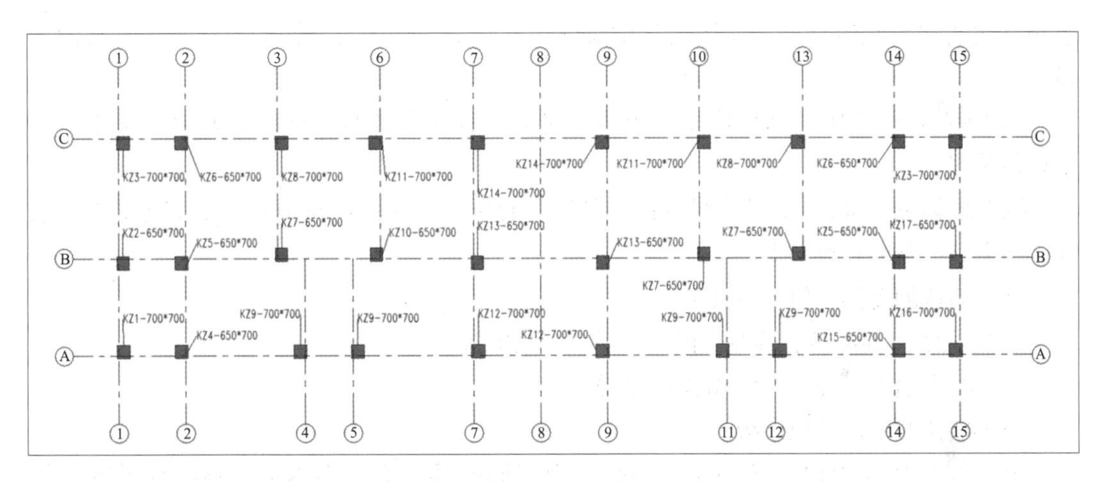

图 4-29 首层框架柱放置完成图

（4）进入三维视图，选择所有的框架柱进行材质的添加，修改为“C_钢筋混凝土C30”，如图 4-30 所示。

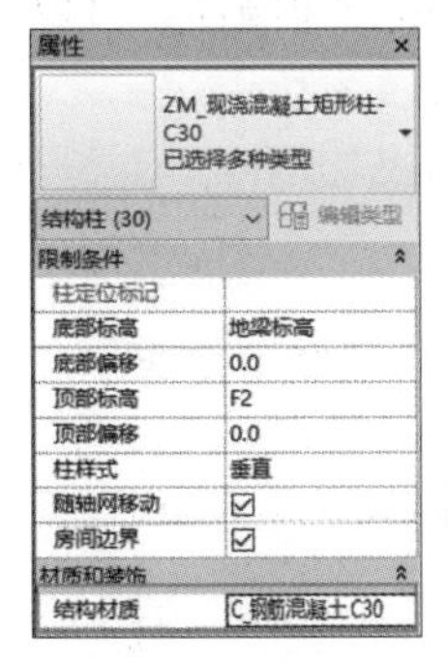

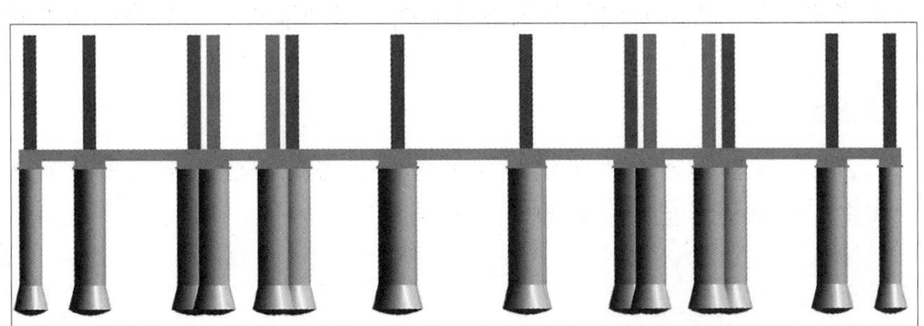

图 4-30 框架柱材质的添加

（5）保存文件。

提示

（1）“柱”命令除了可以从“结构”选项卡进入，也能从“建筑”选项卡进入。

（2）放置框架柱或建筑柱时，只能调整高度或深度到某一标高，要想修改顶部或底部的偏移值，只能放置完成后再进行修改。

4.3 剪力墙模型创建

4.3.1 剪力墙模型创建分析

（1）Revit 软件中的墙体设计非常重要，它不仅是建筑空间的分隔主体，而且也是门窗、墙面饰体、卫浴、灯具等的依附体。

（2）墙体构造层设置及材质设置不仅影响墙体在三维、透视和立面视图中的外观表现，更直接影响着后期施工图设计中墙体大样、节点详图等视图中墙体平面和截面的显示。

（3）Revit 软件中的墙体属于系统族，可以根据实际项目的墙结构参数定义生产三维墙体模型。

（4）墙体也是 Revit 软件中最灵活、最复杂的建筑构件。Revit 软件中的墙体有 3 种墙族：基本墙、幕墙和叠层墙。

（5）墙体创建的一般步骤如下。

① 定义墙体的类型、墙厚、做法、材质、功能等。

② 指定墙体的平面位置、高度等参数。

（6）墙体的平面定位参数。

定位线包括墙中线、核心层中心线、面层面外部、面层面内部、核心面外部、核心面内部。

偏移量是指相对于墙体的起点和终点边线的偏移量。

（7）在 Revit 软件中，墙体可以设置真实的结构层、涂层，即墙体的内侧和外侧可能具有不同的涂层，顺时针绘制可以保证墙体内部涂层始终向内。选择任意一面墙体，可以单击墙体一侧出现的双向箭头来翻转墙面，出现箭头的一侧为墙体外侧。

提示

在创建墙体时，无论选择了何种类型的结构墙，结构用途默认值都为“承重”，建筑墙的结构用途默认值都为“非承重”。

4.3.2 剪力墙构件参数设置

（1）依次单击“结构”选项卡→“结构”面板→“墙”工具，在弹出的下拉列表中选择“墙：结构”命令，如图 4-31 所示。

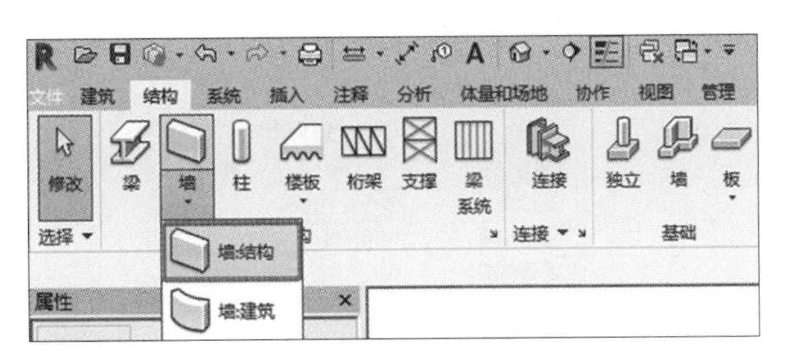

图 4-31　选择“墙：结构”命令

（2）在“属性”面板的类型选择器中选择“剪力墙–钢筋混凝土 C30-300 厚”。单击“编辑类型”按钮，弹出“类型属性”对话框，单击“结构”后的“编辑”按钮，弹出“编辑部件”对话框，将结构材质修改为“C- 钢筋混凝土 C30”，如图 4-32 所示。

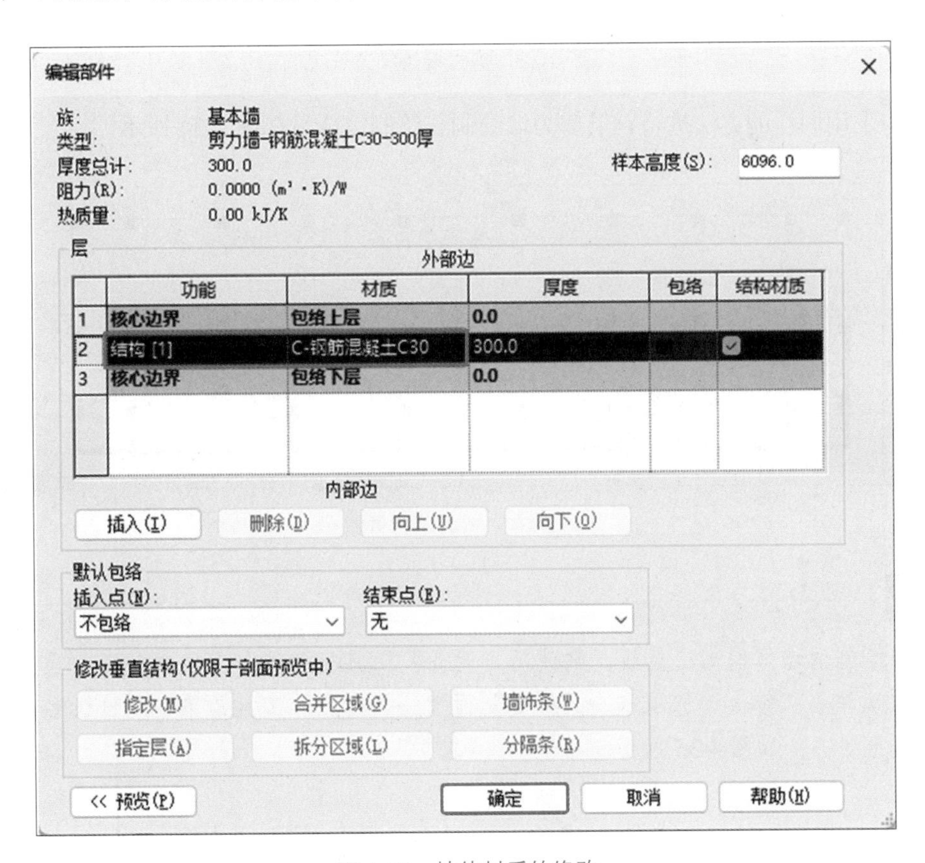

图 4-32　墙体材质的修改

4.3.3　首层剪力墙模型创建

（1）依据所导入的 CAD 图纸，对“剪力墙–钢筋混凝土 C30-300 厚”进行相应位置绘制。在“属性”面板中设置剪力墙的限制条件为：“定位线”为“核心层中心线”，“底部约束”为“地梁标高”，“顶部约束”为“直到标高：F1”，“顶部偏移”为“1800”，如图 4-33 所示。

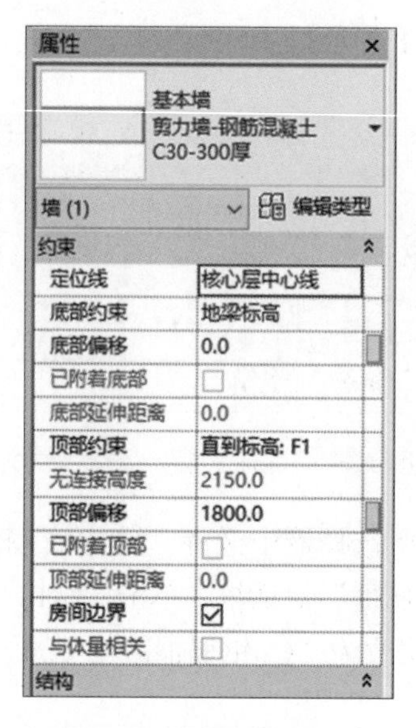

图 4-33　剪力墙绘制方式

（2）采用同样的方法进行首层剪力墙绘制，绘制完成后如图 4-34 所示。

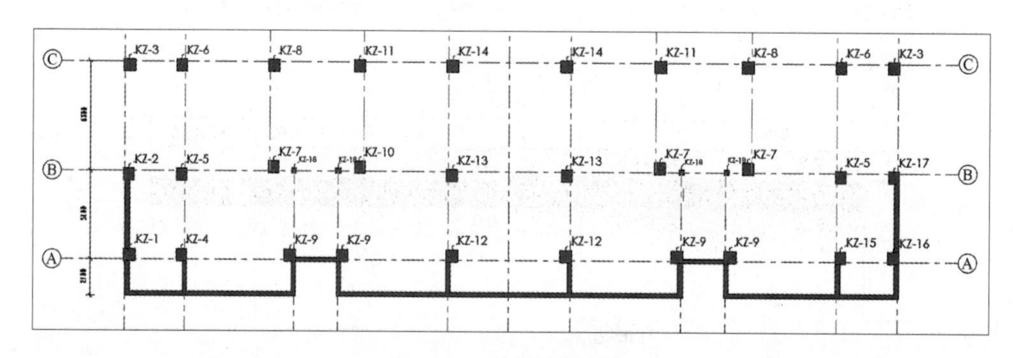

图 4-34　剪力墙布置图

注意

若绘制的墙体偏离定位线，则使用“对齐”工具将墙体与定位线对齐。操作方法是：依次单击“修改”选项卡→“修改”面板→“对齐”工具，单击定位线后再单击墙体即可对齐，如图 4-35 所示。

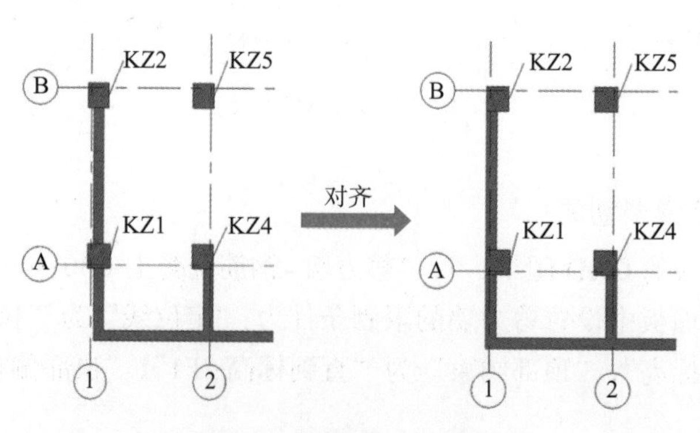

图 4-35　墙体对齐操作

4.4　框架梁模型创建

4.4.1　框架梁模型创建准备

进行框架梁参数设置前导入首层梁图纸，图纸锁定和图纸可见性 / 图形替换设置操作参照本章 4.2.1 小节的方法执行，导入对应首层梁 CAD 图纸。

4.4.2　框架梁参数设置

（1）依次单击“结构”选项卡→“结构”面板→“梁”工具，如图 4-36 所示。

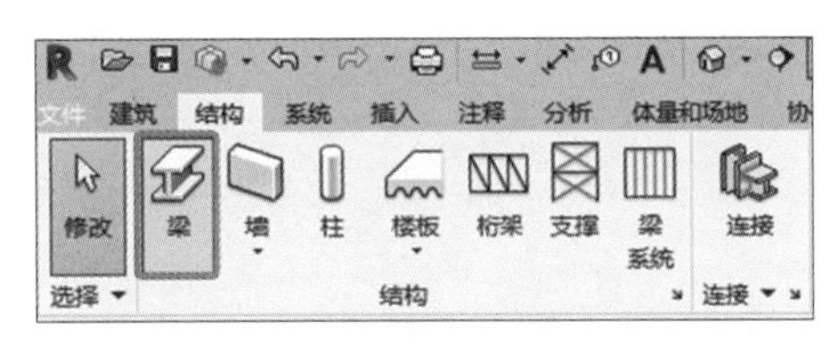

图 4-36　选择“梁”工具

（2）在类型选择器中选择“ZM_ 现浇混凝土框架梁-C30 400*800”的梁，对其属性进行设置。单击“编辑类型”按钮，弹出“类型属性”对话框，单击“复制”按钮，重命名为“KL1-250*750”，“结构材质”设为“C_ 钢筋混凝土 C30”，h 和 b 的值分别设为“750”和“250”，如图 4-37 所示。

图 4-37　框架梁“KL1-250*750”属性设置

4.4.3　首层框架梁模型创建

（1）根据图纸创建好梁构件后依据所导入进来的 CAD 图纸对框架梁进行绘制，如选择框架梁“KL1-250*750”后，绘制完的效果如图 4-38 所示。

（2）应用同样的方法对其余的梁进行绘制，完成首层框架梁平面布置图的绘制，完成后的效果如图 4-39 所示。

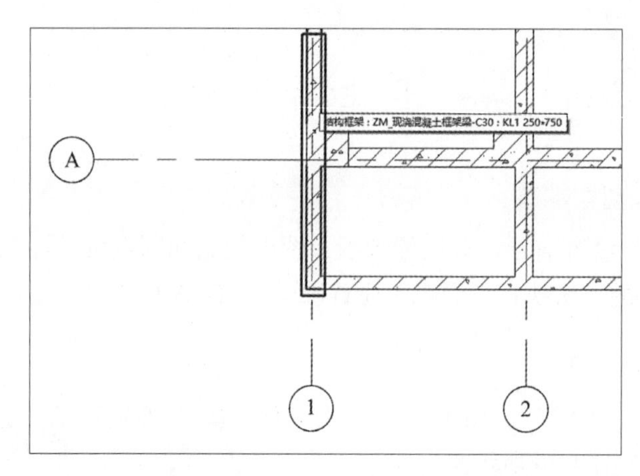

图 4-38　框架梁“KL1-250∗750”布置位置

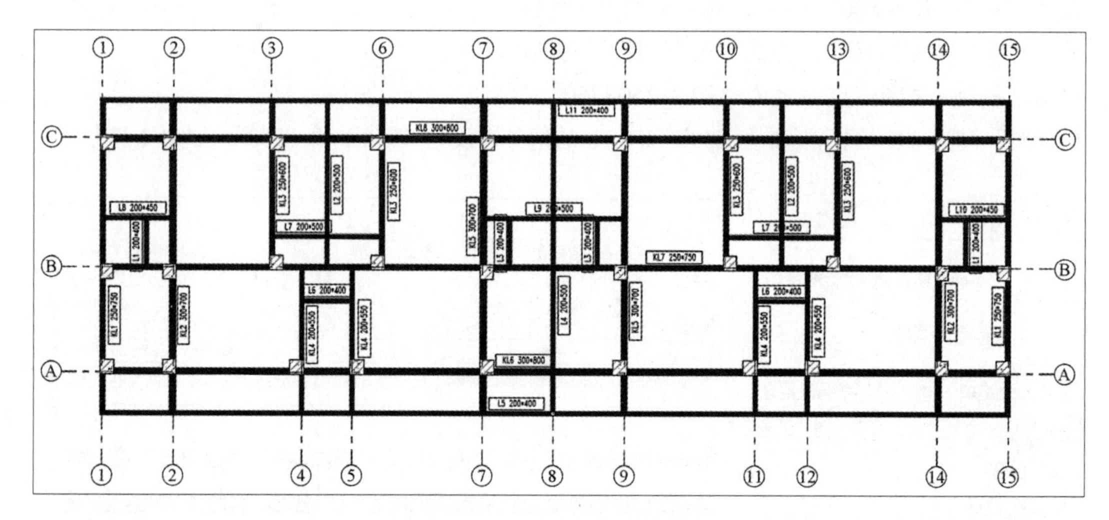

图 4-39　首层框架梁绘制

4.5　结构楼板模型创建

在项目浏览器下，双击“F2”进入 F2 楼层平面，导入“5.4 米标高结构平面、板配筋图”，图纸锁定和图形可见性 / 图形替换设置操作参照本章 4.2.1 小节导入柱 CAD 图纸方法进行操作即可。

4.5.1　结构楼板参数设置

（1）在搭建结构楼板模型前要先进行构件创建，依次单击“结构”选项卡→“结构”面板→“楼板”工具，在弹出的下拉列表中选择“楼板：结构”命令，如图 4-40 所示。

（2）在类型选择器中选择“常规 -100”的楼板，并对属性进行设置。单击“编辑类型”按钮，在弹出的“类型属性”对话框中单击“复制”按钮，重新创建楼板“LB2- 现浇钢筋混凝土 C30-150 厚”，单击“编辑”按钮，如图 4-41 所示，进行结构材质编辑，结构材质设为“C_ 钢筋混凝土 C30”。

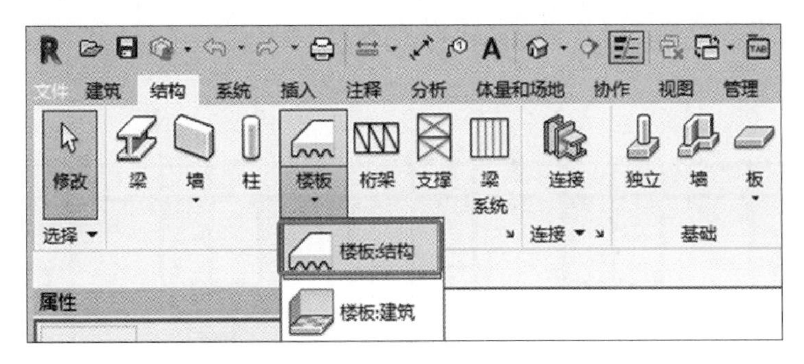

图 4-40　选择“楼板：结构”命令

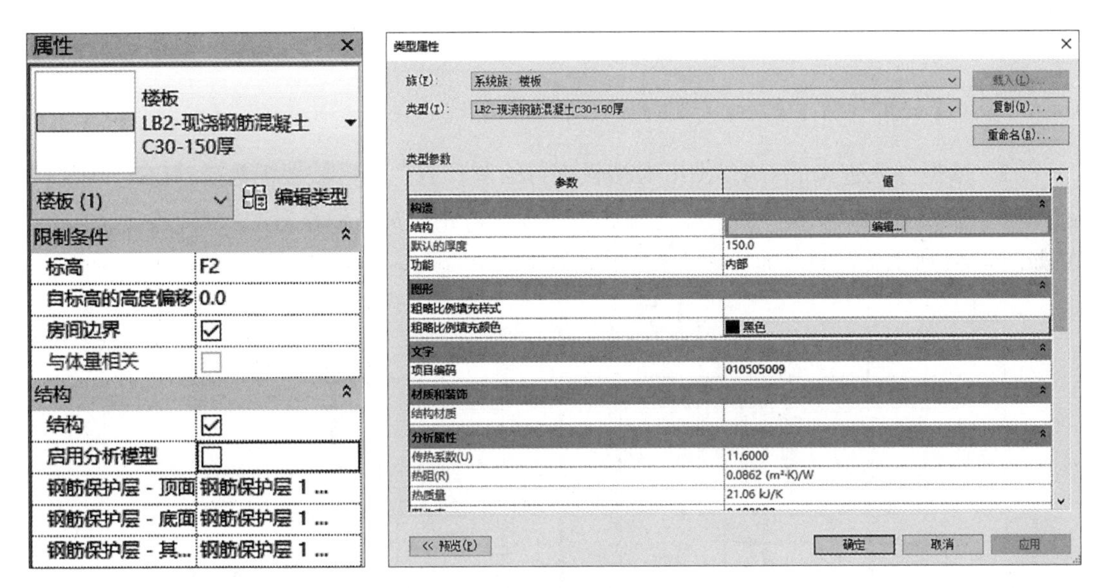

图 4-41　“LB2- 现浇钢筋混凝土 C30-150 厚”属性设置

4.5.2　绘制结构楼板

（1）依据导入进来的 CAD 图纸对楼板进行绘制，选择楼板“LB2- 现浇钢筋混凝土楼板 C30-150 厚”后，完成后的效果如图 4-42 所示。

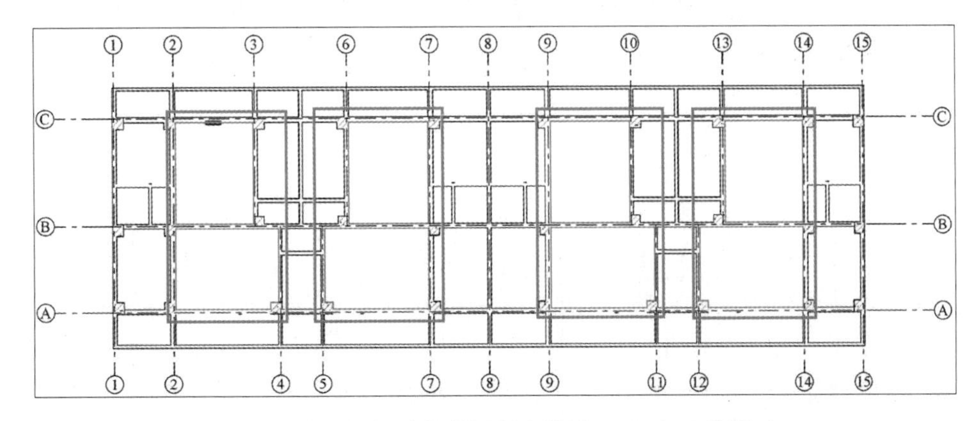

图 4-42　“LB2- 现浇钢筋混凝土楼板 C30-150 厚”轮廓

（2）依据导入进来的 CAD 图纸对楼板进行绘制，选择楼板“LB1- 现浇钢筋混凝土楼板 C30-100 厚”后，完成后的效果如图 4-43 所示。

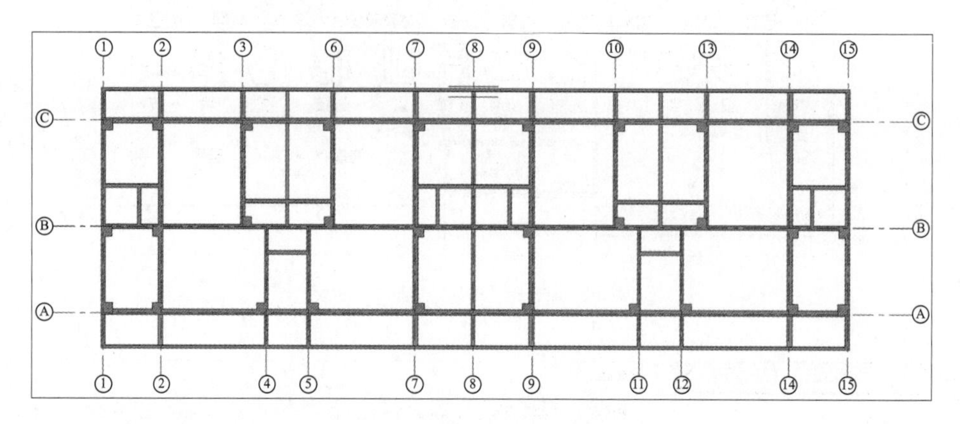

图 4-43　生活区域楼板轮廓

（3）依据导入进来的 CAD 图纸对楼板进行绘制，卫生间区域楼板选择“LB1- 现浇钢筋混凝土楼板 C30-100 厚”后，在“属性”面板进行相应标高偏移量的设置，完成后的效果如图 4-44 所示。

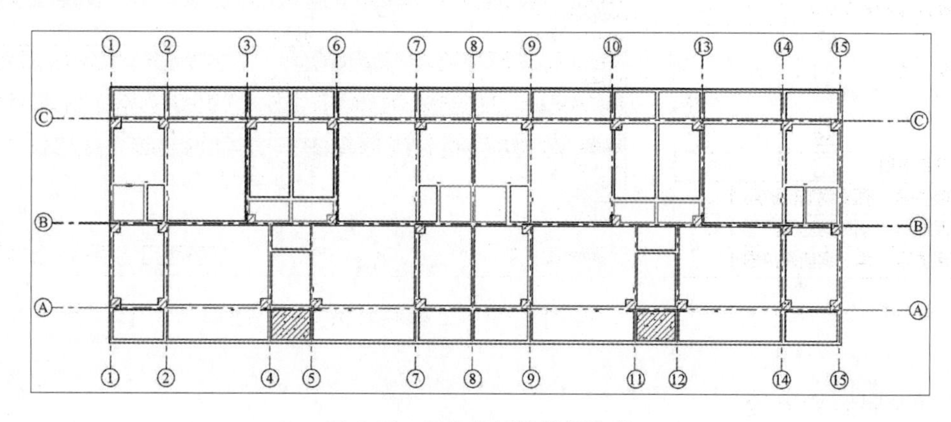

图 4-44　卫生间区域楼板轮廓

（4）依据导入进来的 CAD 图纸对楼板进行相应位置绘制，雨篷区域楼板选择“LB1- 现浇钢筋混凝土楼板 C30-100 厚”后，在“属性”面板进行相应标高偏移量的设置，完成后的效果如图 4-45 所示。

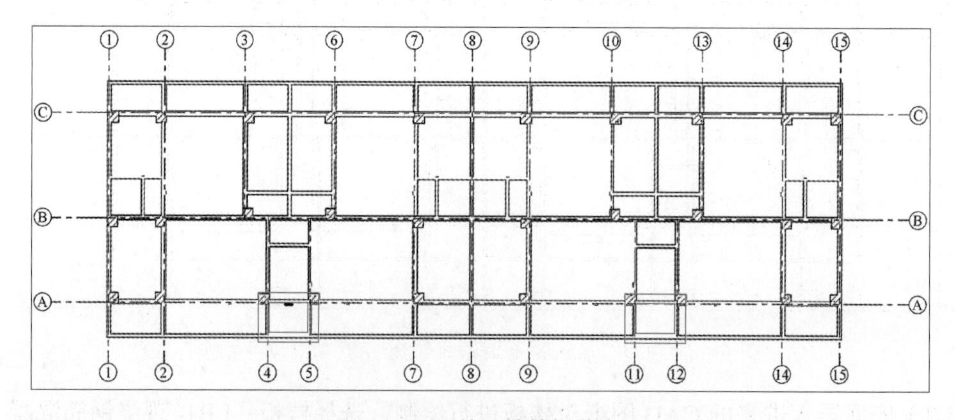

图 4-45　雨篷区域楼板轮廓

说明

绘制楼板时可选择直线、矩形、弧形等绘制方法，无论采用哪种方式，楼板轮廓线必须闭合才能生成楼板，每个区域楼板的厚度不同时应选择对应楼板厚分别绘制，有降楼板情况时要调整楼板标高。

4.6　构造柱模型创建分析

使用快捷键 VV，打开“楼层平面 : 地梁标高的可见性 / 图形替换”对话框。单击“导入的类别”选项卡，勾选“结构 - 地梁平法施工图 .dwg”选项，单击“确定”按钮后，隐藏的图纸恢复显示。

4.6.1　构造柱参数设置

（1）依次单击“结构”选项卡→“结构”面板→“柱”工具，如图 4-46 所示。

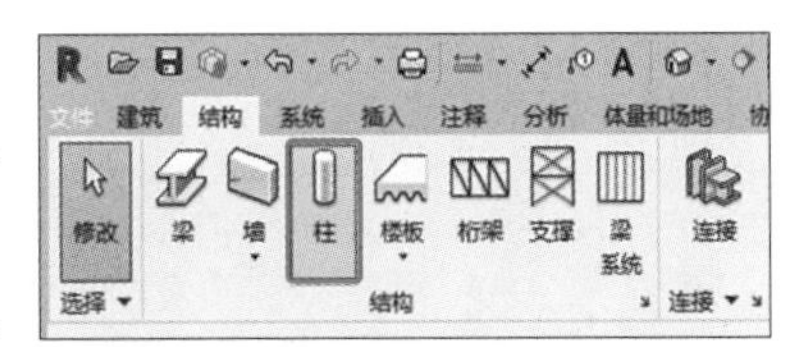

图 4-46　选择“柱”工具

（2）在类型选择器中选择“ZM_ 现浇混凝土构造柱-C20”，对构造柱的属性进行修改。单击“编辑类型”按钮，弹出“类型属性”对话框，单击“复制”按钮创建案例图纸中构造柱“GZ 200*200”，如图 4-47 所示。

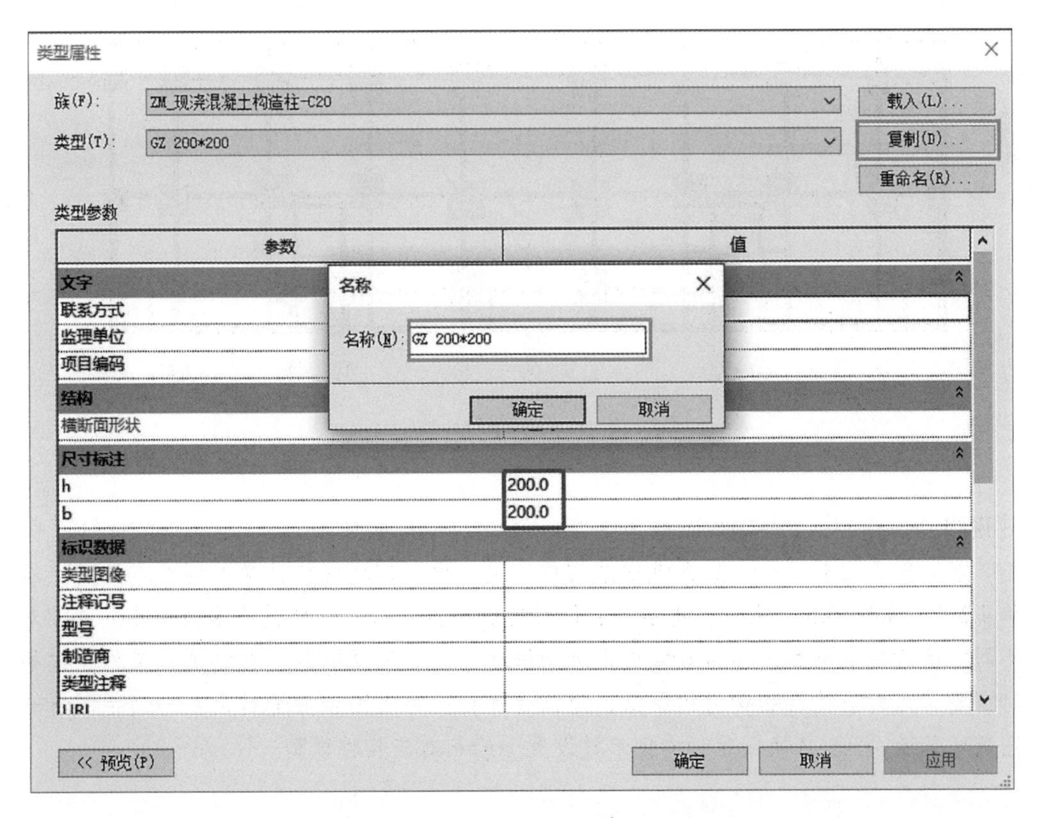

图 4-47　构造柱“GZ 200*200”属性设置

4.6.2 构造柱模型创建

（1）在“属性”面板的类型选择器中选择“ZM_ 现浇混凝土构造柱-C20 GZ 200*200”，根据 CAD 图纸里构造柱的截面尺寸选择相应的柱类型，进行实例属性的设置，如图 4-48 所示。

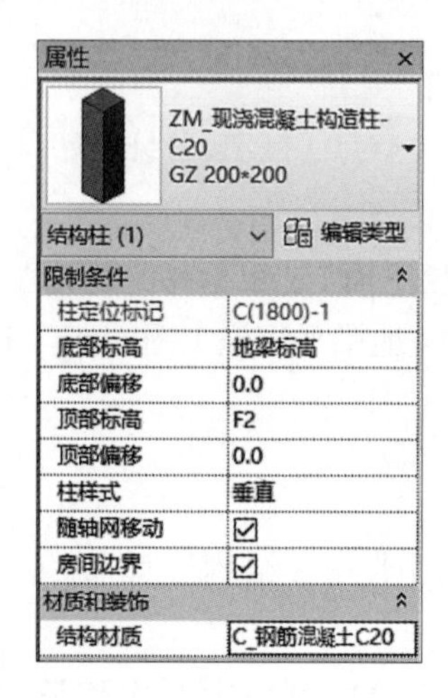

图 4-48 “GZ 200∗200”实例属性设置

（2）依据导入进来的 CAD 图纸对构造柱进行放置，放置完成后的效果如图 4-49 所示。

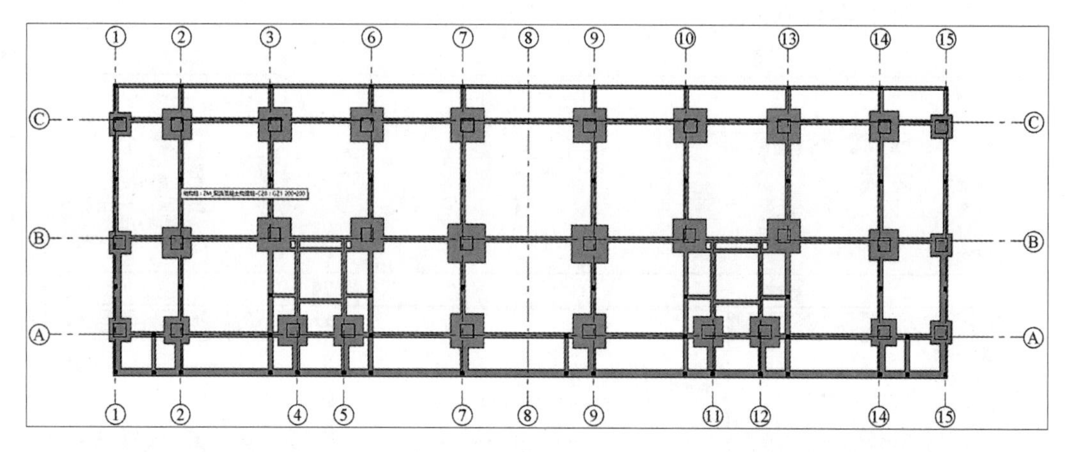

图 4-49 构造柱布置

说明

本案例工程第二至六层图纸中结构柱、梁、板、构造柱构件模型创建方法参照本章 4.2 节、4.4～4.6 节执行。本案例屋顶层构造相对复杂，楼梯构件模型搭建方法相对不同主体构件在第 5 章和第 6 章进行详细讲述。需要注意的是，在创建每层构件模型时需要导入对应楼层和构件的图纸，操作步骤为：导入图纸并进行设置→锁定图纸→图纸可见性 / 图形替换设置→构件参数设置→绘制对应构件模型。

思政元素　工匠精神——敬业

国家对建筑构件各项信息的都有明确规定，每张图纸都须经校对标准化审核逐级审批才能下发，设计者是第一责任人，对图纸的准确性负有全部责任，因此责任感和担当是最基本的职业素养。

课后练习

依据本书结构图纸完成第 2、第 3 层结构模型搭建，如图 4-50 所示。

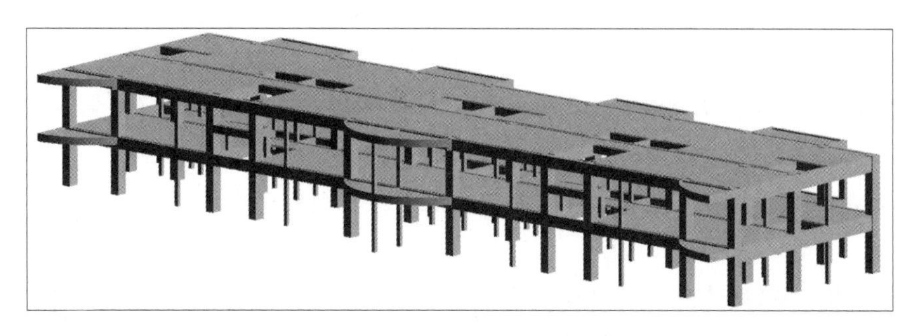

图 4-50　课后练习图

第5章 屋面层结构模型创建

知识目标

1. 了解屋面板模型创建的准备工作。
2. 了解屋面层框架柱、框架梁、女儿墙、屋面板模型的创建方法。

教学视频：屋面层结构模型创建

能力目标

1. 能熟读图纸，创建屋面层框架柱、框架梁、女儿墙、屋面板模型。
2. 能使用屋面层的结构建模快捷命令。

素养目标

1. 培养担当的敬业精神和创新精神。
2. 培养对工作任务细心、耐心、执着、坚持、精益求精的工匠精神。

5.1 平屋面板模型创建准备

在项目浏览器中，双击进入F7楼层平面。导入“20.4米标高结构平面图、板配筋图”并进行设置，锁定图纸和图纸可见性/图形替换设置操作参照第4章4.2.1小节操作。

5.1.1 平屋面板模型参数设置

（1）依次单击“结构”选项卡→“结构”面板→“楼板”工具，在弹出的下拉列表中选择“楼板：结构”命令，如图5-1所示。

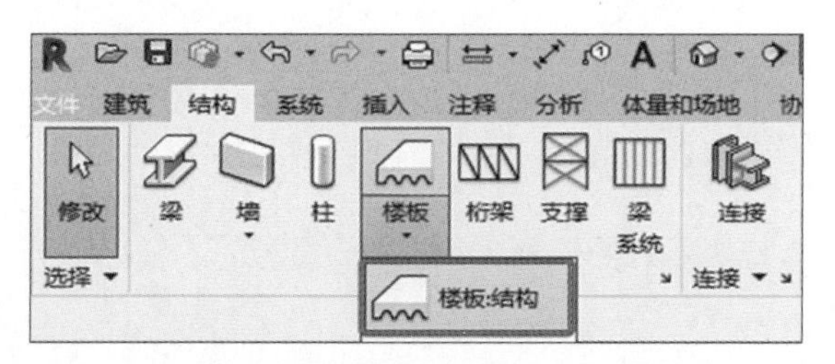

图5-1 选择“楼板：结构”命令

（2）在类型选择器中选择楼板“屋顶-现浇钢筋混凝土C30-100厚”,对属性进行设置。单击“编辑类型”按钮，在弹出的“类型属性”对话框中单击“复制”按钮，重新创建楼板“屋顶 - 现浇钢筋混凝土 C30-100 厚”，在“类型属性”对话框中单击“编辑”按钮，如图 5-2 所示，进行结构材质编辑，“结构材质”设为“C_ 钢筋混凝土 C30”。

图 5-2　平屋面板属性设置

5.1.2　平屋面板模型创建

（1）依据导入的 CAD 图纸对楼板进行绘制，不同楼板厚根据案例图纸划分绘制，绘制楼板时可选择直线、矩形、弧形等方式绘制，绘制每块楼板轮廓线时，每块楼板对应的轮廓线必须闭合，绘制完楼板轮廓线后勾选完成楼板绘制。例如选择楼板“屋顶 - 现浇钢筋混凝土 C30-100 厚”后，绘制后的效果如图 5-3 所示。

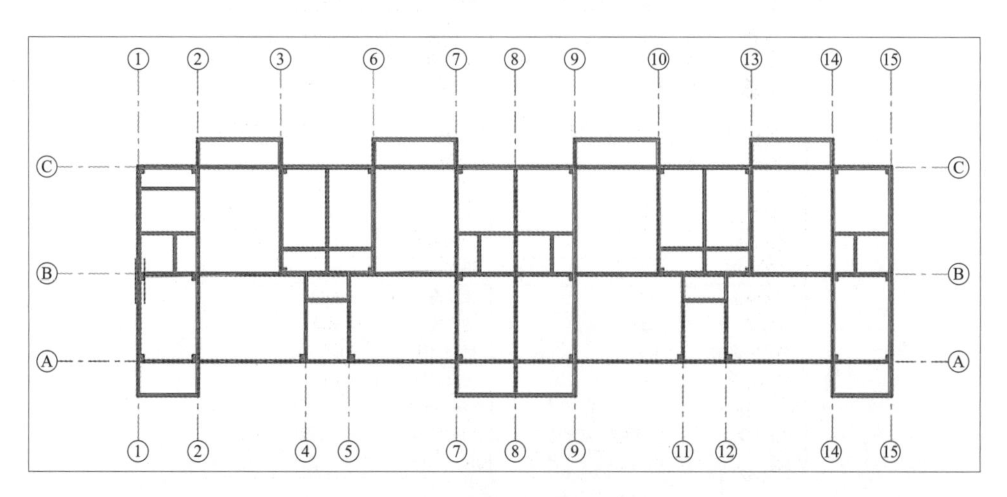

图 5-3　平屋面板轮廓线

（2）绘制完楼板轮廓线后勾选“完成”按钮完成平屋顶模型创建，绘制楼板轮廓线时需注意轮廓线不能重合且要形成闭合图形。绘制完成的平屋顶模型如图 5-4 所示。

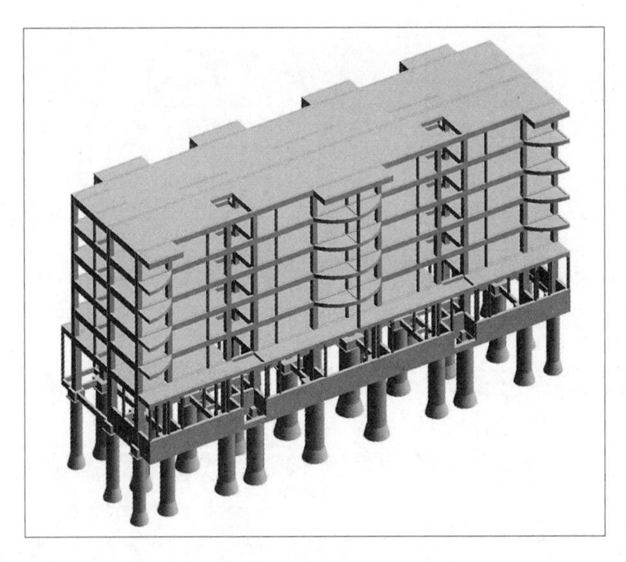

图 5-4　平屋顶模型

5.2　屋面层框架柱模型创建

5.2.1　框架柱参数设置

（1）在项目浏览器中，双击进入 F7 平面。

（2）回到 F7 平面上，对视图范围、视图可见性进行调整，方便后期模型的快速建立。

（3）依据所提供的图纸，进行楼梯间框架柱“KZ-9 450*500”与“KZ-18 300*300”的创建，并对框架柱的实例属性进行相应调整，分别是“底部标高”为“F7”，“顶部标高”为“F8”，其余数值不进行调整，如图 5-5 所示。

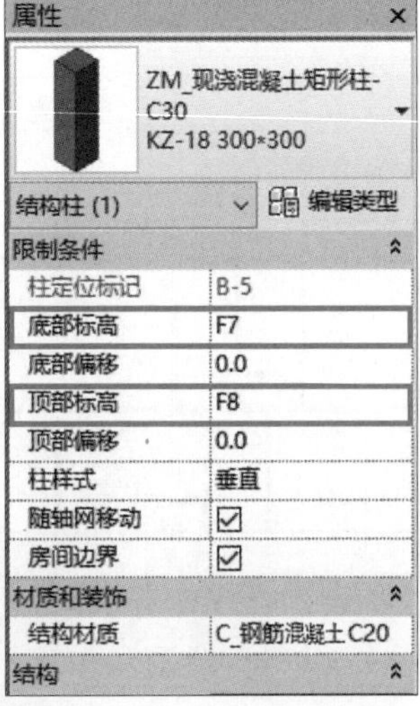

图 5-5　楼梯间框架柱的创建

5.2.2　框架柱的放置

根据图纸对楼梯间框架柱相应的位置进行放置，如图 5-6 所示。

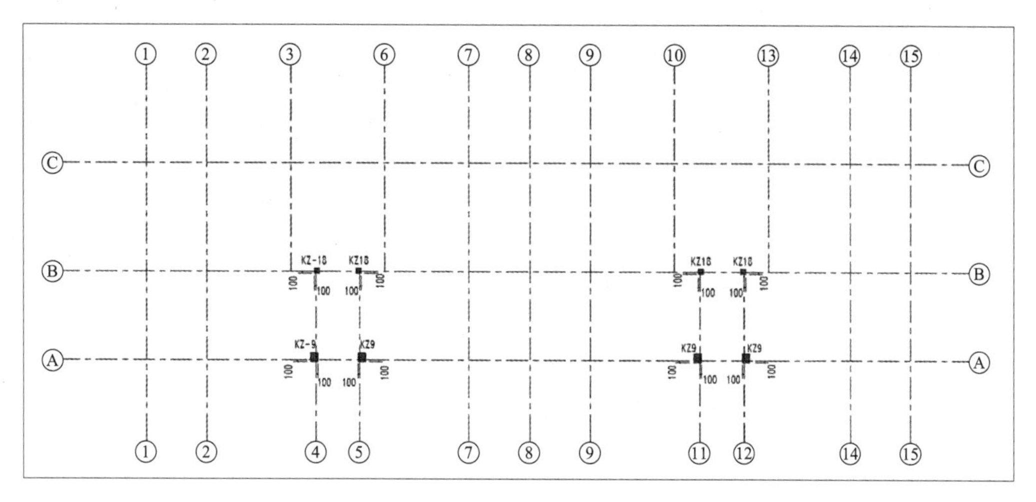

图 5-6　楼梯间框架柱放置

5.3　屋面层框架梁模型创建

5.3.1　框架梁参数设置

（1）在项目浏览器中，双击进入 F8 平面。

（2）回到 F8 平面上，导入相应图纸，对视图范围、视图可见性调整，方便后期模型的快速建立。

（3）依据所提供的图纸进行楼梯间框架梁“WKL1 200*500”“WKL2 200*500”和“WKL3 200*500”的创建，并对框架梁的实例属性进行调整，分别是“参照标高”为“F8”，“Z 轴对正”为“顶”，其余数值不进行调整，如图 5-7 所示。

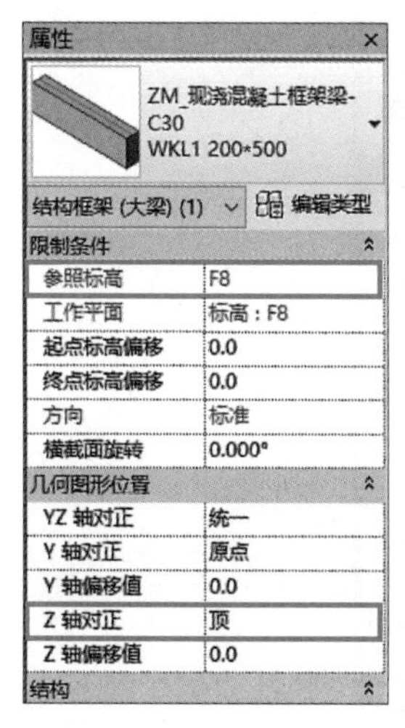

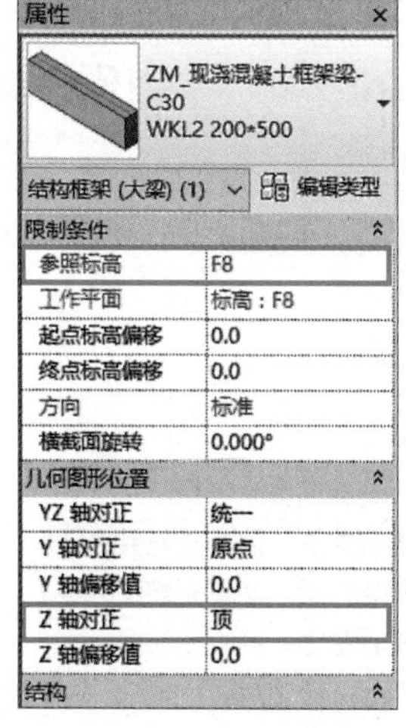

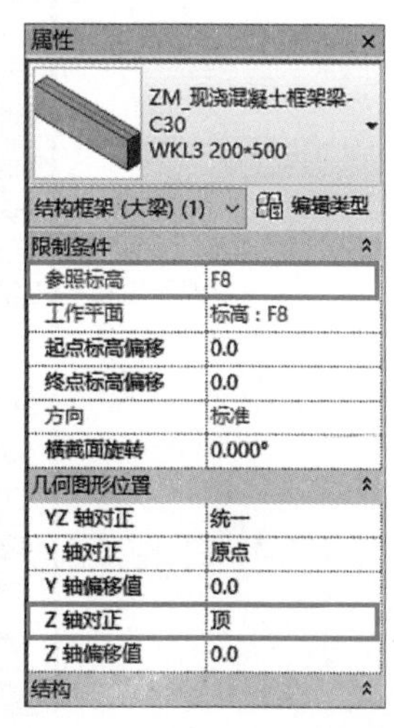

图 5-7　楼梯间框架梁的创建

5.3.2 框架梁的绘制

根据图纸对楼梯间框架柱进行绘制，如图 5-8 所示。

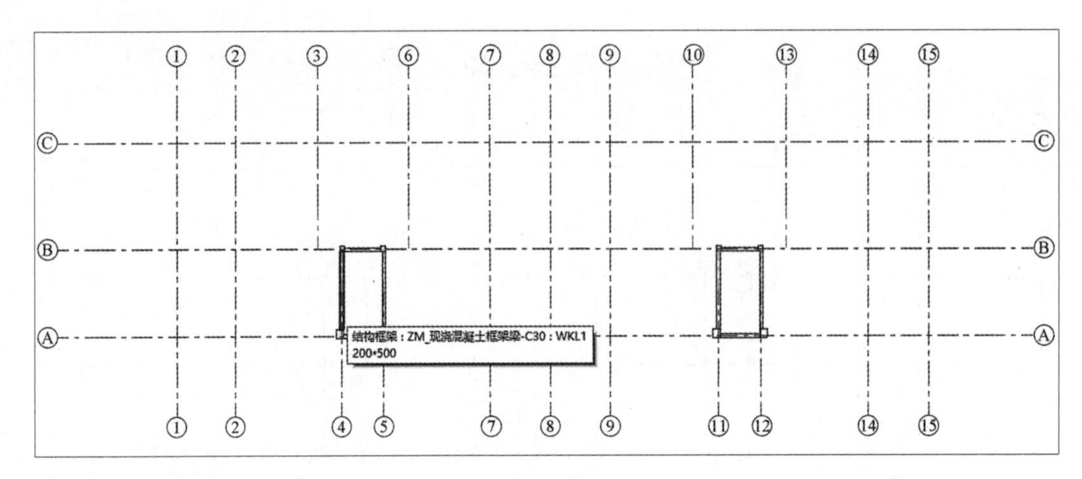

图 5-8 楼梯间框架柱放置

5.4 楼梯间和女儿墙模型创建

5.4.1 屋面板及雨篷参数设置

依据导入的图纸选择相对应的屋面板，具体操作为：依次单击“结构”选项卡→“结构”面板→“楼板”工具，在弹出的下拉列表中选择“楼板：结构”命令。在类型选择器中选择“楼板 屋顶 - 现浇钢筋混凝土 C30-100 厚”。将实例属性中的“标高”设为“F8”，“自标高的高度偏移”设为“0”，如图 5-9 所示。

属性

楼板
屋顶-现浇钢筋混凝土
C30-100厚

楼板 (1) 编辑类型

限制条件	
标高	F8
自标高的高度偏移	0.0
房间边界	☑
与体量相关	☐
结构	
结构	☑
启用分析模型	☑
钢筋保护层 - 顶面	钢筋保护层 1 ...
钢筋保护层 - 底面	钢筋保护层 1 ...
钢筋保护层 - 其...	钢筋保护层 1 ...
尺寸标注	

图 5-9 屋面板实例属性设置

5.4.2　屋面板及雨篷绘制

依据导入的图纸对屋面板及雨篷的轮廓进行绘制或拾取，如图 5-10 所示。

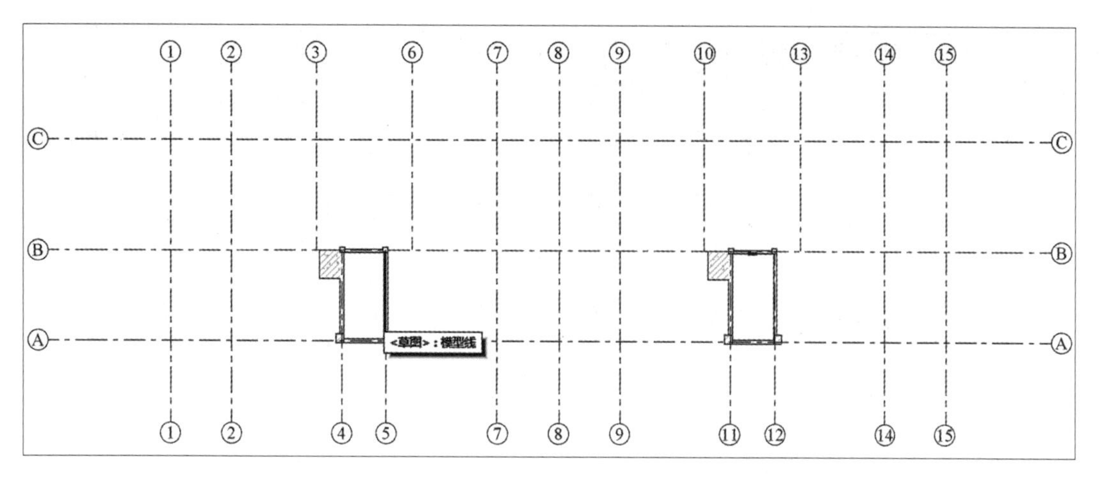

图 5-10　屋面板轮廓

5.4.3　屋面构造柱模型创建

（1）在项目浏览器中，双击进入 F7 平面。

（2）依据导入的图纸对构造柱 WGZ1 和 WGZ2 类型进行创建。

（3）放置构造柱时，需要调整实例属性，“底部标高”与“顶部标高”均设为“F7”，“顶部偏移”为“950”，如图 5-11 所示。

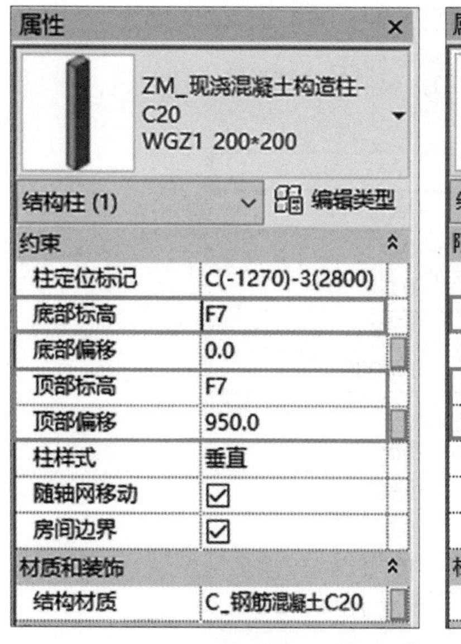

图 5-11　WGZ1 和 WGZ2 实例属性设置

（4）实例属性设置完成后，把相应的构造柱放置在对应图纸的位置上，放置完成后的效果如图 5-12 所示。

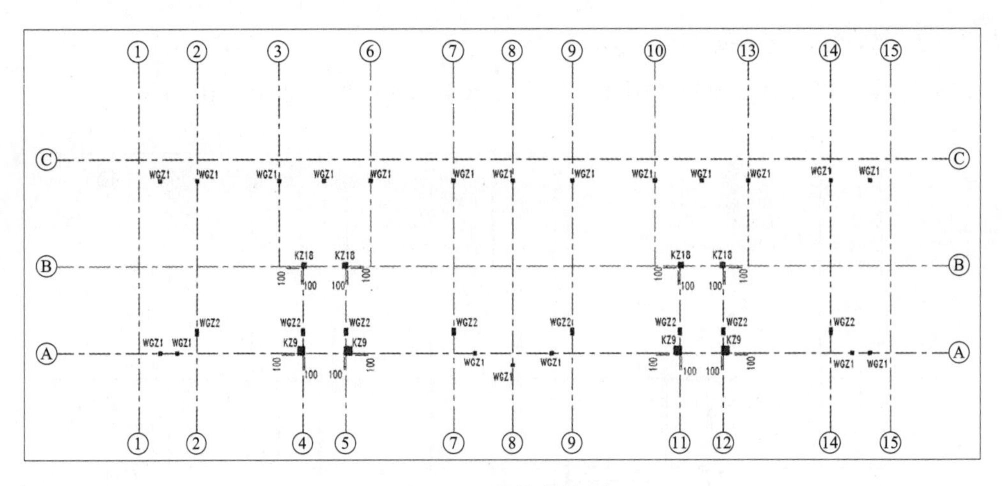

图 5-12　构造柱放置

5.4.4　女儿墙压顶模型创建

（1）依据所提供的图纸，女儿墙压顶为矩形截面 200*300。女儿墙压顶用圈梁“La 200*300”进行创建。

（2）根据图纸压顶标高不是软件默认高度，则需要对实例属性进行调整，设置“参照标高”为“F7”，“Z 轴偏移值”为“1250”，如图 5-13 所示。

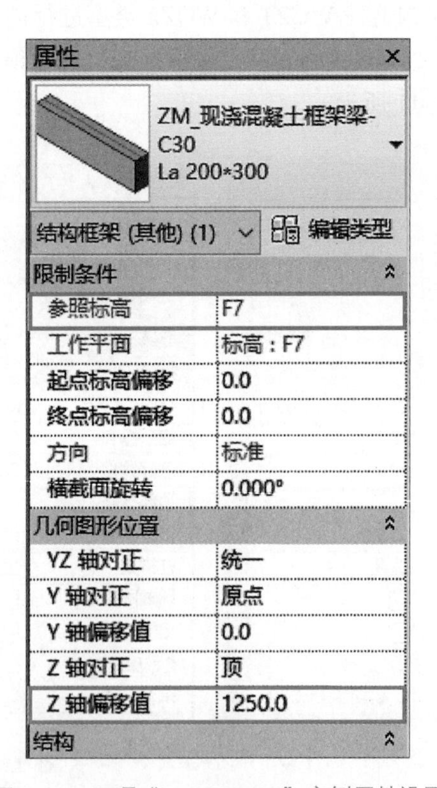

图 5-13　压顶“La 200*300”实例属性设置

（3）依据图纸对女儿墙压顶进行绘制，绘制完成后的效果如图 5-14 所示。

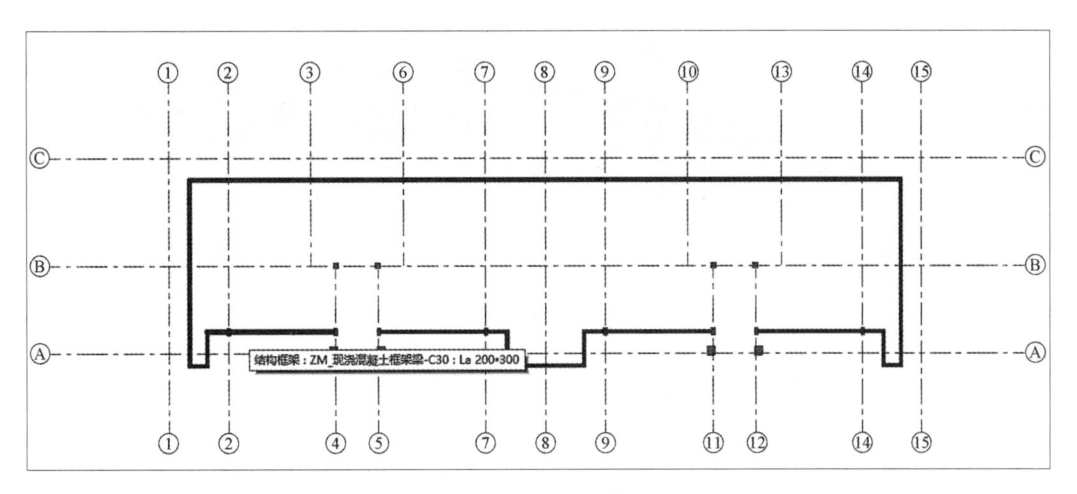

图 5-14　女儿墙压顶绘制

5.4.5　女儿墙的创建

（1）根据女儿墙图纸，分别对 200mm 厚和 120mm 厚的女儿墙进行创建。

（2）依次单击“建筑”选项卡→“构建”面板→“墙”工具，在弹出的下拉列表中选择“墙：建筑”命令，在类型选择器中选择“女儿墙 _ 烧结空心砖 200 厚”的墙体。调整实例属性：“定位线”为“核心层中心线”，“底部限制条件”为“F7”，“顶部约束”为“未连接”，“无连接高度”为“950”。设置完成后进行墙体的绘制，绘制完成后的效果如图 5-15 所示。

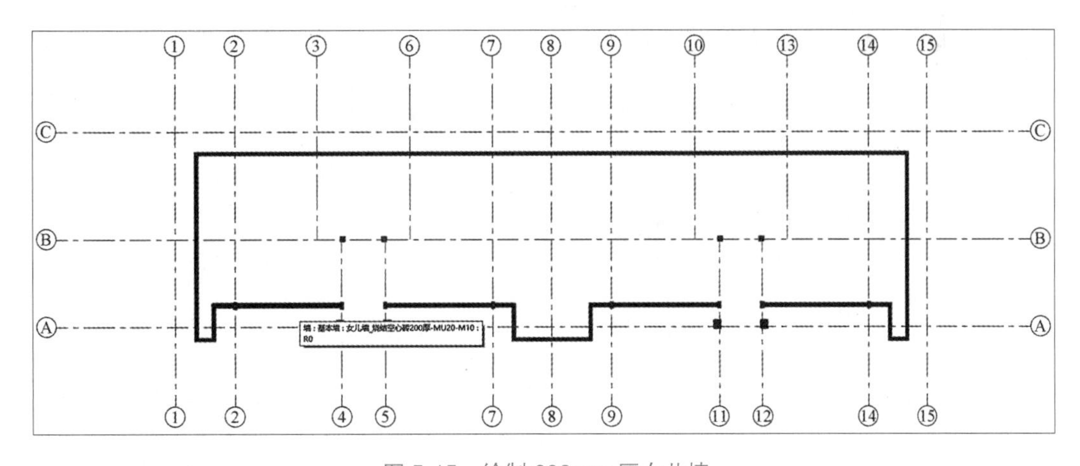

图 5-15　绘制 200mm 厚女儿墙

（3）绘制完 200mm 厚的女儿墙后，在类型选择器中选择“女儿墙 _ 烧结空心砖 120 厚”的墙体进行绘制。调整实例属性：“定位线”为“面层面：内部”，“底部限制条件”为“F7”，“底部偏移”为“1250”，“顶部约束”为“未连接”，“无连接高度”为“250”。依次单击拾取 200mm 墙厚的内边，如图 5-16 所示。

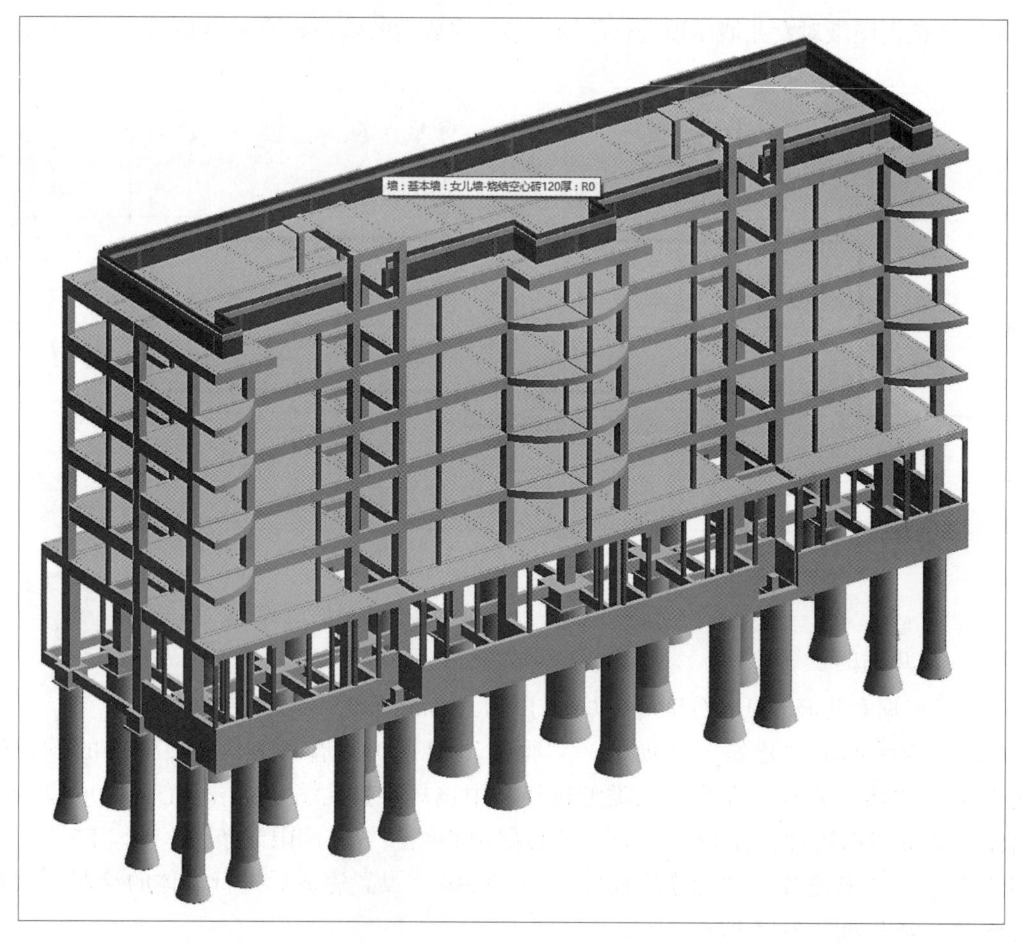

图 5-16　绘制 120mm 厚女儿墙

5.5　多坡屋顶模型创建

（1）在项目浏览器中双击“楼层平面”下的“F7”视图，打开“F7”平面视图。

（2）导入屋顶平面图，图纸锁定和图纸可见性 / 图形替换设置操作参照第 4 章 4.2.1 小节方法执行。

（3）依次单击“建筑”选项卡→“构建”面板→“屋顶”工具，在弹出的下拉列表中选择“迹线屋顶”命令，进入绘制屋顶轮廓迹线草图模式。

（4）在类型选择器中选择基本屋顶类型为“屋顶 - 现浇混凝土 C30-100 厚”，设置限制条件：“底部标高”为“F7”，“自标高的底部偏移”为“–141.4”，“椽截面”为“垂直双截面”，如图 5-17 所示。

（5）依次单击“绘制”面板→“拾取线”工具，绘制如图 5-18 所示的轮廓线，并在“属性”面板设置“坡度”为“45°”。

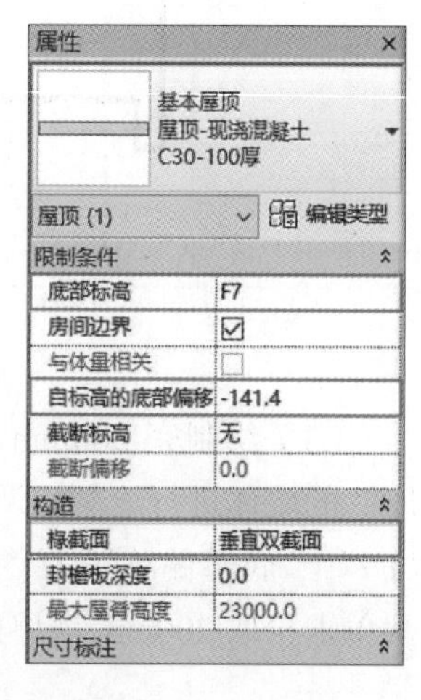

图 5-17　屋顶实例属性设置

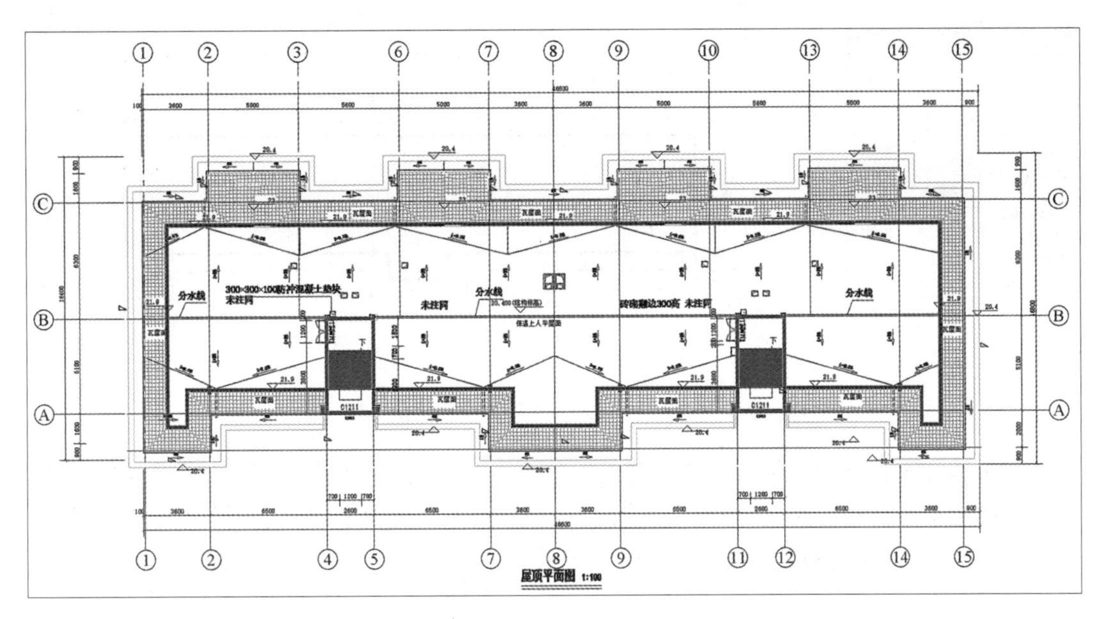

图 5-18　多坡屋顶轮廓

（6）按住 Ctrl 键，依次单击选择以 C 轴为基线向外偏移 1700mm 的 2 轴和 3 轴、6 轴和 7 轴、9 轴和 10 轴、13 轴和 14 轴之间的屋顶迹线，并在选项栏中取消勾选“定义坡度”选项，如图 5-19 所示。

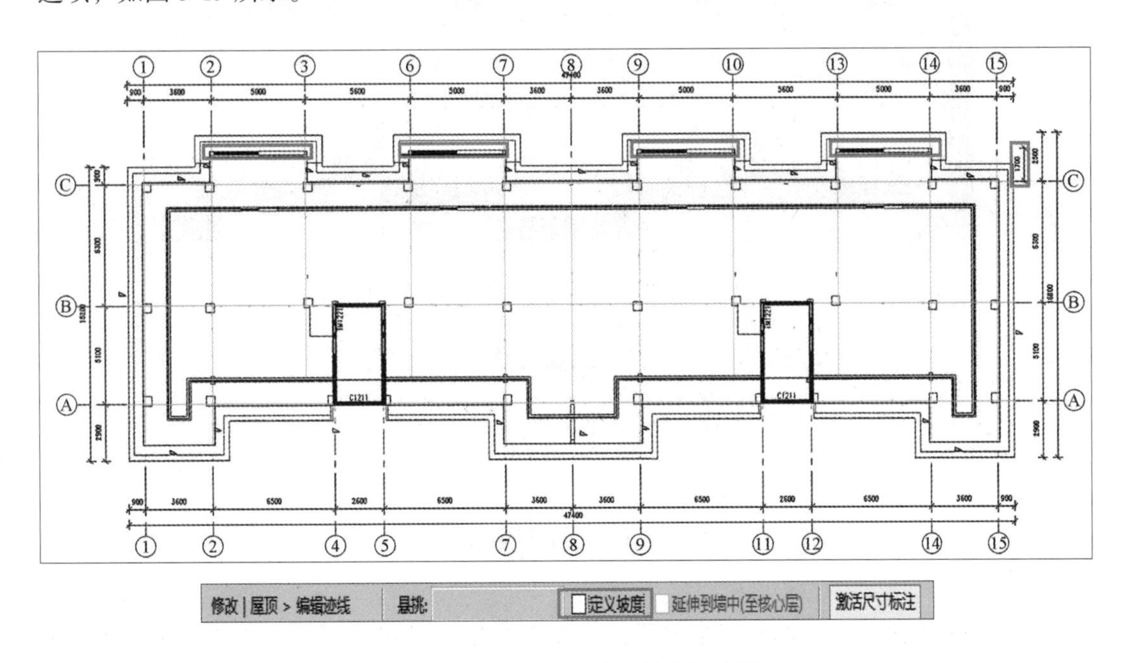

图 5-19　取消勾选“定义坡度”选项

（7）在取消定义坡度的位置添加坡度箭头，选中坡度箭头修改坡度，完成后的屋顶迹线轮廓如图 5-20 所示。

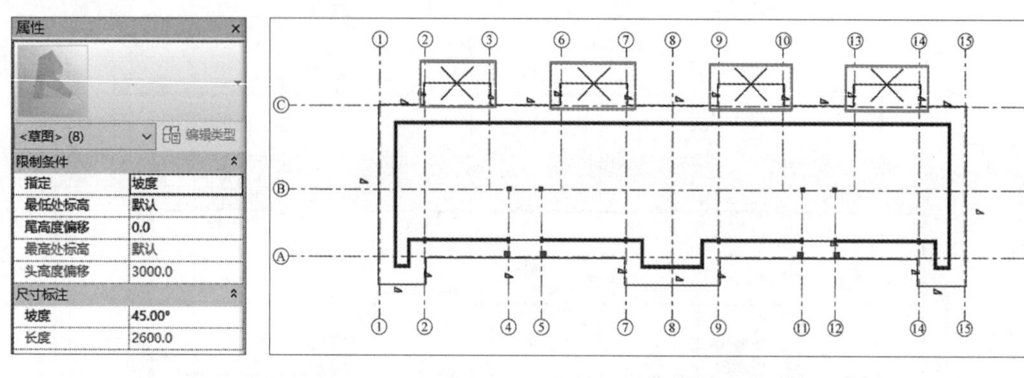

图 5-20　坡度箭头设置

（8）添加垂直洞口。依次单击“建筑”选项卡→“洞口”面板→“垂直”工具，在视图中选择屋顶。自动切换至“修改 | 创建洞口边界”上下文选项卡，在“绘制”面板中 选择“矩形”命令，在视图中完成绘制，如图 5-21 所示。

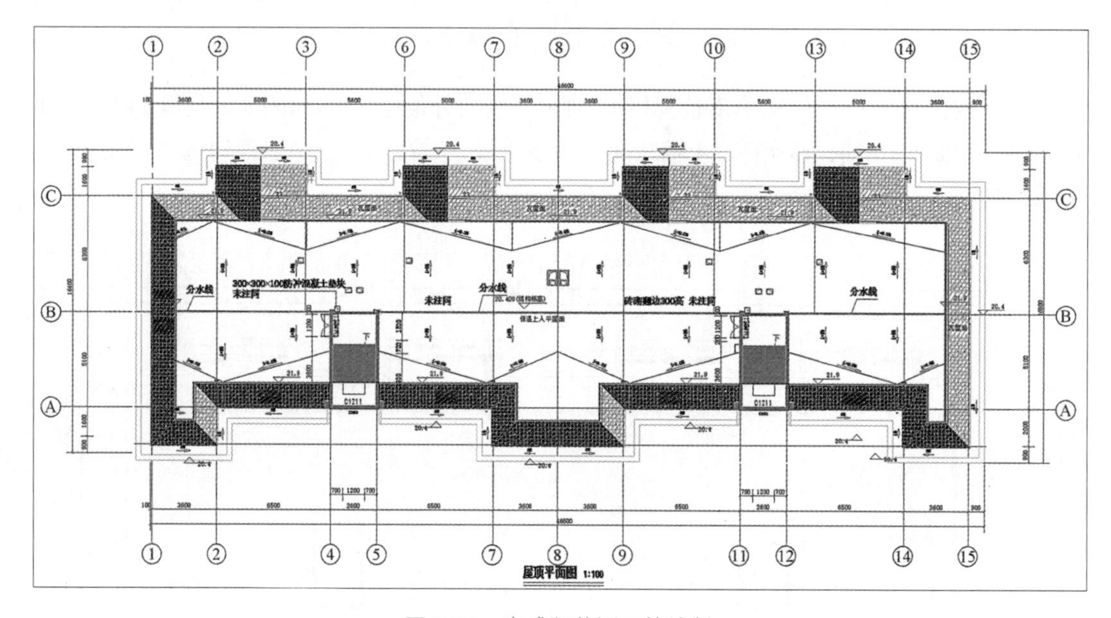

图 5-21　完成竖井洞口的绘制

5.6　墙体轮廓编辑

（1）根据案例图纸，回到三维视图，单击“女儿墙 _ 烧结空心砖 120 厚”的墙体，进行轮廓的编辑。

（2）选择需要编辑的墙体后，依次单击“修改 | 墙”上下文选项卡→“模式”面板→“编辑轮廓”工具，如图 5-22 所示。

（3）执行“编辑轮廓”命令后，回到“南立面”视图，对墙体轮廓进行编辑，具体编辑轮廓式样如图 5-23 所示。

（4）完成本案例屋顶模型创建的三维视图如图 5-24 所示。

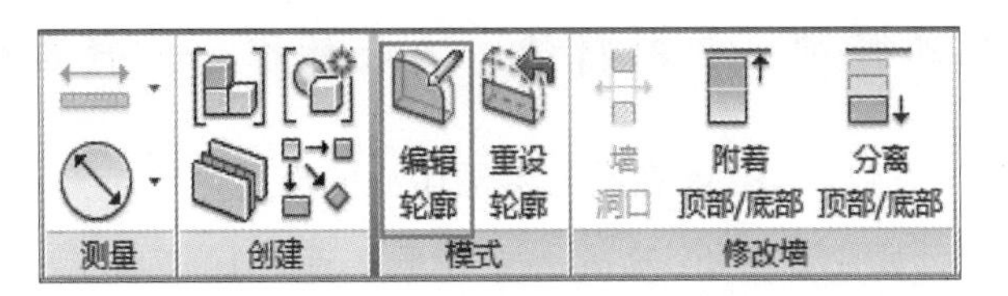

图 5-22　选择“编辑轮廓”工具

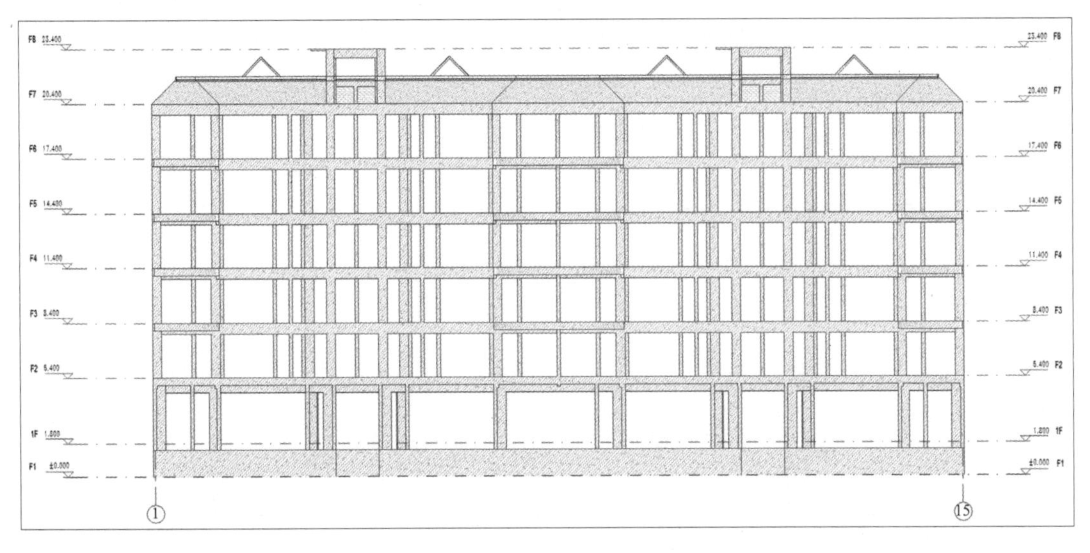

图 5-23　墙体轮廓样式

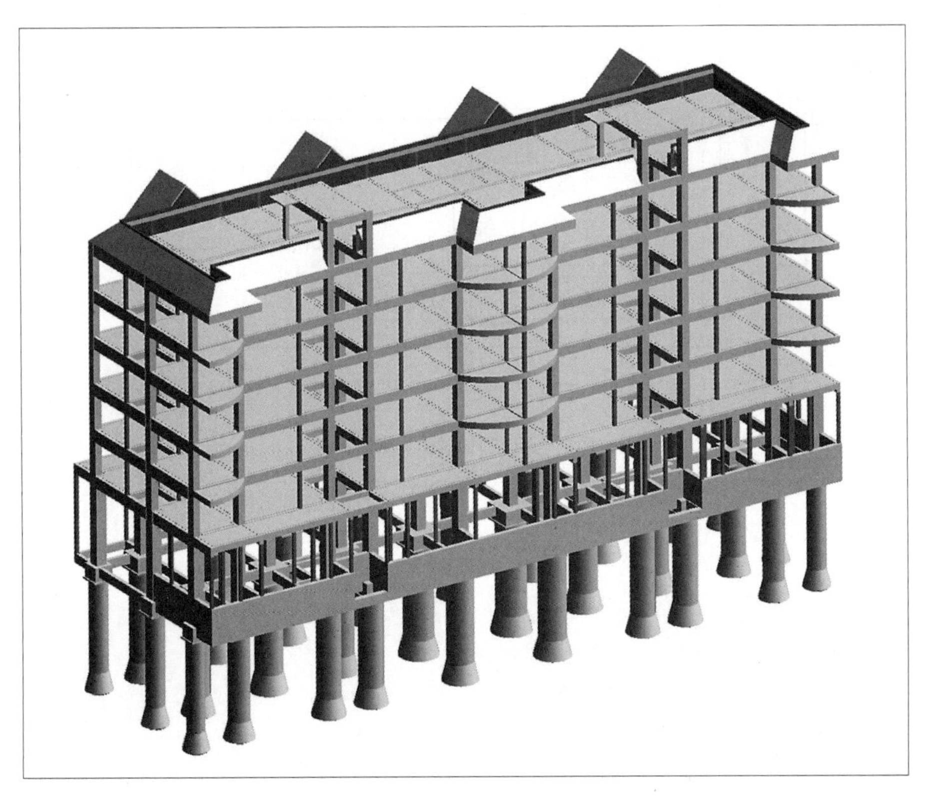

图 5-24　案例工程完整的三维视图

思政元素　敬业精神、创新精神、工匠精神——精益求精

BIM 在国家会展中心的应用

国家会展中心室内展览面积 40 万 m^2，室外展览面积 10 万 m^2，整个综合体的建筑面积达到 147 万 m^2，是世界上最大的综合体项目，首次实现了大面积展厅“无柱化”办展效果。总承包项目部引入 BIM 技术，为工程主体结构进行建模，然后把各专业建好的模型与总包建好的主体结构模型进行合模，有效修正模型，解决施工矛盾，消除隐患，避免了返工、修整。

思考：上述案例中 BIM 技术帮忙解决了什么问题？

课后练习

根据图 5-25 给定数据创建轴网与屋顶，轴网显示方式参考下图，屋顶底标高为 6.3m，厚度为 150mm，坡度为 1:1.5，材质为钢筋混凝土 C30。

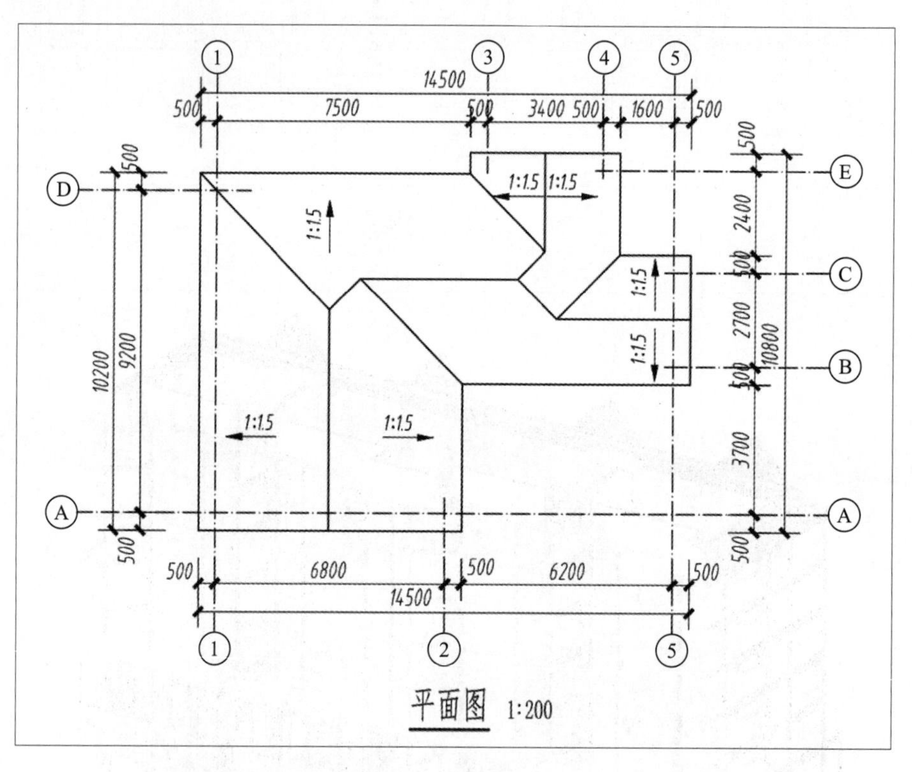

图 5-25　课后练习图

第6章　楼梯模型创建

知识目标

1. 了解梯柱、梯梁、休息平台的创建方法。
2. 了解楼梯模型及成组的创建方法。

教学视频：楼梯模型创建

能力目标

1. 具备使用 Revit 软件进行楼梯模型创建和楼梯模型组应用的能力。
2. 具备使用 Revit 软件进行整体式楼梯、组合楼梯和预制楼梯模型创建的能力。

素养目标

1. 培养不畏艰辛、自强不息的劳模精神。
2. 行业认同感和专业自信心，从而热爱建筑行业。

思政元素　劳模精神——艰苦奋斗

想要在专业上有所造诣，成为大国工匠那样的技术能手，就要一点一滴地去积累，“千里之行始于足下”。

6.1　梯柱模型创建

6.1.1　梯柱参数设置

（1）在项目浏览器中，双击进入 F1 楼层平面。

（2）依次单击“结构”选项卡→“结构”面板→“柱”工具，选择“ZM_ 现浇混凝土矩形柱 -C30”，根据案例图纸创建梯柱的类型为“TZ1 300*200”和“TZ2 600*200”，如图 6-1 所示。

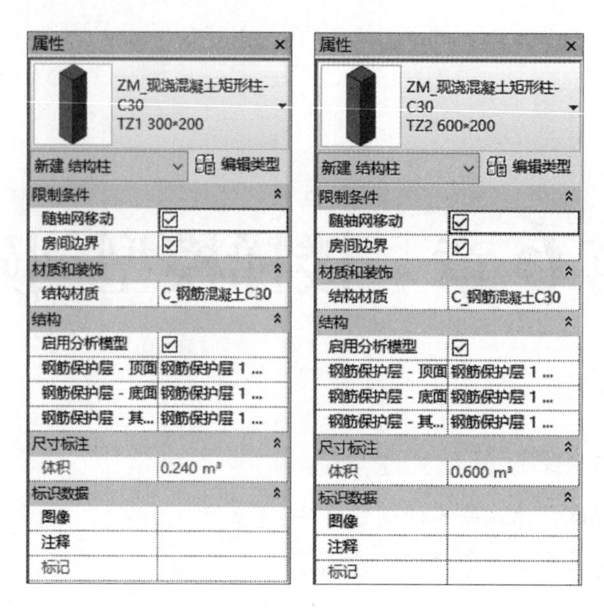

图 6-1　梯柱参数设置

6.1.2　梯柱放置

（1）根据结构施工图的 A-A 剖面图，选取“TZ1 300*200”与“TZ2 600*200”放置的准确位置和高度。

（2）在类型选择器中选择“TZ1 300*200”，修改实例参数：“底部标高”为“地梁标高”，“顶部标高”为“F1”，“顶部偏移”为“2740”，其余参数不变。根据图纸进行放置，如图 6-2 所示。

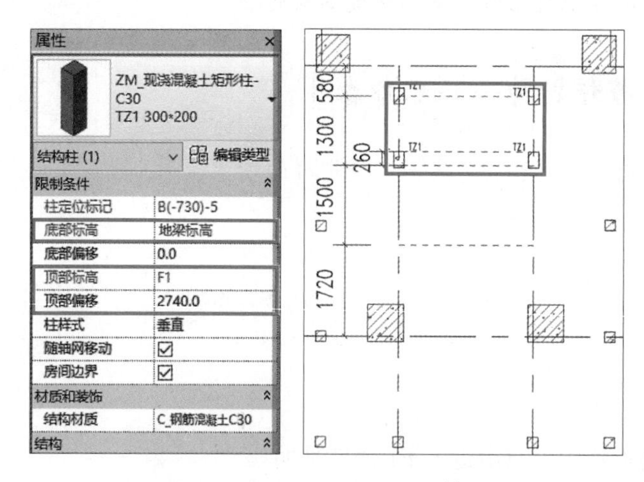

图 6-2　“TZ1 300*200”的放置

（3）在类型选择器中选择“TZ2 600*200”，修改实例参数：“底部标高”为“地梁标高”，“顶部标高”为“F1”，“顶部偏移”为“4070”，其余参数不变。根据图纸进行放置，如图 6-3 所示。

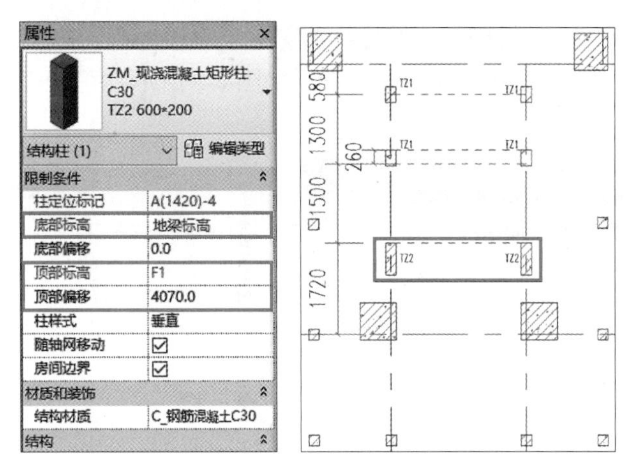

图 6-3　“TZ2 600*200”的放置

6.2　梯梁模型创建

6.2.1　梯梁参数设置

依次单击“结构”选项卡→“结构”面板→“梁”工具，在类型选择器中选择“ZM_现浇混凝土框架梁 -C30”，创建梯梁的类型为“TL1 200*400”与“TL2 200*400”，如图 6-4 所示。

图 6-4　梯梁参数设置

6.2.2　梯梁绘制

（1）根据楼梯结构施工图，可知梯梁“TL1 200*400”与“TL2 200*400”的结构尺寸和空间位置数据。

（2）在类型选择器中选择“ZM_ 现浇混凝土框架梁 -C30 TL1 200*400”，在选项栏设置“放置平面”为“标高：F1”。修改实例参数：“参照标高”为“F1”，“Z 轴偏移值”为“2740”，其余值不变。根据图纸进行放置，如图 6-5 所示。

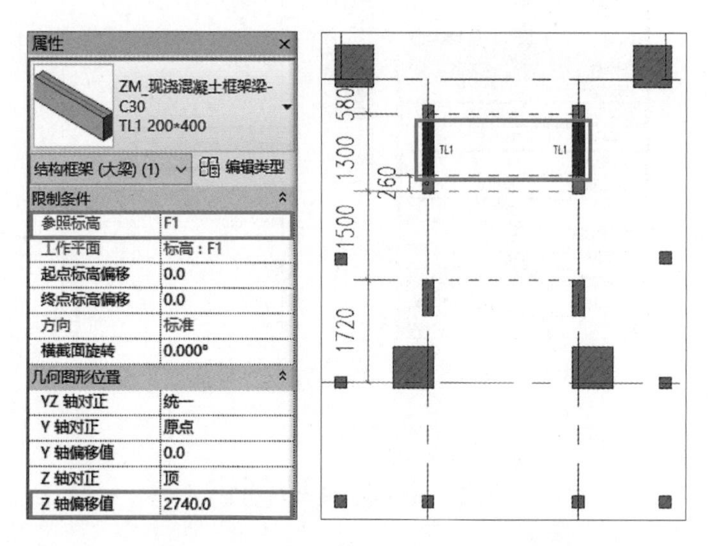

图 6-5 2.74m 标高“TL1 200*400”的绘制

（3）在类型选择器中选择“ZM_ 现浇混凝土框架梁 -C30 TL1 200*400”，在选项栏设置“放置平面”为“标高：F1”。修改实例参数：“参照标高”为“F1”，“Z 轴偏移值”为“4300”，其余值不变。根据图纸进行放置，如图 6-6 所示。

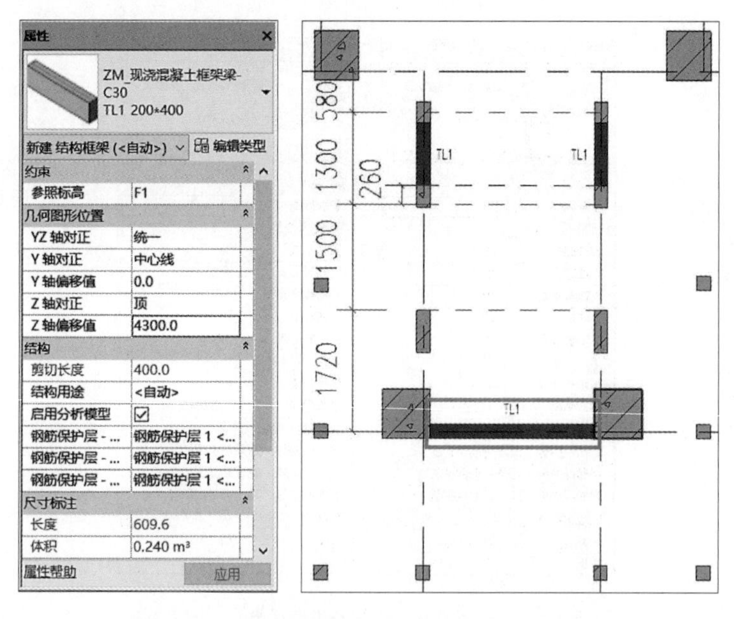

图 6-6 4.3m 标高“TL1 200*400”的绘制

（4）在类型选择器中选择“ZM_ 现浇混凝土框架梁 -C30 TL2 200*400”，在选项栏设置“放置平面”为“标高：F1”。修改实例参数：“参照标高”为“F1”，“Z 轴偏移值”为“1800”，其余值不变。根据图纸进行放置，如图 6-7 所示。

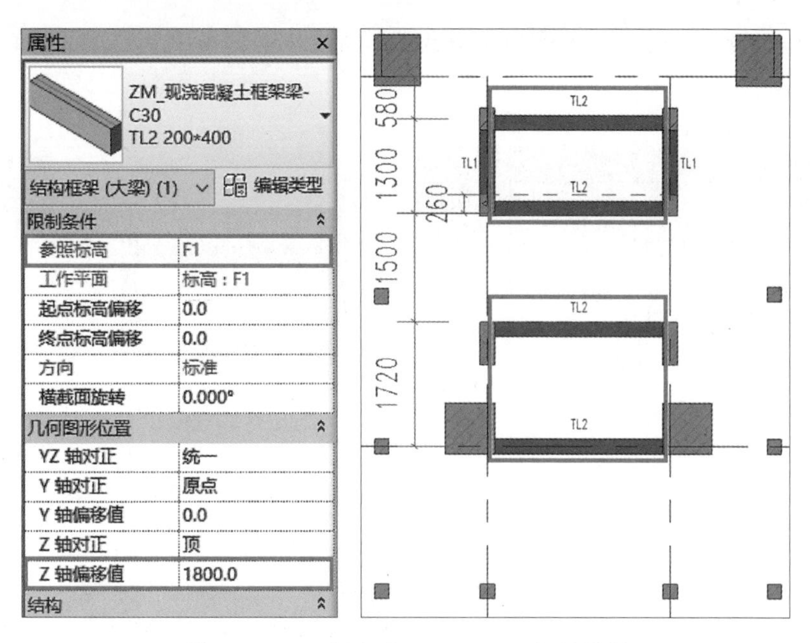

图 6-7　1.8m 标高“TL2 200*400”的绘制

（5）在类型选择器中选择“ZM_ 现浇混凝土框架梁 -C30 TL2 200*400”，在选项栏设置“放置平面”为“标高：F1”。修改实例参数：“参照标高”为“F1”，“Z 轴偏移值”为“2740”，其余值不变。根据图纸进行放置，如图 6-8 所示。

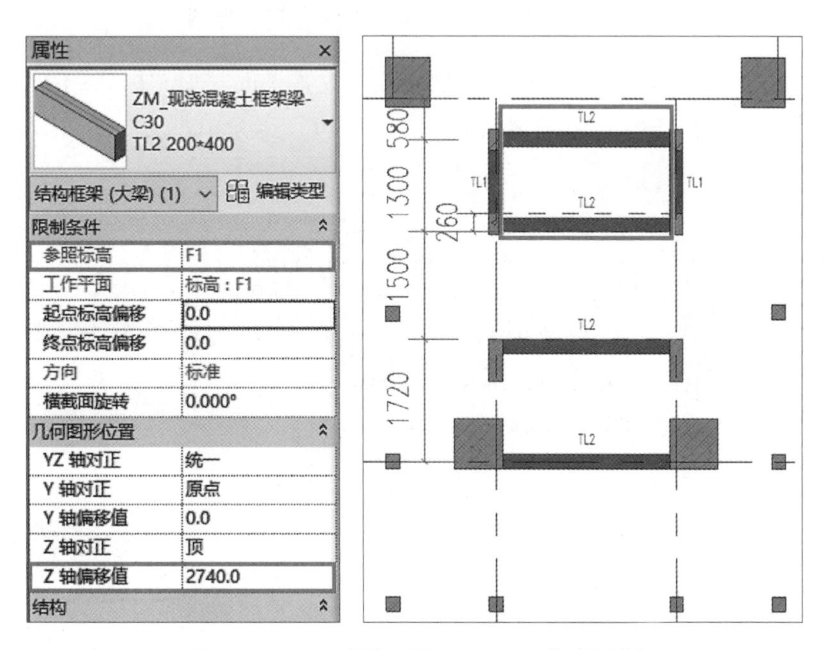

图 6-8　2.74m 标高“TL2 200*400”的绘制

（6）在类型选择器中选择“ZM_ 现浇混凝土框架梁 -C30 TL2 200*400”，在选项栏设置“放置平面”为“标高：F1”。修改实例参数：“参照标高”为“F1”，“Z 轴偏移值”为“4070”，其余值不变。根据图纸进行放置，如图 6-9 所示。

（7）暗梁创建：依次单击“结构”选项卡→“结构”面板→“梁”工具，在类型选择器中选择“ZM_ 现浇混凝土框架梁 -C30”，创建暗梁的类型为“AL1 500*150”，如图 6-10 所示。

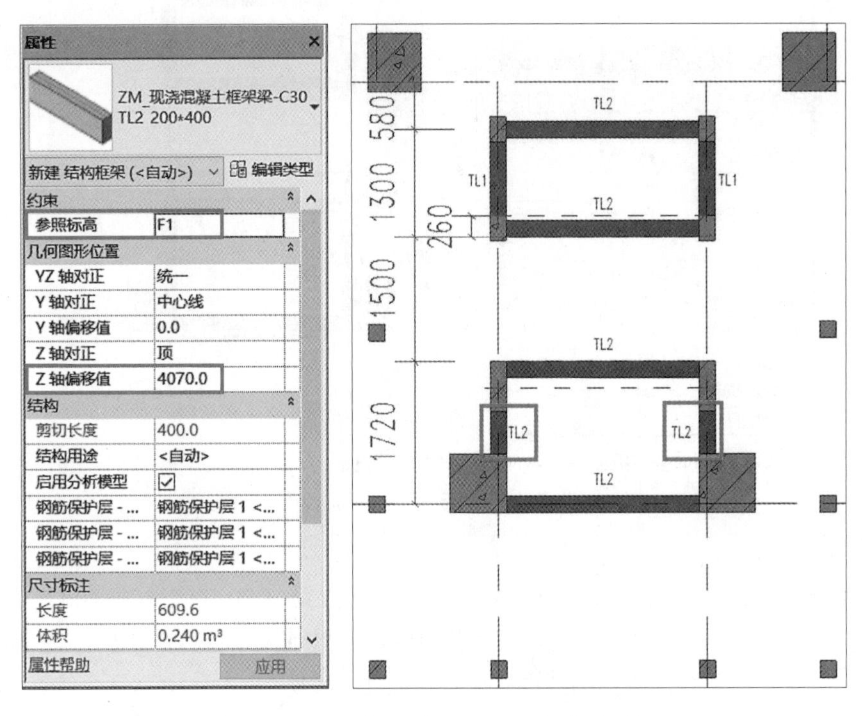

图 6-9　4.07m 标高“TL2 200*400”的绘制

（8）选择“AL1 500*150”，在选项栏设置“放置平面”为“标高：F1”。修改实例参数：“参照标高”为“F1”，“Z 轴偏移值”为“4070”，其余值不变。根据图纸进行放置，如图 6-11 所示。

属性	
ZM_现浇混凝土框架梁-C30 AL1 500*150	
新建 结构框架 (<自i	编辑类型
限制条件	
参照标高	F1
几何图形位置	
YZ 轴对正	统一
Y 轴对正	原点
Y 轴偏移值	0.0
Z 轴对正	顶
Z 轴偏移值	0.0
结构	
剪切长度	150.0
结构用途	<自动>
启用分析模型	☑
钢筋保护层 - 顶面	钢筋保护层 1 ...
钢筋保护层 - 底面	钢筋保护层 1 ...
钢筋保护层 - 其...	钢筋保护层 1 ...
尺寸标注	
长度	609.6
体积	0.225 m³

图 6-10　暗梁创建

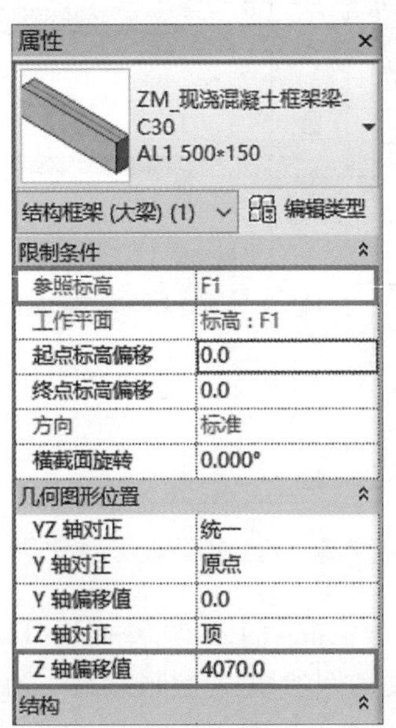

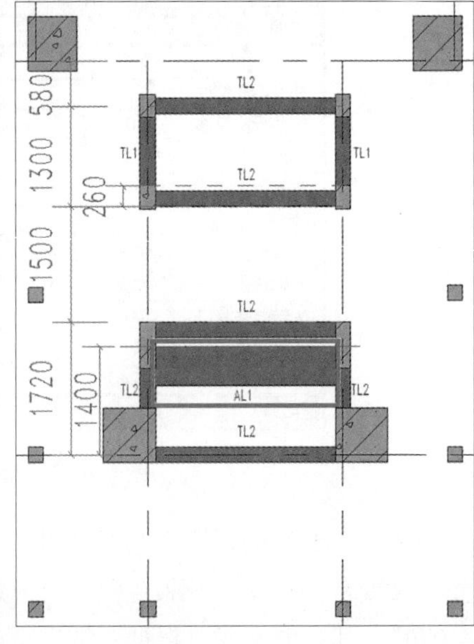

图 6-11　“AL1 500*150”的绘制

6.3　休息平台模型创建

（1）依次打开项目浏览器中的“楼层平面”→“F1”视图，开始绘制楼梯间楼板。依次单击“结构”选项卡→“结构”面板→“楼板”工具，在弹出的下拉列表中选择“楼板：结构”命令，如图 6-12 所示。

图 6-12　选择“楼板：结构”命令

（2）进入楼板的草图编辑模式。在“属性”面板中单击“编辑类型”按钮，进入“类型属性”对话框。单击“复制”按钮，在弹出的“名称”对话框中输入新名称“LB1- 现浇钢筋混凝土 C30-120 厚”，单击“确定”按钮，如图 6-13 所示。

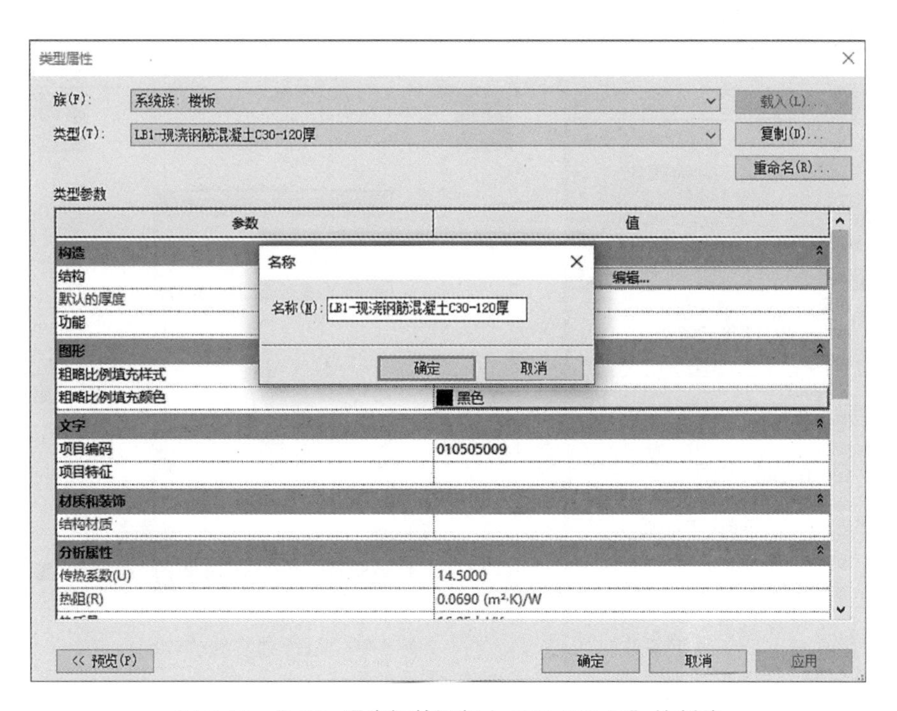

图 6-13　“LB1- 现浇钢筋混凝土 C30-120 厚”的创建

（3）在“类型属性”对话框中单击“结构”项后的“编辑”按钮，进入“编辑部件”对话框，确保结构层厚度为 120mm，选择“材质”为“C_ 钢筋混凝土 C30”，两次单击“确定”按钮关闭所有对话框，完成新楼板类型“LB1- 现浇钢筋混凝土 C30-120 厚”的创建，如图 6-14 所示。

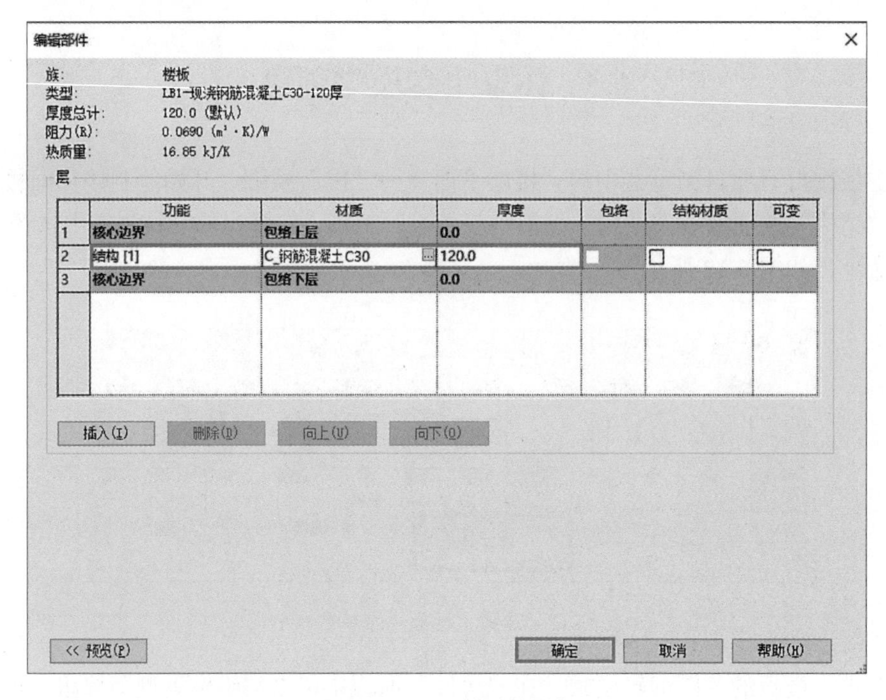

图 6-14　LB1 材质的添加

（4）设置实例属性，限定条件如图 6-15 所示。

（5）绘制如图 6-16 所示的边界线。

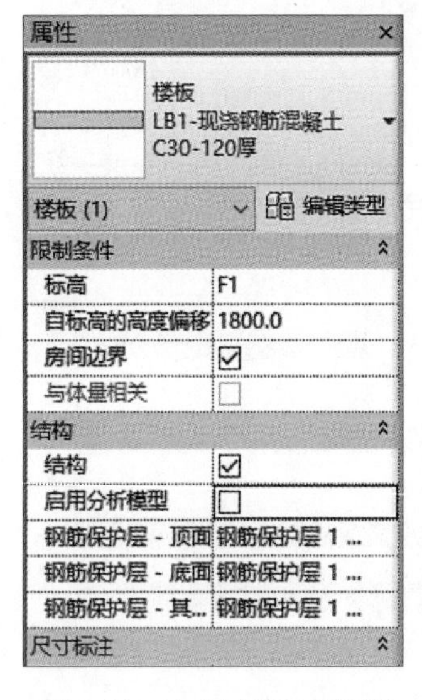

图 6-15　LB1 限定条件设置

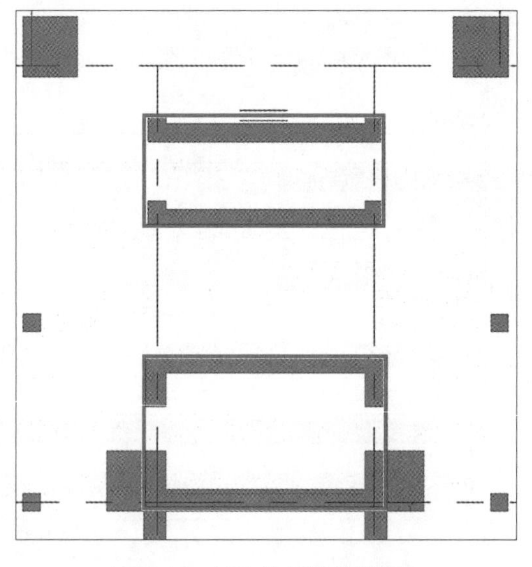

图 6-16　LB1 边界线的绘制

说明

楼板轮廓必须为一个或多个闭合轮廓。在绘制楼板时，板厚为结构层厚度，装饰层构造及做法在后期模型细化阶段考虑。

（6）依次单击“模式”面板→“完成编辑模式”按钮，完成楼板的绘制。单击“快速访问工具栏”的“三维视图”工具，观察三维视图中的楼板，如图 6-17 所示。

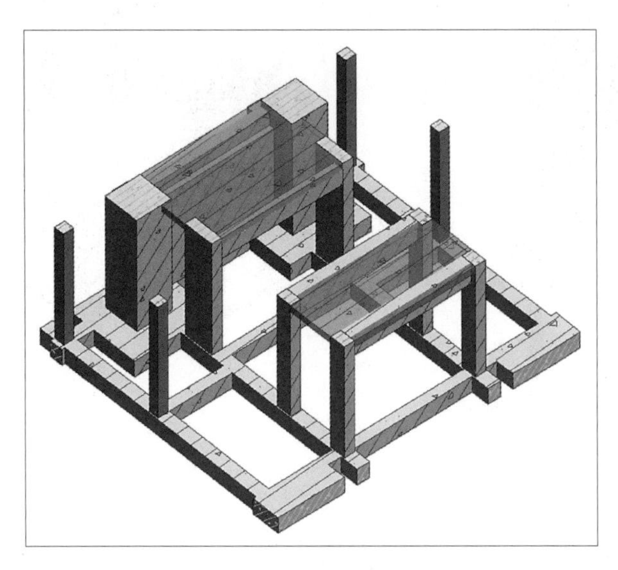

图 6-17　LB1 三维视图

（7）采用同样的方法，在标高为 1800mm 的位置绘制楼板“LB2-现浇钢筋混凝土 C30-150 厚”，楼板材质不变，结构层厚度为 150mm，光标在绘图区域绘制图 6-18 所示的单个闭合轮廓线。

（8）采用同样的方法，在标高为 2740mm 的位置绘制楼板“LB1- 现浇钢筋混凝土 C30-120 厚”，光标在绘图区域绘制图 6-19 所示的单个闭合轮廓线。

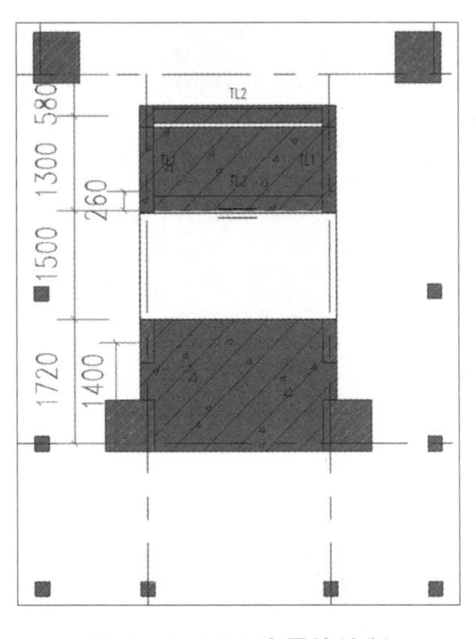

图 6-18　LB2 边界线绘制

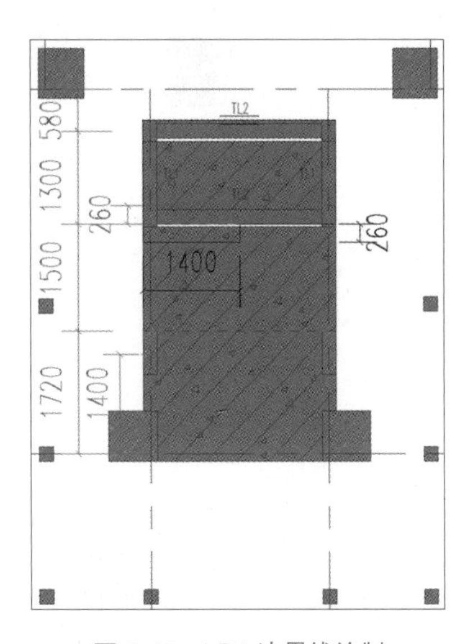

图 6-19　LB1 边界线绘制

（9）采用同样的方法，在标高为 4070mm 的位置绘制楼板“LB2- 现浇钢筋混凝土 C30-150 厚”，光标在绘图区域绘制图 6-20 所示的闭合轮廓线。

（10）按照以上操作完成休息平台模型的创建，三维视图如图 6-21 所示。

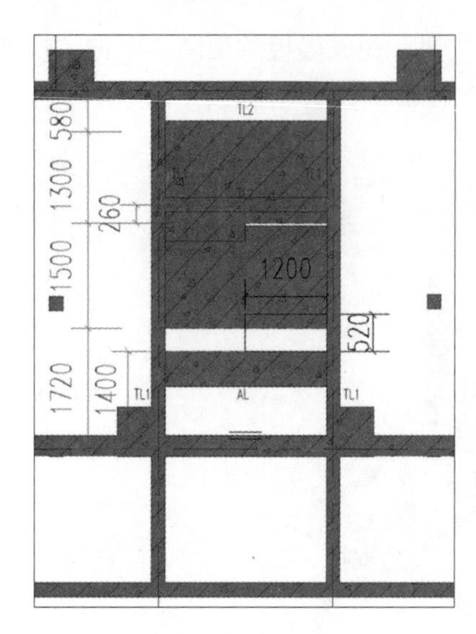

图 6-20　LB2 边界线绘制

图 6-21　休息平台三维视图

6.4　楼梯模型创建

6.4.1　辅助线的创建

（1）在项目浏览器下，双击进入 F1 楼层平面。

（2）绘制楼梯位置的参照平面 [a]、[b] 和 [1]、[2]、[3]、[4]、[5] 共 7 个，如图 6-22 所示。

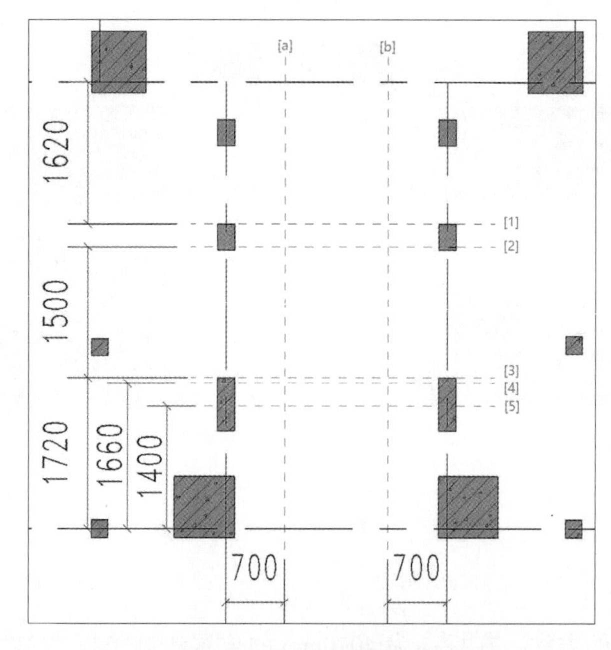

图 6-22　参照平面创建

6.4.2　首层楼梯的创建

（1）依次单击“建筑”选项卡→“楼梯坡道”面板→“楼梯”工具，如图 6-23 所示。

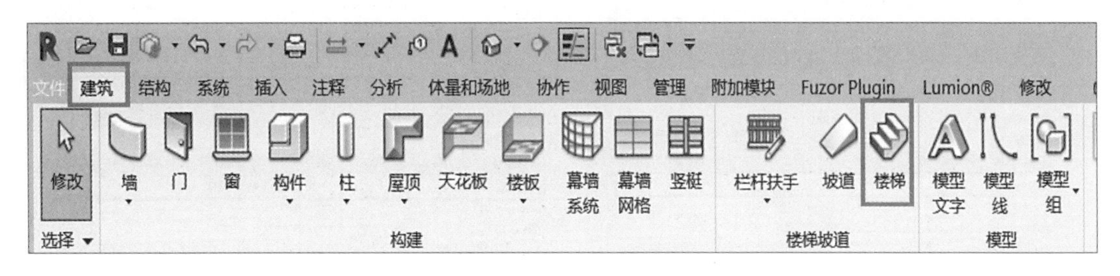

图 6-23　选择“楼梯”工具

（2）设置楼梯的类型属性，单击“属性”面板中的“编辑类型”按钮，在“类型属性”对话框中修改计算规则的相应参数值，如图 6-24 所示。

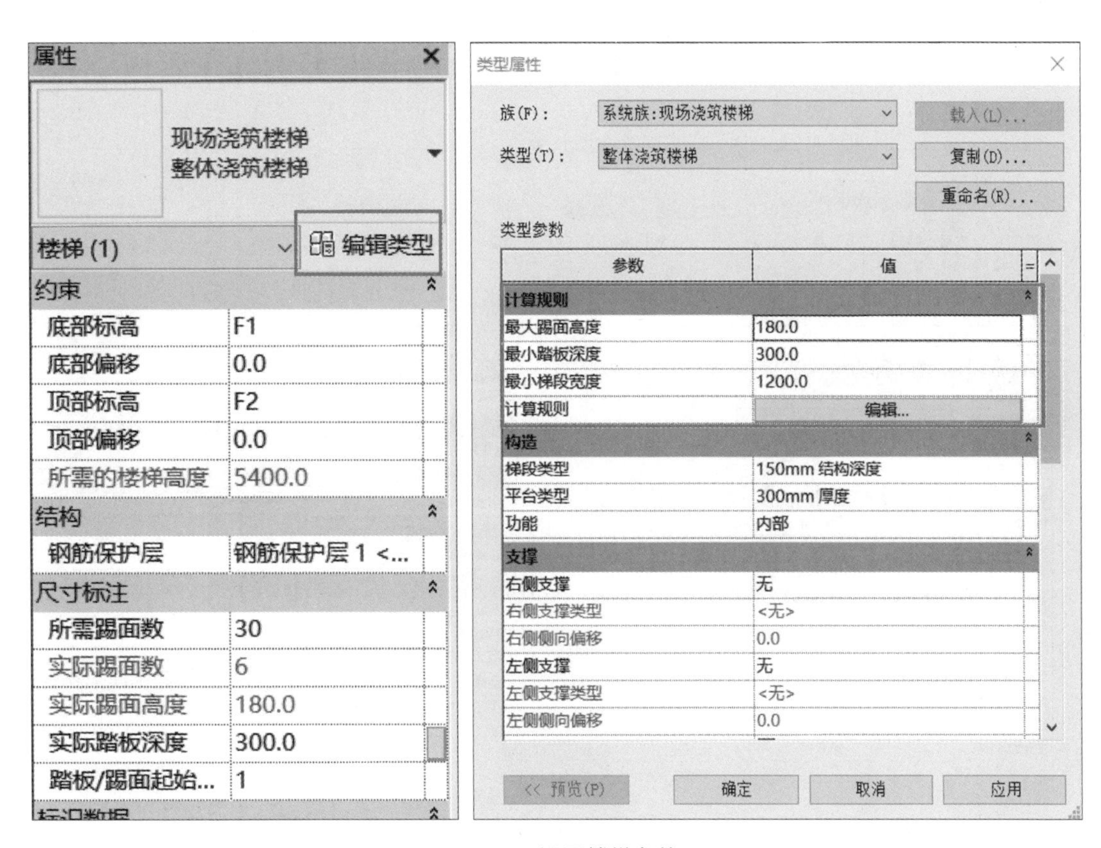

图 6-24　设置楼梯参数

（3）单击构造下的梯段类型和平台类型。修改梯段类型的结构深度和整体式材质，如图 6-25 所示。修改平台类型的整体厚度和整体式材质，如图 6-26 所示。

（4）依据案例工程图纸，对楼梯实例属性进行设置，“底部标高”与“顶部标高”都设为“F1”，“底部偏移”设为“1800”，“顶部偏移”设为“2740”，“所需踢面数”设为“6”，“实际踏板深度”设为“300”，其余参数不变，如图 6-27 所示。

图 6-25 修改梯段类型的结构深度和整体式材质

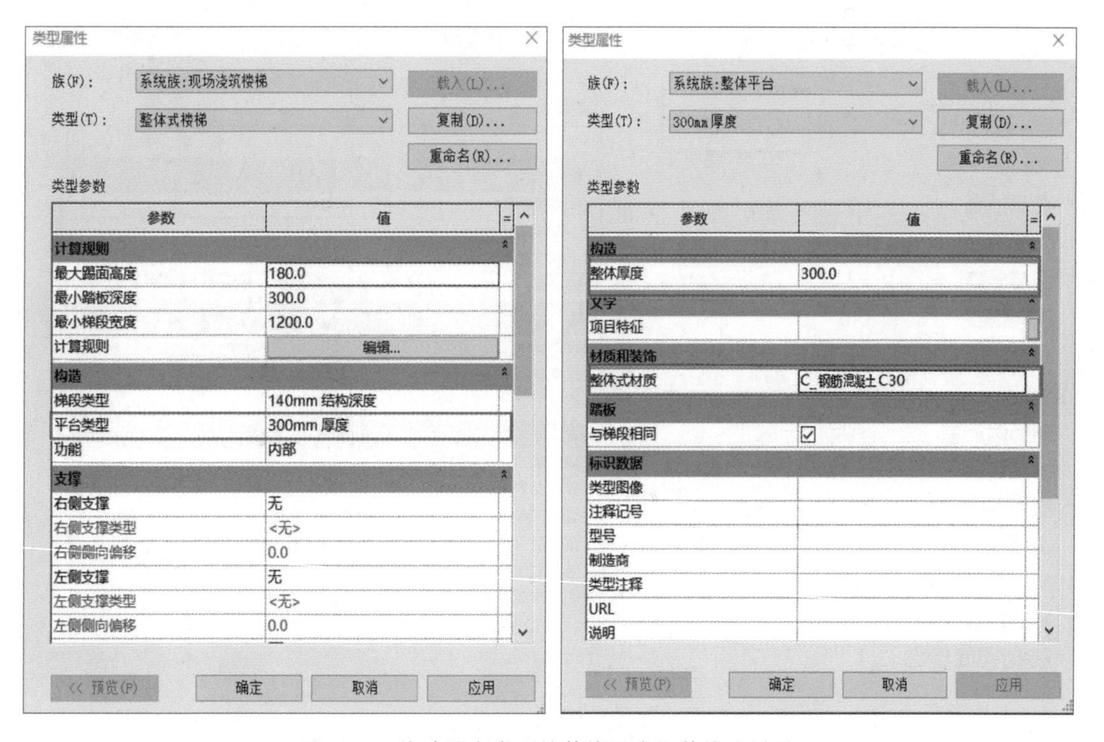

图 6-26 修改平台类型的整体厚度和整体式材质

（5）依次单击“修改 | 创建楼梯”上下文选项卡→“构件”面板→“梯段”工具，选择“直梯”命令，按照图纸进行第一跑楼梯的绘制，如图 6-28 所示。

（6）第二跑楼梯和第三跑楼梯模型搭建方法同第一跑楼梯，具体数据和楼梯位置按照案例图纸给定信息设置。

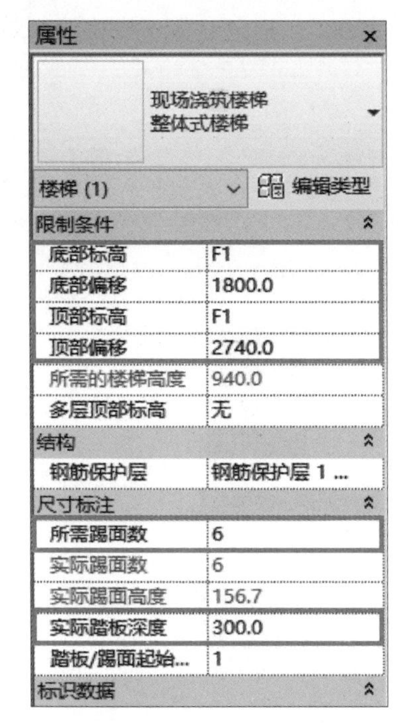

图 6-27 第一跑楼梯参数

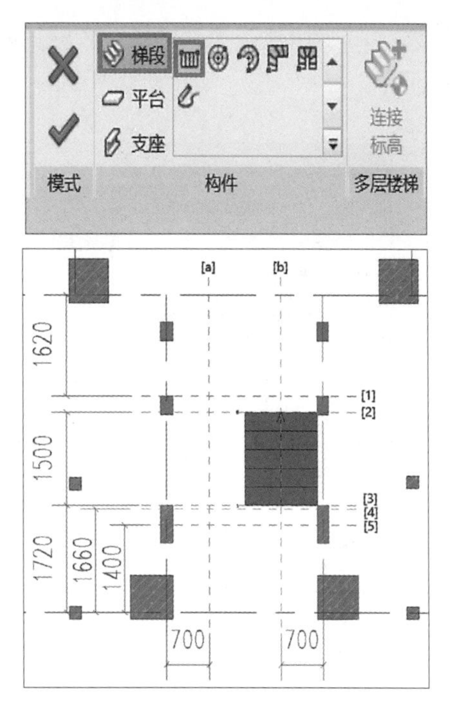

图 6-28 第一跑楼梯的绘制

6.5 二层楼梯模型创建

6.5.1 梯柱、梯梁、休息平台的创建

（1）在类型选择器中选择梯柱“ZM_ 现浇混凝土矩形柱 -C30 TZ1 300*200”，修改实例参数:“底部标高”为“F2”,“底部偏移”为“0”,“顶部标高”为“F2”,“顶部偏移”为“1500”，其余参数不变，绘制的效果如图 6-29 所示。

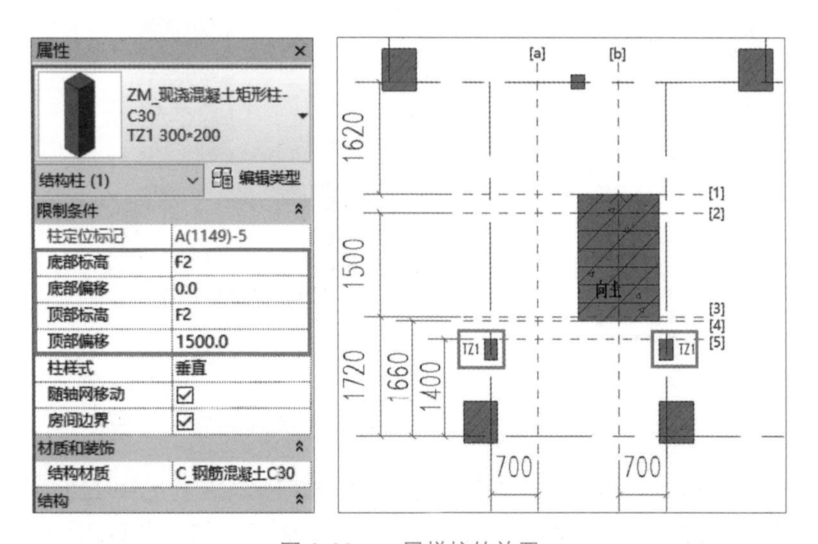

图 6-29 二层梯柱的放置

（2）在类型选择器中选择梯梁“ZM_ 现浇混凝土框架梁 -C30 TL1 200*400”。修改

实例参数:“参照标高”为“F2”,“Z 轴偏移值”为“1500”，其余参数不变，绘制效果如图 6-30 所示。

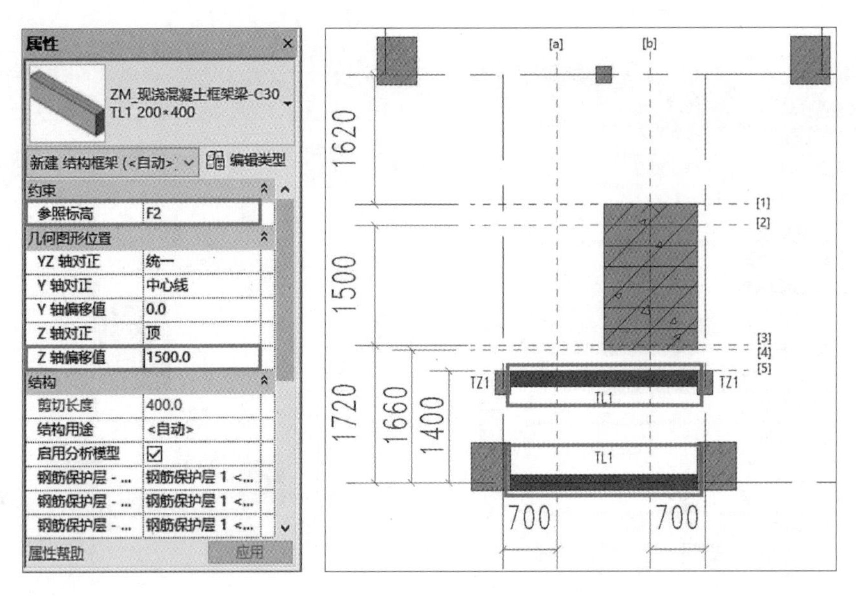

图 6-30　绘制二层梯梁 TL1 200*400

（3）在类型选择器中选择梯梁“ZM_ 现浇混凝土框架梁 -C30 TL2 200*400”。修改实例参数:“参照标高”为“F2”,“Z 轴偏移值”为“1500”，其余参数不变，绘制效果如图 6-31 所示。

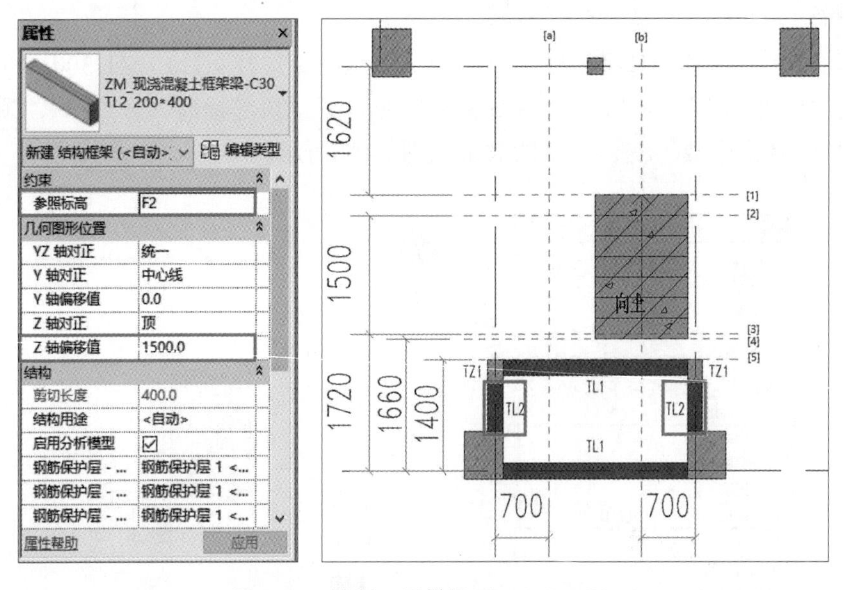

图 6-31　绘制二层梯梁 TL2 200*400

（4）在类型选择器中选择楼板“楼板 LB1- 现浇钢筋混凝土 C30-120 厚”，修改实例参数:“标高”为“F2”,“自标高的高度偏移”为“1500”，其余参数不变，绘制轮廓如图 6-32 所示。

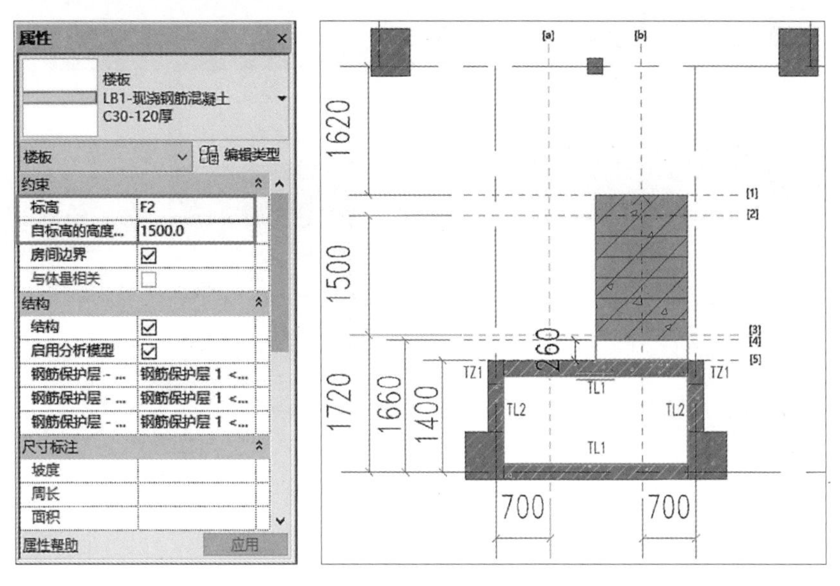

图 6-32　二层楼梯休息平台模型的创建

6.5.2　二层楼梯的创建

（1）依次单击“建筑”选项卡→“楼梯坡道”面板→“楼梯”工具，自动切换至“修改 | 创建楼梯”上下文选项卡，选择“构件”面板中的“梯段”工具来进行楼梯的创建。选择楼梯类型为“整体式楼梯”，设置限制条件：“底部标高”为“F2”，“底部偏移”为“0”，“顶部标高”为“F2”，“顶部偏移”为“1500”。设置尺寸标注：“所需踢面数”为“9”，“实际踏板深度”为“260”。绘制楼梯，如图 6-33 所示。

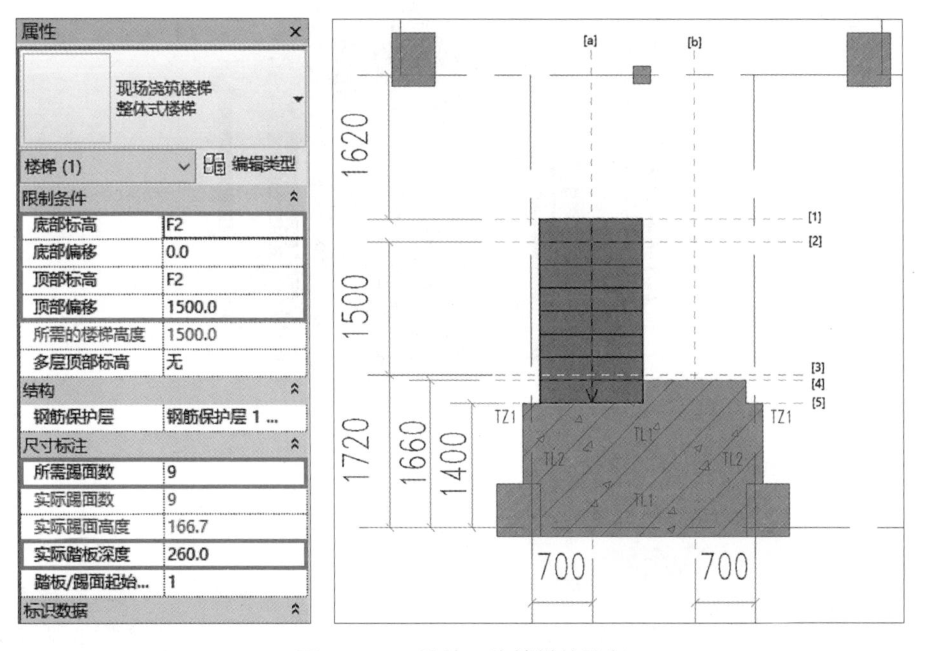

图 6-33　二层第一跑楼梯的绘制

（2）应用同样的方法进行第二跑楼梯的绘制，如图 6-34 所示。

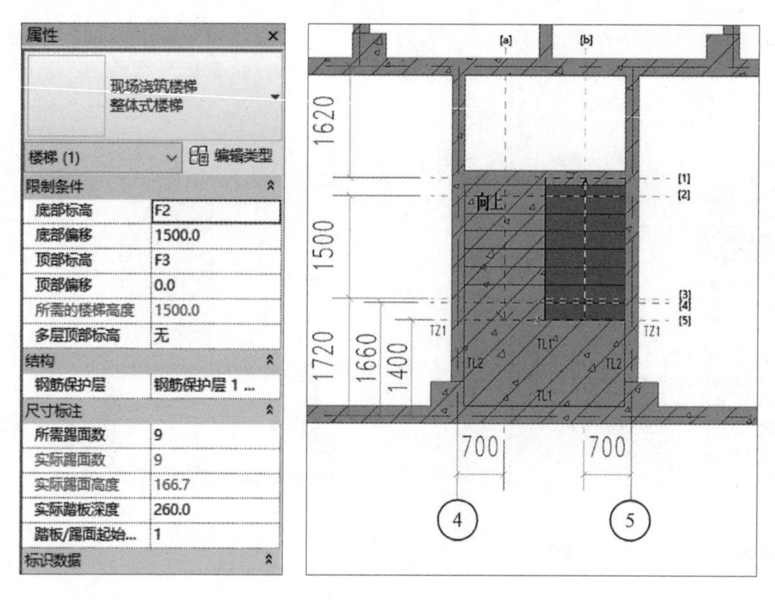

图 6-34　二层第二跑楼梯的绘制

（3）二层楼梯的三维视图如图 6-35 所示。

图 6-35　二层楼梯的三维视图

说明

当二层楼梯间模型创建完成后，需进行构件扣减关系处理（构件之间扣减关系处理方法参照第 3 章 3.2.6 小节执行），才能保障后期施工量的提取、施工方案展示和施工进度模拟时贴图的效果。

6.6　楼梯间模型组的创建

6.6.1　组的概述

项目中经常会遇到布置好某一层图元组的时候，需要将布置好的图元组快速复制到其他楼层，这时就需要用到“组”的功能。在 Revit 软件中，组的功能就是把已经布置好的图元成组后，可以快速复制到其他楼层。当组中某一图元属性发生变化时，只需要修改其中一个位置的组，其余组的图元会随之变化。图 6-36 所示为房间模型组。

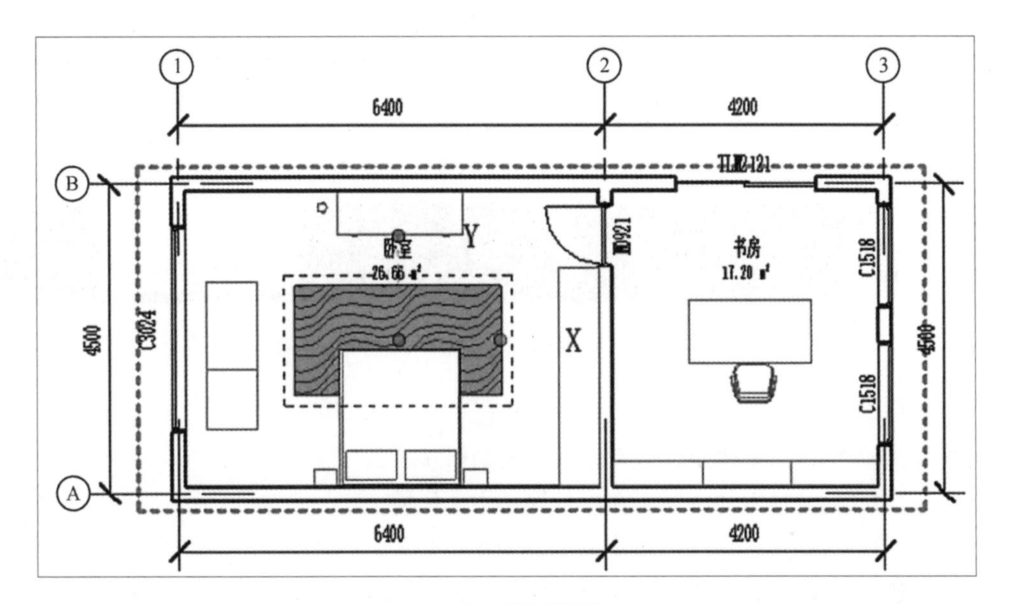

图 6-36　房间模型组

组主要分为以下 3 种。

（1）模型组：可以包含模型图元。

（2）详图组：可以包含视图专有图元（如文字和填充区域）。

（3）附着的详图组：可以包含与特定模型组关联的视图专有图元（如门和窗标记）。

说明

放置在组中的每个实例之间都存在关联性。例如，创建一个具有床、墙和窗的组，然后将该组的多个实例放置在项目中，如果修改一个组中的墙，则该组所有实例中的墙都会随之改变。

6.6.2　创建组

在项目视图中创建组的方法有以下两种。

（1）在项目视图中依次选择多个图元，依次单击“修改 | 选择多个”上下文选项卡→“创建”面板→“创建组”工具，如图 6-37 所示，创建模型组。

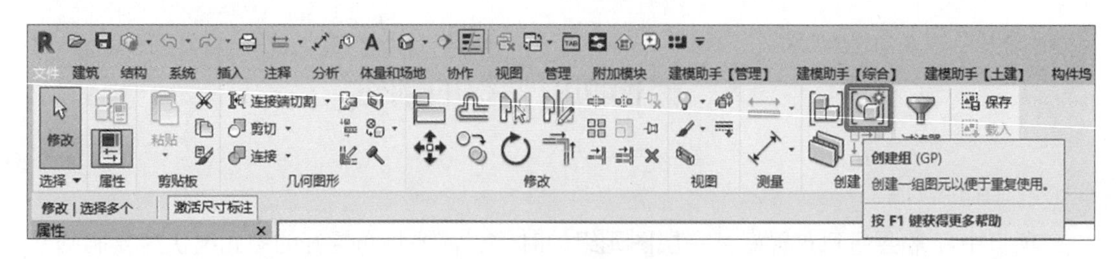

图 6-37　选择“创建组”工具

（2）依次单击“建筑”或“结构”选项卡→“模型”面板→“模型组”工具，在弹出的下拉列表中选择“创建组”命令，如图 6-38 所示，创建模型组。

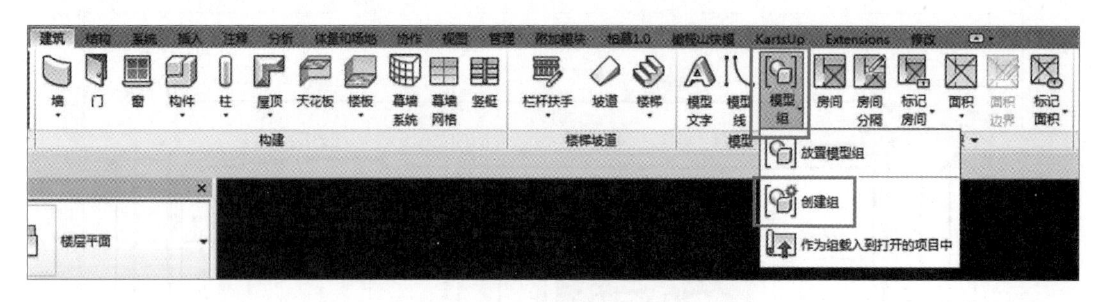

图 6-38　选择“创建组”命令

6.6.3　编辑组

在项目视图中可以创建组，也可以编辑模型组。

（1）添加或删除组中的图元。在项目视图中选择模型组，自动切换至“修改 | 模型组”上下文选项卡，选择“成组”面板中的“编辑组”命令。自动弹出“编辑组”工具框，使用“添加或删除”命令，如图 6-39 所示，将项目视图中需要添加到组中的图元添加进组，或者将需要从组中删除的图元删除到组外。

（2）从组实例中排除图元，该图元仍保留在组中，但它在该组实例的项目视图中不可见，如图 6-40 所示。

图 6-39　选择“添加或删除”命令

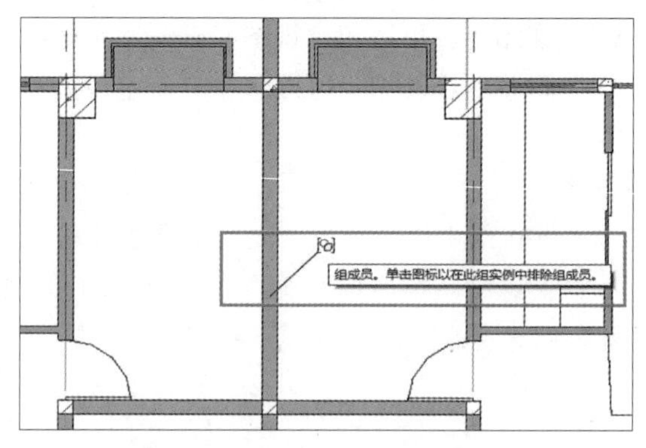

图 6-40　排除组图元

说明

当图元被排除并且在组实例的项目视图中不可见时，明细表中不包含已排除的图元。

6.6.4　楼梯间模型组创建

（1）进入三维视图，分别选择二层建立的梯柱、梯梁、休息平台以及楼梯，如图 6-41 所示。

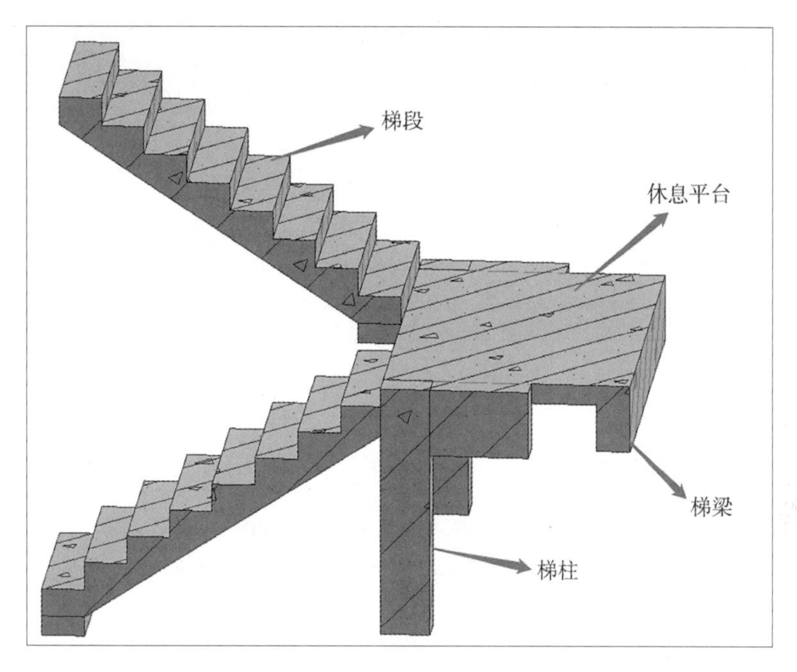

图 6-41　模型组构件的选择

（2）选择相应构件后，创建“二层楼梯模型组”，如图 6-42 所示。

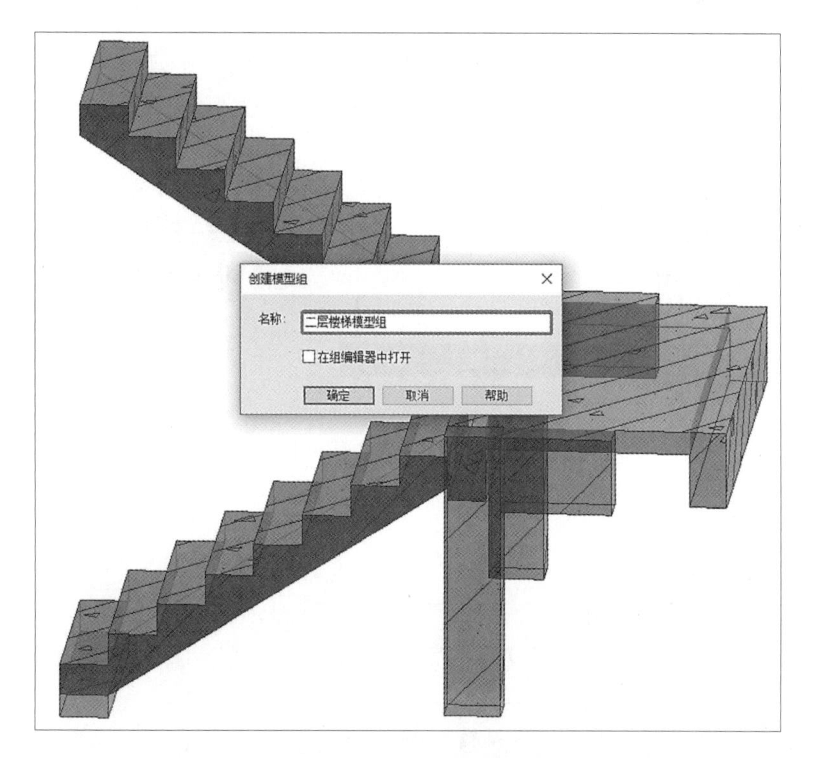

图 6-42　创建二层楼梯模型组

（3）回到楼层平面 F2，单击“二层楼梯模型组”，使用“复制”命令复制到对应位置即可，图 6-43 所示为楼梯组的复制。

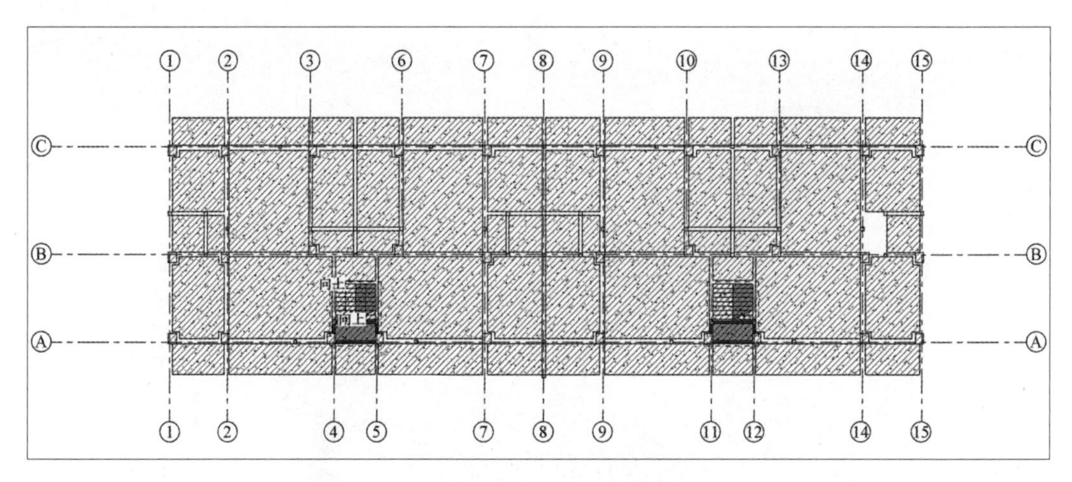

图 6-43 复制二层楼梯模型组

（4）光标在绘图区域框选所有构件，依次单击“修改 | 选择多个”上下文选项卡→“选择”面板→“过滤器”工具，在弹出的“过滤器”对话框中勾选“模型组”选项，单击“确定”按钮，如图 6-44 所示。

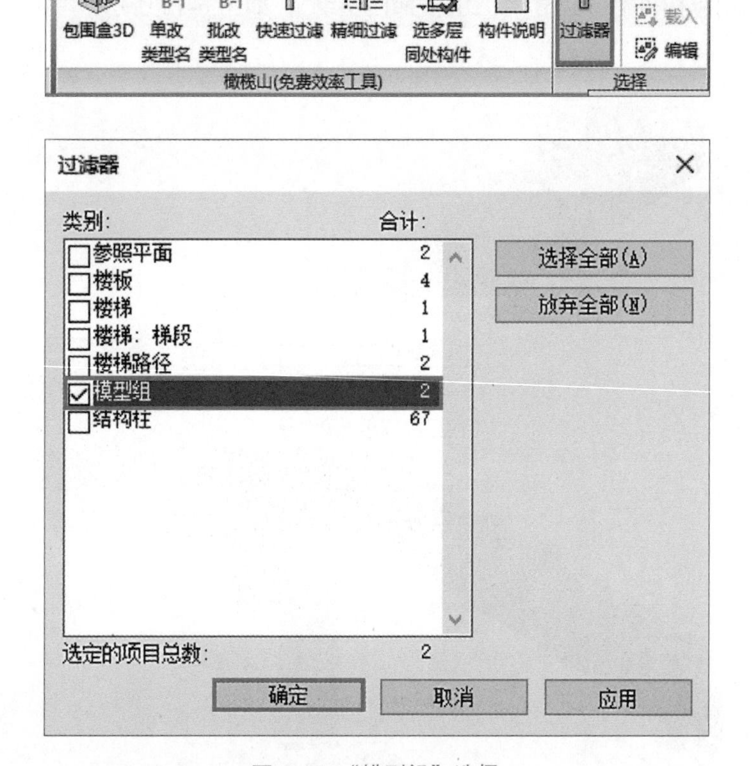

图 6-44 “模型组”选择

（5）选择所有模型组后，依次单击“剪贴板”面板→“复制到剪贴板”工具，如图 6-45 所示。然后单击左侧的“粘贴”工具，在弹出的下拉列表中选择“与选定的标高对齐”命令。在弹出的“选择标高”对话框中，单击选择 F3，按住 Shift 键，选中 F6，最后单击“确定”按钮完成楼层的选择，如图 6-46 所示。

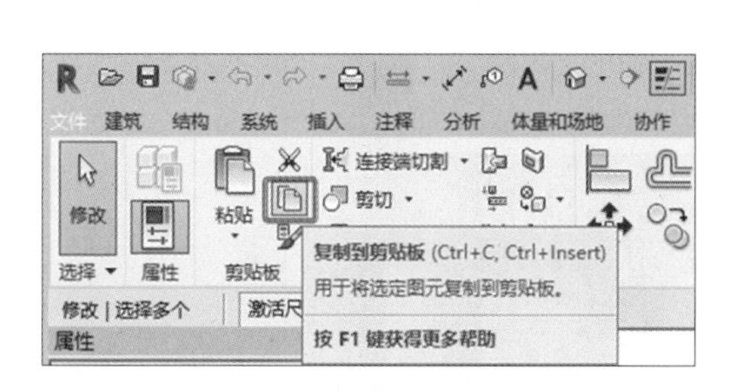

图 6-45　选择“复制到贴板”

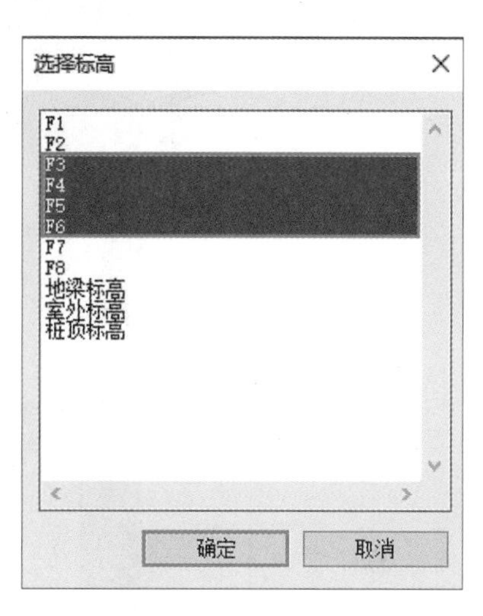

图 6-46　选择楼层

（6）进入三维视图，分别选择一层建立的梯柱、梯梁、休息平台以及梯段，如图 6-47 所示。

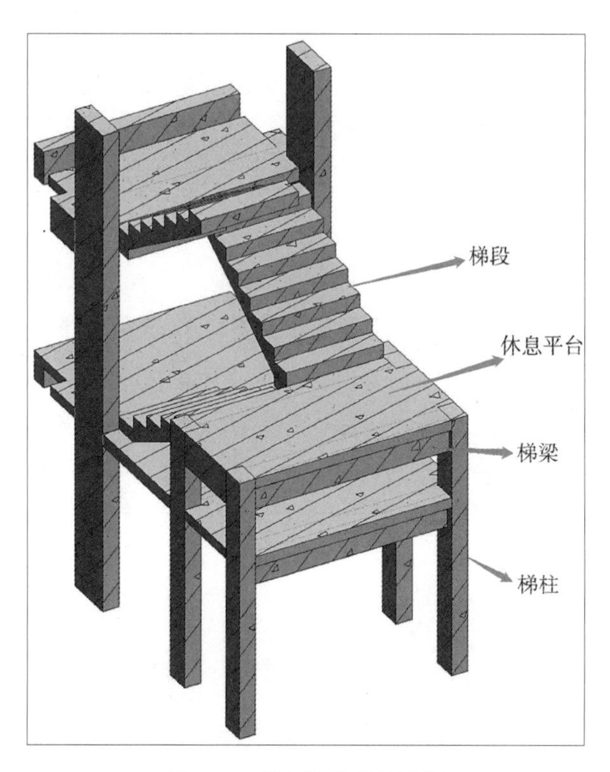

图 6-47　模型组构件的选择

（7）选择相应构件后，创建“一层楼梯模型组”，如图 6-48 所示。

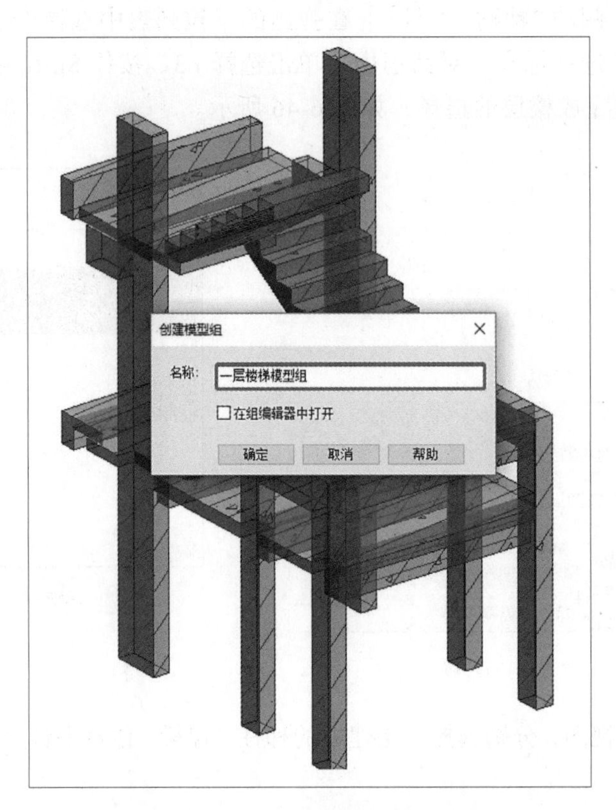

图 6-48　一层楼梯模型组

（8）回到楼层平面 1F，单击选择“一层楼梯模型组”，使用“复制”命令，复制到对应位置即可，图 6-49 所示为楼梯组的复制。

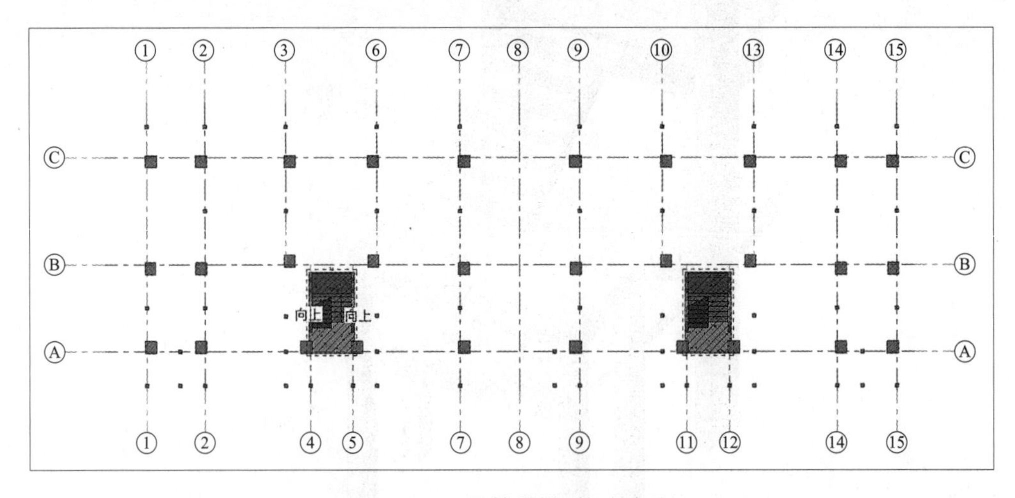

图 6-49　一层楼梯模型组的复制

（9）完成上述操作后回到三维视图，本案例工程完整结构模型创建完成，如图 6-50 所示。

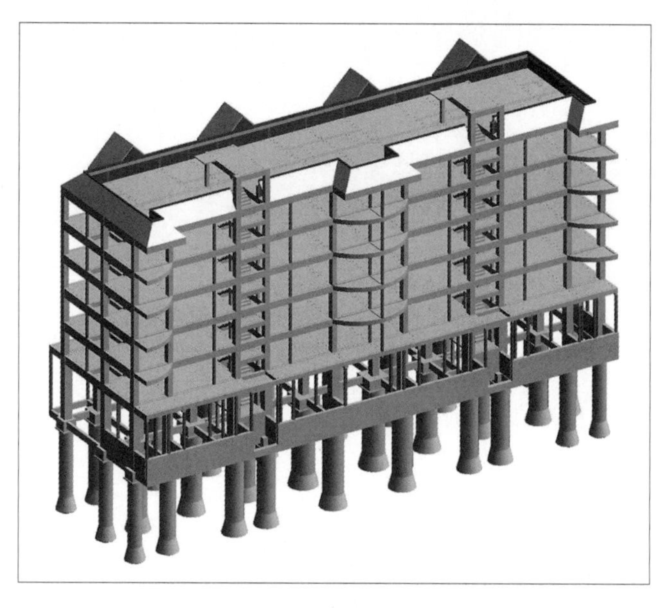

图 6-50　案例工程结构模型

课后练习

根据图 6-51 给定数值创建楼梯，楼梯整体材质为钢筋混凝土 C30，栏杆扶手为 900mm 圆管。

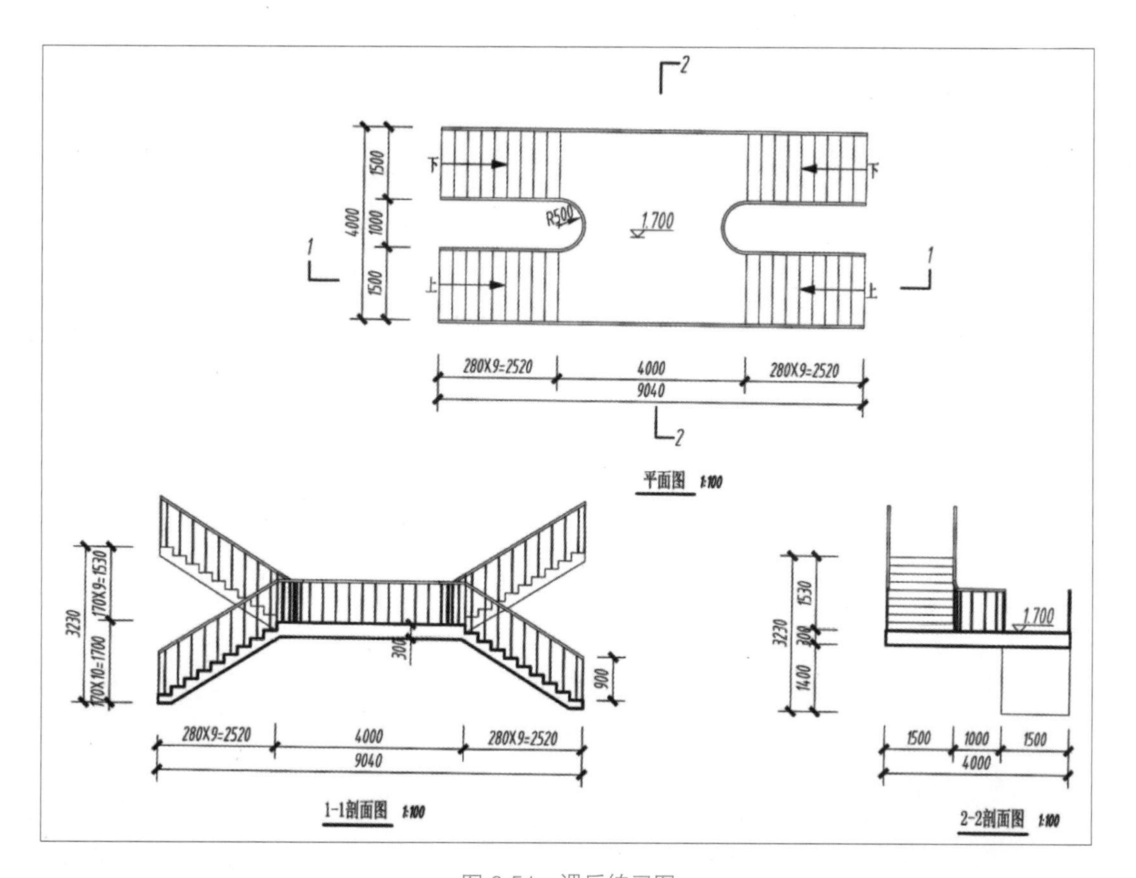

图 6-51　课后练习图

模块3

建筑模型创建

第7章　首层户型设计

知识目标

1. 了解首层墙体模型创建准备。
2. 了解首层门窗模型创建模型的创建方法。

教学视频：
首层户型设计

能力目标

1. 能够创建首层墙体模型。
2. 能够创建首层门窗模型。
3. 能够创建幕墙、门窗体量模型。

素养目标

1. 增强对国家强烈的认同感、归属感和自豪感。
2. 培养吃苦耐劳的工匠精神、团结协作和创新精神。

7.1　首层墙体模型创建准备

在结构模型基础上，进入项目浏览器，双击进入F1楼层平面。导入首层建筑平面图，图纸锁定和图纸可见性/图形替换设置操作参照第4章4.2.1小节方法执行。

7.1.1　墙体属性的设置

（1）依次单击“建筑”选项卡→“构建”面板→“墙”工具，在弹出的下拉列表中选择“墙:建筑”命令，在“属性”面板中选择基本墙类型为“常规-200mm”，如图7-1所示。

（2）单击“属性”面板中的“编辑类型”按钮，在弹出的“类型属性”对话框中单击“复制”按钮，在弹出的“名称”对话框中输入新名称“基墙-免烧砖200厚”，单击“确定”按钮，如图7-2所示，创建新的基本墙类型。

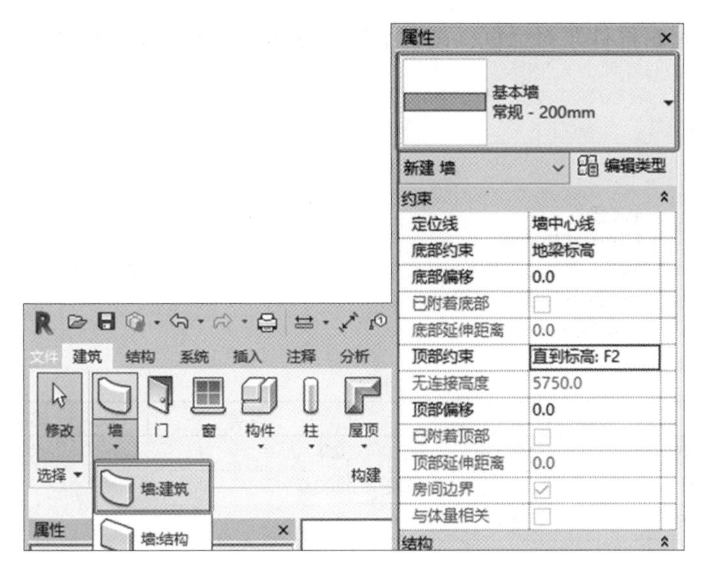

图 7-1　基本墙的选择

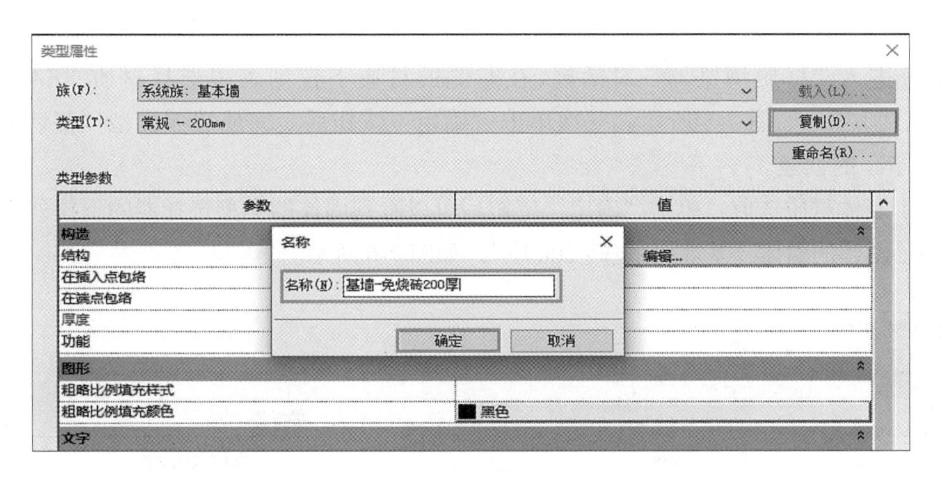

图 7-2　创建新的基本墙类型

（3）单击“结构”后面的“编辑”按钮，如图 7-3 所示。

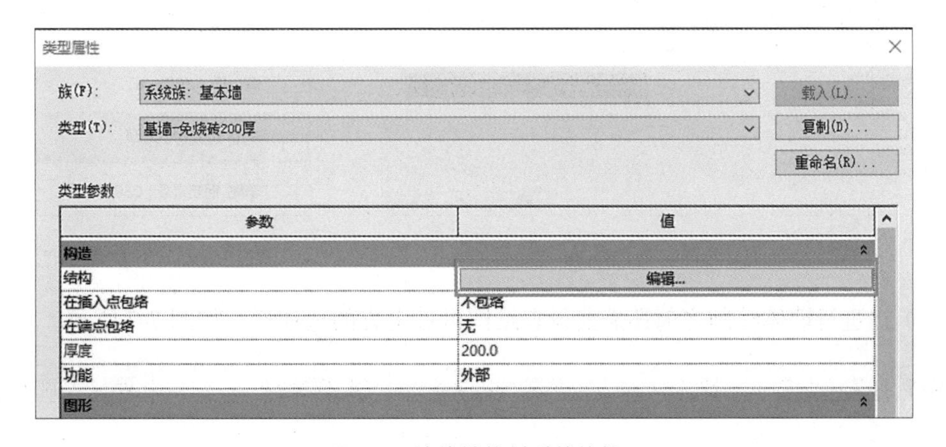

图 7-3　墙体结构材质的编辑

（4）进入“编辑部件”对话框，设置结构厚度为“200”，单击墙体结构层材质图标▭，如图 7-4 所示。

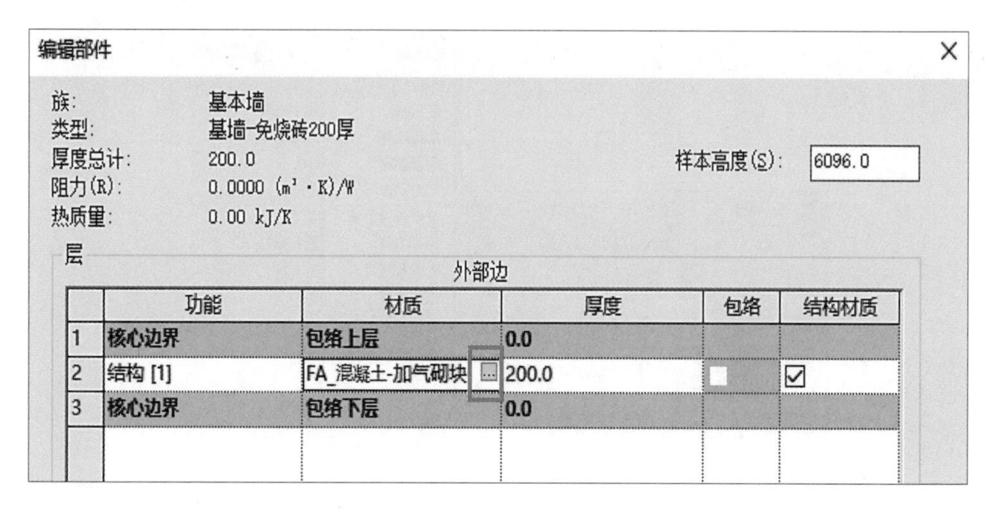

图 7-4　编辑部件

（5）进入“材质浏览器”对话框，在左侧的材质下拉列表中选择材质“FA_ 混凝土-加气砌块”，如图 7-5 所示。三次单击“确定”按钮后，完成墙体类型“基墙 - 免烧砖 200 厚”的创建。

（6）墙体材质选取。单击“确定”按钮后可以看到墙体的类型选择器的下拉列表中已经添加了新建的墙体“基墙-免烧砖 200 厚”，如图 7-6 所示。

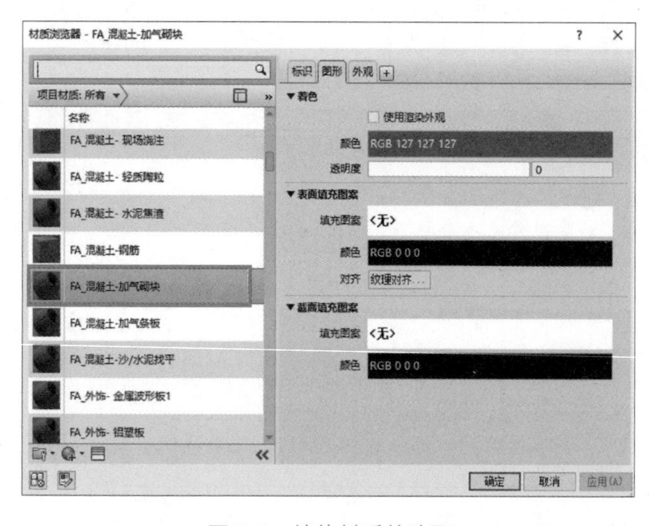

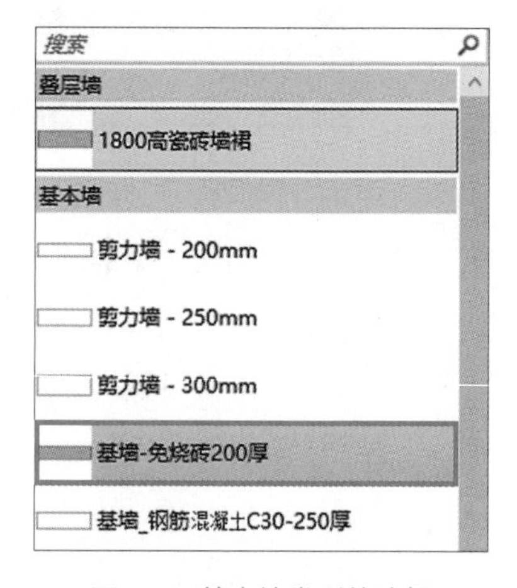

图 7-5　墙体材质的选取　　　　图 7-6　基本墙类型的选择

（7）在进行墙体绘制之前还需要设置绘图区域上方的选项栏，如图 7-7 所示。

图 7-7　选项栏设置

说明

①单击“高度”后的选项，选择“F2”，即墙体高度为当前标高 F1 到设计标高 F2。②“核心层中心线”作为墙体定位线。Revit 会根据墙的定位线为基准位置应用墙的厚度、高度及其他属性。即使墙类型发生改变，定位线也会是墙上一个不变的平面。例如，如果绘制一面墙并将定位线指定为“核心层中心线”，那么即便选择此墙并修改类型或结构，定位线位置仍会保持不变。本案例中需要在后续的设计中给外墙添加保温层，当墙体厚度发生改变时，需要保证结构层位置不变，所以采用“核心层中心线”作为墙体定位线。③勾选“链”选项，便于墙体的连续绘制。

（8）光标移动至绘图区域，借助轴网交点顺时针绘制墙体，如图 7-8 所示。

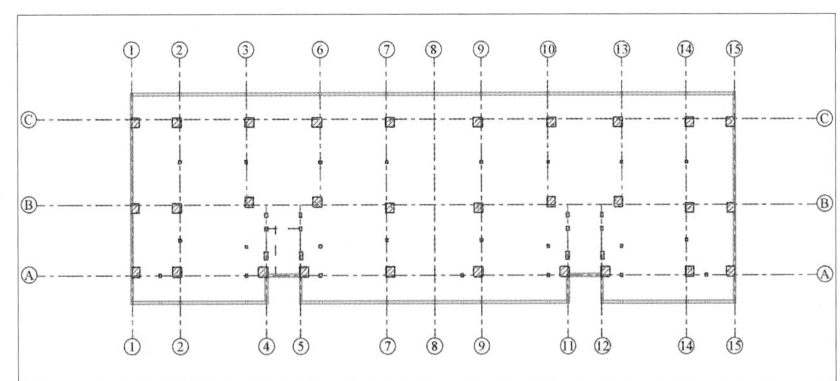

图 7-8　首层外墙创建

说明

Revit 软件中的墙体可以设置真实的结构层、装饰层，即墙体的内侧和外侧可能具有不同的装饰层，顺时针绘制可以保证墙体内部装饰层始终向内。选择任意一面墙体，可单击墙体一侧出现的双向箭头，翻转面，出现箭头的一侧为墙体外侧，如图 7-9 所示。

7.1.2　首层内墙模型创建

（1）以“基墙 - 免烧砖 200 厚”为基础类型，单击“属性”面板中的“编辑类型”按钮，在弹出的“类型属性”对话框中单击“复制”按钮，在弹出的“名称”对话框中输入新名称“基墙 - 混凝土空心砖 200 厚”，两次单击“确定”按钮后关闭对话框。

说明

在此阶段暂不为各墙体设置面层，内外墙结构层一致，均为 200mm 厚加气混凝土砌块。

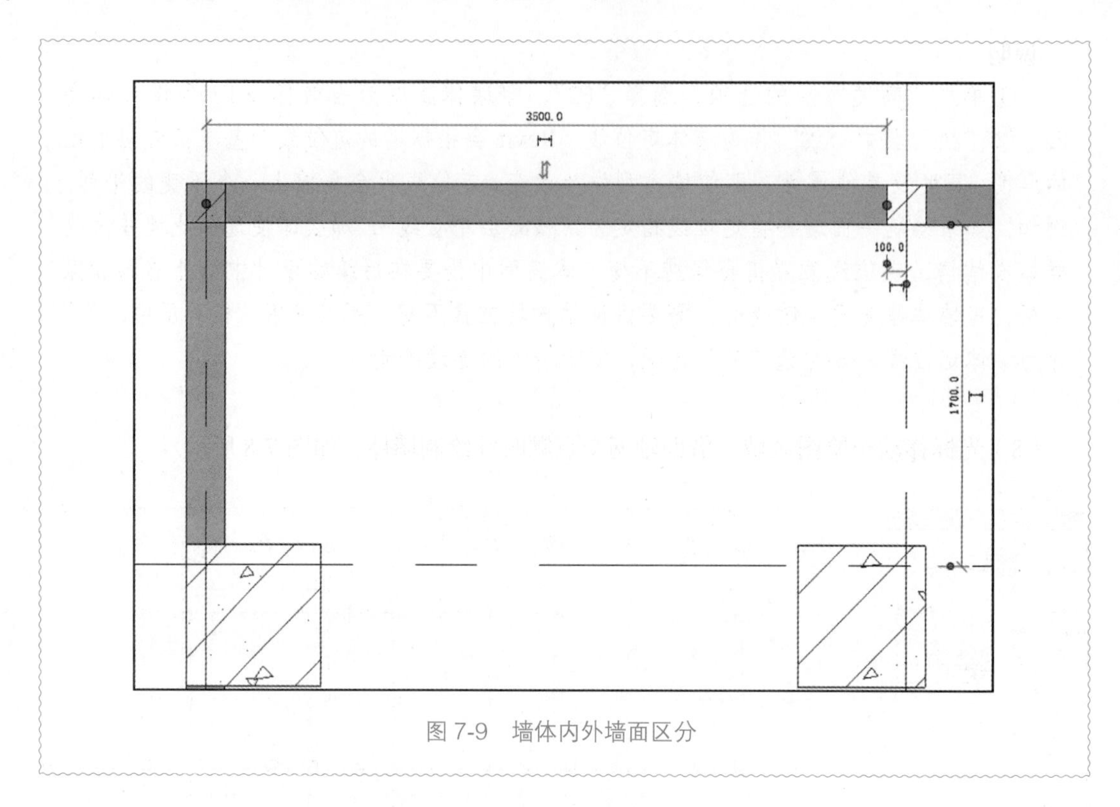

图 7-9　墙体内外墙面区分

（2）用相同的方法沿轴网顺时针绘制内墙，如图 7-10 所示。

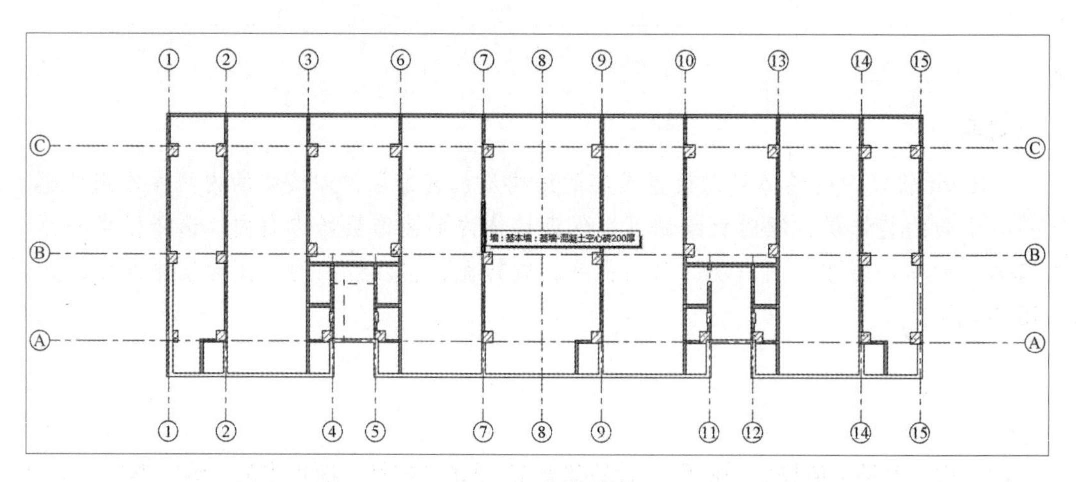

图 7-10　内墙创建

（3）墙体模型创建完成后，扣减方法参照第 3 章 3.2.6 小节方法执行。

7.2　门窗模型创建

7.2.1　窗的放置

（1）依次单击“插入”选项卡→“从库中载入”面板→“载入族”工具，在模块资料中“案例所需资料”文件夹里找到窗族文件，单击“打开”按钮，如图 7-11 所示。

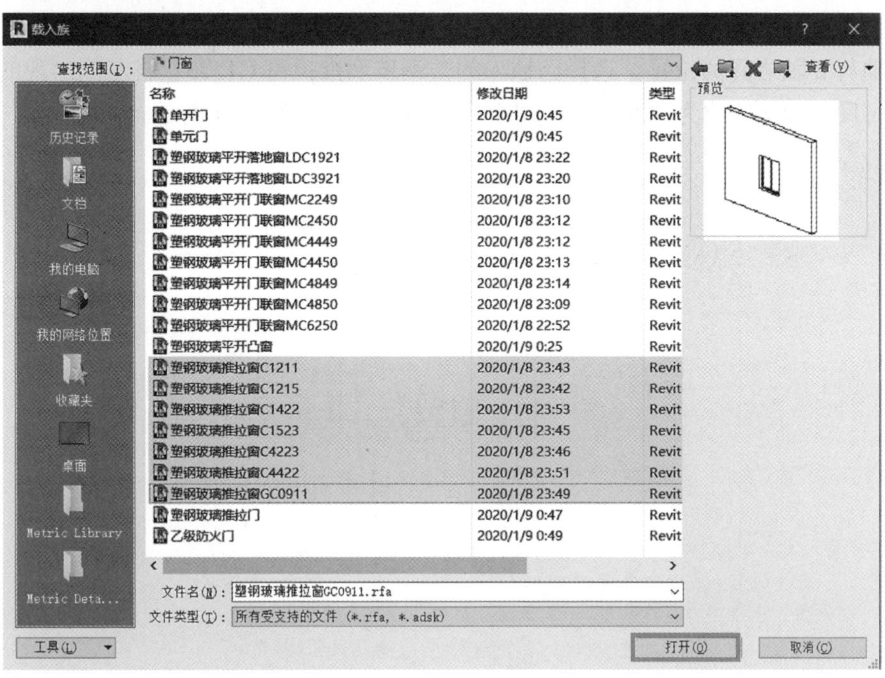

图 7-11　窗族载入

（2）打开项目浏览器中的“楼层平面”→“F1”视图，依次单击“建筑”选项卡→“构建”面板→“窗”工具。

（3）在类型选择器中选择“塑钢玻璃推拉窗 C1523”，如图 7-12 所示。

（4）修改“塑钢玻璃推拉窗 C1523”的限制条件，依据项目图纸将“底高度”设为“270”，如图 7-13 所示。

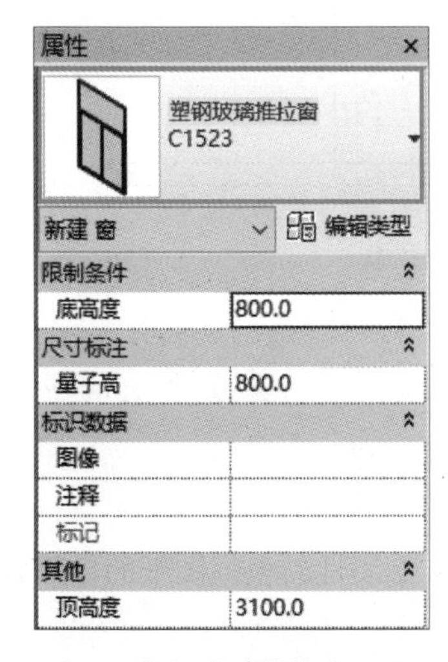

图 7-12　塑钢玻璃推拉窗 C1523

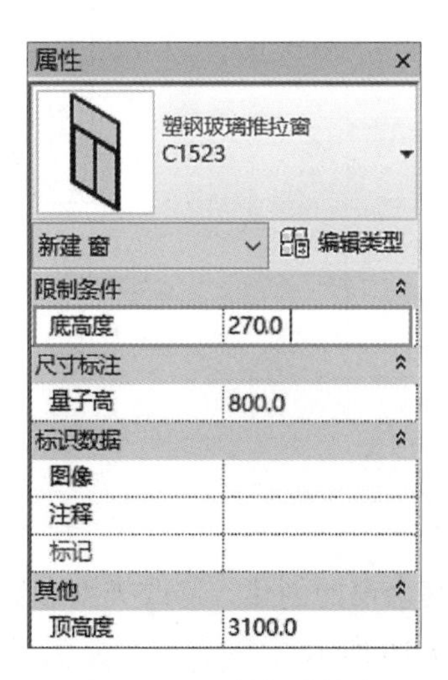

图 7-13　限制条件修改

说明

门窗命名规则，以“塑钢玻璃推拉窗 C1523”为例：“C”为类型代号（分别对应 C—窗、M—门、MLC—门联窗、TLM—推拉门）；“15”代表窗宽（门宽）为 1500mm；“23”代表窗高（门高）为 2300mm。门窗命名规则可自行修改。

（5）光标移动到绘图区域 A 轴下方的墙体上，单击放置塑钢玻璃推拉窗 C1523 至下图中 1 轴与 2 轴之间的位置，选择已插入的塑钢玻璃推拉窗 C1523，将左侧出现的与左墙面的临时尺寸标注修改为“200”，实现窗的准确定位，如图 7-14 所示。

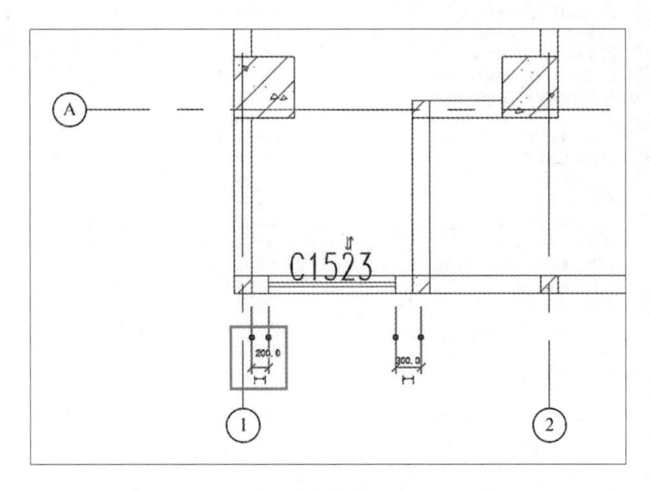

图 7-14　塑钢玻璃推拉窗 C1523 放置

注意

放置窗的控件应都在外部，方便后期的统一替换，如图 7-15 所示。

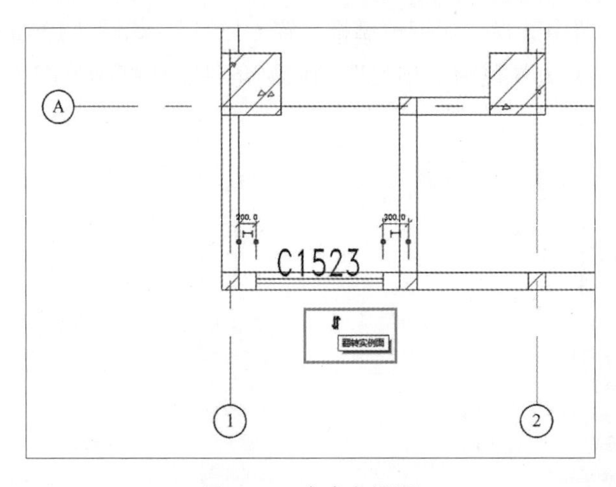

图 7-15　窗方向设置

（6）图纸其余窗的创建，修改类型参数与实例属性后根据图纸的位置放置，放置完成后的效果如图 7-16 所示。

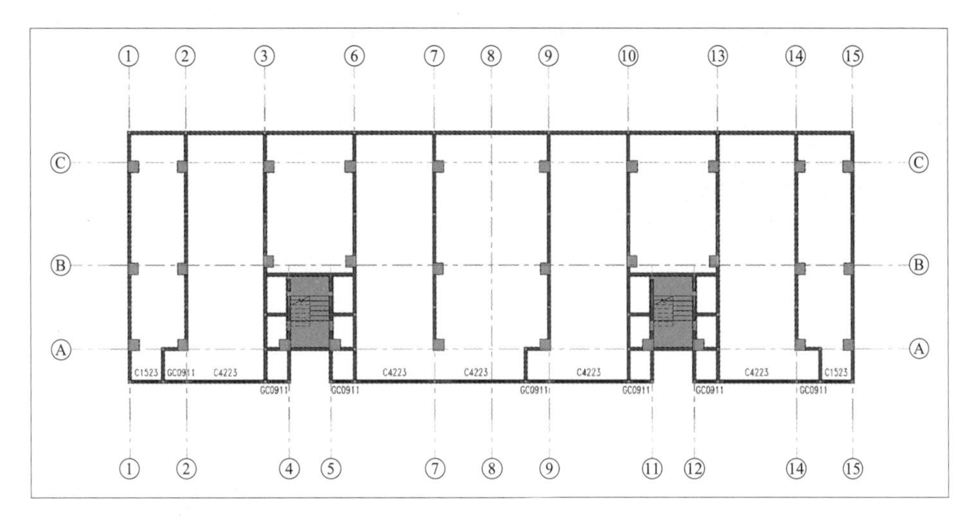

图 7-16　首层窗布置图

7.2.2　门的放置

（1）依次单击“插入”选项卡→“从库中载入”面板→“载入族”工具，弹出“载入族”对话框，在模块资料中“案例所需资料”文件夹里找到门族文件，单击“打开”按钮，如图 7-17 所示。

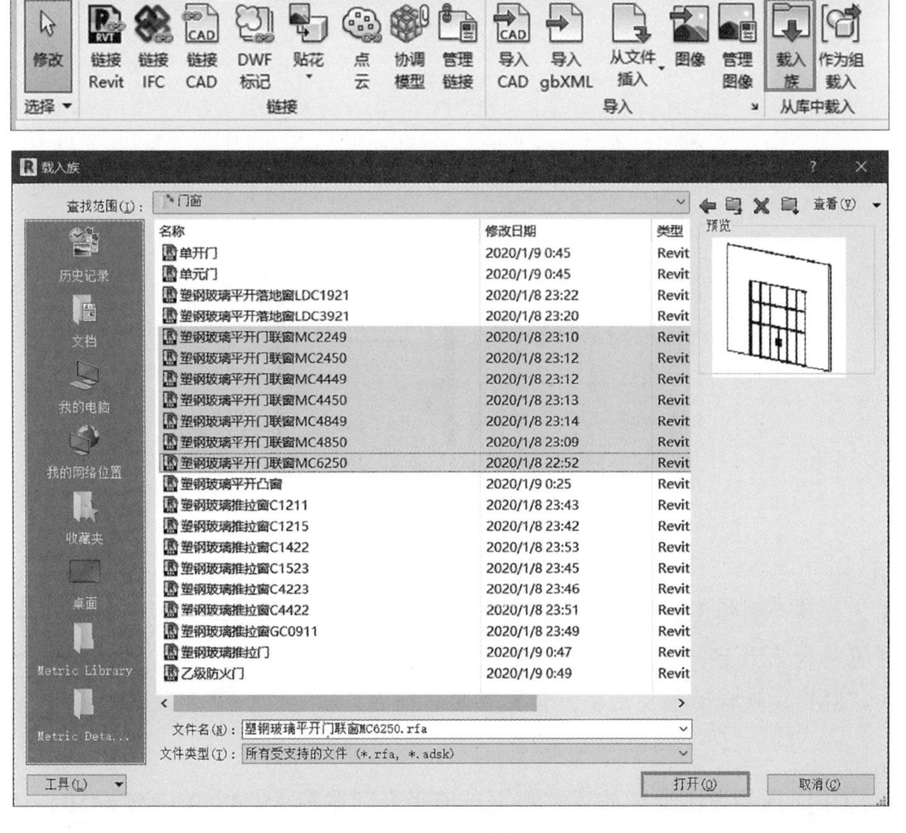

图 7-17　门族载入

（2）打开项目浏览器中的“楼层平面”→“F1”视图，依次单击“建筑”选项卡→“构建”面板→“门”工具。

（3）在类型选择器中选择“塑钢玻璃平开门联窗 MC2450”，如图 7-18 所示。

（4）修改“塑钢玻璃平开门联窗 MC2450”的限制条件，依据项目图纸将“底高度”设为“0”，如图 7-19 所示。

图 7-18 塑钢玻璃平开门联窗 MC2450

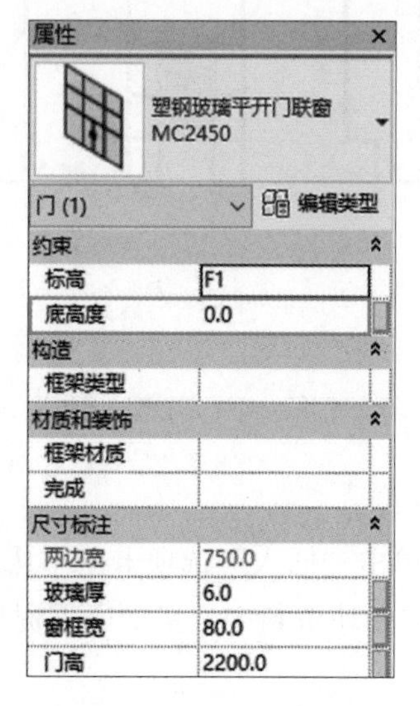

图 7-19 限制条件修改

（5）将“塑钢玻璃平开门联窗 MC2450”进行放置，如图 7-20 所示。

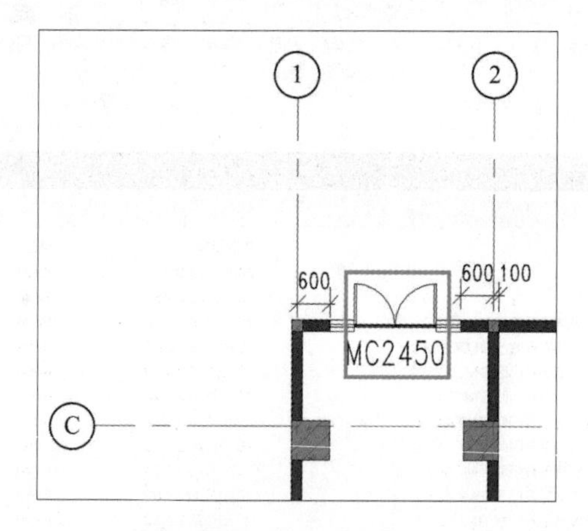

图 7-20 塑钢玻璃平开门联窗 MC2450 的放置

说明

①光标移动到绘图区域 C 轴上方墙体上，将出现门的预览；光标移动到墙体上方，门的预览将向上开启；光标移动到墙体下方，门的预览将向下开启。②插入门窗的同时输入“SM”，可自动捕捉到中点位置再单击插入。

（6）应用同样的方法继续放置“塑钢玻璃平开门联窗 MC4850、MC4450、MC4850、MC6250”到下图中的位置，如图 7-21 所示。

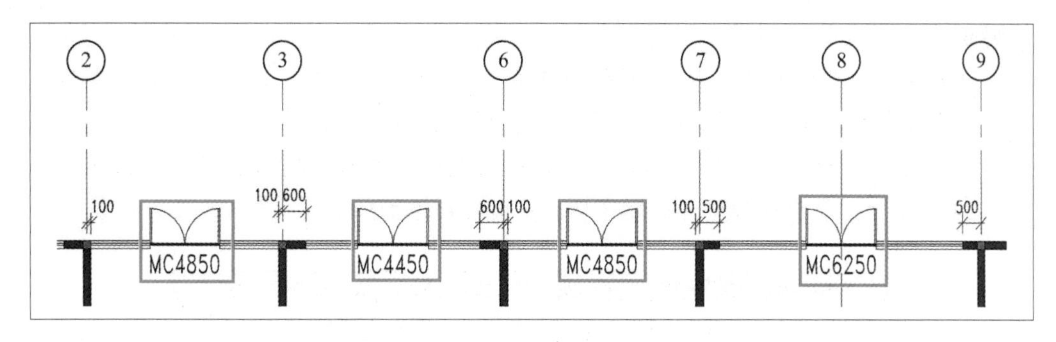

图 7-21　完成塑钢玻璃平开门联窗的放置

（7）在类型选择器中选择“塑钢玻璃平开门联窗 MC4850、MC4449、MC4849、MC2249”，放置在如图 7-22 所示的位置。

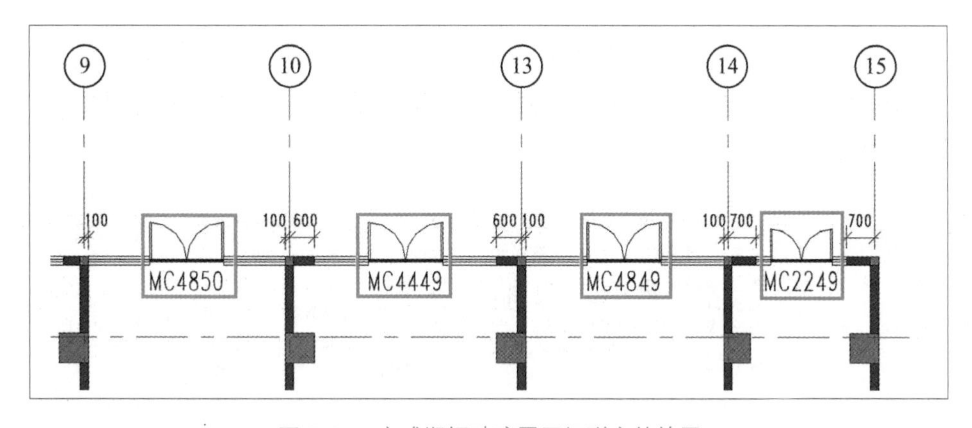

图 7-22　完成塑钢玻璃平开门联窗的放置

（8）修改“塑钢玻璃平开门联窗 MC4449、MC4849、MC2249”的限制条件，依据项目图纸将“底高度”都设为“150”，如图 7-23 所示。

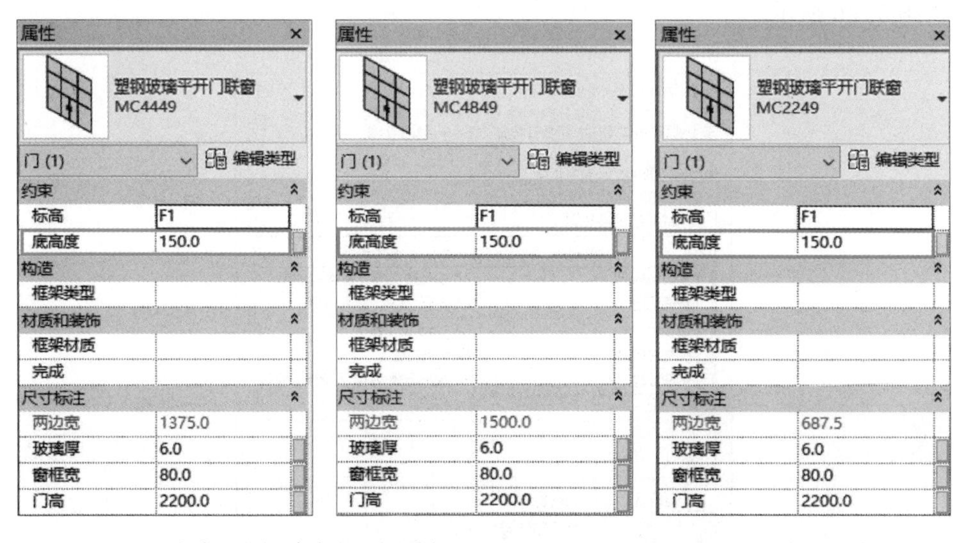

图 7-23　修改“塑钢玻璃平开门联窗 MC4449、MC4849、MC2249”的限制条件

说明

观察放置的塑钢玻璃平开门联窗 MC4849 没有塑钢玻璃平开门联窗标记，塑钢玻璃平开门联窗 MC4449 有塑钢玻璃平开门联窗标记，这是因为在放置门时打开“修改 | 放置 门”上下文选项卡，依次单击“标记”面板→“在放置时进行标记”工具，如图 7-24 所示，则塑钢玻璃平开门联窗标记就会自动添加。

图 7-24　在放置时进行标记

（9）在放置时没有自动标记的塑钢玻璃平开门联窗，可以通过“注释”选项卡下的“标记”面板中的“全部标记”工具，如图 7-25 所示，为视图中所有未标记的塑钢玻璃平开门联窗添加标记。

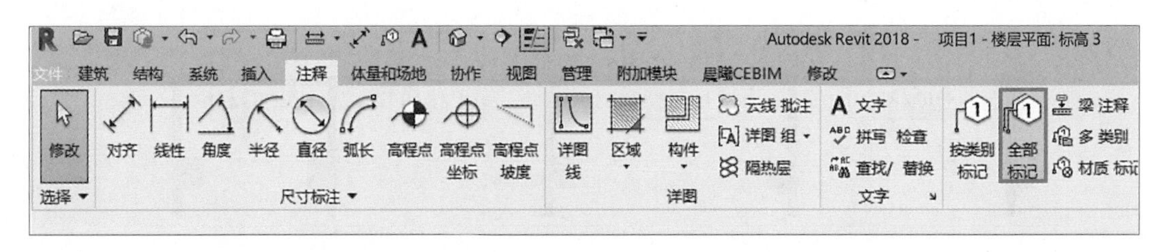

图 7-25　全部标记

（10）单击“全部标记”工具后会弹出“标记所有未标记的对象”对话框，选中“门标记”类别，根据需要设置“引线长度”和“标记方向”，完成后单击“确定”按钮，如图 7-26 所示。

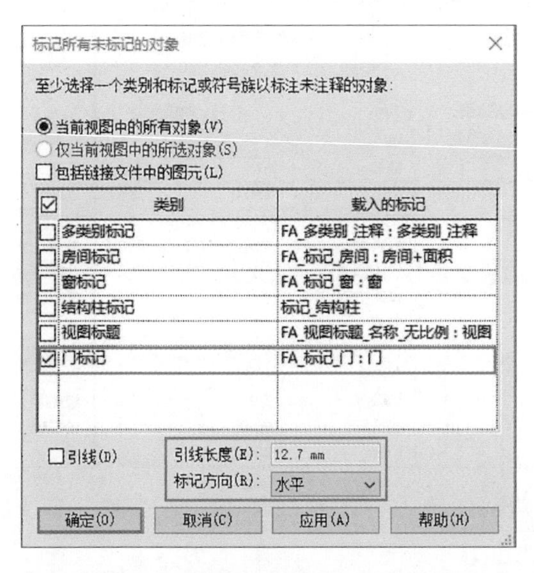

图 7-26　标记所有未标记的对象

（11）如图 7-27 所示，可以看到视图中所有未添加标记的塑钢玻璃平开门联窗都已添加上了标记。

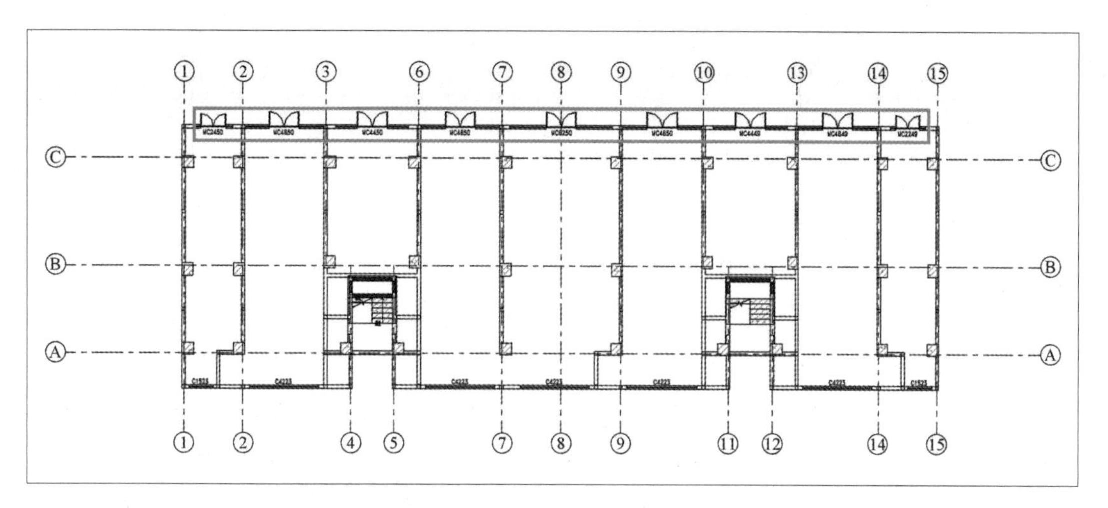

图 7-27　塑钢玻璃平开门联窗添加标记

（12）依次单击“插入”选项卡→“从库中载入”面板→“载入族”工具，弹出“载入族”对话框，在本模块资料中的“案例所需资料”文件夹里找到“单开实木门”族文件，单击“打开”按钮。在类型选择器中选择“单开门 M0821、M0921”进行放置，如图 7-28 所示。

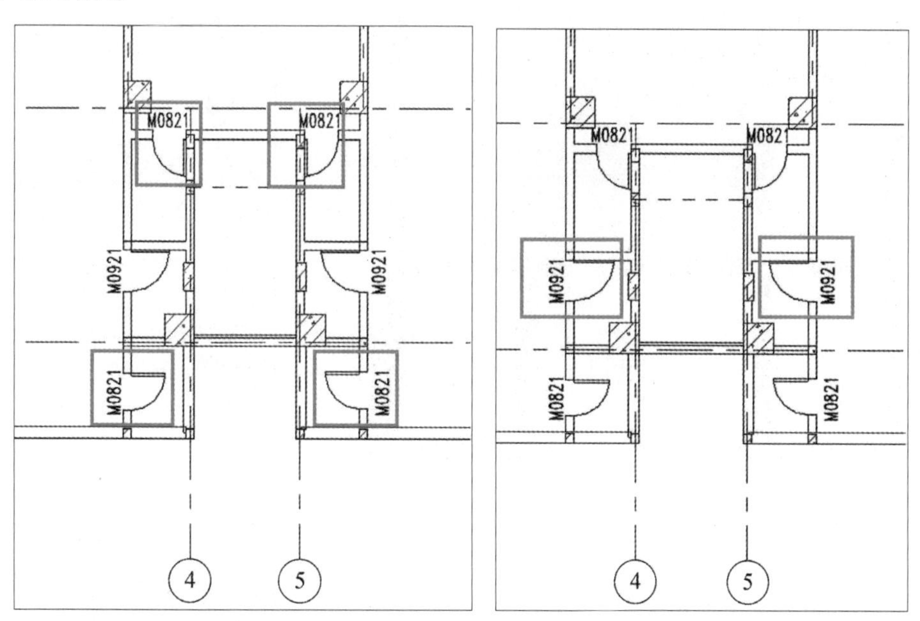

图 7-28　单开门 M0821、M0921 放置

（13）将放置好的“单开门 M0821、M0921”以 8 轴为镜像轴镜像到图 7-29 所示的位置。

说明

镜像后的门底高度设置为 150mm。

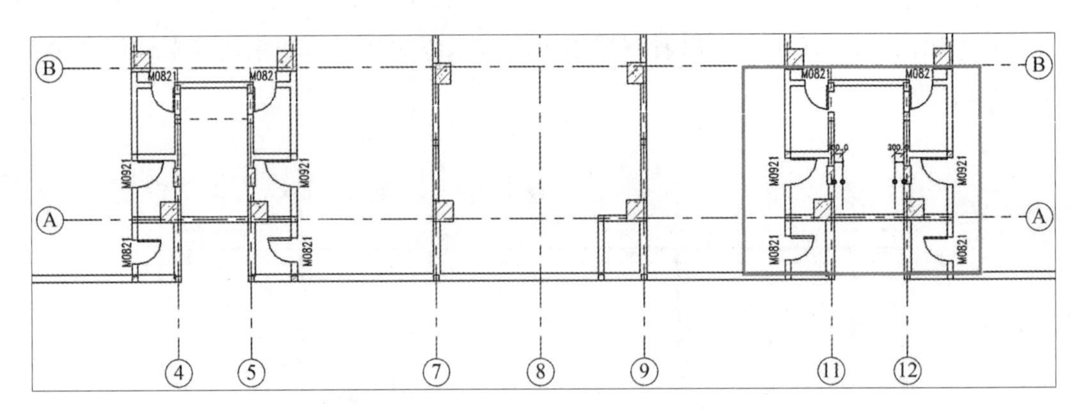

图 7-29　镜像后门所在位置

（14）继续载入族“单元门”。

（15）在类型选择器中选择“单元门 DYM1821”，放置在 4~5 轴之间，放置完成后以 8 轴为镜像轴镜像到 11~12 轴之间单元门 DYM1821 的位置，如图 7-30 所示。

（16）选择两扇“单元门 DYM1821”，修改其限制条件，依据项目图纸将“底高度”设为“1800”，如图 7-31 所示。

说明

一层门绘制完成后，一层户型设计就完成了，即初步户型设计方案已经完成。

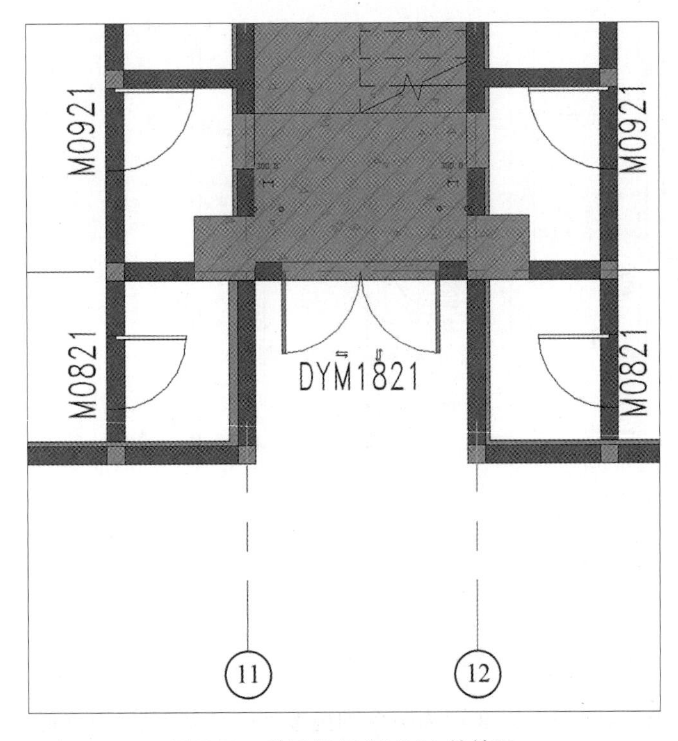

图 7-30　单元门 DYM1821 的放置

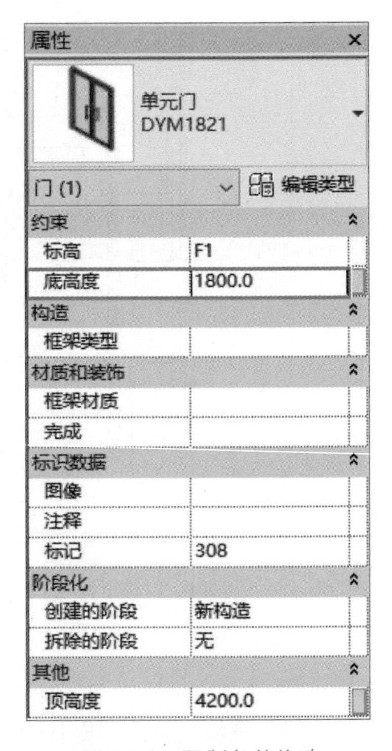

图 7-31　限制条件修改

思政元素　工匠精神——坚持、专注；团队协作精神；民族自信

BIM 技术在港珠澳大桥的应用

港珠澳大桥（图 7-32）是超大型跨海通道，全长 55km，总投资约 1200 亿元人民币，被誉为现代世界七大奇迹之一，从设计到建成，前后历时 15 年，抗风能力 16 级、抗震能力 8 级、使用寿命 120 年，是桥岛隧交通集群工程。面对外海沉管隧道建设核心技术的国外技术壁垒，工程团队经过无数个日日夜夜的研究、探索、实践，终于摸索出一条自主的沉管隧道安装技术，使得整个工程项目顺利完成。科研人员利用三年时间在足尺沉管隧道进行燃烧实验，形成了港珠澳大桥沉管限道防灾减灾的成套关键技术与标准，对全球工程科技界做出了重大贡献。15 年间，建设者们以“绣花功夫”在设计理念、建造技术、施工组织、管理模式等方面进行了一系列创新，各种新材料、新工艺、新设备、新技术在大桥建设中层出不穷，不仅填补了我国在多个领域的空白，也让中国跨海桥隧岛工程设计施工管理水平走在了世界前列。

图 7-32　港珠澳大桥

思考: BIM 技术在港珠澳大桥中有哪些应用?

课后练习

根据所给图纸创建体量模型。其中墙体、楼板、屋顶厚度均为 200mm，结构层厚度为 180mm，材质自定，两侧面层材质为白色涂料，幕墙嵌板及竖梃尺寸参考图 7-33~ 图 7-36 自定。

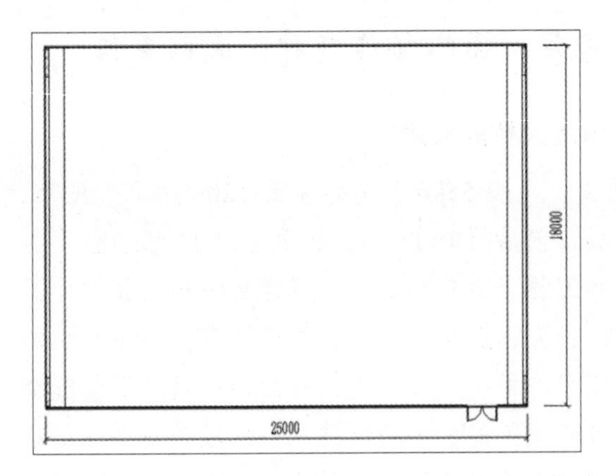

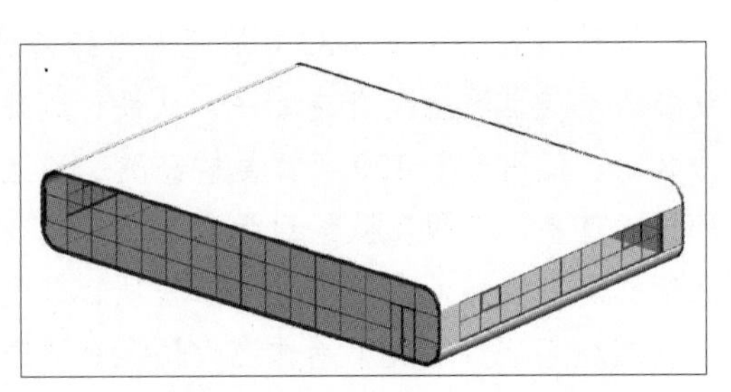

图 7-33　课后练习图——三维视图

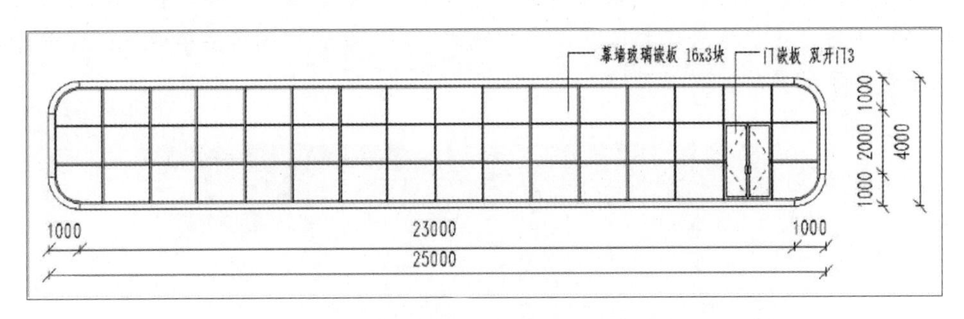

图 7-34　课后练习图——前视图

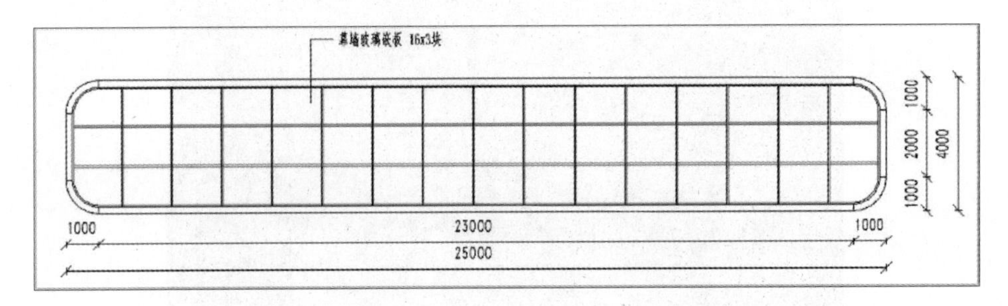

图 7-35　课后练习图——后视图

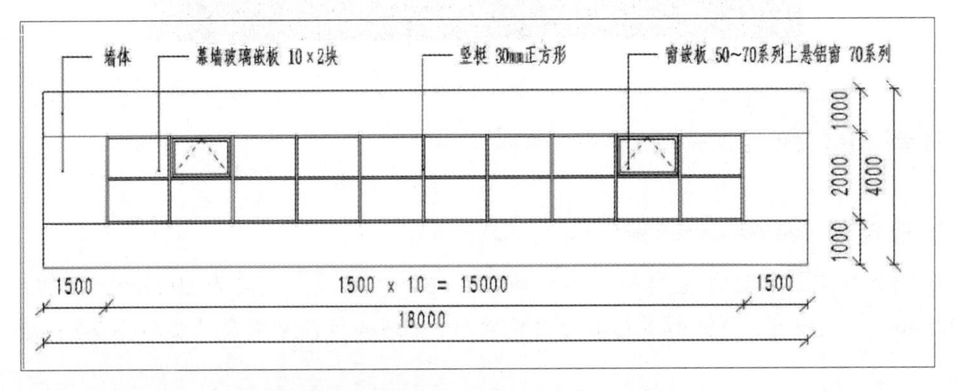

图 7-36　课后练习图——左（右）视图

第8章　二层户型设计

知识目标

1. 了解二层墙体模型创建准备。
2. 了解二层门窗模型添加的方法。
3. 了解房间的定制原则。
4. 了解家具布置原则。

教学视频：
二层户型设计

能力目标

1. 能够创建给定图纸墙体模型。
2. 能够创建给定图纸门窗模型。
3. 具备进行房间初步设计的能力。
4. 能够进行家具的添加。

素养目标

1. 激发爱国热情及艰苦奋斗的精神。
2. 培养创新意识、不畏艰险的职业与坚持精神。

8.1　二层墙体模型创建

8.1.1　模型创建的前期准备

在项目浏览器下，打开平面视图“F2”，双击进入2F平面。导入二层建筑平面图，图纸锁定和图纸可见性/图形替换设置操作参照第4章4.2.1小节方法执行。

8.1.2　墙体绘制

（1）外墙绘制。依次单击“建筑”选项卡→“构建”面板→“墙”工具。

（2）在类型选择器中选择基本墙类型为“基墙-免烧砖200厚”。

（3）墙体属性设置同上一层所示，绘制完成1~6轴外墙，如图8-1所示。

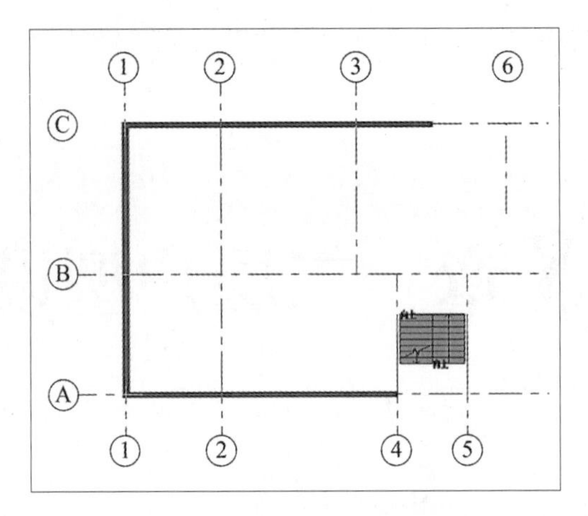

图 8-1　二层 1~6 轴外墙绘制

（4）进行墙体绘制之前还需设置绘图区域上方的选项栏，如图 8-2 所示。

图 8-2　选项栏设置

8.1.3　绘制二层内墙

（1）打开项目浏览器中的“楼层平面”→“F2”视图，依次单击“建筑”选项卡→“构建”面板→“墙”工具。

（2）在类型选择器中选择基本墙类型为“基墙 - 混凝土空心砖 200 厚”。

（3）墙体属性设置同上一层所示。

（4）沿轴网完成 1~5 轴内墙的绘制。

（5）新建墙类型为“基墙 - 混凝土空心砖 100 厚”。

（6）沿轴网完成 2 轴和 3 轴之间内墙的绘制，如图 8-3 所示。

（7）墙体扣减关系处理参照第 3 章 3.2.6 小节操作。

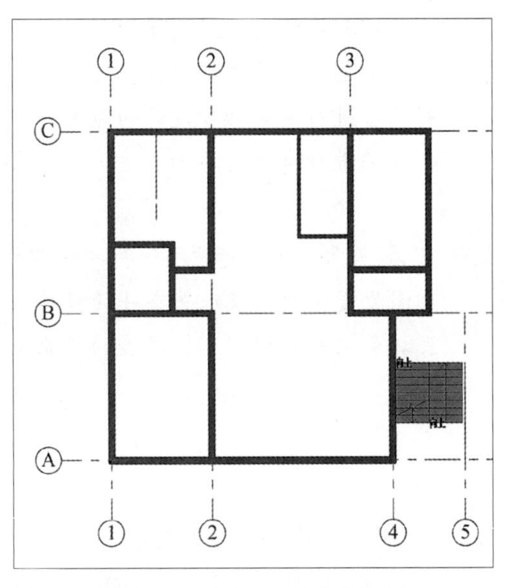

图 8-3　二层 1~5 轴内墙绘制

8.2　门 窗 添 加

8.2.1　窗的放置

（1）依次单击“插入”选项卡→“从库中载入”面板→“载入族”工具，弹出“载入族”对话框，在本模块资料中“案例所需资料”文件夹里找到窗族文件，单击“打开”按钮，如图 8-4 所示。

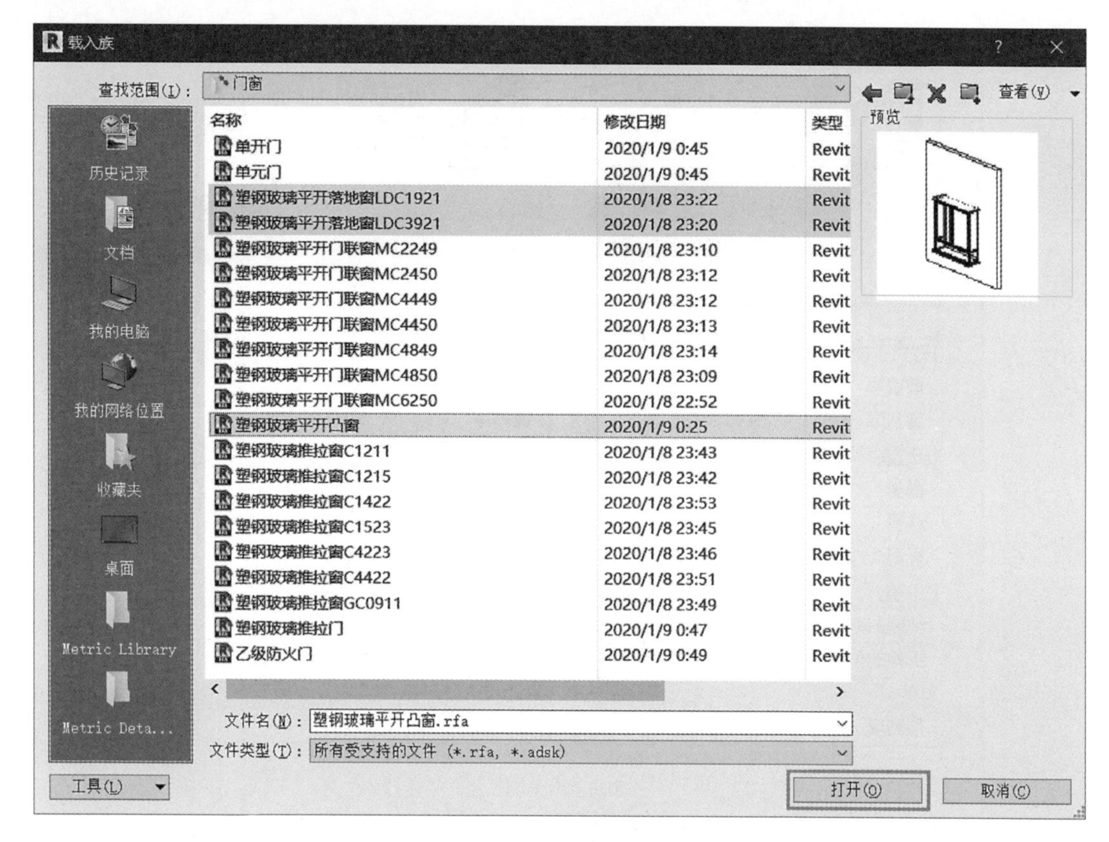

图 8-4　窗族载入

（2）依次打开项目浏览器中的“楼层平面”→“F2”视图，然后依次单击“建筑”选项卡→“构建”面板→“窗”工具。

（3）在类型选择器中选择“塑钢玻璃平开凸窗 TC1820”，修改“塑钢玻璃平开凸窗 TC1820”的限制条件，依据项目图纸将“底高度”设为“450”；选择“塑钢玻璃平开凸窗 TC1520”，修改“塑钢玻璃平开凸窗 TC1520”的限制条件，依据项目图纸将“底高度”设为“450”，如图 8-5 所示。

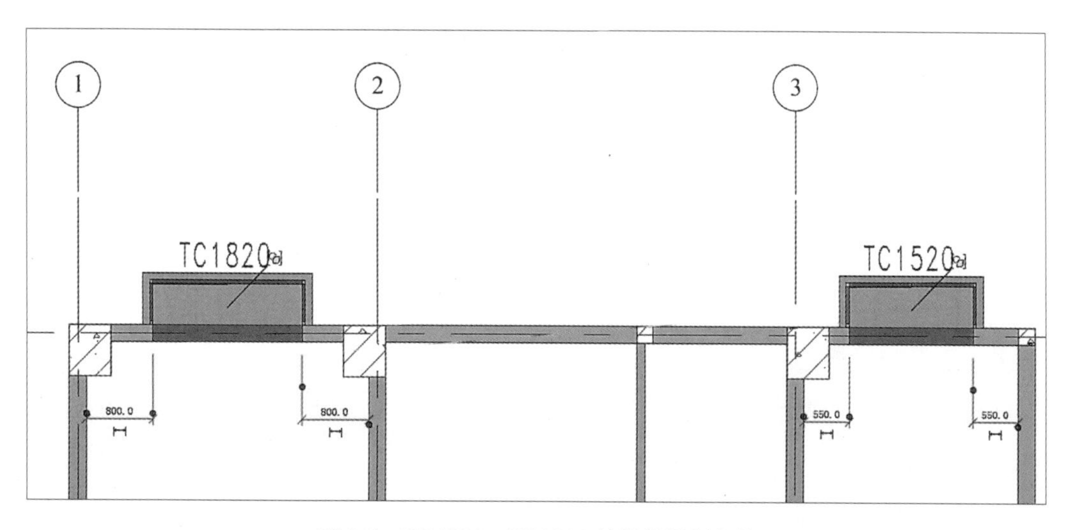

图 8-5　TC1820、TC1520 放置及限制条件

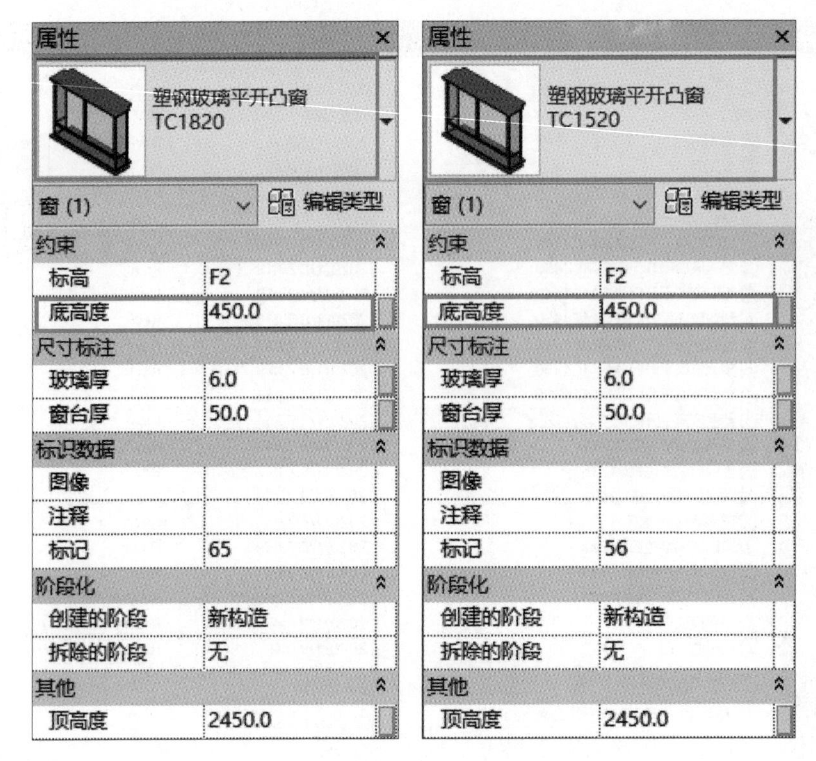

图 8-5（续）

（4）依次创建、修改其余的窗，根据项目图纸完成类型参数与实例属性修改后进行对应位置的放置。其中，将“塑钢玻璃推拉窗 C1215”限制条件中的“底高度”设为“900”；将“塑钢玻璃平开落地窗 LDC3921”限制条件中的“底高度”设为“300”；将“塑钢玻璃平开落地窗 LDC1921”限制条件中的“底高度”设为“300”。放置完成后如图 8-6 所示。

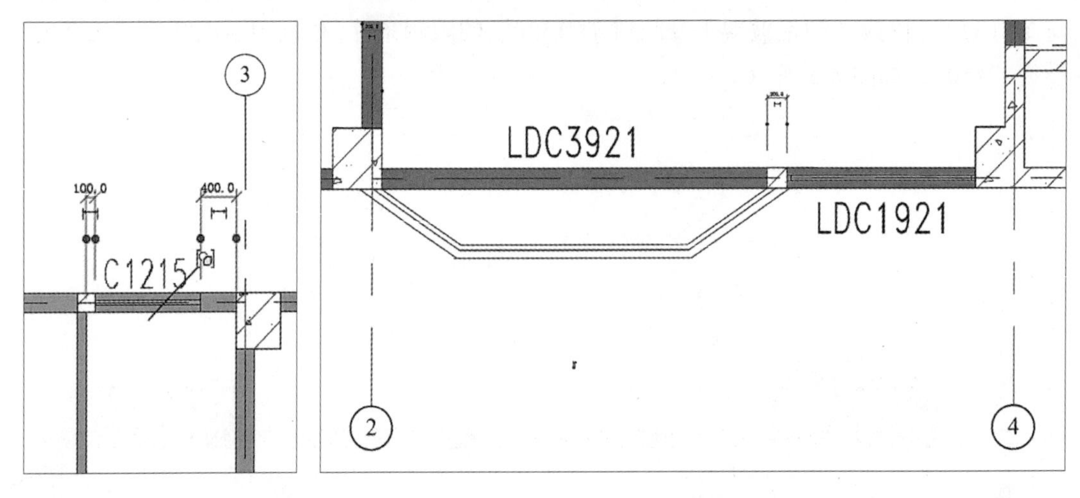

图 8-6 C1215、LDC3921、LDC1921 放置及限制条件

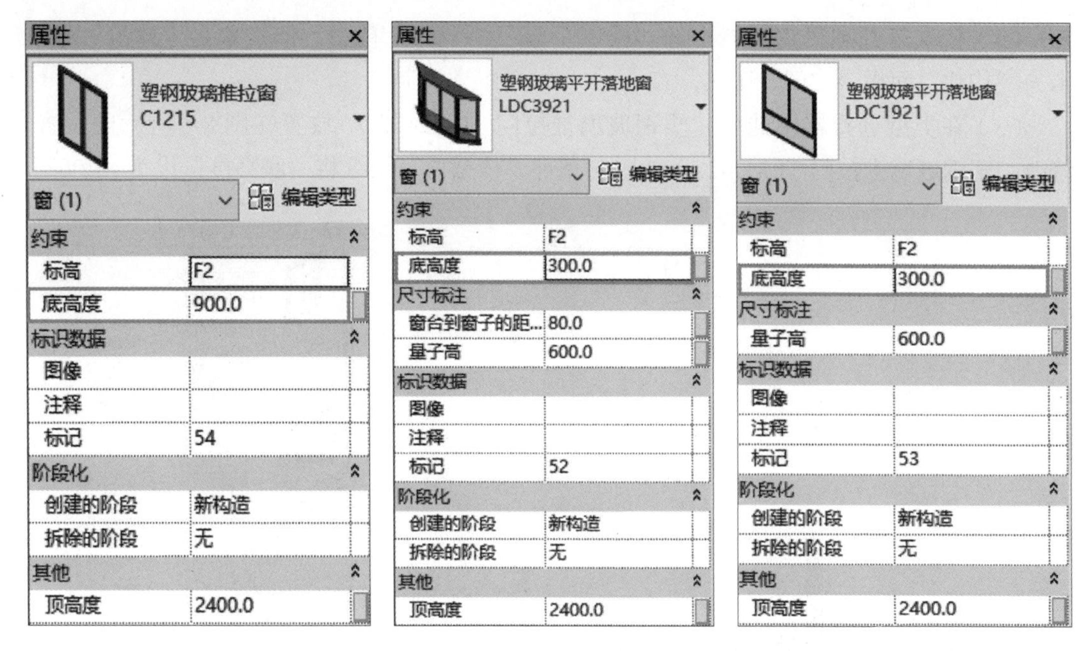

图　8-6（续）

8.2.2　门的放置

（1）依次单击“插入”选项卡→“从库中载入”面板→“载入族”工具，弹出“载入族”对话框，在本模块资料中“案例所需资料”文件夹里找到门族文件，单击“打开”按钮，如图 8-7 所示。

图 8-7　门族载入

（2）依次打开项目浏览器中的“楼层平面”→“F2”视图，依次单击“建筑”选项卡→“构建”面板→“门”工具。

（3）在类型选择器中选择“塑钢玻璃推拉门 TLM2422”，放置在图 8-8 所示的位置，修改“塑钢玻璃推拉门 TLM2422”的限制条件，依据项目图纸将“底高度”设为“200”。

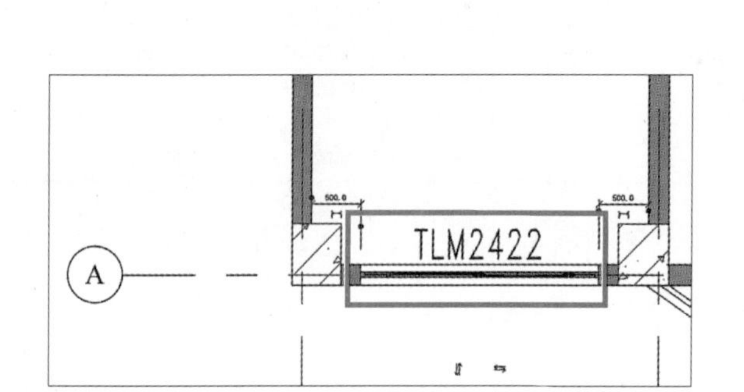

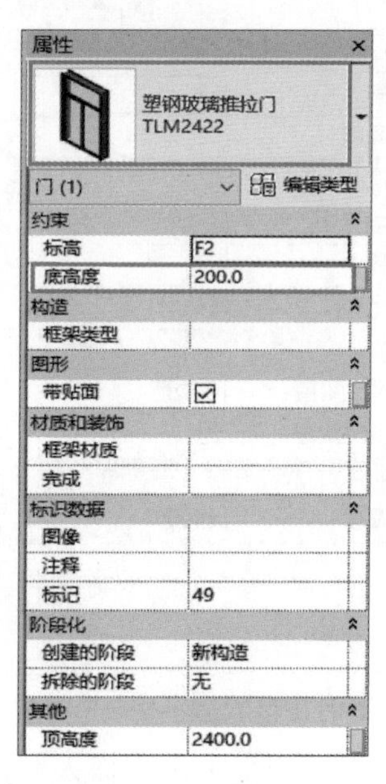

图 8-8　塑钢玻璃推拉门 TLM2422 放置及限制条件

（4）采用同样的方法继续放置二层其余的门，放置完成后如图 8-9 所示。

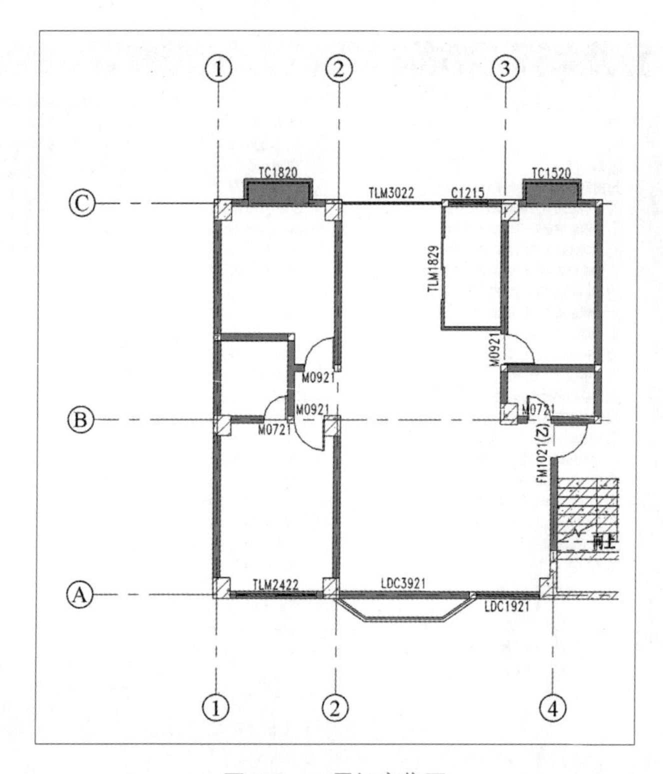

图 8-9　二层门定位图

8.3　房间的定制

房间定制可以通过建筑平面图或者三维图展现建筑物不同使用功能和统计各功能区域面积，模型建好后可以出建筑施工图。

（1）依次打开项目浏览器中的“楼层平面”→“F2”视图，依次单击“建筑”选项卡→“房间和面积”面板→“房间”工具，如图 8-10 所示。

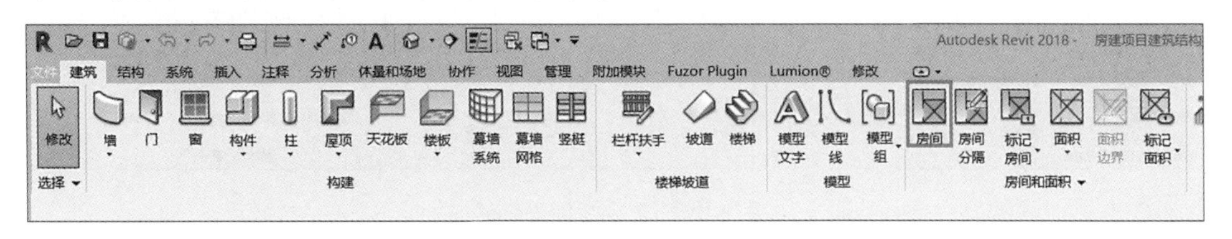

图 8-10　选择“房间”工具

（2）在类型选择器中选择需要标记的“房间 + 面积”格式，然后依次单击“修改 | 放置 房间”上下文选项卡→“标记”面板→“在放置时进行标记”工具，如图 8-11 所示。

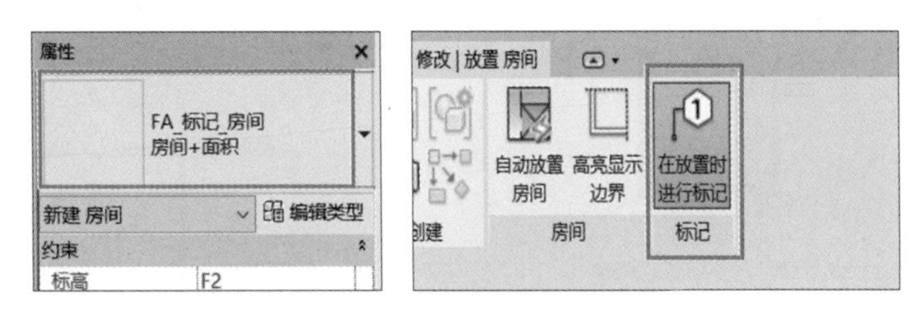

图 8-11　标记房间和面积

（3）光标移动到绘图区域最左下角的闭合房间，单击放置房间及房间标记，如图 8-12 所示。

（4）采用相同的方法将光标依次在闭合房间内，单击放置所有房间和房间标记，如图 8-13 所示。

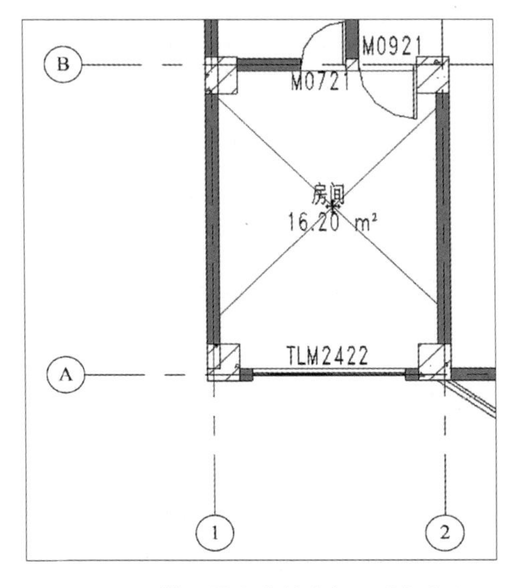

图 8-12　放置最上方的房间及房间标记

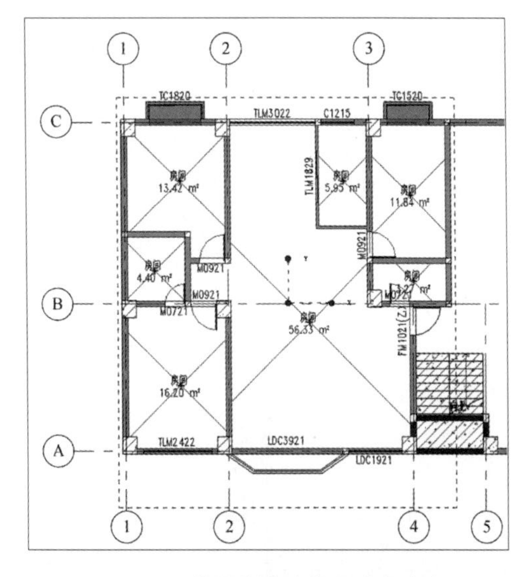

图 8-13　放置所有房间及房间标记

（5）某些房间为半闭合空间，需要添加房间分隔线。依次单击“建筑”选项卡→“房间和面积”面板→“房间分隔”工具。自动切换至“修改 | 放置 房间分隔”上下文选项卡，选择“绘制”面板中的“直线”命令，如图 8-14 所示。

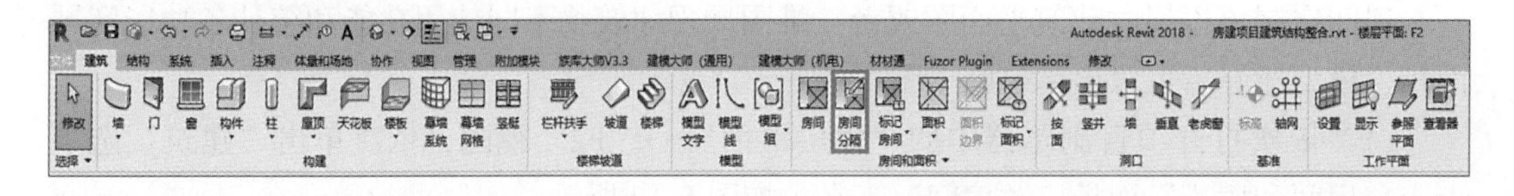

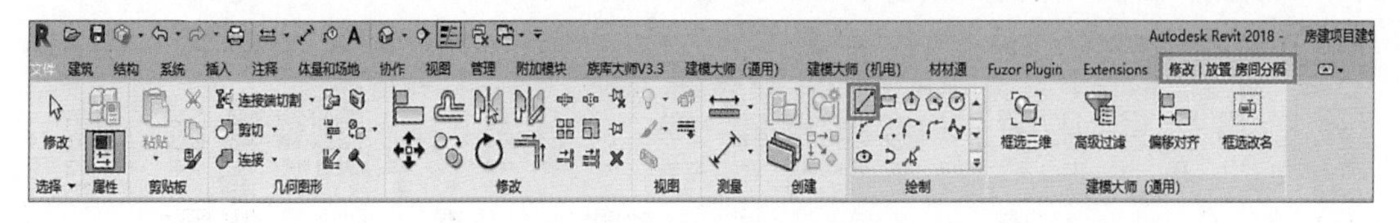

图 8-14　选择房间分隔线

（6）在图 8-15 所示的位置绘制用于分隔房间的房间分隔线。

（7）依次单击“建筑”选项卡→“房间和面积”面板→“房间”工具，光标移动到绘图区域为房间分隔线新划分的房间添加房间及房间标记，如图 8-16 所示。

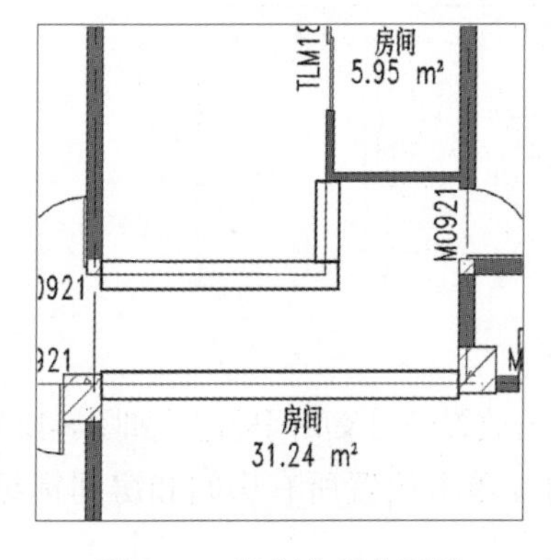

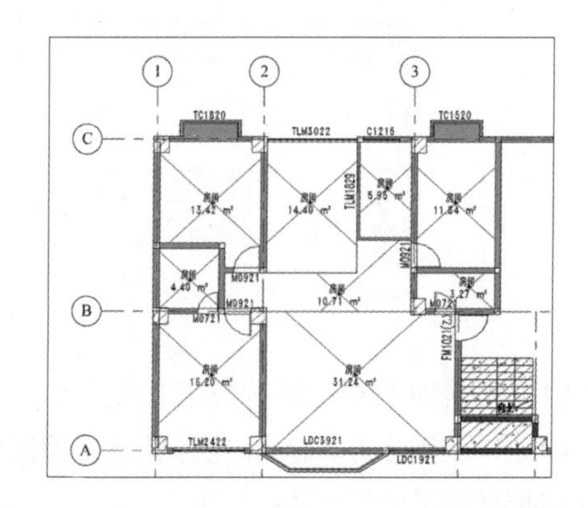

图 8-15　绘制房间分隔线　　图 8-16　为房间分隔线新划分的房间添加房间及房间标记

（8）选择房间标记，单击“房间”名称，房间名称变为可输入状态，输入新的房间名称，如图 8-17 所示。

（9）房间名称如图 8-18 所示，依次改为：“卧室”“餐厅”“厨房”“主卧室”“客厅”“卫生间”“过道”。

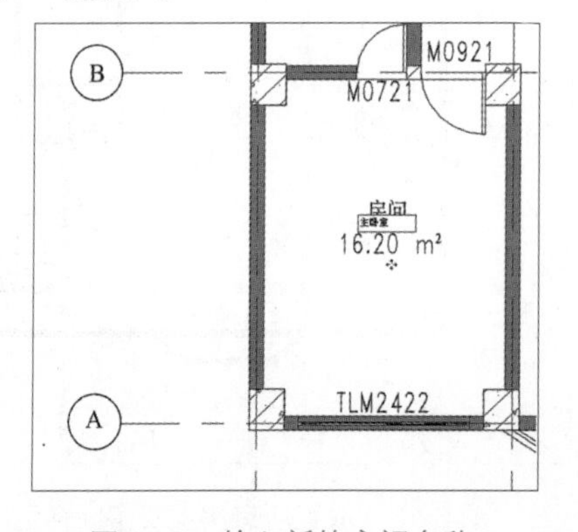

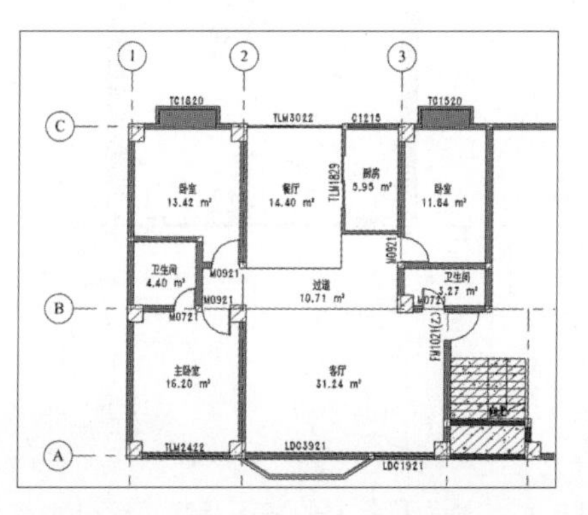

图 8-17　输入新的房间名称　　图 8-18　为所有房间添加房间名称

8.4 家具布置

（1）依次单击“插入”选项卡→“从库中载入”面板→“载入族”工具，弹出“载入族”对话框，依次打开“案例所需资料”→“族”→“家具族”文件夹，选择全部族文件，单击“打开”按钮载入族文件，如图 8-19 所示。

说明

在项目中如无特殊要求（如做室内效果图）的情况下优先选择二维构件，以此降低文件的数据量，提高硬件运行速度。

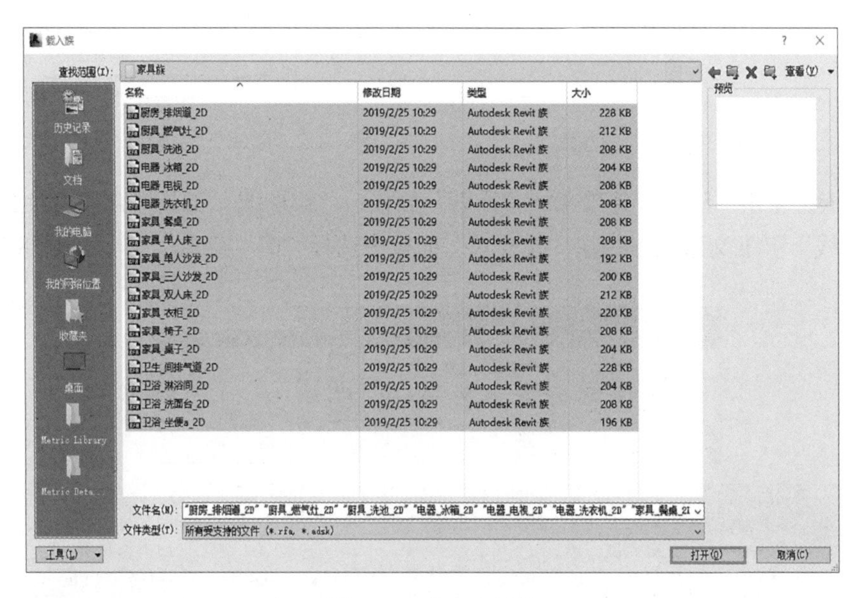

图 8-19　载入家具族

（2）依次单击“建筑”选项卡→“构建”面板→“构件”工具，在弹出的下拉列表中选择“放置构件”命令，在类型选择器中选择“卫浴 _ 洗面台 _2D 洗面台 _2D”，如图 8-20 所示。

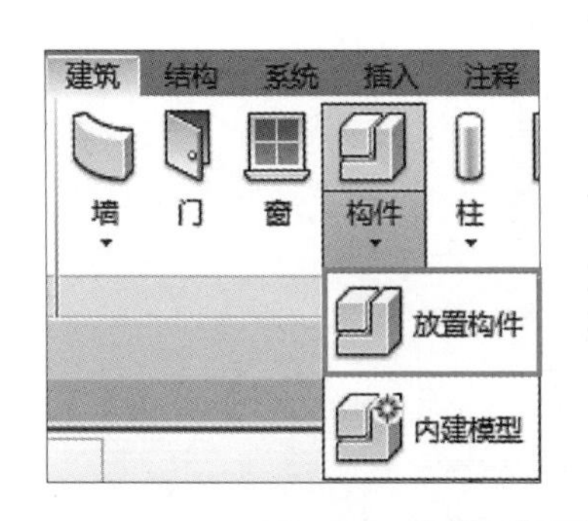

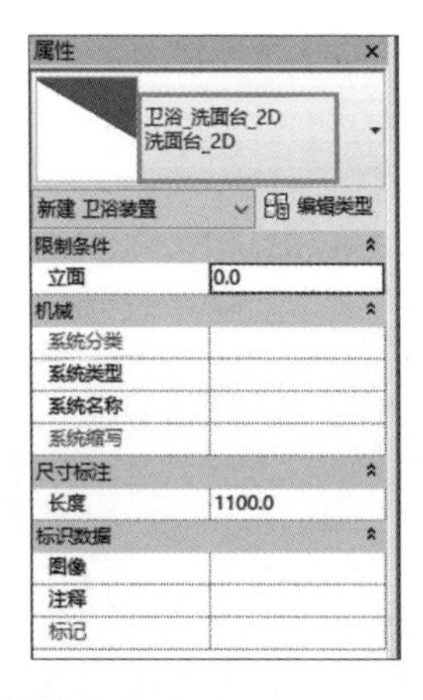

图 8-20　选择“放置构件”命令及构件类型

（3）在图 8-21 所示位置进行放置。

（4）重复上一步的操作，完成其他房间家具的摆放，完成后的效果如图 8-22 所示。

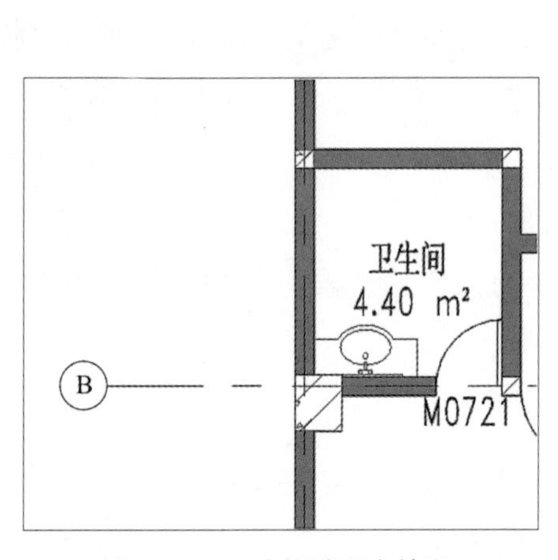

图 8-21　卫生间洗面台放置

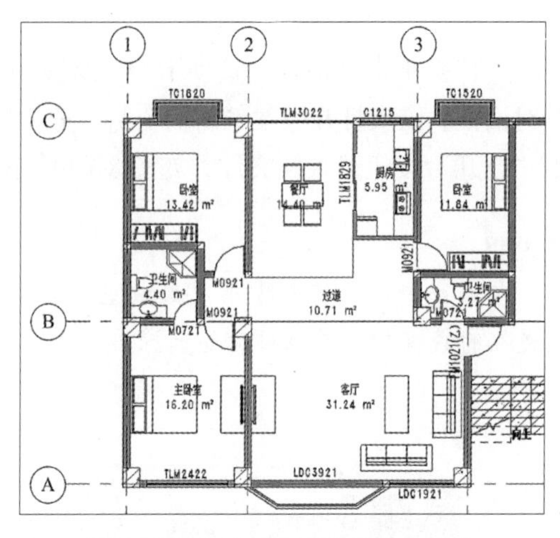

图 8-22　完成其他房间家具的摆放

（5）依次单击“注释”选项卡→“详图”面板→“详图线”工具，自动切换至“修改 | 放置 详图线”上下文选项卡，在“线样式”面板中选择“01_实线_灰”，如图 8-23 所示。

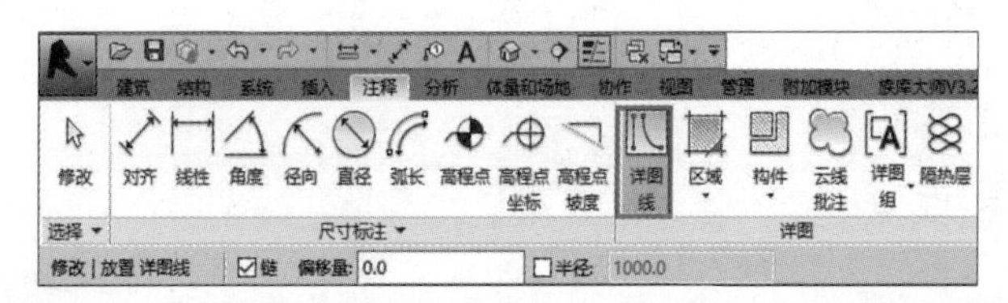

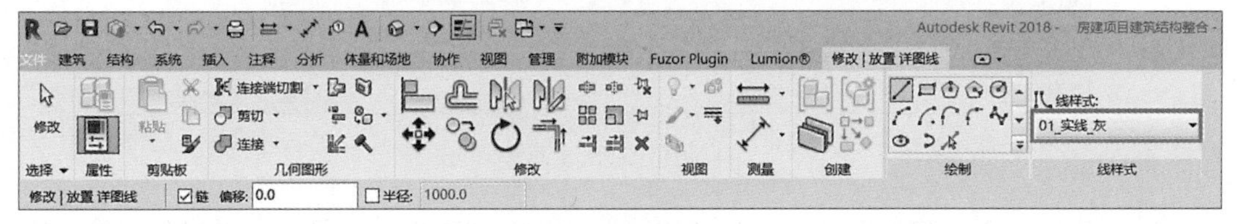

图 8-23　选择线样式

（6）在图 8-24 所示位置绘制 2 条直线示意操作台边界。

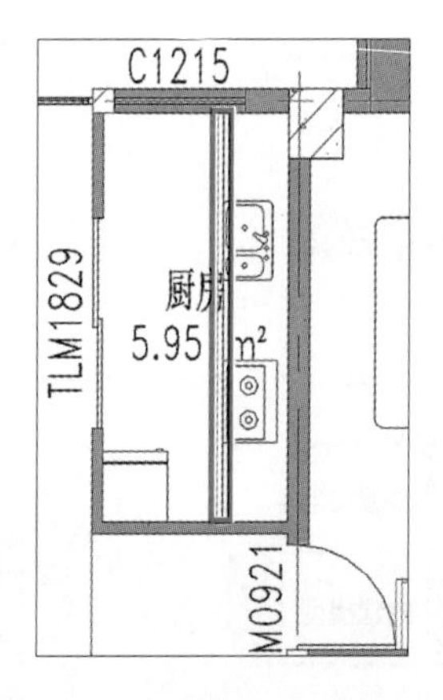

图 8-24　操作台边界示意

8.5　方案阶段标准层设计

（1）为了方便后续模型搭建，在视图中隐藏 8.4 节“家具布置”中添加的家具构件。依次单击“视图”选项卡→“图形”面板→“可见性 / 图形”工具，如图 8-25 所示。

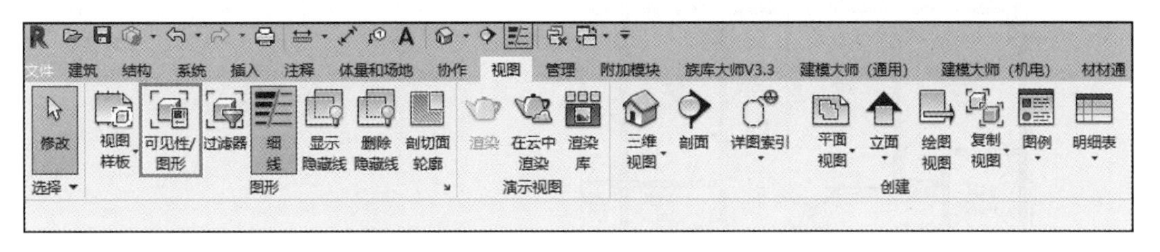

图 8-25　选择“可见性 / 图形”命令

（2）在弹出的“楼层平面：F2 的可见性 / 图形替换”对话框中，取消“卫浴装置”“家具”“常规模型”“橱柜”“电气装置”“01_ 实线 _ 灰”的可见性，单击“确定”按钮，如图 8-26 所示。

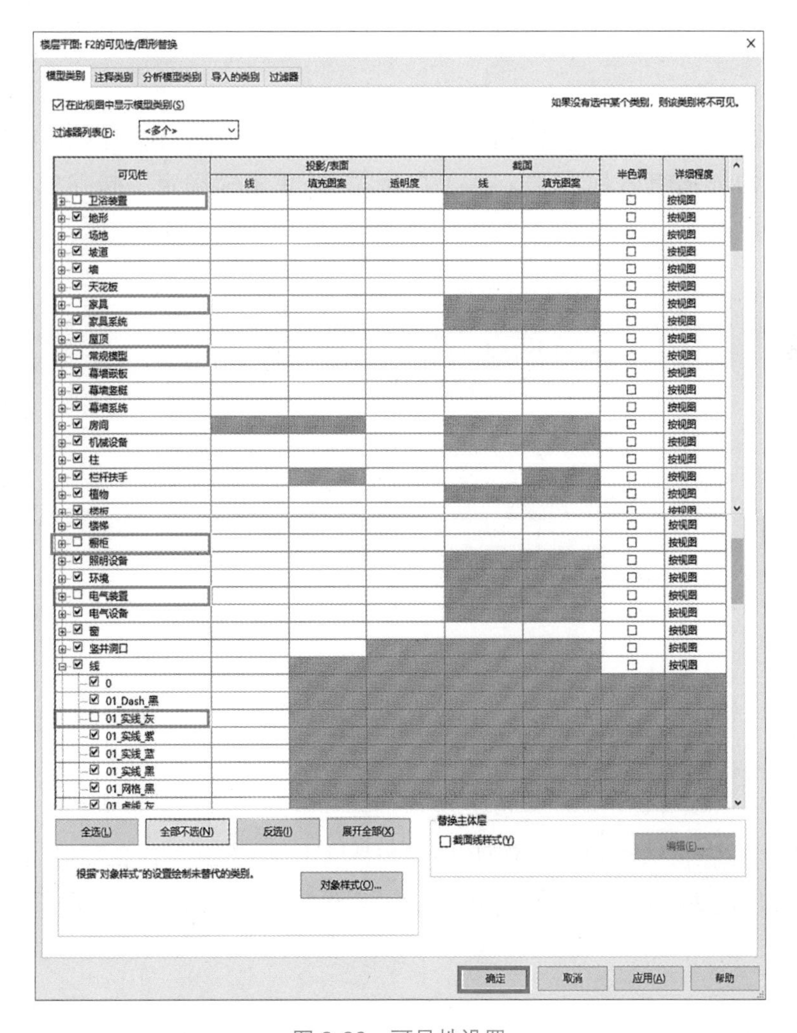

图 8-26　可见性设置

（3）打开项目浏览器中的“楼层平面”→“F2”视图，鼠标指针从左往右框选除轴网外的所有构件，依次单击“修改 | 选择多个”上下文选项卡→“创建”面板→“创建组”工具，如图 8-27 所示。

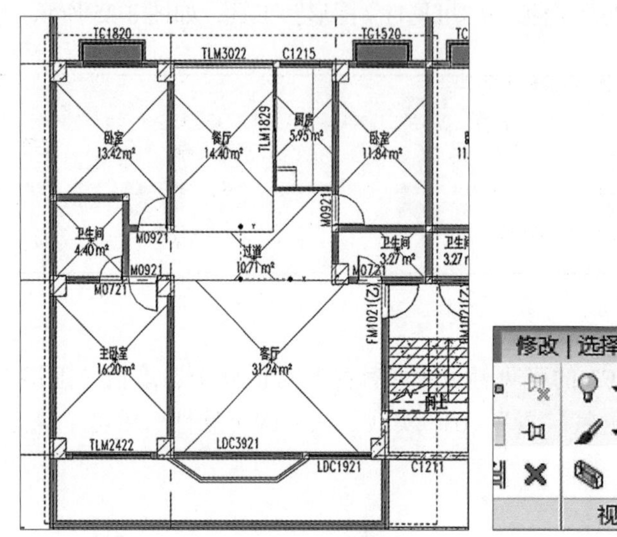

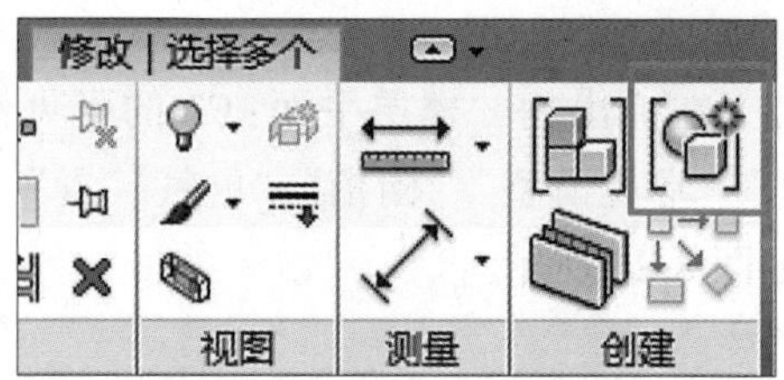

图 8-27　户型组创建

（4）在弹出的“创建模型组和附着的详图组”对话框中，输入模型组名称为“A-1 户型”，附着的详图组名称为“×-A-1 户型”，并单击“确定”按钮完成组的创建，如图 8-28 所示。

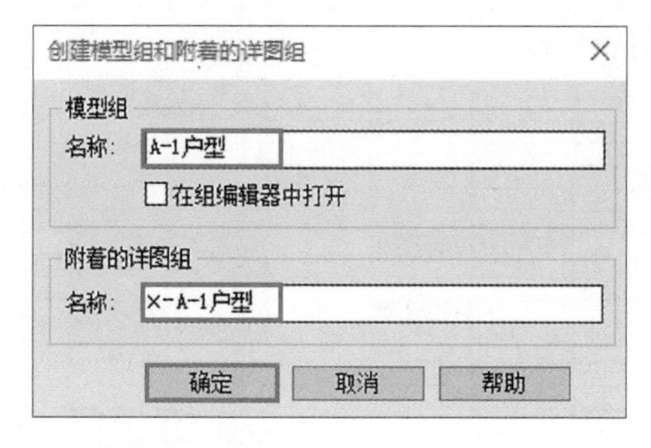

图 8-28　完成模型组和详图组创建

说明

只有在当前视图中选中图元，“修改 | 选择多个”上下文选项卡才会弹出，默认情况下是隐藏的。

（5）光标移动到“A-1 户型”模型组上，当外围出现矩形虚线时选择组，依次单击“修改 | 模型组”上下文选项卡→“修改”面板→“镜像”工具，如图 8-29 所示。

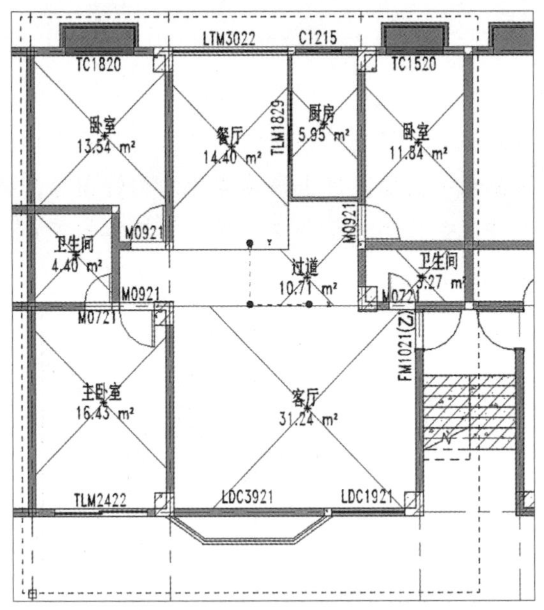

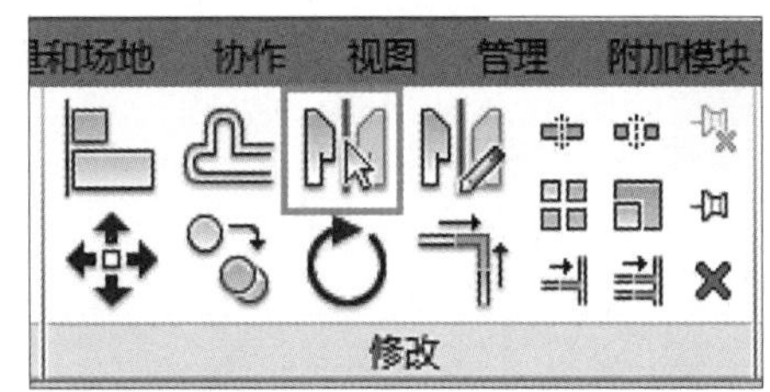

图 8-29　选择模型组及“镜像”工具

（6）光标移动到绘图区域，在 4 轴和 5 轴之间绘制中心轴，以绘制后的轴为对称轴镜像“A-1 户型”模型组，完成户型二的设计，如图 8-30 所示。

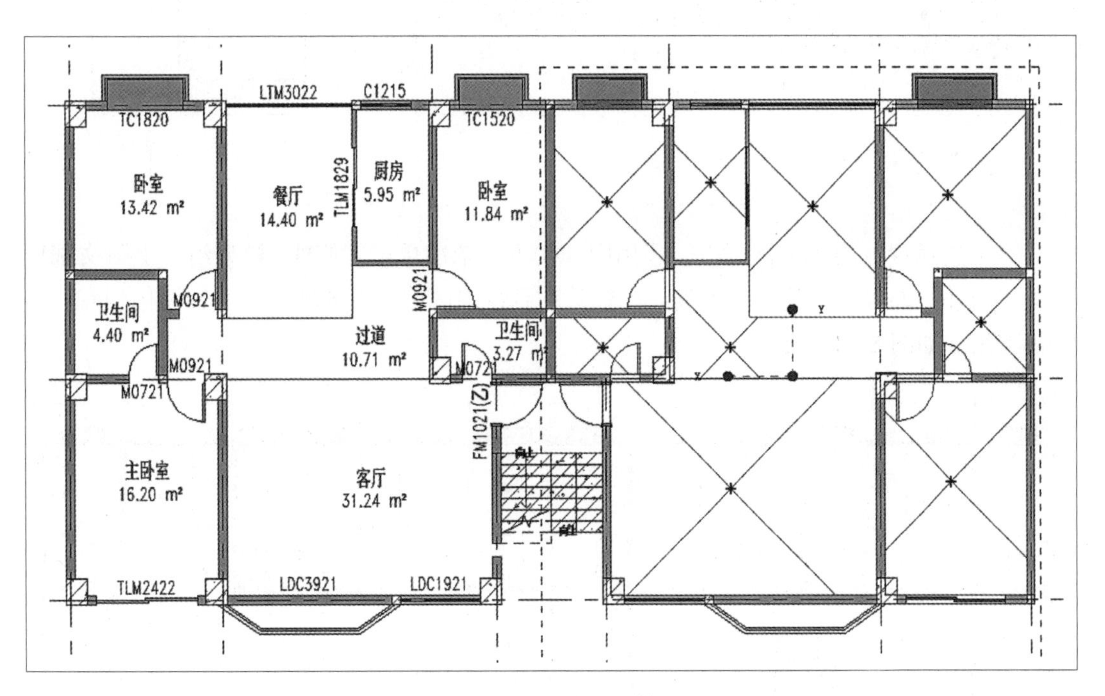

图 8-30　完成户型组镜像

注意

右下角将弹出提示，如图 8-31 所示。

由于镜像组时有一面墙重叠，发生错误警告，将光标移动到之前所绘制的中心轴重叠的墙体上，按 Tab 键帮助选择重叠的任意一面墙，单击该墙旁边的图钉图标，将该墙体排除组，如图 8-32 所示。即一个组中已经没有该墙体了，解决了墙体的重叠问题。其余模型组采用同样的方式处理墙体重叠问题。

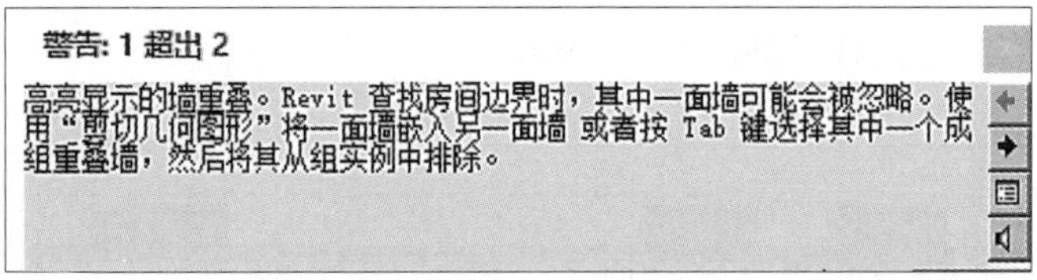

警告: 1 超出 2
高亮显示的墙重叠。Revit 查找房间边界时，其中一面墙可能会被忽略。使用“剪切几何图形”将一面墙嵌入另一面墙 或者按 Tab 键选择其中一个成组重叠墙，然后将其从组实例中排除。

图 8-31　墙重叠提示

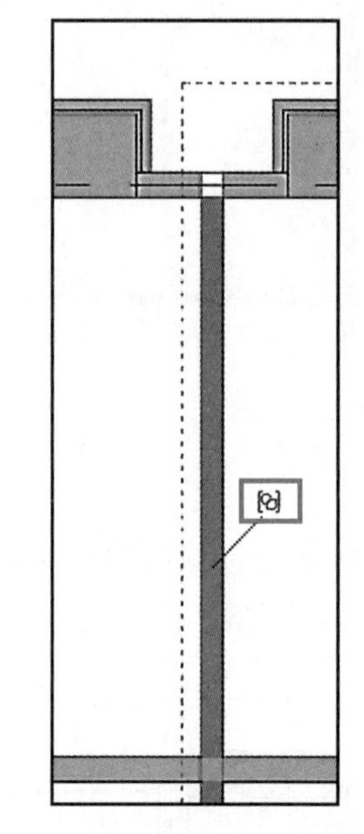

图 8-32　排除重叠的墙到组外

（7）选择现有的两个模型组，采用同样的方法依次单击“修改 | 模型组”上下文选项卡→“修改”面板→“镜像”工具，光标移动到绘图区域，以 8 轴为中心轴镜像现有的两个模型组，如图 8-33 所示。

卧室
13.42 m²
餐厅
14.40 m²
厨房
5.95 m²
卧室
11.84 m²
卫生间
4.40 m²
过道
10.71 m²
主卧室
16.20 m²
客厅
31.24 m²

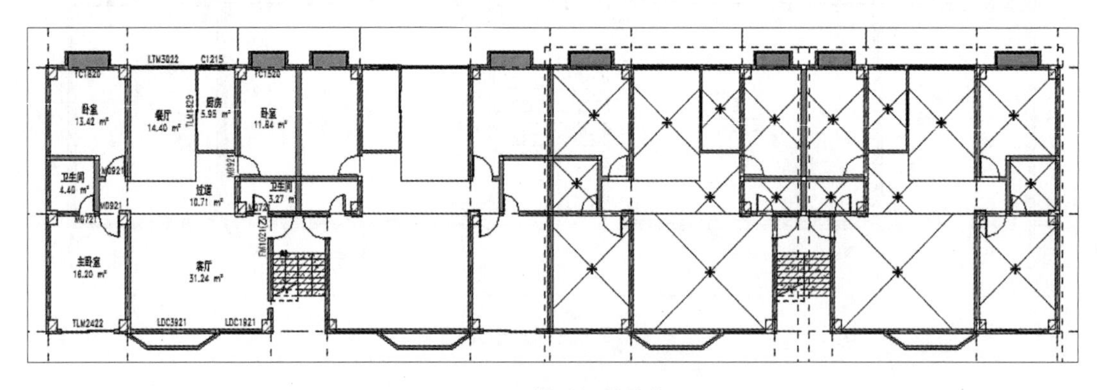

图 8-33　模型组的镜像

（8）采用同样的方法，按 Tab 键帮助选择 8 轴上的一面重叠的墙，单击该墙旁边的图钉，将该墙体从模型组中排除，如图 8-34 所示。

（9）依次单击“建筑”选项卡→“构建”面板→“墙”工具，在类型选择器中选择墙体类型“基墙 - 免烧砖 200 厚”。在“属性面板”中设置墙体的限制条件，将“定位线”设为“核心层中心线”，“底部约束”设为“F2”，“底部偏移”设为“0”，“顶部约束”设为“直到标高：F3”，“顶部偏移”设为“0”，如图 8-35 所示。

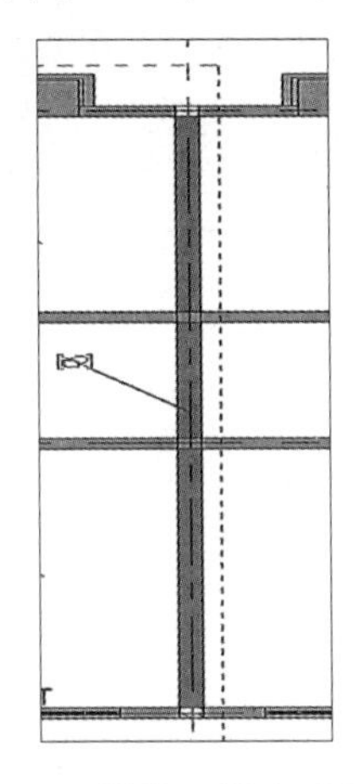

图 8-34　排除 8 轴上重叠的墙

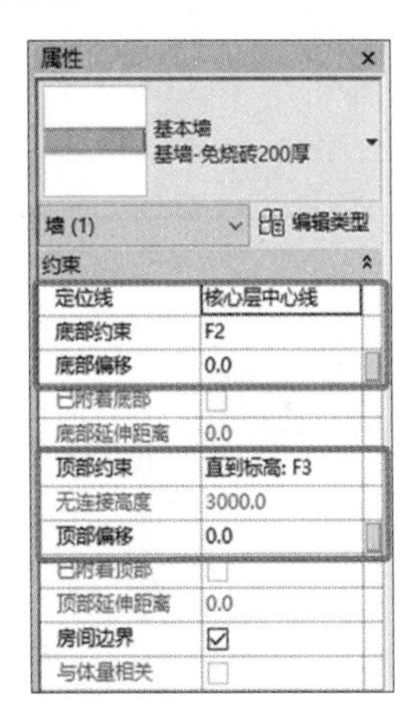

图 8-35　墙体限制条件设置

（10）使用光标在绘图区域 A 轴上 4 轴和 5 轴之间从向右绘制图 8-36 中的墙体“基墙 - 免烧砖 200 厚”，修改限制条件后完成墙体的添加。

（11）选择塑钢玻璃推拉窗 C1211，底高度设置为“0”，放置在如图 8-37 所示的位置。

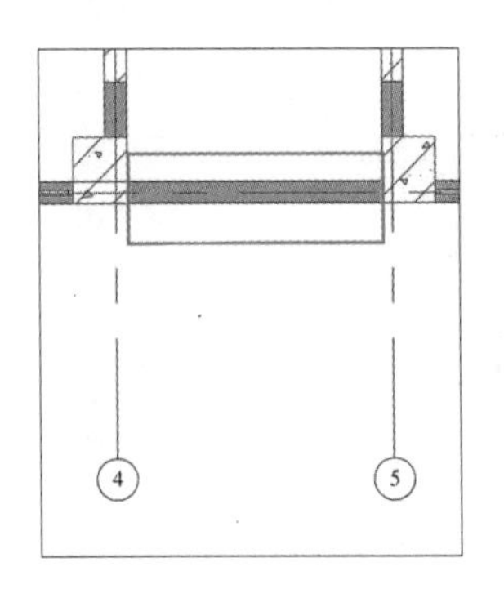

图 8-36　墙体的添加

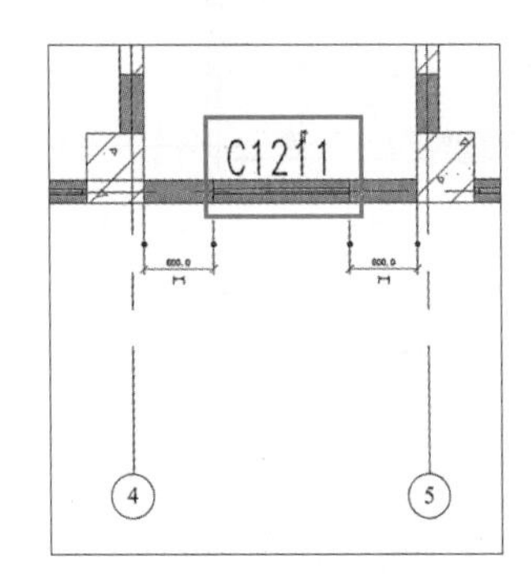

图 8-37　窗的放置

（12）把新创建的墙和窗以 8 轴为镜像轴进行镜像，如图 8-38 所示。

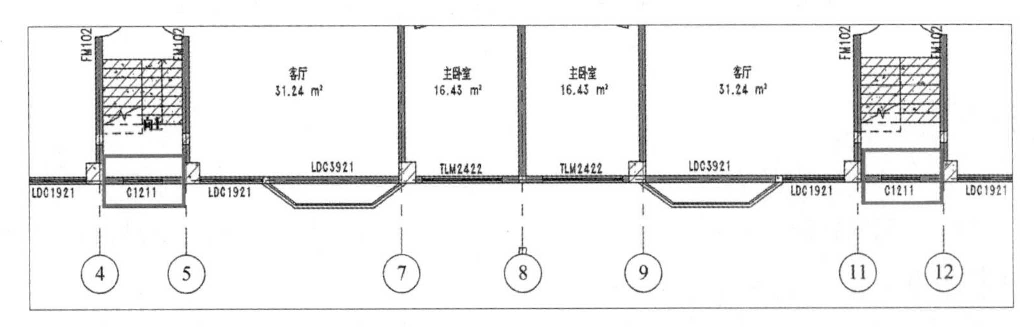

图 8-38　完成楼梯间墙和窗的镜像

（13）选择 6~8 轴的单元组，依次单击“修改 | 模型组”上下文选项卡→“成组”面板→“附着的详图组”工具，在弹出的“附着详图组放置”对话框中勾选“楼层平面：A-1 户型”选项，然后单击“确定”按钮，观察视图中组已经添加了相关的注释图元，如图 8-39 所示。

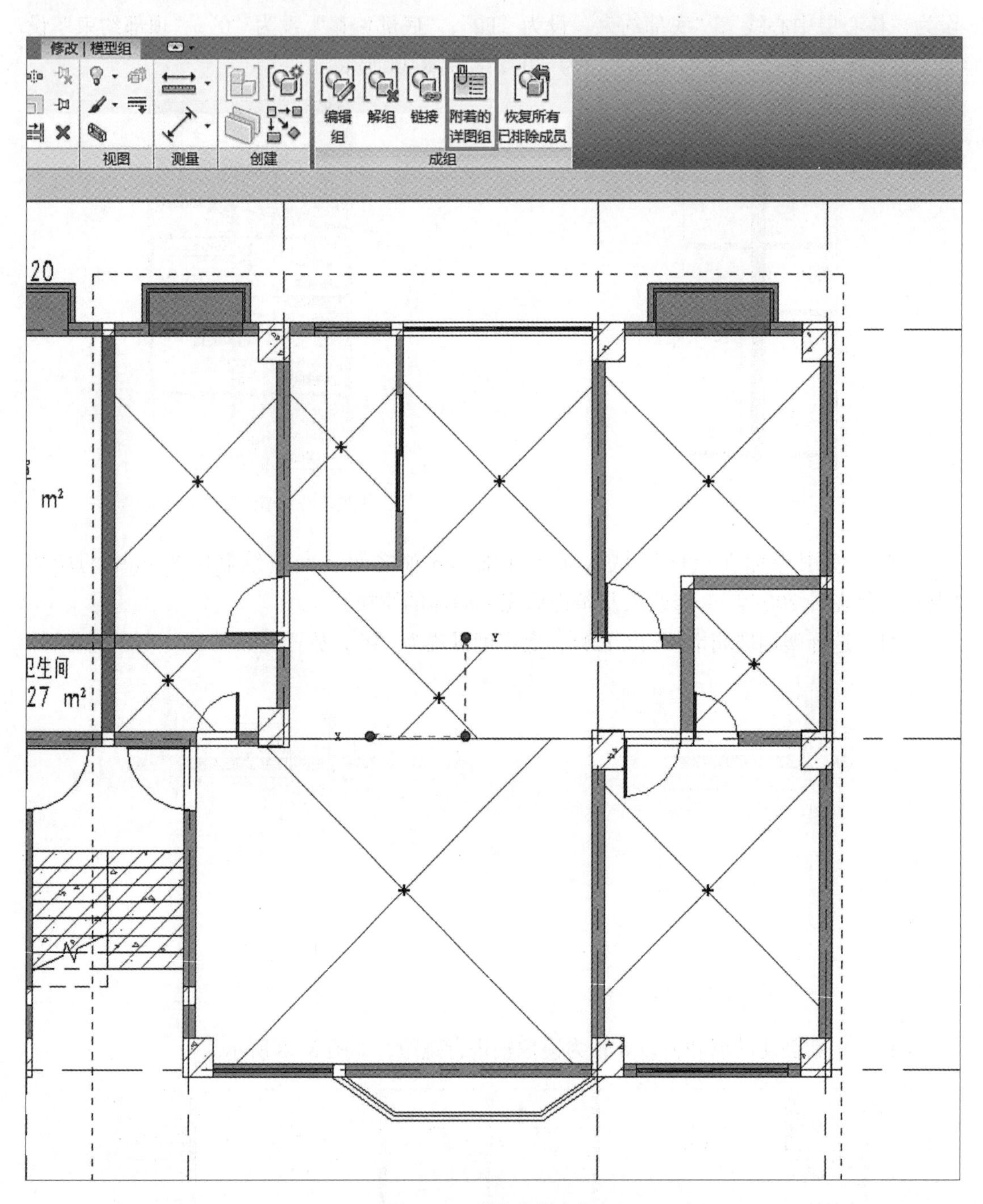

图 8-39　附着的详图组

（14）采用同样的方法为 8~10 轴和 13~15 轴的模型组附着详图组，完成后的效果如图 8-40 所示。

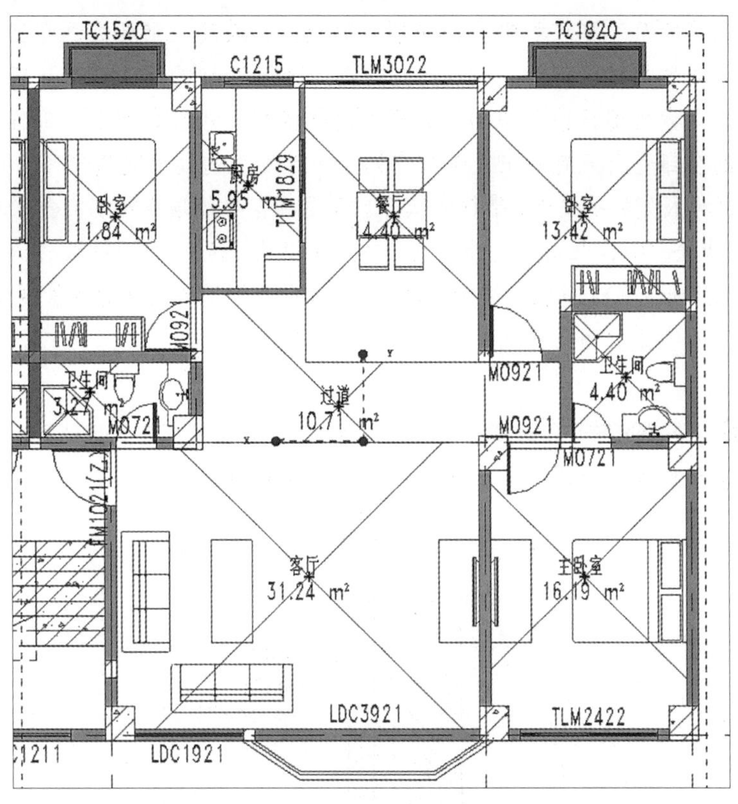

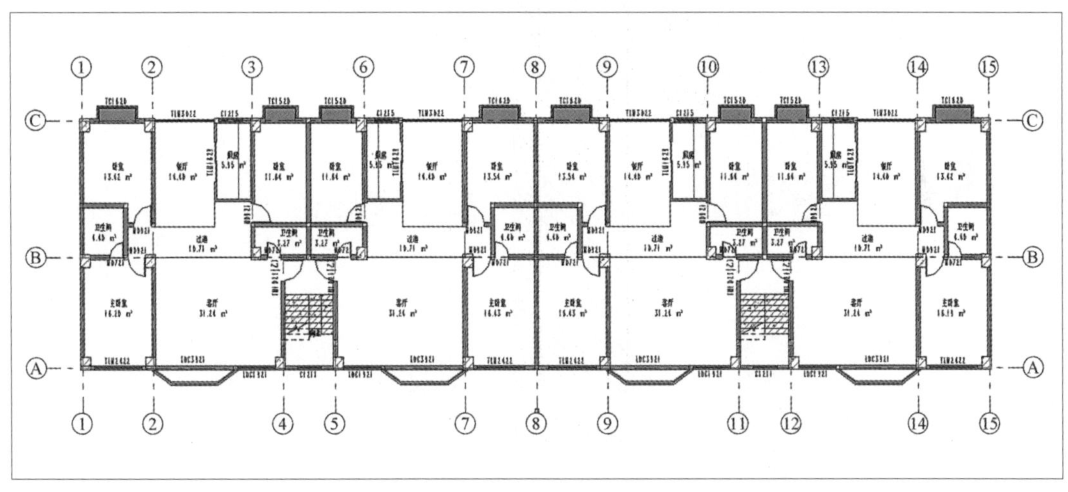

图 8-40　完成后的效果

思政元素　爱国主义精神、创新精神、敬业精神、坚持精神

“超级工程”指挥官——林鸣

2018 年 3 月，一部名为《厉害了，我的国》的纪录片登上了中国各大院线。其中，港珠澳大桥项目作为开篇的重大工程，令亿万观众为之震撼，也让人们记住了一个名字——林鸣。

林鸣主持建设的岛隧工程是港珠澳大桥难度最大的部分，由两座 10 万平方米的外海人工岛和一条 6.7km 的沉管隧道组成。这是我国建设的第一条外海沉管隧道，也是目前世界上规模最大的公路沉管隧道和唯一的深埋沉管隧道，其建设难度远远超出了人们最初的预想。大桥建设难度最大的部分，是在外海铺建一条 6.7km 的沉管隧道，实现桥梁与隧道的转接。在港珠澳大桥建设前，中国在此领域的技术积累几乎是空白。工程筹备阶段，林鸣的团队掌握的全部资料只有一张 3 年前在网上公开发表的沉管隧道产品宣传单页。

林鸣一个敢为人先的挑战者，带领团队开启了这项世界级顶尖难度的技术攻关。林鸣说："即使我们的起步是'0'，往前走一步就会变成'1'！"无数个日日夜夜，天马行空的头脑风暴与脚踏实地的研究论证交织。终于成功了，同时也开创了中国外海沉管隧道建设的先河。

思考：通过阅读此案例，我们从中学到了什么？

课后练习

根据给定尺寸和构造创建墙模型并添加材质（图 8-41）。

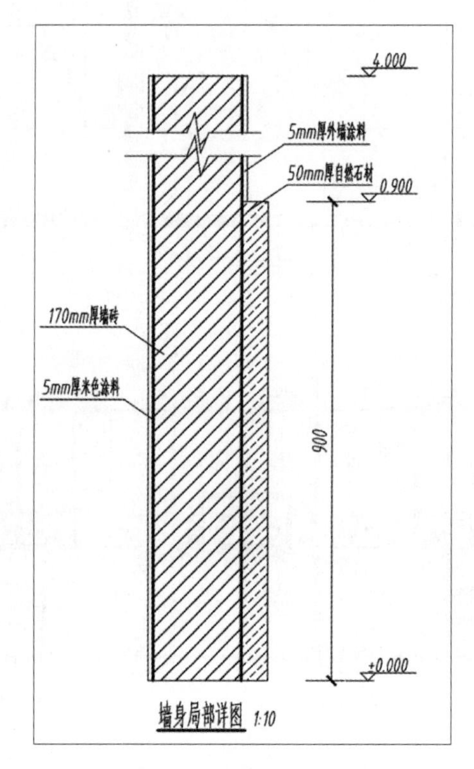

图 8-41　课后练习图

第9章　三至六层户型设计

知识目标

1. 了解标准层墙体模型创建的准备工作。
2. 了解创建模型组的方法。
3. 了解创建屋顶模型的方法。

教学视频：三至六层户型设计

能力目标

1. 能够创建二层墙体模型。
2. 能够创建标准层模型组。
3. 能够创建楼梯间模型并复制模型组。

素养目标

1. 培养敬业精神。
2. 培养精益求精的工匠精神。

9.1　三至六层墙体模型创建

导入建筑三至六层平面图，图纸锁定和图纸可见性 / 图形替换设置操作参照第 4 章 4.2.1 小节的方法执行。

（1）设置墙体属性（墙体属性设置同二层平面图）后绘制内外墙，绘制完成如图 9-1 所示。

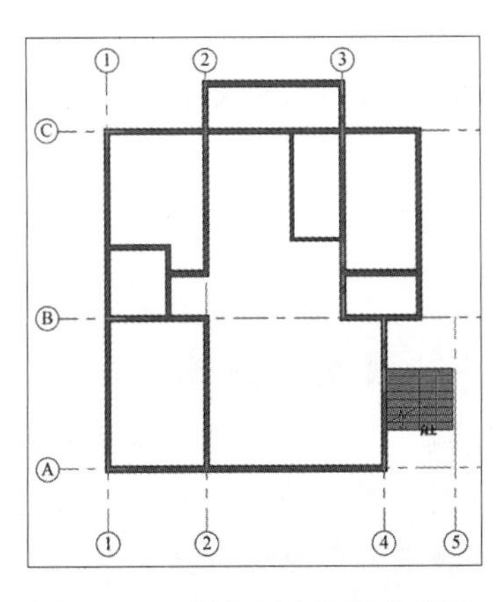

图 9-1　三层户型内外墙完成图

（2）进行墙体绘制之前还需设置绘图区域上方的选项栏，如图 9-2 所示。

修改 | 放置 墙　高度: F4 3000.0　定位线: 核心层中心线　☑链　偏移量: 0.0　☐半径: 1000.0

图 9-2　选项栏设置

9.2　门窗的放置

9.2.1　窗的放置

修改“塑钢玻璃平开凸窗 TC1820”的限制条件，依据项目图纸将“底高度”设为“450”；修改“塑钢玻璃平开凸窗 TC1520”的限制条件，依据项目图纸将“底高度”设为“450”；修改“塑钢玻璃平开落地窗 LDC3921”的限制条件，依据项目图纸将“底高度”设为“300”；修改“塑钢玻璃平开落地窗 LDC1921”的限制条件，依据项目图纸将“底高度”设为“300”；修改“塑钢玻璃推拉窗 C1422”的限制条件，依据项目图纸将“底高度”设为“450”；修改“塑钢玻璃推拉窗 C4422”的限制条件，依据项目图纸将“底高度”设为“450”；修改“塑钢玻璃推拉窗 C1215”的限制条件，依据项目图纸将“底高度”设为“900”，如图 9-3 所示。

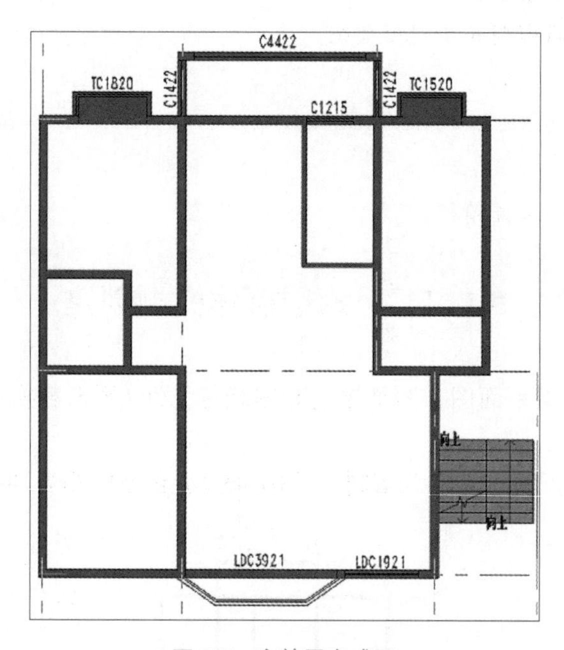

图 9-3　窗放置完成图

思政元素　工匠精神——精益、敬业

图纸标注要完整、清晰、准确。项目施工中图纸的频发问题是尺寸错误，例如：项目图纸中窗户的底高度漏标尺寸、尺寸数字错误、尺寸精度错误等，这些错误都可能导致的工期延误，增加了施工成本，给企业和国家带来损失。

9.2.2　门的放置

选择“单开门 M0721、M0921”“乙级防火门 FM1021（乙）”“塑钢玻璃推拉门 TLM1829、TLM2424、TLM3024”，“底部限制条件”均设为“0”，进行门的放置，放置完成后如图 9-4 所示。

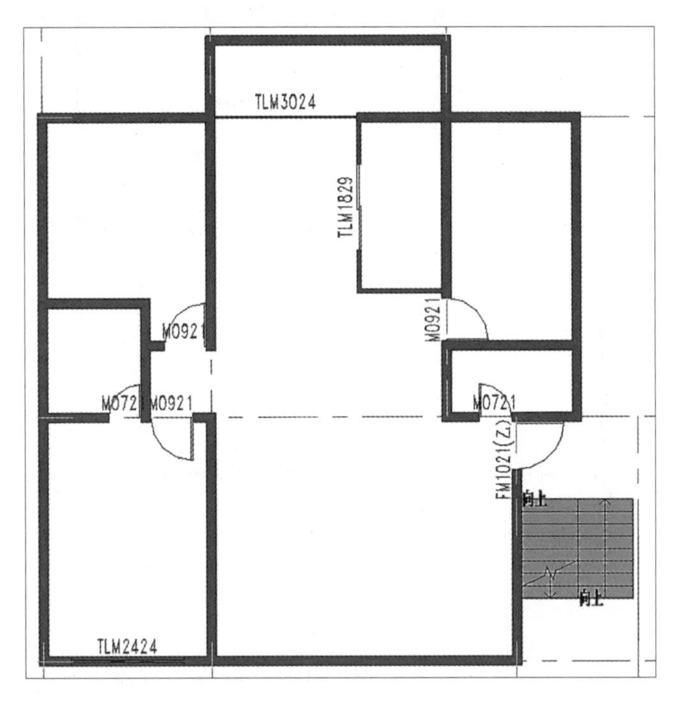

图 9-4　门设置完成图

9.3　房间的定制

（1）依次单击“建筑”选项卡→“房间和面积”面板→“房间分隔”工具，将光标移动到绘图区域添加房间分隔线划分新的房间。依次单击“建筑”选项卡→“房间和面积”面板→“房间”工具，自动切换至“修改 | 放置 房间”上下文选项卡，选择“在放置时进行标记”命令。在属性面板的类型选择器中选择“FA_ 标记 _ 房间 房间 + 面积”，将光标移动到绘图区域添加房间与房间标记，如图 9-5 所示。

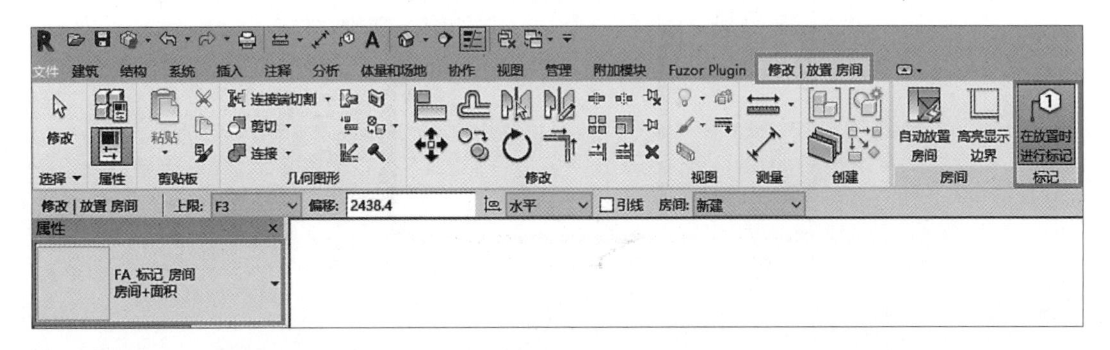

图 9-5　添加房间分隔线、房间与房间标记

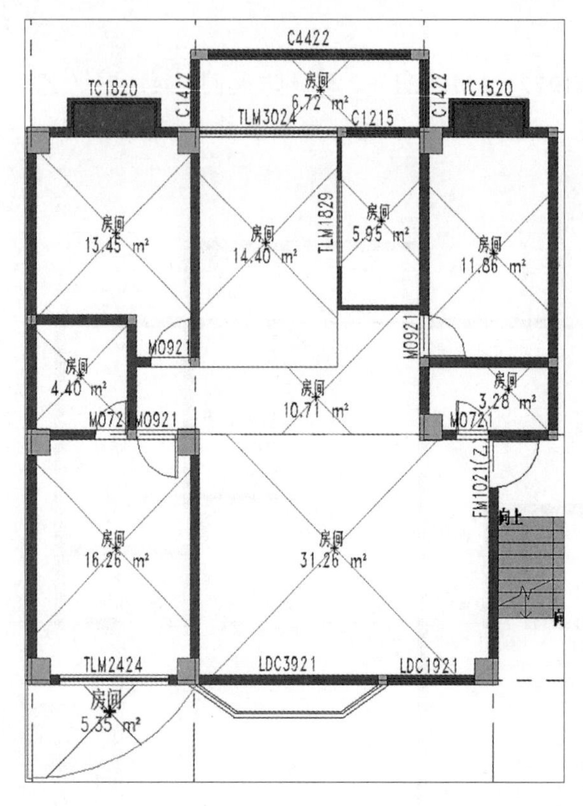

图 9-5（续）

（2）选择房间标记，单击“房间”名称，房间名称变为可输入状态，输入新的房间名称，如图 9-6 所示。

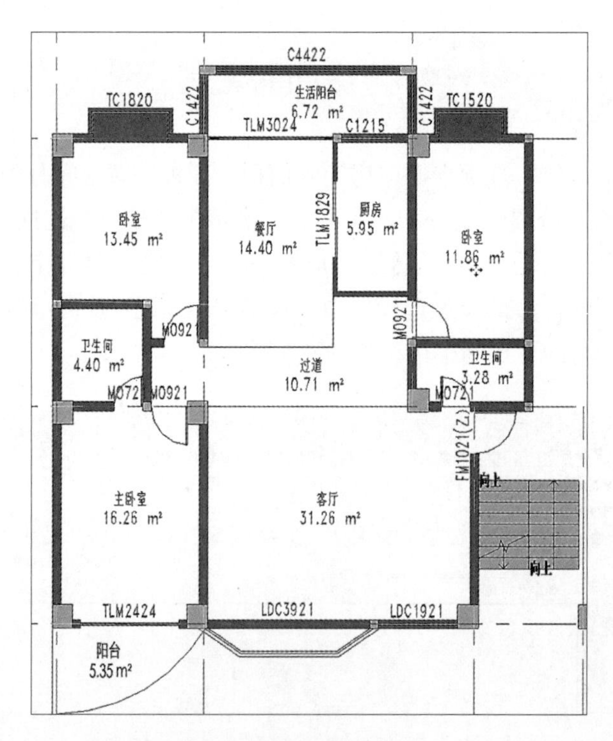

图 9-6　输入新的房间名称

（3）布置家具。家具布置参照第 8 章 8.4 小节方法执行。家具布置完成，如图 9-7 所示。

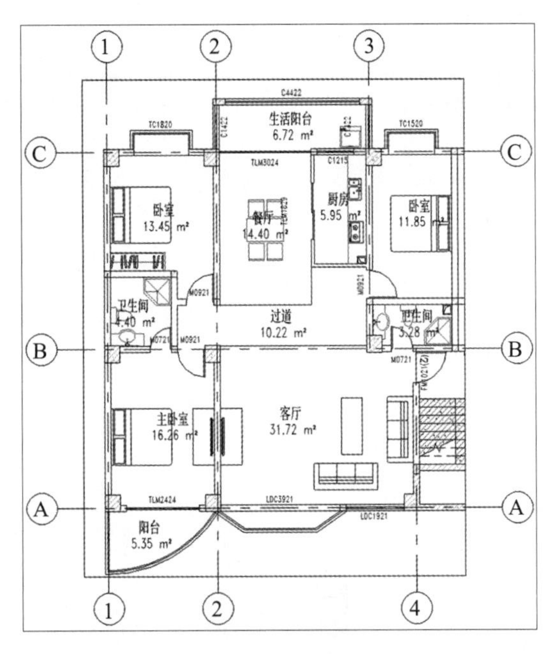

图 9-7　家具布置

（4）隐藏家具。家具隐藏参照第 8 章 8.5 小节方法执行。

9.4　添加模型组

（1）依次打开项目浏览器中的“楼层平面”→“F3”视图，使用光标从视图左上方到右下方拉框选择除轴网外的所有构件，依次单击“修改 | 选择多个”上下文选项卡→“创建”面板→“创建组”工具。

（2）在弹出的“创建模型组和附着的详图组”对话框中输入模型组名称为“户型 A”，附着的详图组名称为“×- 户型 A”，并单击“确定”按钮完成户型组的创建，如图 9-8 所示。

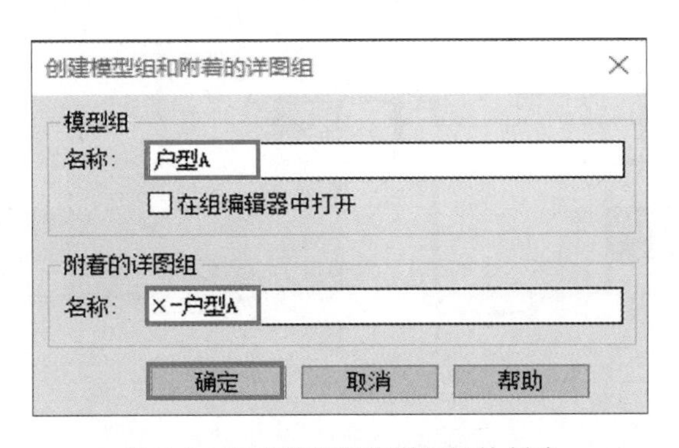

图 9-8　完成模型组和详图组的创建

（3）在 4 轴和 5 轴之间绘制中心轴，以绘制后的轴为中心，将光标移动到“户型 A”户型组上，当外围出现矩形虚线时选择组。依次单击“修改 | 模型组”上下文选项卡→“修改”面板→“镜像”工具，镜像模型组，如图 9-9 所示。

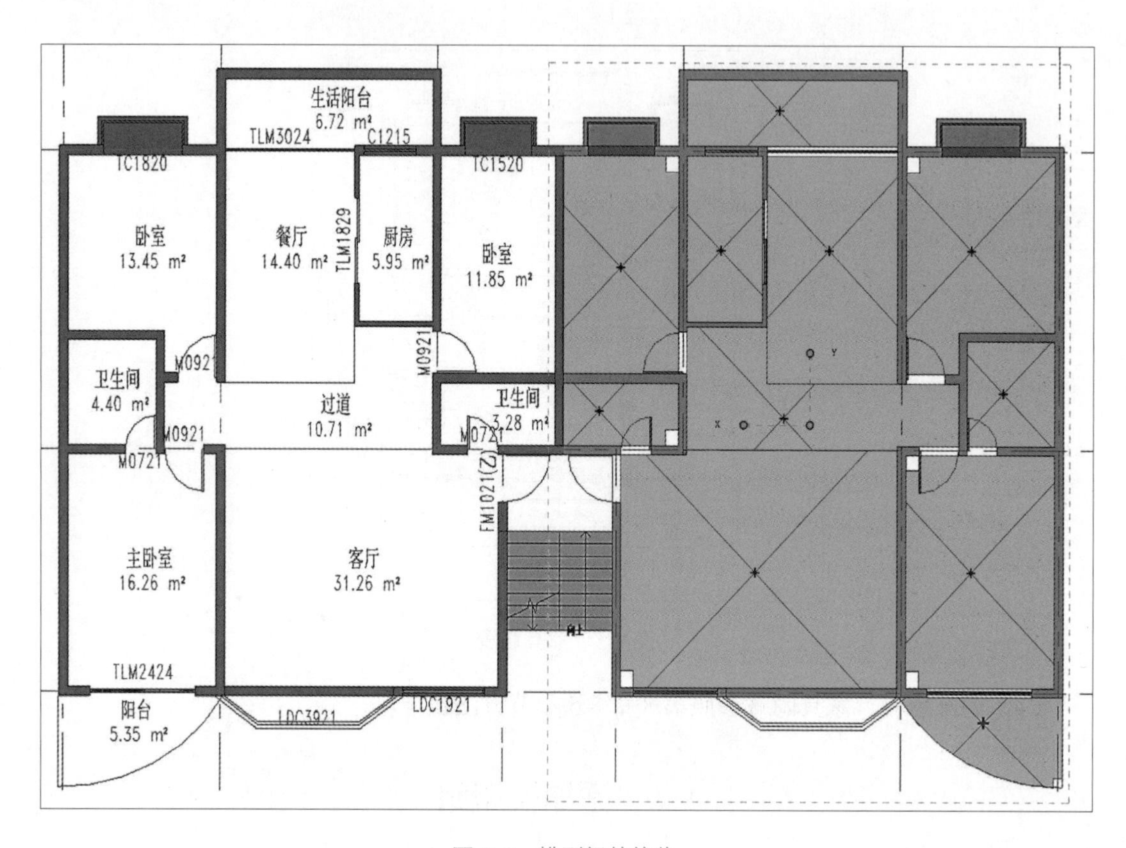

图 9-9　模型组的镜像

（4）选择现有的两个模型组，采用同样的方法依次单击“修改 | 模型组”上下文选项卡→“修改”面板→“镜像”工具，将光标移动到绘图区域，以 8 轴为中心轴镜像现有的两个模型组，如图 9-10 所示。

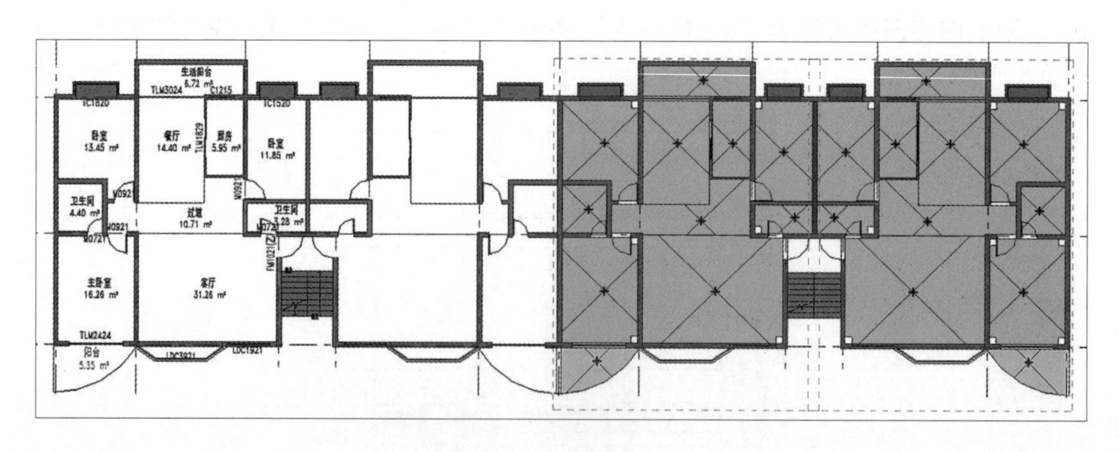

图 9-10　户型组模型镜像

（5）选择 5~15 轴的模型组，依次单击“修改 | 模型组”上下文选项卡→“成组”面板→“附着的详图组”工具，在弹出的“附着详图组放置”对话框中勾选“楼层平面：户型 A”选项，然后单击“确定”按钮，观察视图中的组是否已经添加了相关的注释图元，如图 9-11 所示。

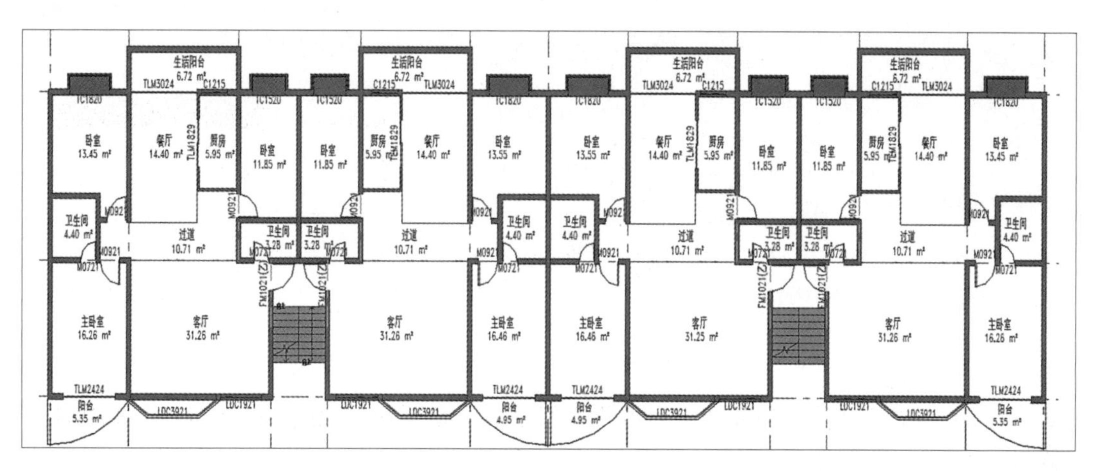

图 9-11　添加详图完成

9.5　复制模型组

（1）使用光标在绘图区域框选所有构件，依次单击“修改 | 选择多个”上下文选项卡→“选择”面板→“过滤器”工具。在弹出的“过滤器”对话框中勾选“模型组”选项，然后单击“确定”按钮，如图 9-12 所示。

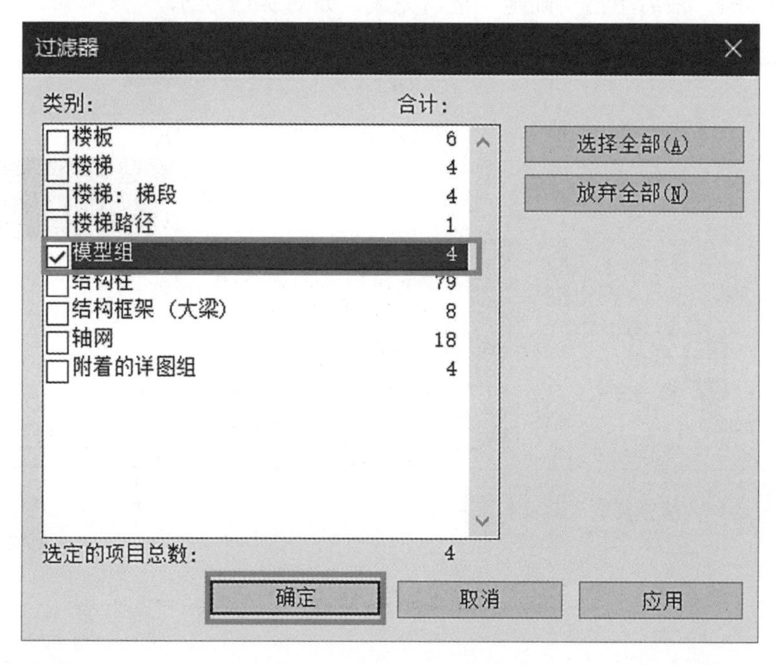

图 9-12　模型组的选择

（2）选择所有模型组后，依次单击“剪贴板”面板→“复制到剪贴板”工具，然后单击左侧的“粘贴”工具，在弹出的下拉列表中选择“与选定的标高对齐”命令。在弹出的“选择标高”对话框中选中 F4，按住 Shift 键，选中 F6，最后单击“确定”按钮完成模型组的复制，如图 9-13 所示。

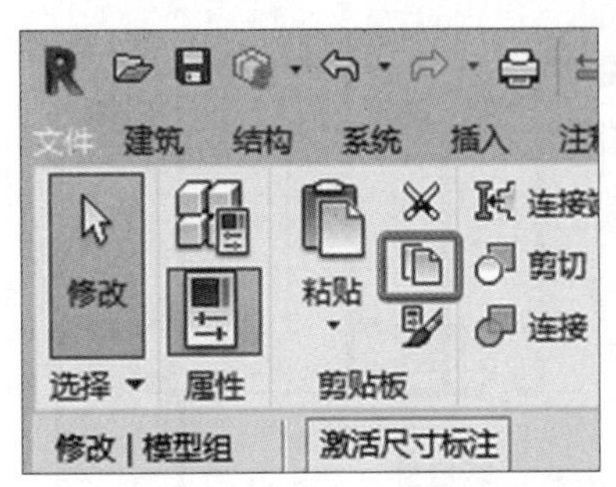

图 9-13　楼层间模型组的复制

通过模型成组功能可以将成组后的模型组复制到相同的单元或者跨层复制，此功能熟练掌握后可快速进行模型搭建。

9.6　楼梯间模型搭建

在项目浏览器下双击“F2”进入“F2”楼层平面，选择楼梯位置创建的“塑钢玻璃推拉窗 C1211”与其所附着的墙体“基墙 - 免烧砖 200 厚”，依次单击“剪贴板”面板→“复制到剪贴板”工具，然后单击左侧的“粘贴”工具，在弹出的下拉列表中选择“与选定的标高对齐”命令，如图 9-14 所示。在弹出的“选择标高”对话框中选中 F3，按住 Shift 键，选中 F7，最后单击“确定”按钮完成，如图 9-15 所示。

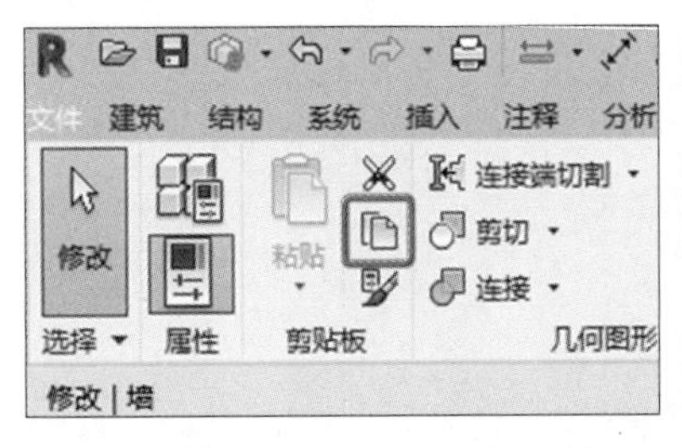

图 9-14　选择复制工具及相关粘贴命令图

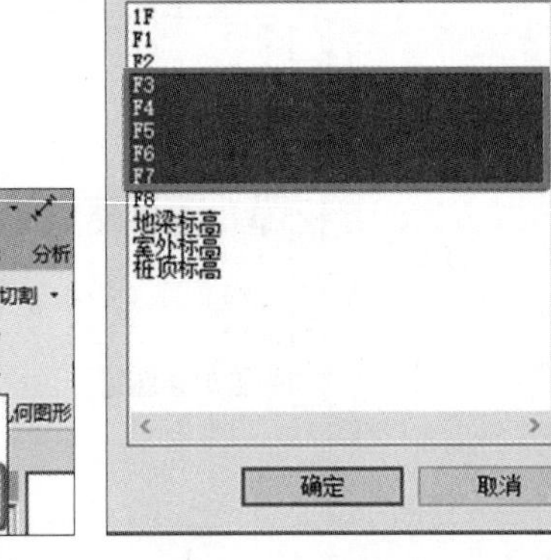

图 9-15　将模型组复制到其他楼层

9.7　屋顶的附着

（1）打开模型的三维显示方式。

（2）选择北立面 F6 的墙体，依次单击“修改 | 墙”上下文选项卡→“修改墙”面板→“附着顶部 / 底部”工具，再单击屋顶，如图 9-16 所示。

图 9-16　顶部附着

（3）单击“完成”按钮后，墙体附着屋顶完成，如图 9-17 所示。

说明

七层楼梯间模型搭建可参照第 7 章首层户型设计的方法，根据案例工程图纸完成第七层出屋面楼梯间模型搭建。

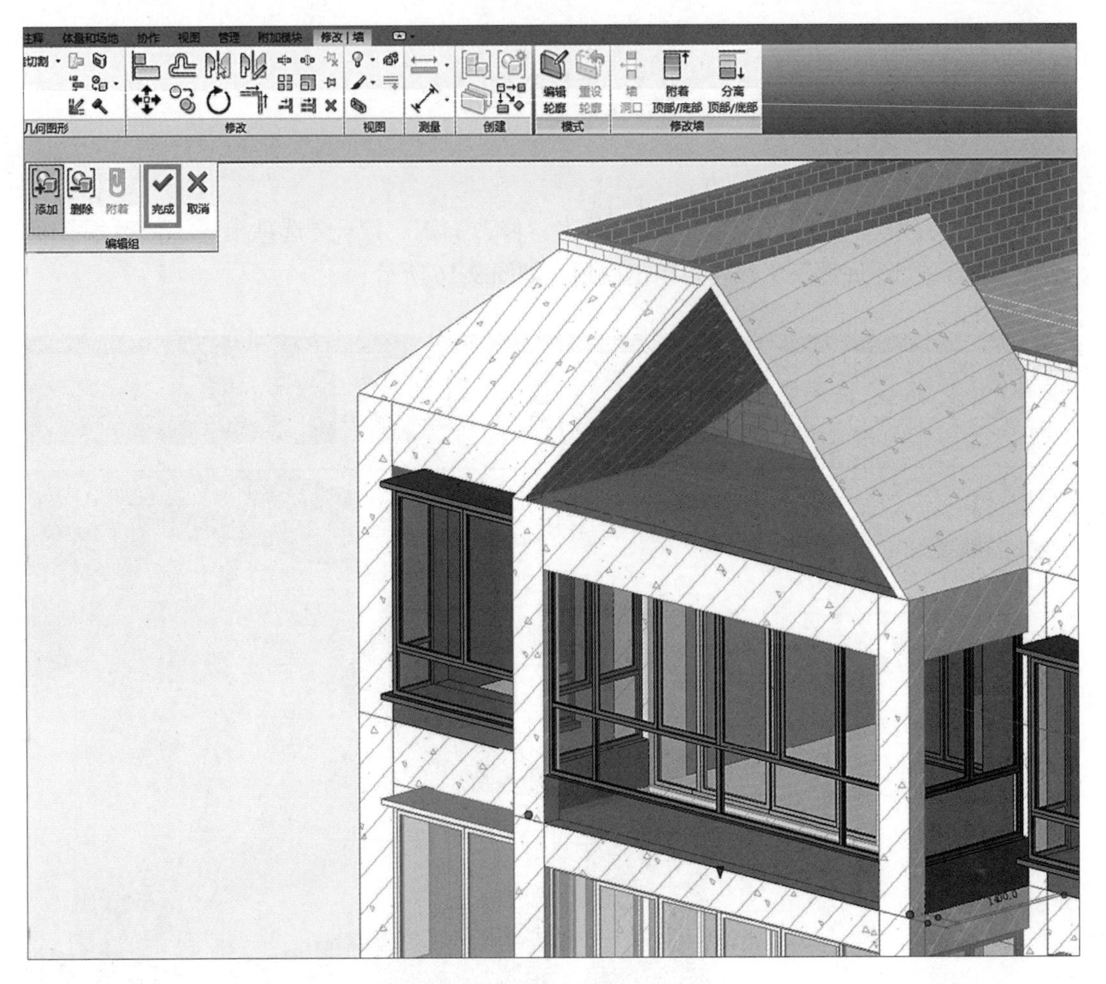

图 9-17　完成墙体附着屋顶操作

课后练习

归纳总结模型组的作用与内容。创建模型组的步骤，要求图文并茂。

第10章　二层露台设计

知识目标

1. 熟悉建筑工程外立面构件设计方法和设计思路。

2. 熟悉建筑外立面构件模型的建模方法。

教学视频：
二层露台设计

能力目标

1. 能够创建露台模型。

2. 能够创建露台墙体、扶手等模型。

素养目标

1. 培养学生的职业素养。

2. 以社会主义核心价值观中的“爱岗、敬业、诚信、友善”为抓手，引导学生树立正确的职业观。

3. 鼓励学生在生活中积极接触新技术。

4. 增强民族自信心。

10.1　露台模型搭建

10.1.1　墙体属性设置

（1）进入F2平面视图,依次单击“建筑”选项卡→“构建”面板→“墙”工具，在弹出的“属性”面板的类型选择器中选择基本墙类型为“基墙 - 免烧砖 200 厚”，并设置实例属性，如图 10-1 所示。

（2）进行墙体绘制之前还需设置绘图区域上方的选项栏，如图 10-2 所示。

属性

基本墙
基墙-免烧砖200厚

新建 墙　　编辑类型

限制条件	
定位线	核心层中心线
底部限制条件	F2
底部偏移	0.0
已附着底部	☐
底部延伸距离	0.0
顶部约束	未连接
无连接高度	1500.0
顶部偏移	1500.0
已附着顶部	☐
顶部延伸距离	0.0
房间边界	☑
与体量相关	☐

图 10-1　墙体实例属性设置

图 10-2　选项栏设置

10.1.2　绘制露台

将光标移动至绘图区域，借助轴网交点顺时针绘制露台，如图 10-3 所示。

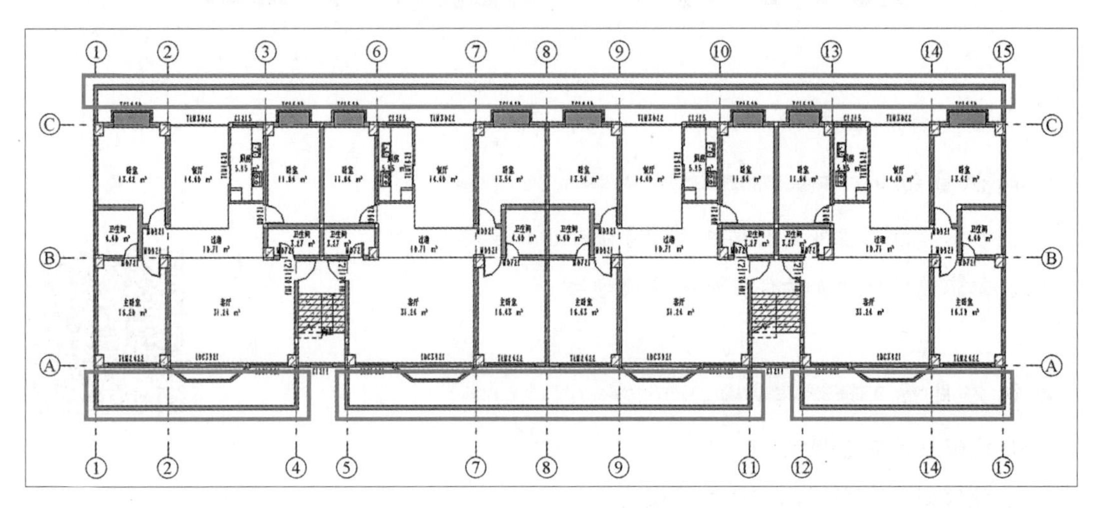

图 10-3　完成露台的绘制

10.2　露台墙体模型创建

10.2.1　墙体属性设置

（1）依次单击“建筑”选项卡→“构建”面板→“墙”工具，在弹出的“属性”面板的类型选择器中选择基本墙类型为“基墙 - 免烧砖 200 厚”。设置限制条件：“定位线”为“核心层中心线”，“底部约束”为“F2”，“底部偏移”为“0”，“顶部约束”为“未连接”，“无连接高度”为“2700”，如图 10-4 所示。

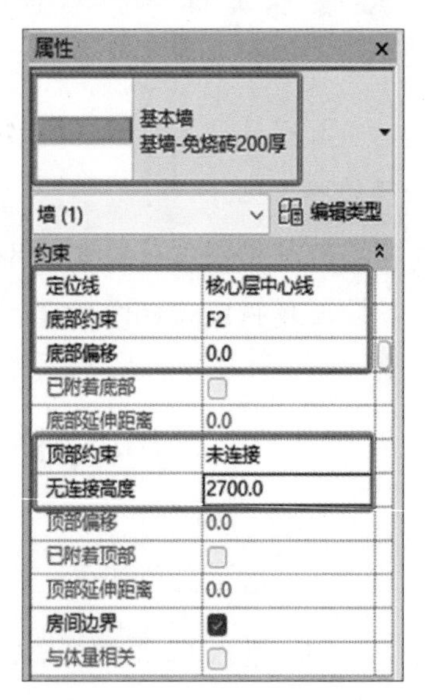

图 10-4　墙体实例属性设置

（2）进行墙体绘制之前还需设置绘图区域上方的选项栏，如图 10-5 所示。

10.2.2　绘制墙体

将光标移动至绘图区域，借助轴网交点顺时针绘制墙体，如图 10-6 所示。

修改 | 放置 墙　高度:　F3　3000.0　定位线: 核心层中心线　☑链　偏移量: 0.0　☐半径: 1000.0

图 10-5　选项栏设置

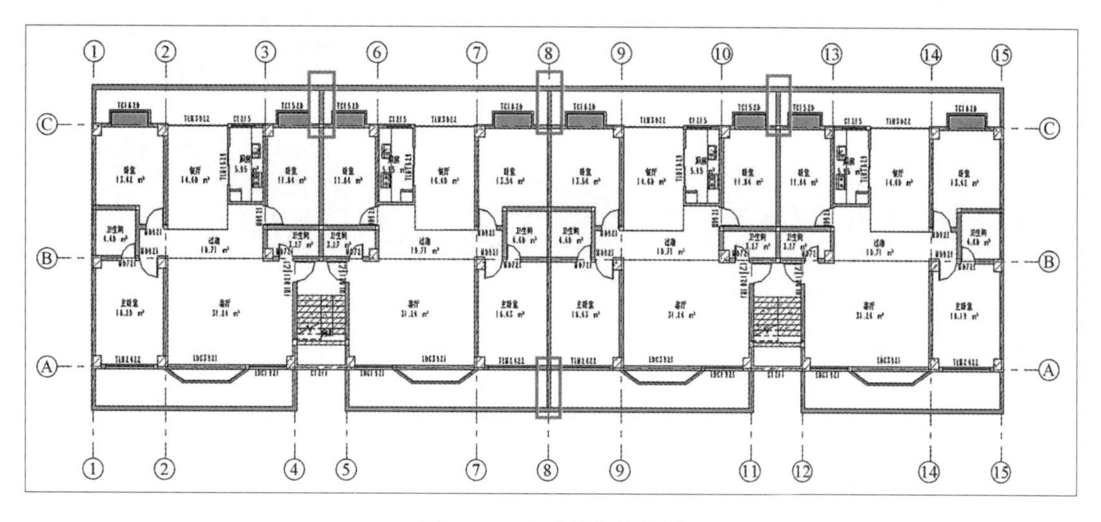

图 10-6　完成墙体的绘制

10.2.3　绘制阳台上分隔房间的墙体

（1）进入 F3 平面视图，依次单击“建筑”选项卡→“构建”面板→“墙”工具，在弹出的下拉列表中选择“墙：建筑”命令，进入墙体绘制界面。

（2）墙体实例属性设置如图 10-7 所示。

（3）使用光标在绘图区域 8 轴上从上到下绘制墙体，完成墙体的添加，如图 10-8 所示。

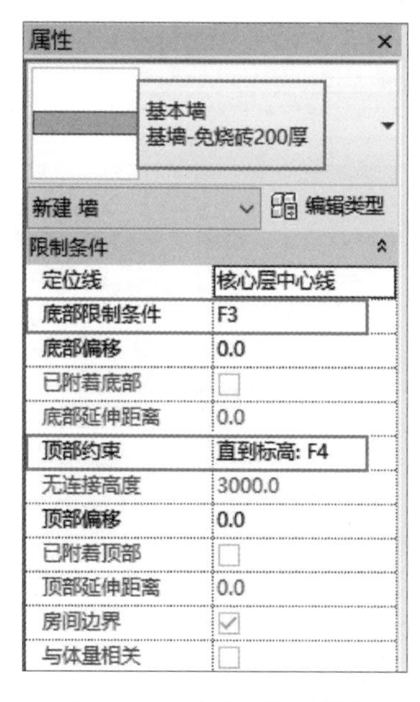

图 10-7　墙体实例属性设置

图 10-8　阳台墙体的绘制

（4）选择上一操作中所绘制的墙体后，依次单击“剪贴板”面板→“复制到剪贴板”工具，然后单击左侧的“粘贴”工具，在弹出的下拉列表中选择“与选定的标高对齐”命令。在弹出的“选择标高”对话框中选中 F4，按住 Shift 键，选中 F6，最后单击“确定”按钮完成阳台墙体的复制，如图 10-9 所示。

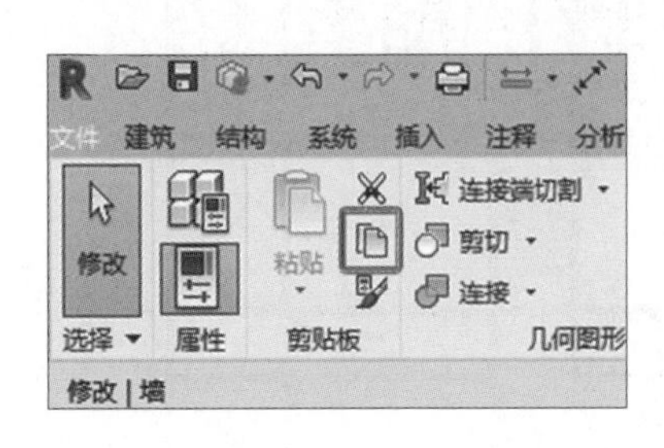

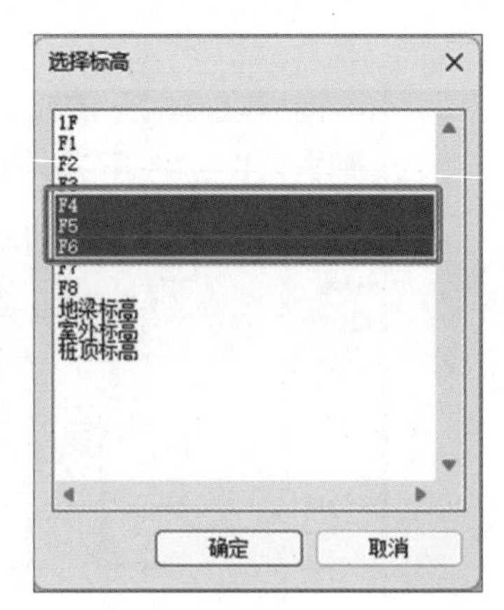

图 10-9　阳台墙体跨层复制

（5）阳台墙体复制完成后如图 10-10 所示。

10.2.4　绘制扶手

（1）进入 F3 平面视图，依次单击“建筑”选项卡→“楼梯坡道”面板→“栏杆扶手”工具，进入扶手绘制界面。

（2）单击“属性”面板中的“编辑类型”按钮，弹出“类型属性”对话框。以“1100mm 栏杆扶手”类型为基础复制新建的扶手类型为“阳台扶手”，如图 10-11 所示。

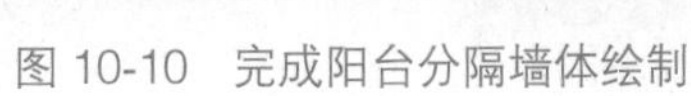
图 10-10　完成阳台分隔墙体绘制

图 10-11　阳台扶手类型的创建

（3）修改类型属性中“栏杆偏移”为“0”，并单击“扶栏结构（非连续）”后的“编辑”按钮，进入“编辑扶手（非连续）”对话框，如图 10-12 所示。

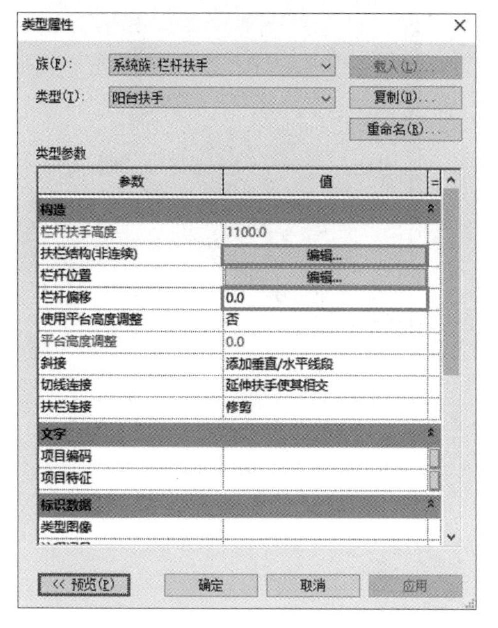

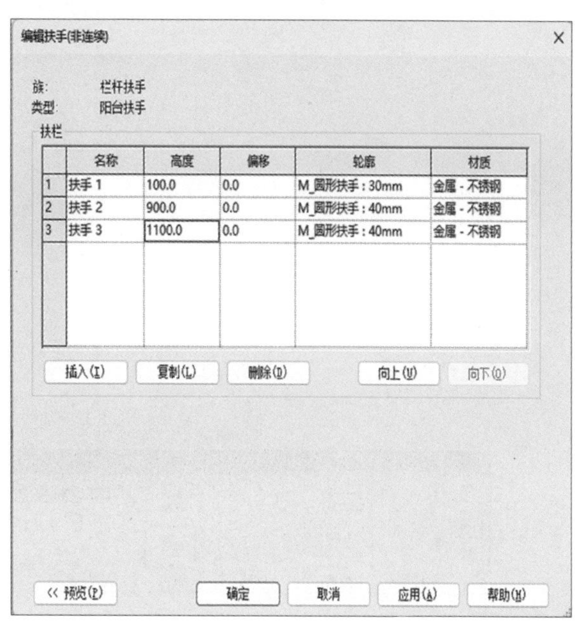

图 10-12　扶手类型属性设置

（4）设置“栏杆偏移”为“0”，并单击“栏杆位置”后的“编辑”按钮，进入“编辑栏杆位置”对话框，进行“栏杆位置”的编辑，如图 10-13 所示。

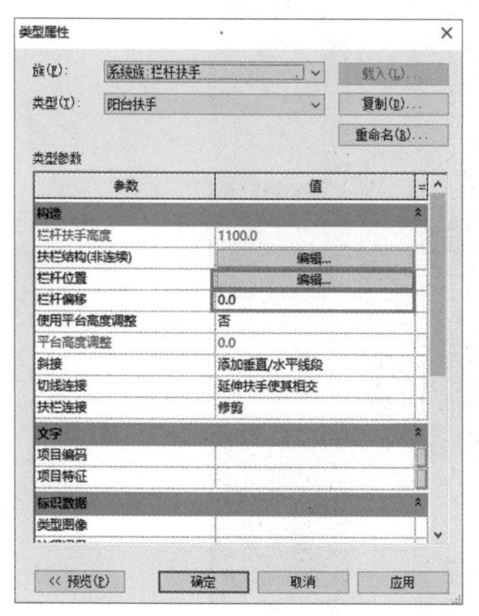

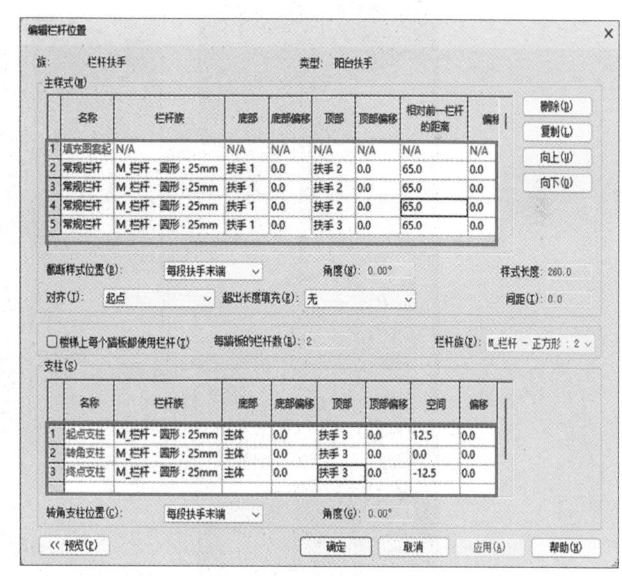

	名称	栏杆族	底部	底部偏移	顶部	顶部偏移	相对前一栏杆的距离	偏移
1	填充图案起	N/A	N/A	N/A	N/A	N/A	N/A	N/A
2	常规栏杆	M_栏杆 - 圆形 : 25mm	扶手 1	0.0	扶手 2	0.0	65.0	0.0
3	常规栏杆	M_栏杆 - 圆形 : 25mm	扶手 1	0.0	扶手 2	0.0	65.0	0.0
4	常规栏杆	M_栏杆 - 圆形 : 25mm	扶手 1	0.0	扶手 2	0.0	65.0	0.0
5	常规栏杆	M_栏杆 - 圆形 : 25mm	扶手 1	0.0	扶手 3	0.0	65.0	0.0

	名称	栏杆族	底部	底部偏移	顶部	顶部偏移	空间	偏移
1	起点支柱	M_栏杆 - 圆形 : 25mm	主体	0.0	扶手 3	0.0	12.5	0.0
2	转角支柱	M_栏杆 - 圆形 : 25mm	主体	0.0	扶手 3	0.0	0.0	0.0
3	终点支柱	M_栏杆 - 圆形 : 25mm	主体	0.0	扶手 3	0.0	-12.5	0.0

图 10-13　栏杆位置的设置

（5）设置完栏杆位置后，根据案例图纸绘制栏杆，绘制完成后单击“完成”按钮 ✔ 完成阳台扶手的绘制，如图 10-14 所示。

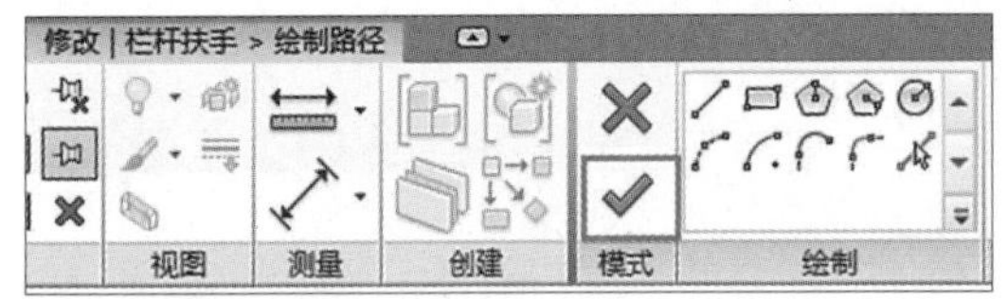

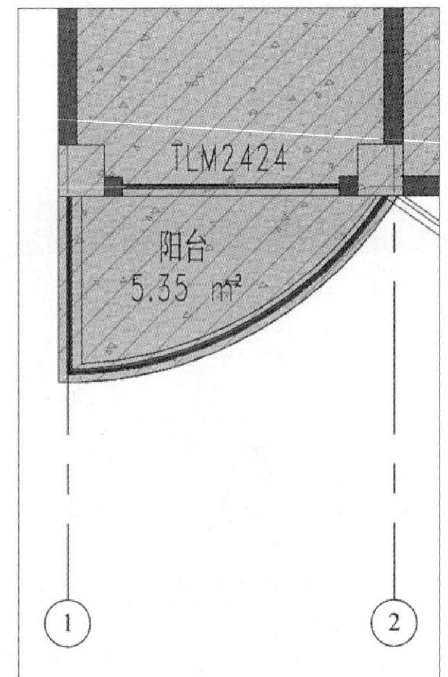

图 10-14　阳台扶手绘制

（6）绘制完成后回到三维视图，效果如图 10-15 所示。

图 10-15　绘制效果

（7）在 F3 平面视图中，选择左侧模型组“户型 A”，将刚刚绘制的两段扶手添加进“户型 A”。进入组编辑界面，单击“编辑组”面板中的“添加”工具，选择上面操作中完成的两个扶手，并单击“完成”按钮，如图 10-16 所示。

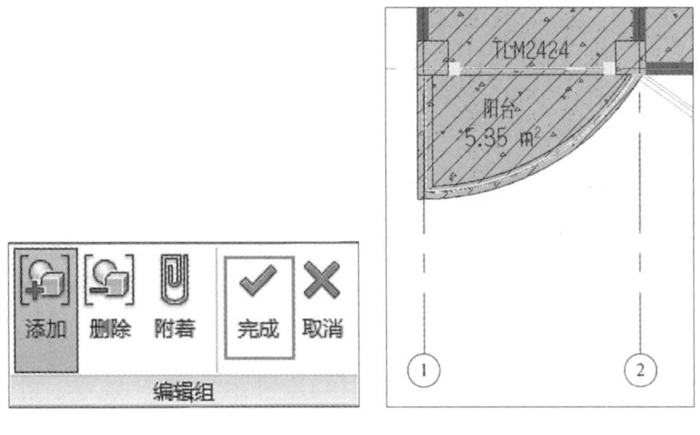

图 10-16　将扶手添加进模型组

（8）扶手绘制完成，效果如图 10-17 所示。

图 10-17　扶手绘制完成后的效果图

思政元素　探索精神、民族自豪

BIM 技术在上海中心的应用

总高为 632m 的摩天大楼上海中心大厦是中国第一高楼（至今建成的），也是上海十大新地标之一。上海中心大厦项目是以 AutoCAD 为主进行出图，以 Autodesk Revit 软件为建模基本手段，并使用 Autodesk Navisworks 和 Autodesk Ecotect 进行碰撞检测和 CFT 模拟，使之互相衔接，从而实现高效率出图，减少返工、节省材料。BIM 在世界各国广泛应用，我国作为世界大型经济体，需求与发展日新月异。从中央到地方的政策支持，加大了BIM的推广与发展速度，我国的BIM应用实例也越来越多，不只是国人，更吸引了越来越多来自国际上的关注。未来，我们更加坚信，BIM技术在中国的发展必会枝繁叶茂，为促进建筑行业信息化的深层次变革提供强大助力。

思考：利用BIM技术的工程还有哪些？

课后练习

根据给定栏杆类型与扶手类型创建如图10-18所示的栏杆扶手，栏杆与扶手材质自定，未注明尺寸自定。

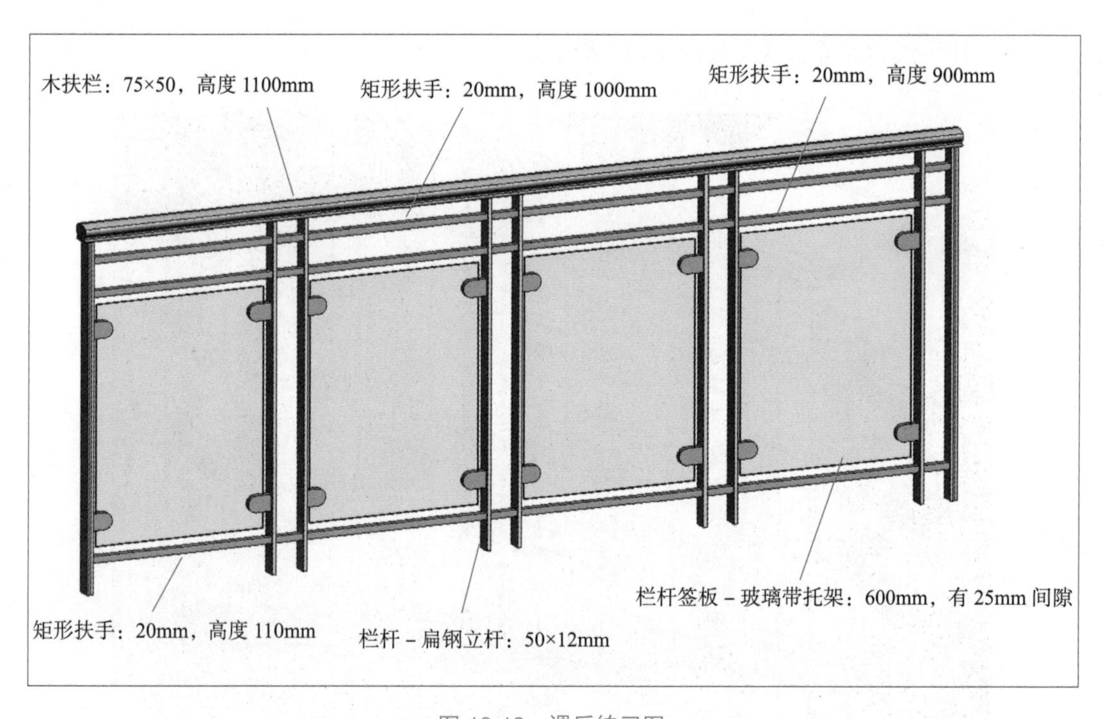

图10-18　课后练习图

第11章　建筑场地设计

知识目标

1. 了解场地的创建准备。

2. 了解建筑地坪、地形表面、挡土墙模型、台阶和坡道、地形子面域（道路）的创建方法。

教学视频：建筑场地设计

能力目标

1. 能够掌握建筑物地形设计方法和思路。

2. 能够创建建筑地坪、地形表面、挡土墙模型、台阶和坡道、地形子面域（道路）模型。

素养目标

1. 帮助学生树立可持续发展的价值观。

2. 培养学生正确的绿色建筑理念。

11.1　地形表面创建

（1）在项目浏览器中打开“楼层平面”下的“场地”视图，进入场地视图。依次单击“建筑”选项卡→“工作平面”面板→“参照平面”工具，绘制6条参照平面线，如图11-1所示。

（2）依次单击“体量和场地”选项卡→“场地建模”面板→“地形表面”工具，如图11-2所示，进入草图绘制模式。

（3）选择“放置点”命令，在选项栏调整高程点相应的高度，进行地形表面的创建。A、B、C、D四个点的“高程”为“0”;E、F、G、H四个点的“高程”为“1800”，如图11-3所示。

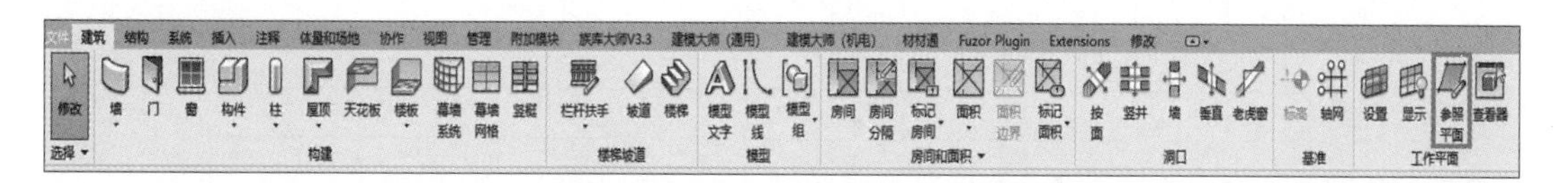

图11-1　选择“参照平面”工具并绘制参照平面线

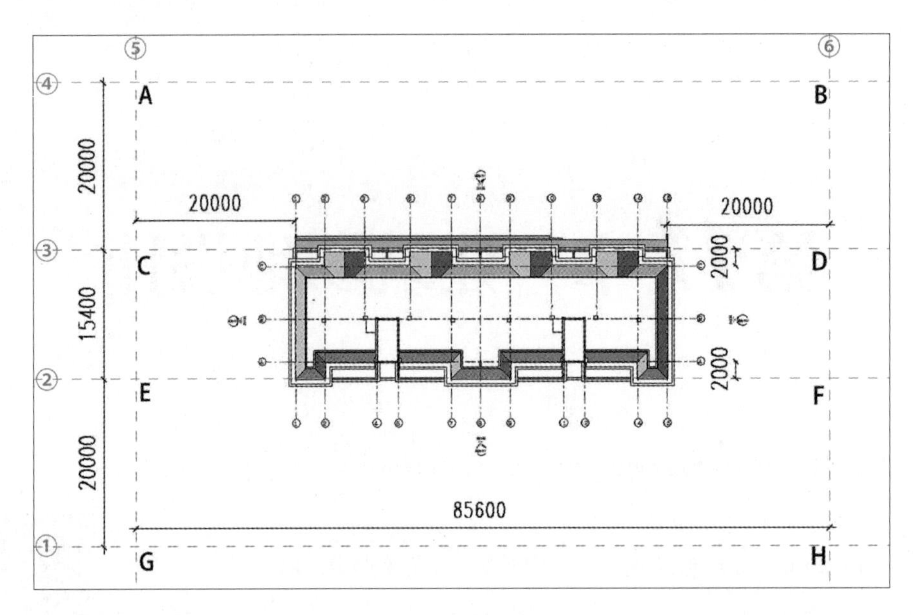

图　11-1（续）

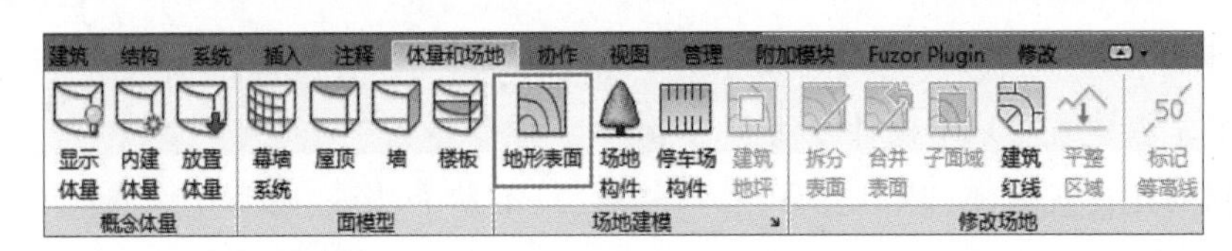

图 11-2　选择“地形表面”工具

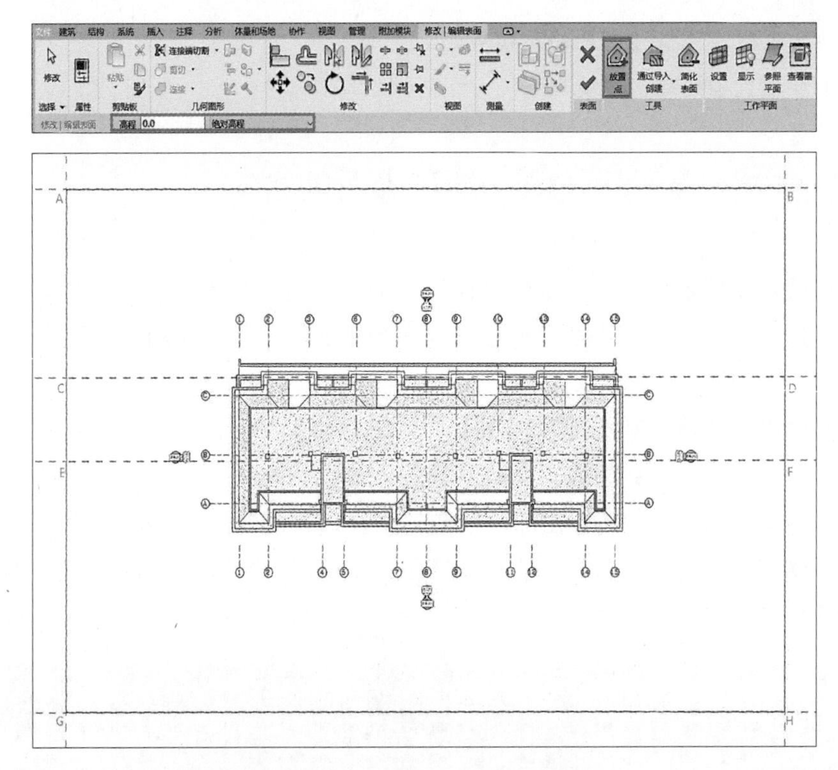

图 11-3　完成地形表面的创建

思政元素　可持续发展的价值观、绿色建筑理念

学习“十四五”规划纲要第十一篇“推动绿色发展,促进人与自然和谐共生”,其中“建设人与自然和谐共生的现代化”“持续改善环境质量，增强全社会生态环保意识，深入打好污染防治攻坚战”这些重要论述，为新时代生态文明建设进一步明确了方向，提供了重要方向。

11.2　建筑地坪创建

（1）在项目浏览器中双击“楼层平面”项下的“F1”视图，进入 F1 视图。依次单击“体量和场地”选项卡→“场地建模”面板→“建筑地坪”工具，如图 11-4 所示，进入建筑地坪的草图绘制模式。

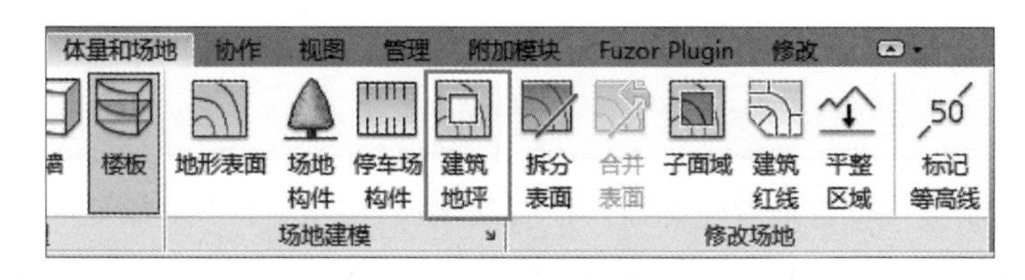

图 11-4　选择“建筑地坪”工具

（2）设置实例属性：“标高”设为“F1”。选择“绘制”面板中的“直线”命令，绘制 1~10 轴位置的建筑地坪轮廓线，如图 11-5 所示（轮廓线必须为单一连续闭合环状）。

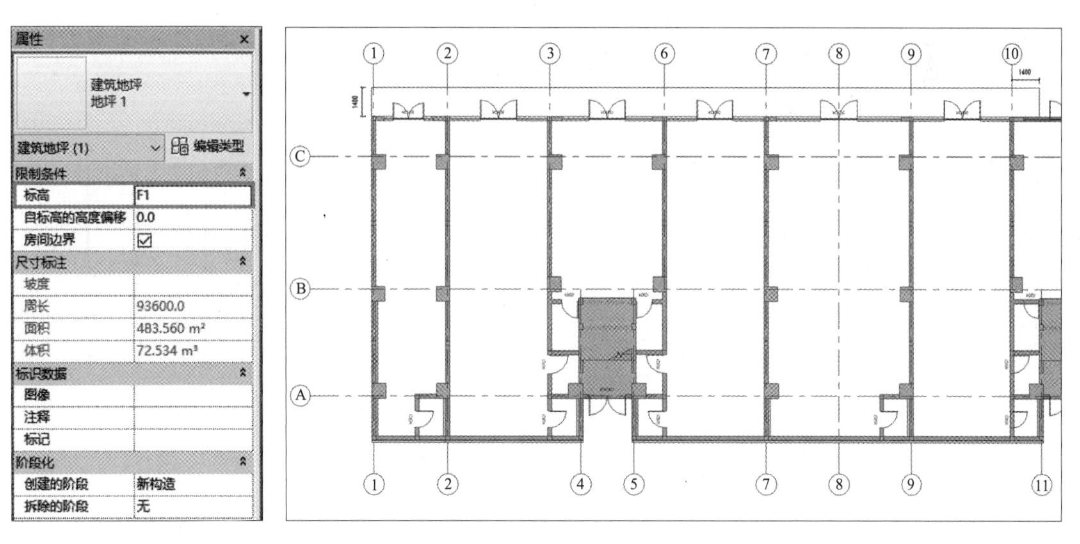

图 11-5　建筑地坪的实例属性设置和 1~10 轴位置轮廓线的绘制

（3）设置实例属性：“标高”设为“F1”,“自标高的高度偏移”为“150”。选择“绘制”面板中的“直线”命令，绘制 10~15 轴位置的建筑地坪轮廓线，如图 11-6 所示。

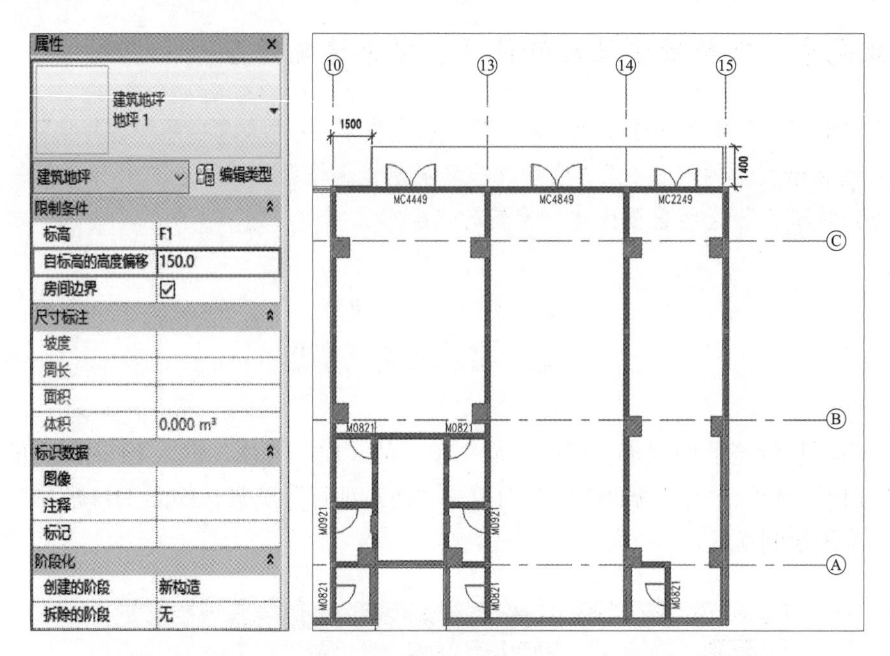

图 11-6　建筑地坪的实例属性设置和 10~15 轴位置轮廓线的绘制

（4）继续绘制楼梯位置地坪轮廓线。设置实例属性：选择“标高”为“F1”，“自标高的高度偏移”为“1800”。选择“绘制”面板中的“直线”命令，首先绘制 4 轴和 5 轴之间楼梯位置的地坪轮廓线，然后采用相同的方法绘制 11 轴和 12 轴之间楼梯位置的地坪轮廓线，如图 11-7 所示。

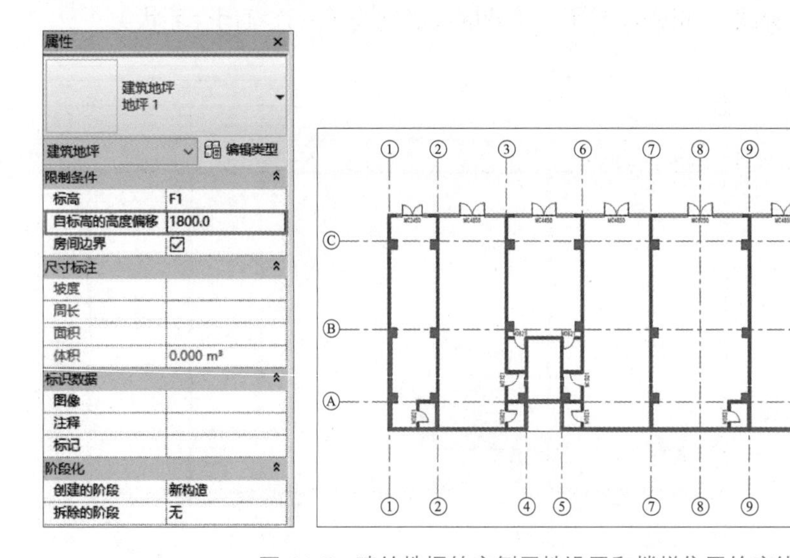

图 11-7　建筑地坪的实例属性设置和楼梯位置轮廓线的绘制

（5）继续绘制室外地坪轮廓线。设置实例属性：“标高”设为“F1”，“自标高的高度偏移”为“–300”。选择“绘制”面板中的“直线”命令，绘制如图 11-8 所示的建筑地坪轮廓线。

（6）单击“完成”按钮，建筑地坪效果如图 11-9 所示。

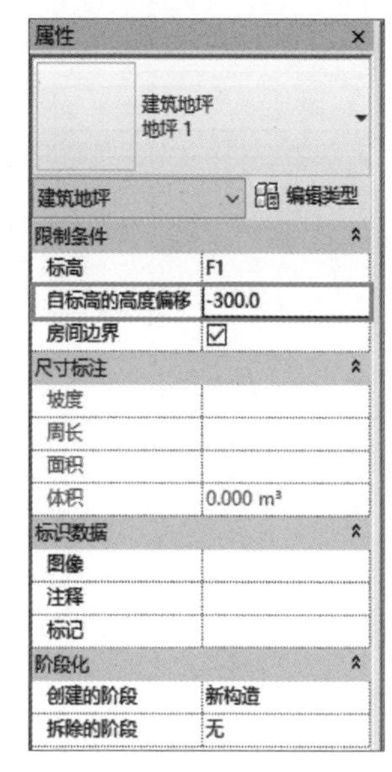

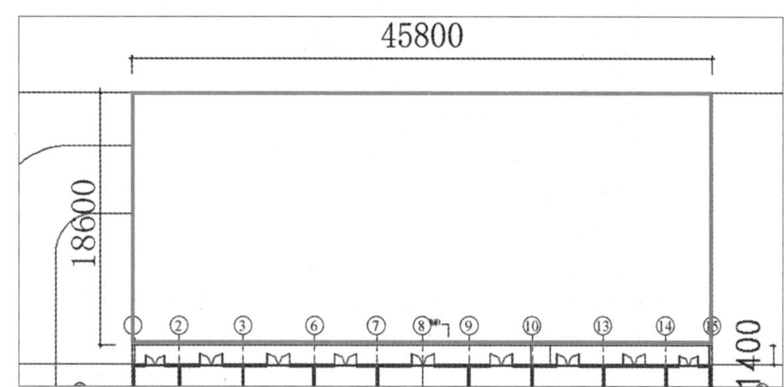

图 11-8 建筑地坪的实例属性设置和室外地坪轮廓线的绘制

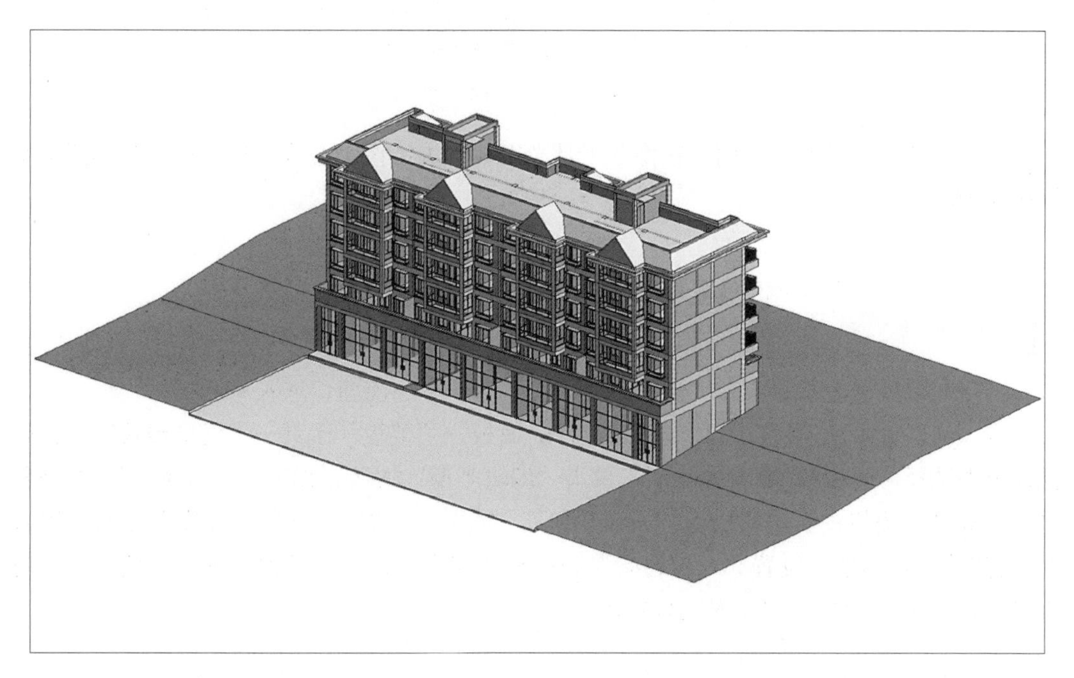

图 11-9 建筑地坪完成效果

11.3 挡土墙模型创建

（1）在项目浏览器中双击“楼层平面”项下的“F1”视图，进入 F1 视图。依次单击“建筑”选项卡→“构建”面板→“墙”工具，在类型选择器中选择“基本墙 挡土墙 200 厚”。设置限制条件：“定位线”为“核心层中心线”，“底部限制条件”为“室外标高”，“底部偏移”为“0”，“顶部约束”为“未连接”，“无连接高度”为“500”，绘制一段长度为 1900mm 的墙体，如图 11-10 所示。

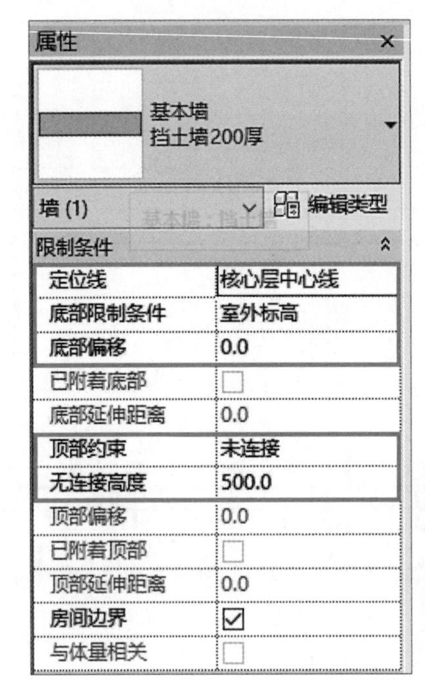

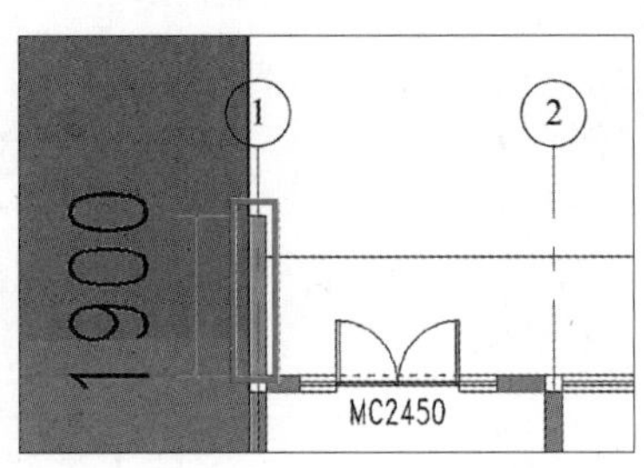

图 11-10　挡土墙实例属性设置及创建

（2）继续上述操作，使用“镜像”工具，以 8 轴为镜像中心线，将 1 轴绘制的挡土墙镜像到 15 轴。

11.4　台阶和坡道的创建

（1）在项目浏览器中双击“楼层平面”项下的“F1”视图，进入 F1 视图。

（2）依次单击“建筑”选项卡→“构件”面板→“楼板”工具→“建筑楼板”→在属性面板中选择“楼板 常规 -100mm”，单击“编辑类型”按钮，弹出“类型属性”对话框，单击“复制”按钮，新建楼板为“入口台阶”，单击“结构”右侧的“编辑”按钮，进入“编辑部件”对话框，设置“入口台阶”相应材质与厚度，单击两次“确定”按钮，完成入口台阶创建，如图 11-11~ 图 11-13 所示。

图 11-11　选择“楼板”工具

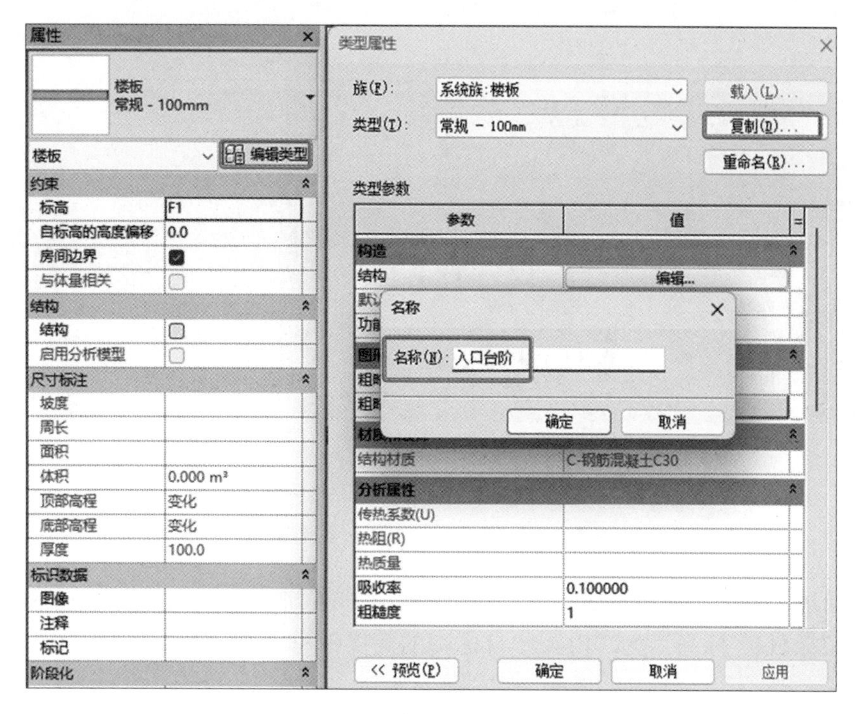

图 11-12　新建“入口台阶”

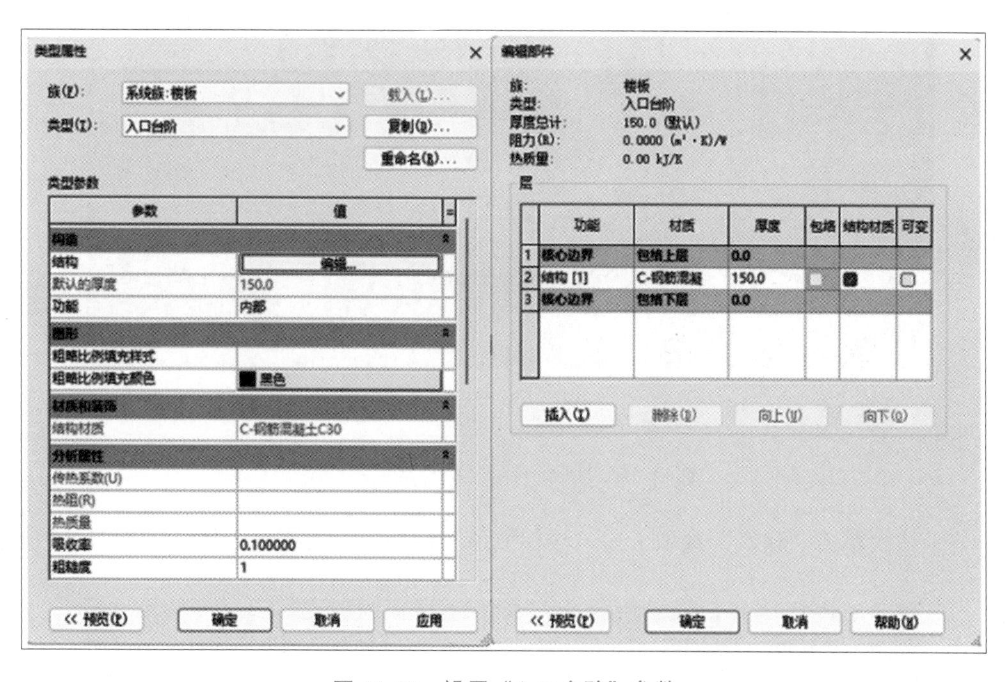

图 11-13　设置“入口台阶”参数

（3）单击“修改 | 创建楼层边界”上下文选项卡，选择“绘制”面板中的“矩形”工具，绘制如图 11-14 所示的“入口台阶”边界线轮廓，在属性面板中设置约束条件：“标高”为“F1”，“自标高的高度偏移”为“–150”，在功能区“模式”面板中勾选“完成编辑模式”完成“入口台阶”模型创建。

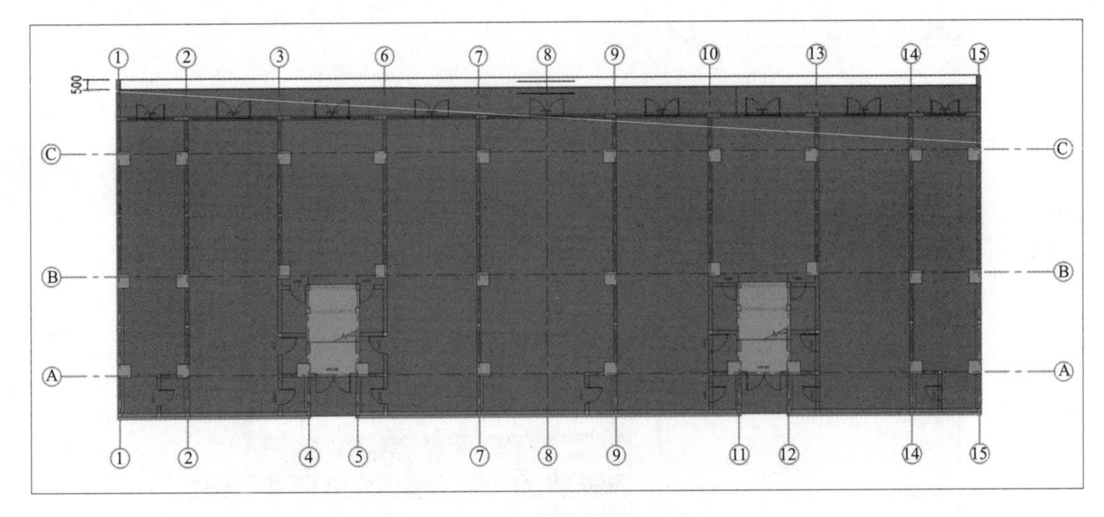

图 11-14　入口台阶边界线轮廓绘制

（4）同理，绘制“入口台阶”第二个台阶边界线轮廓，如图 11-15 所示。在属性面板中设置约束条件：“标高”为“F1”，“自标高的高度偏移”为“0”，完成“入口台阶”模型创建。

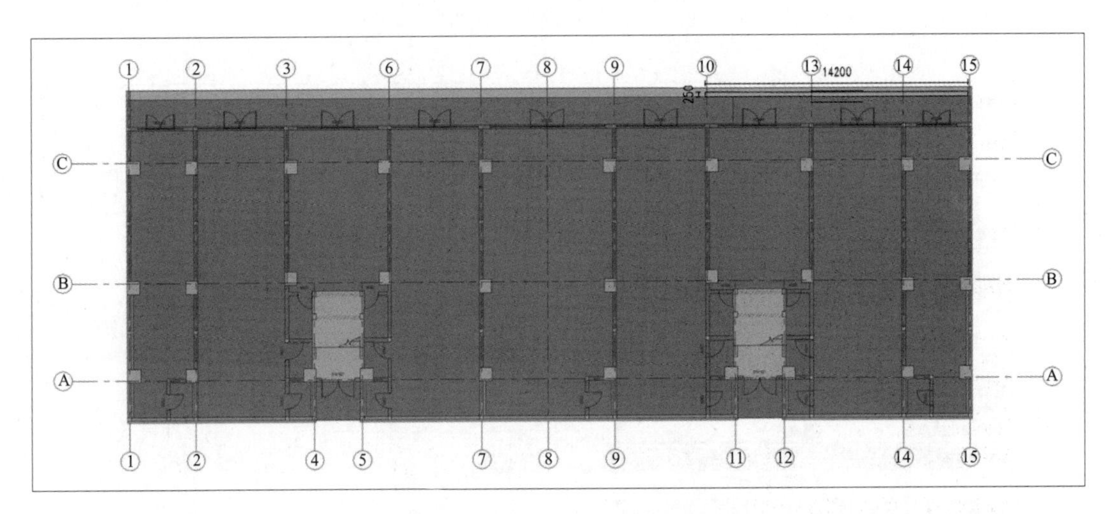

图 11-15　“入口台阶”边界线轮廓绘制

（5）依次单击“建筑”选项卡→“楼梯坡道”面板→“坡道”工具，如图 11-16 所示。

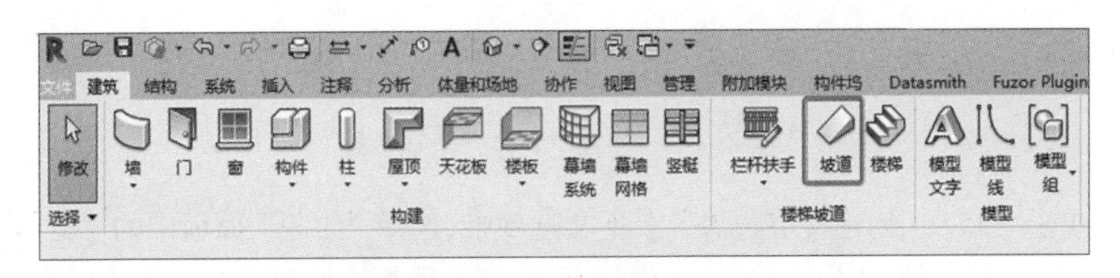

图 11-16　选择“坡道”工具

（6）单击“修改 | 创建坡道草图”上下文选项卡，选择“绘制”面板中的“梯段”工具创建坡道，在属性面板中选择“坡道 坡道 1”，单击“编辑类型”按钮，自动弹出“类

型属性”对话框，单击“复制”按钮，新建坡道为“入口坡道”，如图 11-17 所示。

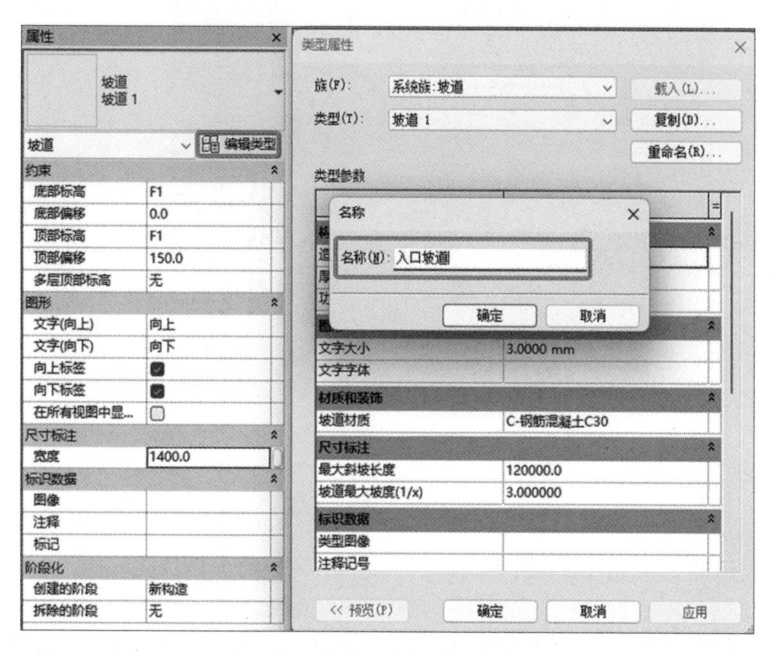

图 11-17　新建“入口坡道”

（7）设置“入口坡道”类型参数，如图 11-18 所示，单击“确定”按钮，完成参数设置。

（8）在属性面板中设置“入口坡道”的实例参数，如图 11-19 所示。

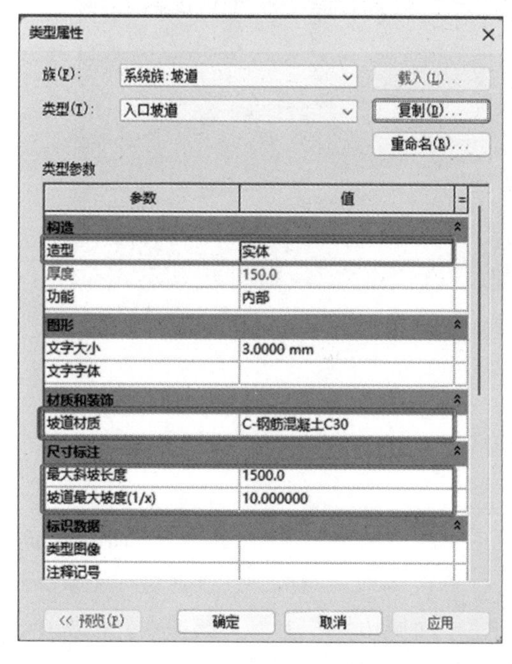

图 11-18　类型参数设置

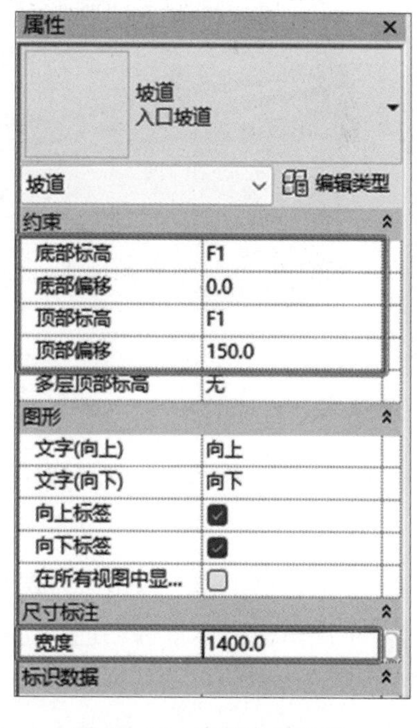

图 11-19　实例参数设置

（9）绘制“入口坡道”边界轮廓，如图 11-20 所示，在功能区“模式”面板中勾选“完成编辑模式”完成“入口坡道”模型创建。

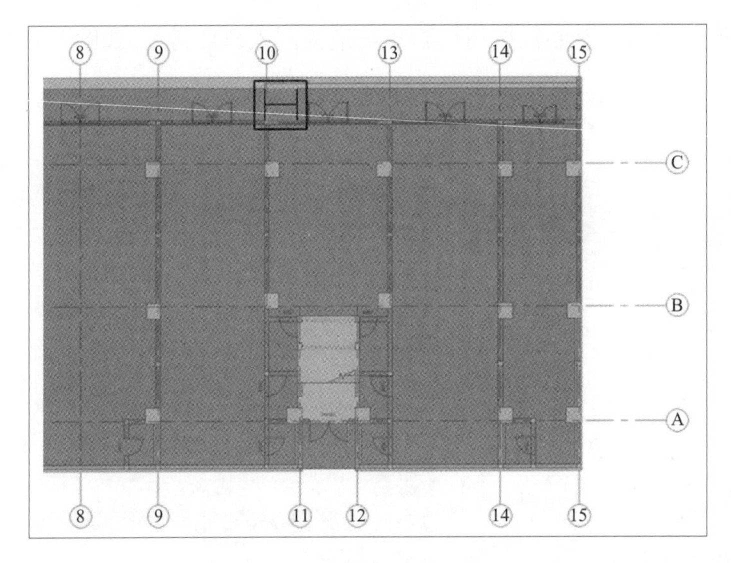

图 11-20　绘制“入口坡道”边界

（10）完成后的效果如图 11-21 所示。

图 11-21　坡道创建后效果

11.5　地形子面域（道路）创建

（1）在项目浏览器中双击“楼层平面”项下的“场地”视图，进入“场地”平面视图。

（2）依次单击“体量和场地”选项卡→“修改场地”面板→“子面域”工具，进入草图绘制模式。功能区自动切换至“修改 | 创建子面域边界”上下文选项卡，依次单击“绘制”面板→“直线”工具，绘制子面域轮廓，如图 11-22 所示。

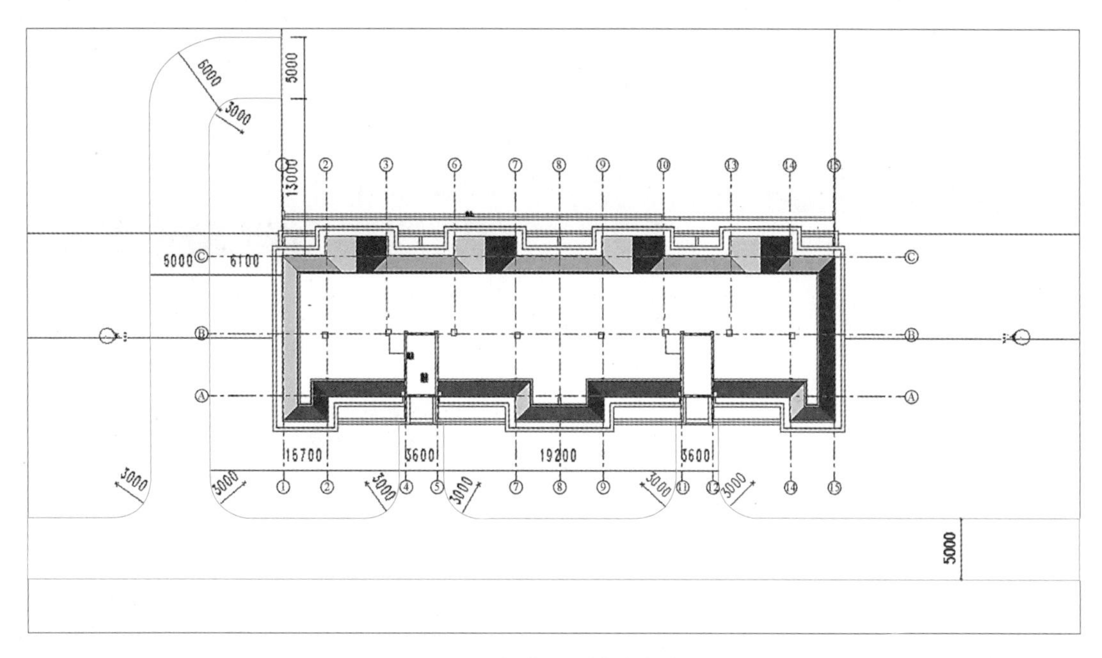

图 11-22　完成子面域轮廓的绘制

（3）设置实例属性中的“材质”为“< 按类别 >”，单击“浏览”按钮，弹出“材质浏览器”对话框，选择材质为“FA_ 场地 - 柏油路”，并单击“确定”按钮。单击“完成”按钮，至此完成子面域道路的绘制，如图 11-23 所示。

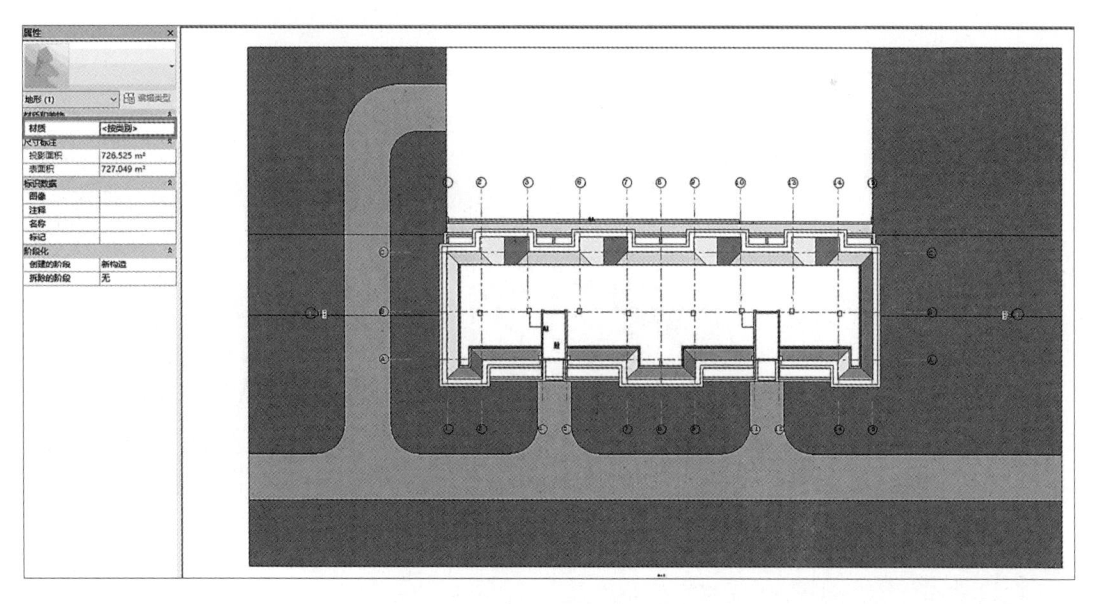

图 11-23　绘制子面域及修改材质

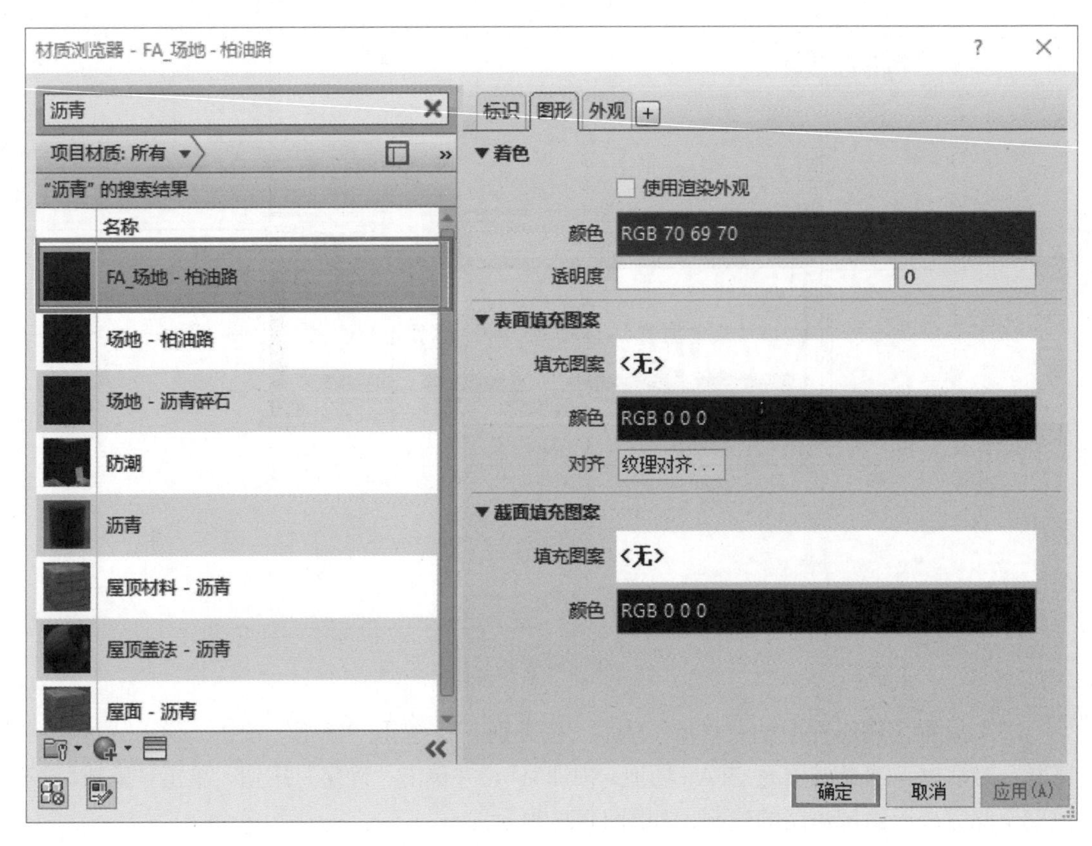

图　11-23（续）

（4）完成后的效果如图 11-24 所示。

图 11-24　子面域完成后的效果图

课后练习

请按照图 11-25~图 11-27 所示的尺寸绘制室外坡道与台阶，扶手材质为不锈钢。

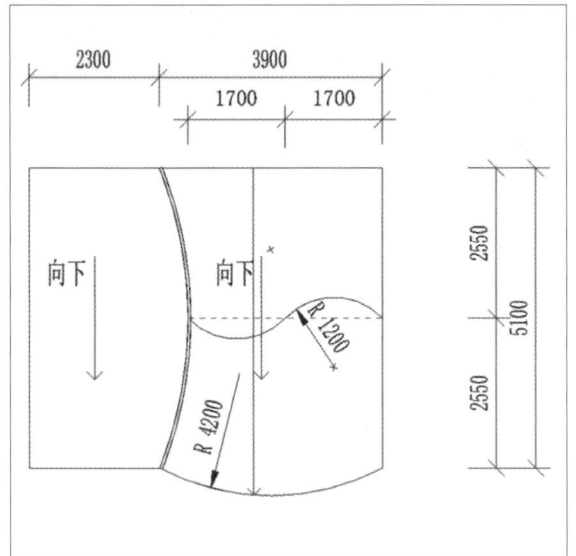

图 11-25　课后练习图——俯视图

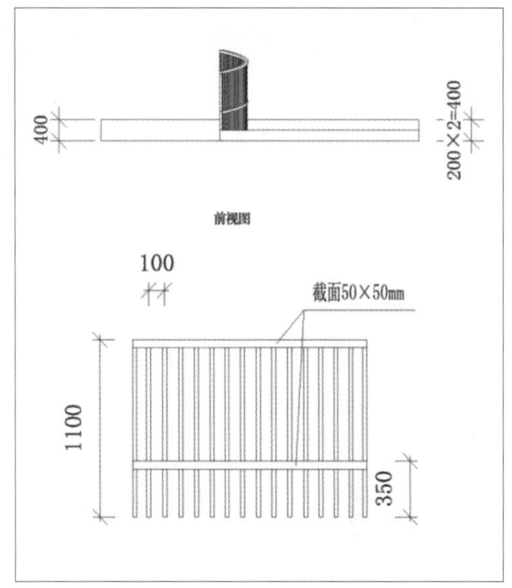

图 11-26　课后练习图——栏杆扶手详图

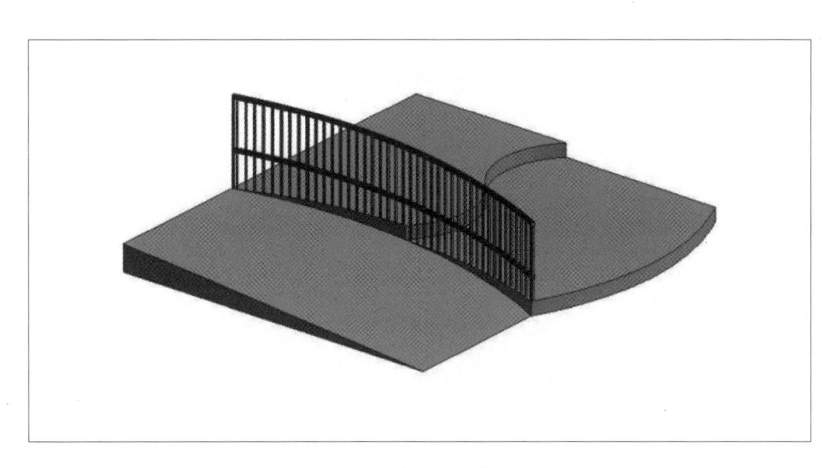

图 11-27　课后练习图——模型完成示意图

模块 4

BIM 模型应用

第12章　方案阶段设计

知识目标

1. 了解运用 Revit 软件进行建筑物方案设计的优势。
2. 了解深化设计。
3. 了解施工图详图。

教学视频：
方案阶段设计

能力目标

1. 能够运用 Revit 软件设计建筑物外立面造型。
2. 能根据创建好的模型进行深化处理。
3. 具备创建施工详图并进行大样设计的能力。

素养目标

1. 树立可持续发展的价值观。
2. 培养正确的绿色建筑理念。
3. 与时俱进，利用 BIM 技术服务社会。

12.1　方案阶段外立面造型设计

12.1.1　挑檐设计

（1）依次单击“插入”选项卡→“从库中载入”面板→“载入族”工具（图 12-1），弹出“载入族”对话框，载入“檐槽”。

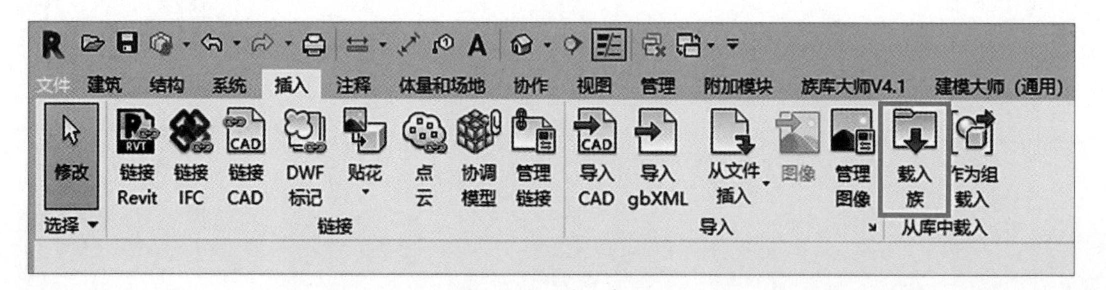

图 12-1　族的载入

图　12-1（续）

（2）进入三维视图，依次单击“建筑”选项卡→“构建”面板→“屋顶”工具，在弹出的下拉列表中选择“屋顶：檐槽”命令，如图 12-2 所示。

（3）在“属性”面板中单击“编辑类型”按钮，弹出“类型属性”对话框，新建檐沟类型为“挑檐”，轮廓设置为“檐槽”，材质为“FA_ 外饰 - 金属油漆涂层 - 象牙白，粗面”，单击“确定”按钮完成设置，如图 12-3 所示。

图 12-2　选择“屋顶：檐槽”命令

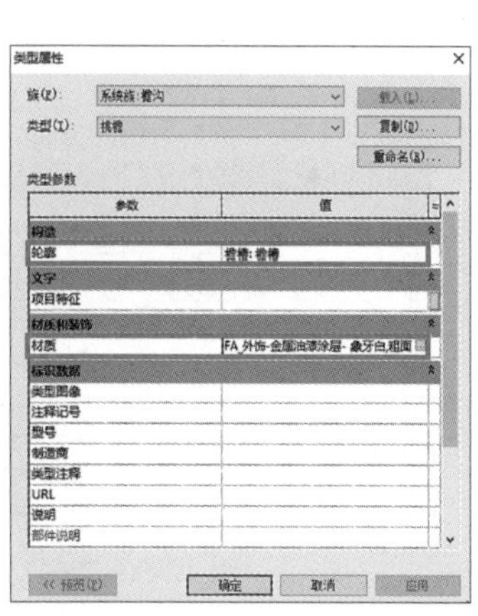

图 12-3　挑檐类型属性设置

（4）在“屋顶：檐槽”命令激活状态下，顺序单击屋顶边缘，完成后，按 Esc 键结束檐槽绘制命令，如图 12-4 所示。

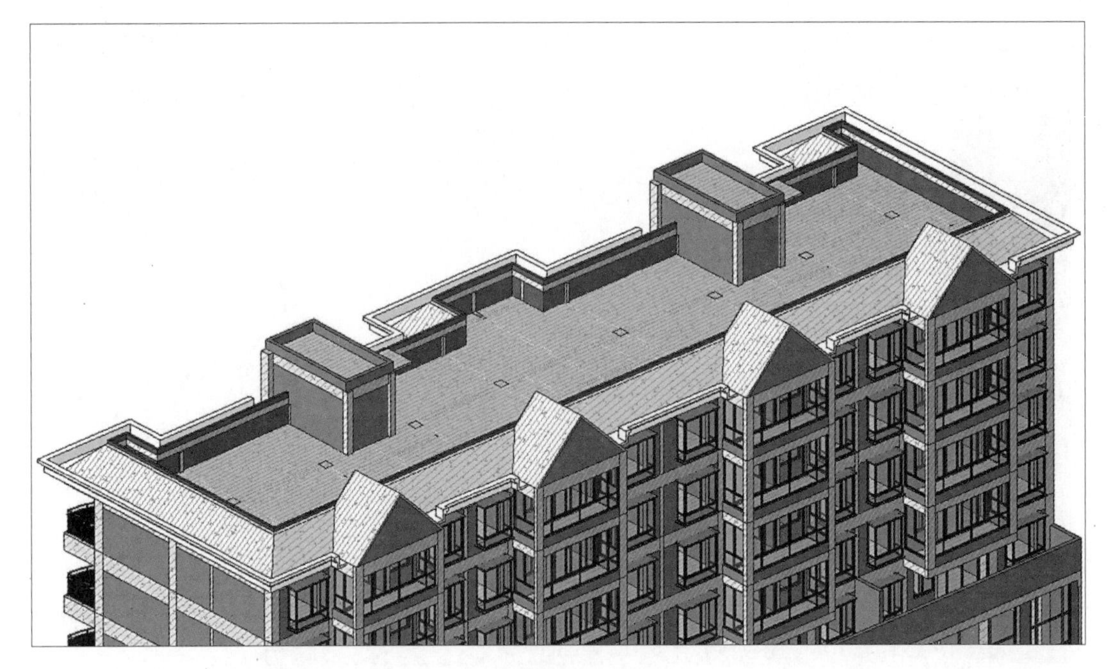

图 12-4　完成部分挑檐绘制

（5）继续绘制剩余部分挑檐，依次单击“建筑”选项卡→“构建”面板→“构件”工具，在弹出的下拉列表中选择“内建模型”命令，如图 12-5 所示。

（6）选择族类别为“常规模型”，单击“确定”按钮新建常规模型，如图 12-6 所示。

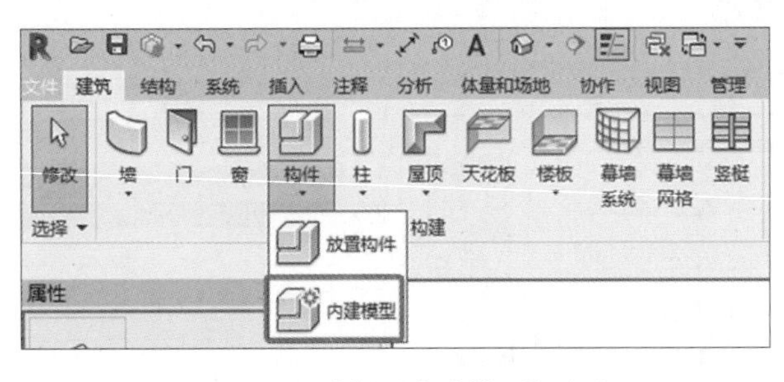

图 12-5　选择“内建模型”命令

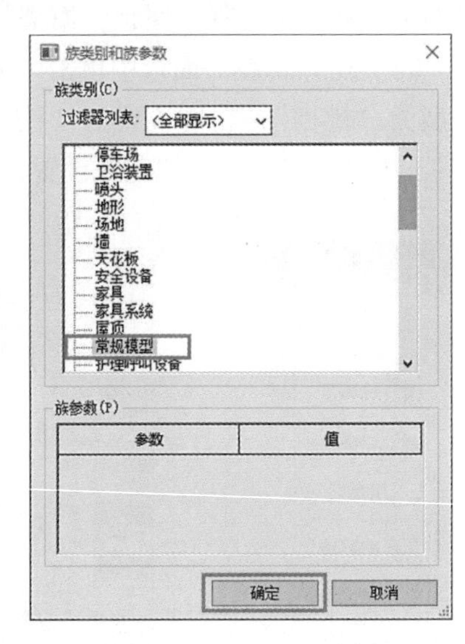

图 12-6　新建常规模型

（7）新建常规模型后，依次单击“创建”选项卡→“形状”面板→“放样”工具，自动切换至“修改 | 放样”上下文选项卡，选择“放样”面板中的“绘制路径”命令，如图 12-7 所示。

（8）在项目浏览器中打开“楼层平面”项下的“F7”视图，进入 F7 平面视图，从左至右进行放样路径的绘制，如图 12-8 所示。

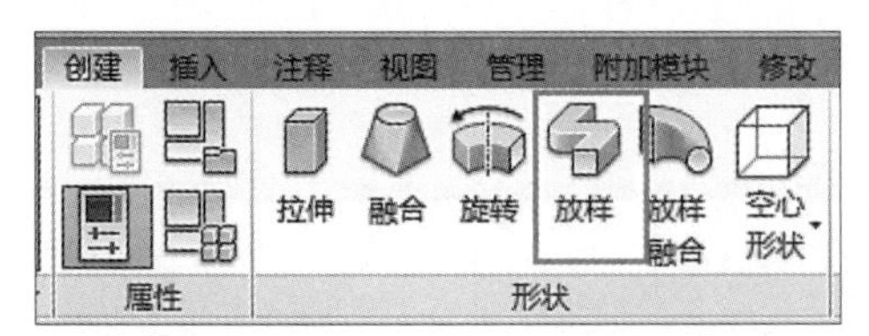

图 12-7　选择“绘制路径”命令

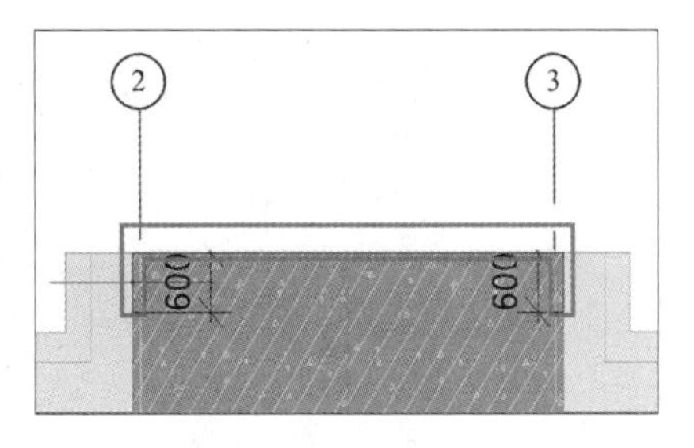

图 12-8　放样路径的绘制

（9）绘制结束后单击“完成”按钮，如图 12-9 所示。

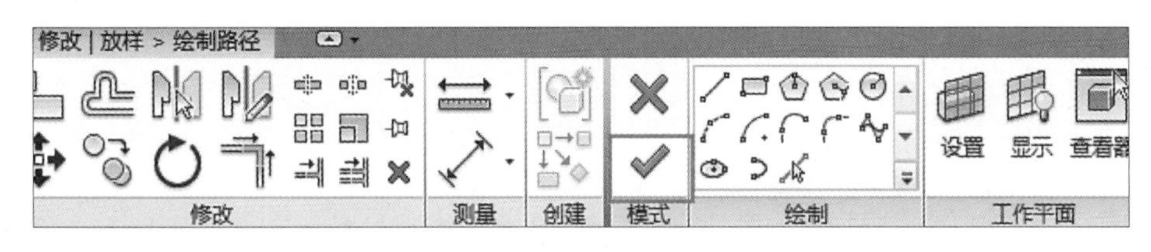

图 12-9　完成绘制

（10）继续上述操作，选择“放样”面板中的“编辑轮廓”命令，弹出“转到视图”对话框，选择“立面：北立面”选项，单击“打开视图”按钮，如图 12-10 所示。

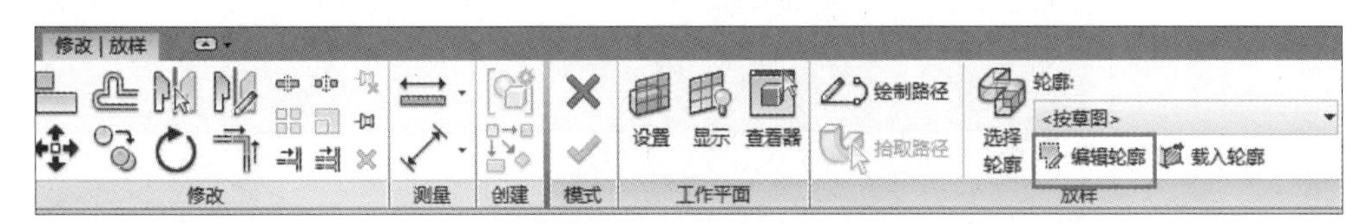

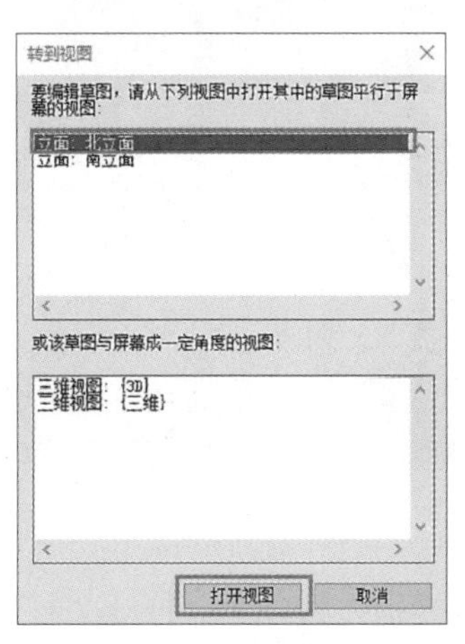

图 12-10　编辑轮廓

（11）使用“直线”命令绘制出挑檐轮廓，绘制完成后单击“完成”按钮 ✔，如图 12-11 所示。

图 12-11　绘制轮廓

（12）材质的修改，选择绘制完成的挑檐，在“属性”面板中选择“材质”后的“按类别”选项，如图 12-12 所示。

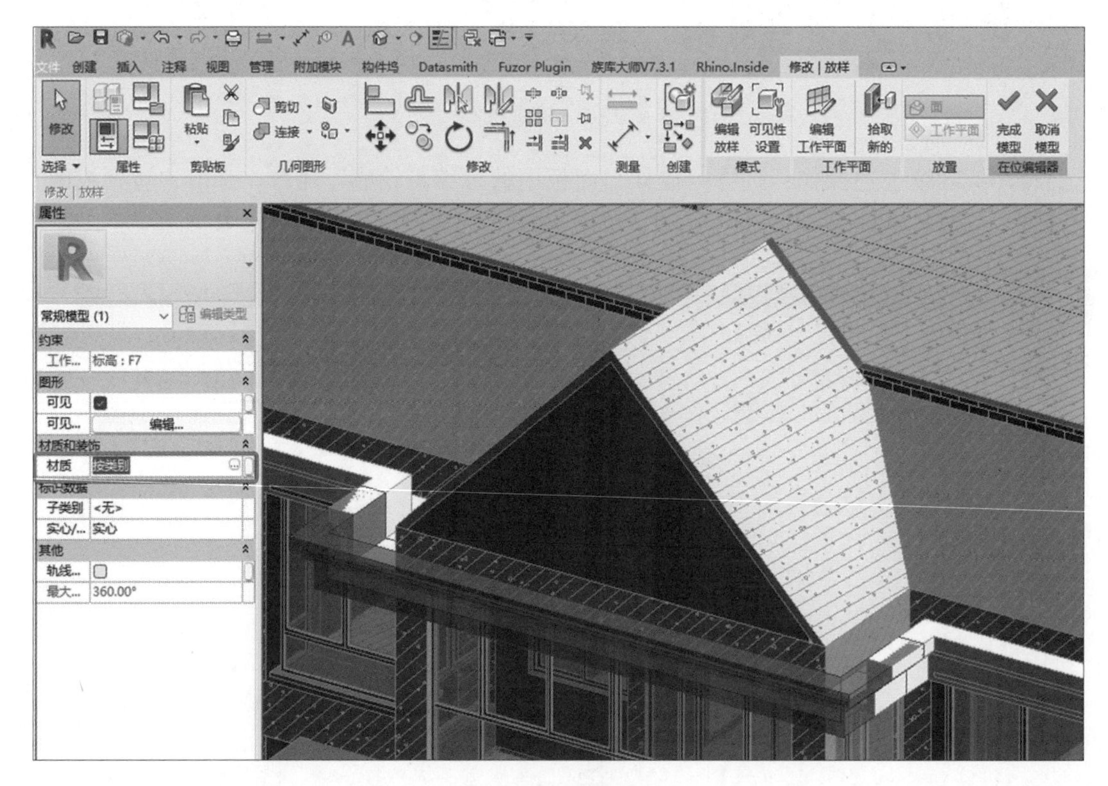

图 12-12　选择材质

（13）修改材质。打开“按类别”选项后，打开“材质浏览器”对话框，选择“FA_外饰 - 金属油漆涂层 - 象牙白，粗面”选项，单击“确定”按钮，如图 12-13 所示。

图 12-13　更换材质

（14）绘制完成后单击“完成模型”按钮，如图 12-14 所示。

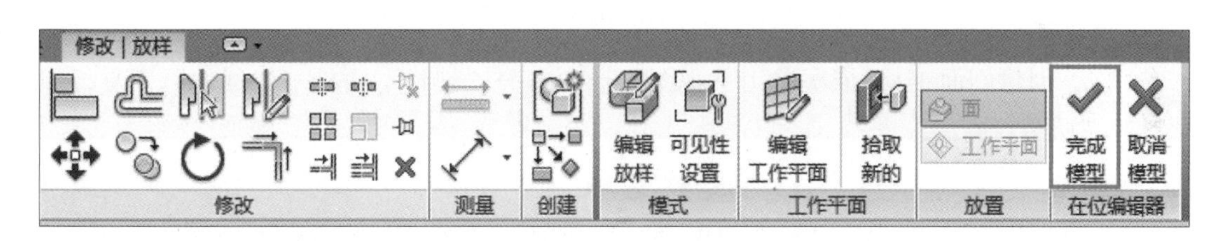

图 12-14　完成模型

（15）进行连接。选择绘制完成的挑檐，选择“连接”工具，如图 12-15 所示。

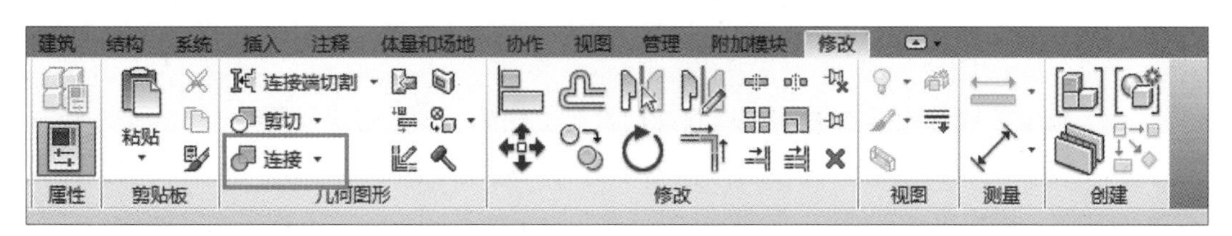

图 12-15　选择“连接”工具

（16）选择“连接”工具后，分别单击两部分的挑檐进行连接，连接完成后的模型效果如图 12-16 所示。

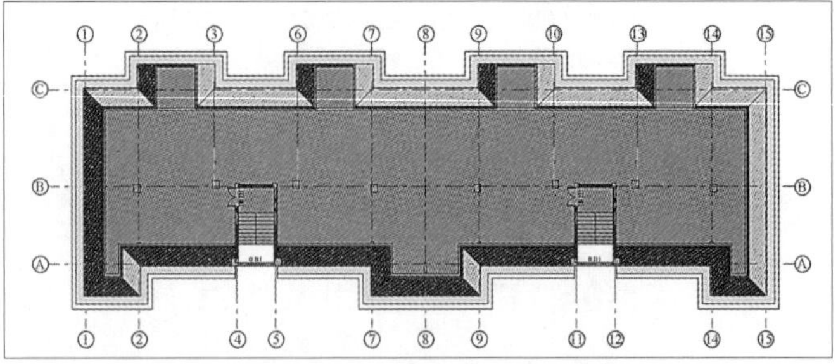

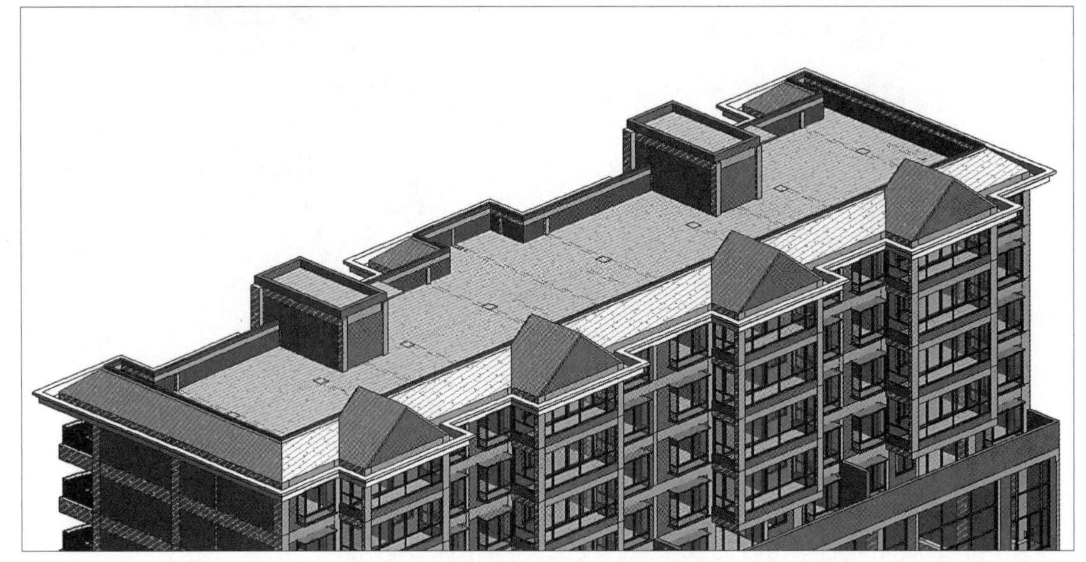

图 12-16　连接完成的模型效果

（17）创建剖面 1-1。依次单击“视图”选项卡→“创建”面板→“剖面”工具，如图 12-17 所示。

图 12-17　选择“剖面”工具

（18）继续上述操作，由上至下绘制剖切符号，如图 12-18 所示。

（19）挑檐的收口处理。在项目浏览器中打开“楼层平面”项下的“F7”视图，进入 F7 平面视图。依次单击“修改 | 放置 参照平面”上下文选项卡→“工作平面”面板→“参照平面”工具，如图 12-19 所示。

（20）绘制参照平面，如图 12-20 所示。

（21）依次单击“建筑”选项卡→“构建”面板→“构件”工具，在弹出的下拉列表中选择“内建模型”命令，如图 12-21 所示。

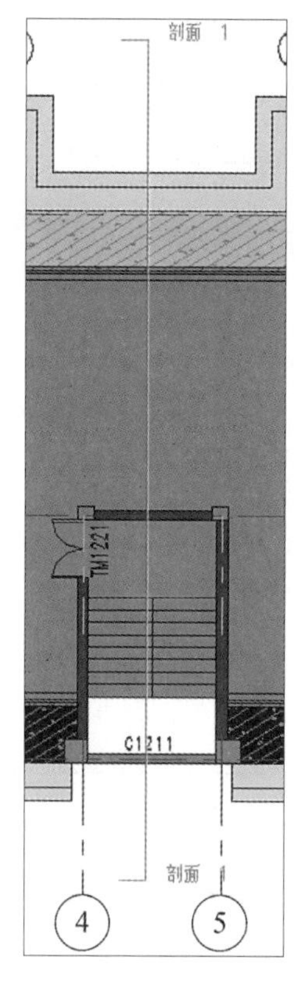

图 12-18　剖面 1-1 的创建

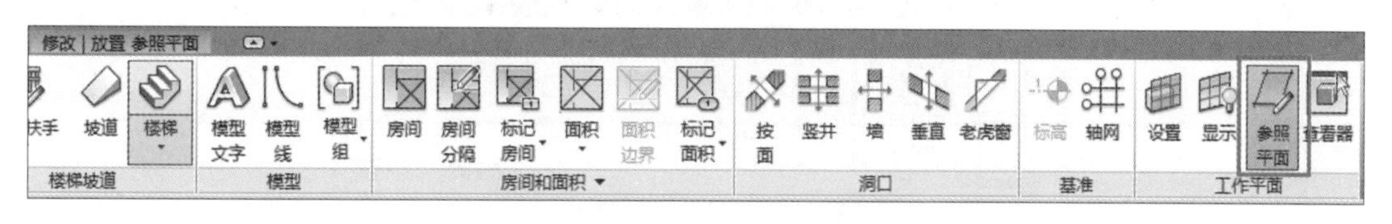

图 12-19　选择“参照平面”工具

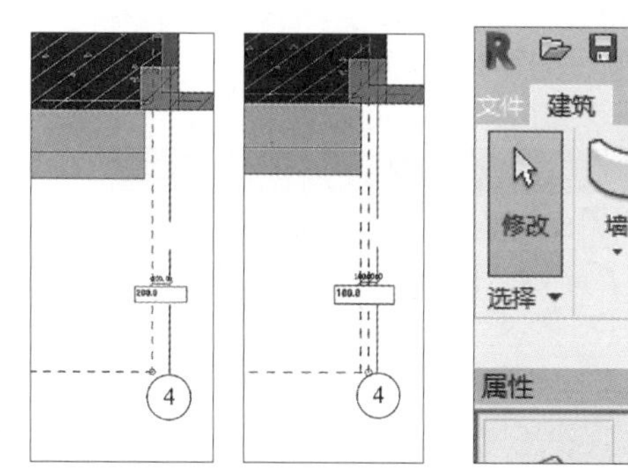

图 12-20　绘制参照平面

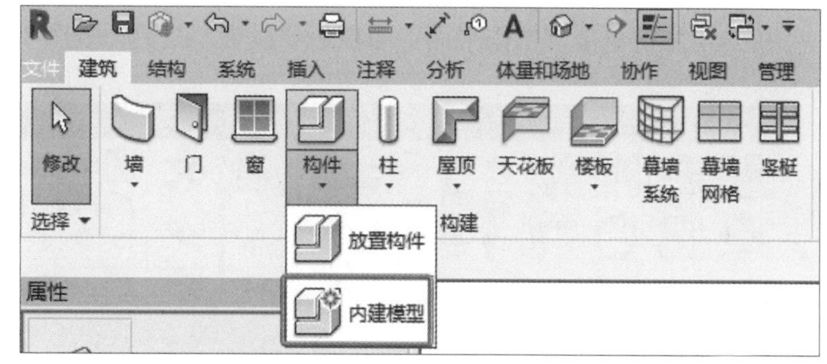

图 12-21　选择“内建模型”命令

（22）选择族类别为“常规模型”，单击“确定”按钮新建常规模型，命名为“挑檐收口”，单击“确定”按钮，如图 12-22 所示。

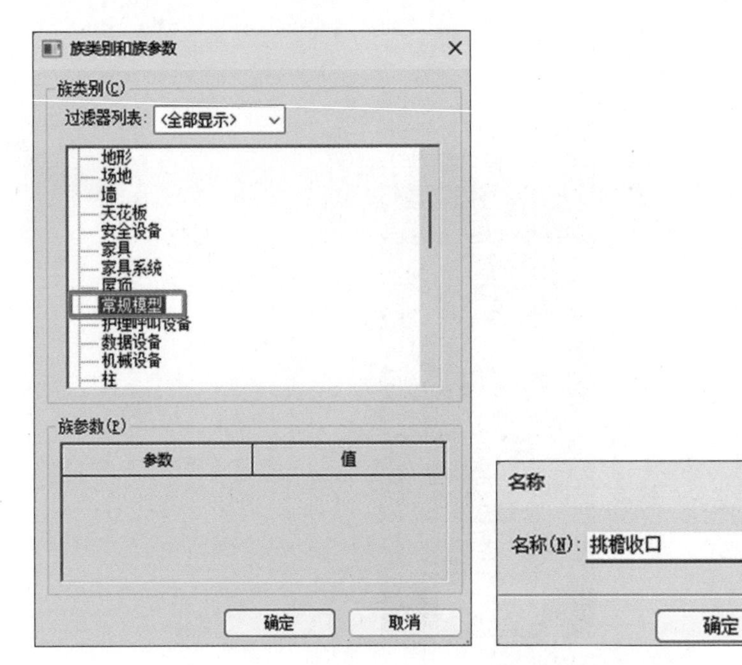

图 12-22　新建常规模型

（23）依次单击“创建”选项卡→“形状”面板→“拉伸”工具，如图 12-23 所示。自动切换至“修改 | 创建拉伸”上下文选项卡，在“绘制”面板中选择绘制路径的工具。

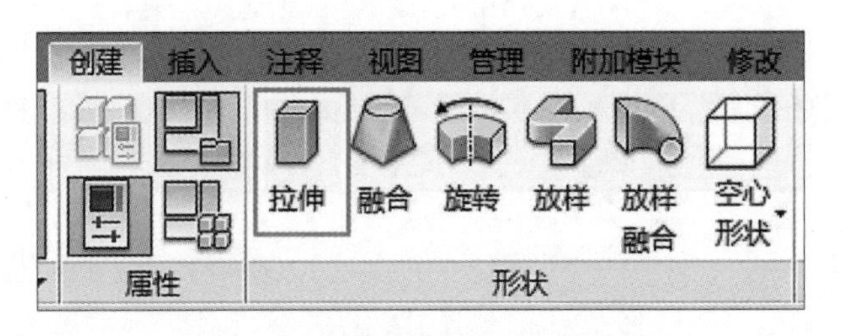

图 12–23　选择“拉伸”工具

（24）依次单击“工作平面”面板→“设置”工具，如图 12-24 所示。

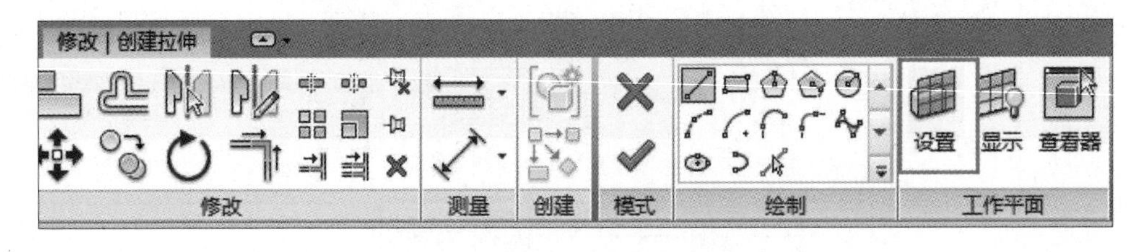

图 12-24　选择“设置”工具

（25）单击“设置”工具后，弹出“工作平面”对话框，选中“拾取一个平面”，单击“确定”按钮，如图 12-25 所示。

（26）继上述操作后，转到平面视图，选择第 4 轴。然后弹出“转到视图”对话框，选择“剖面：剖面 1”，单击“打开视图”按钮，如图 12-26 所示。

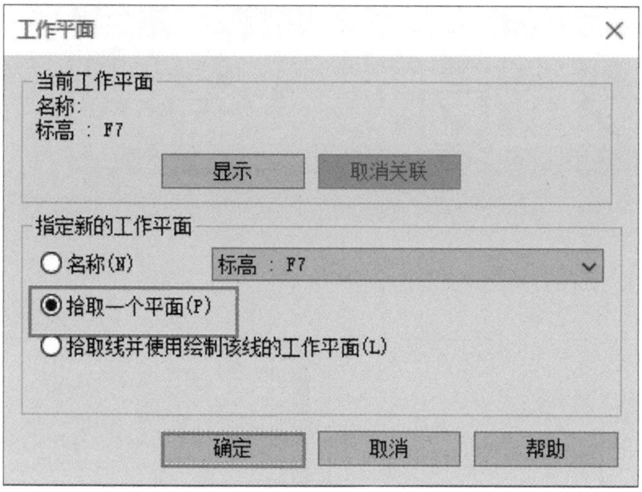

工作平面
当前工作平面
名称:
标高 : F7
显示 取消关联
指定新的工作平面
名称(N) 标高 : F7
拾取一个平面(P)
拾取线并使用绘制该线的工作平面(L)
确定 取消 帮助

图 12-25 选择“拾取一个平面”

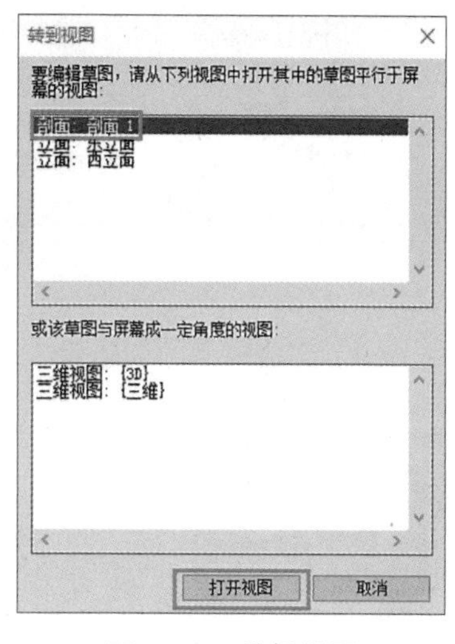

图 12-26 选择视图

（27）依次单击“修改 | 创建拉伸”上下文选项卡→“绘制”面板→“直线”工具，绘制所需的拉伸轮廓，如图 12-27 所示。

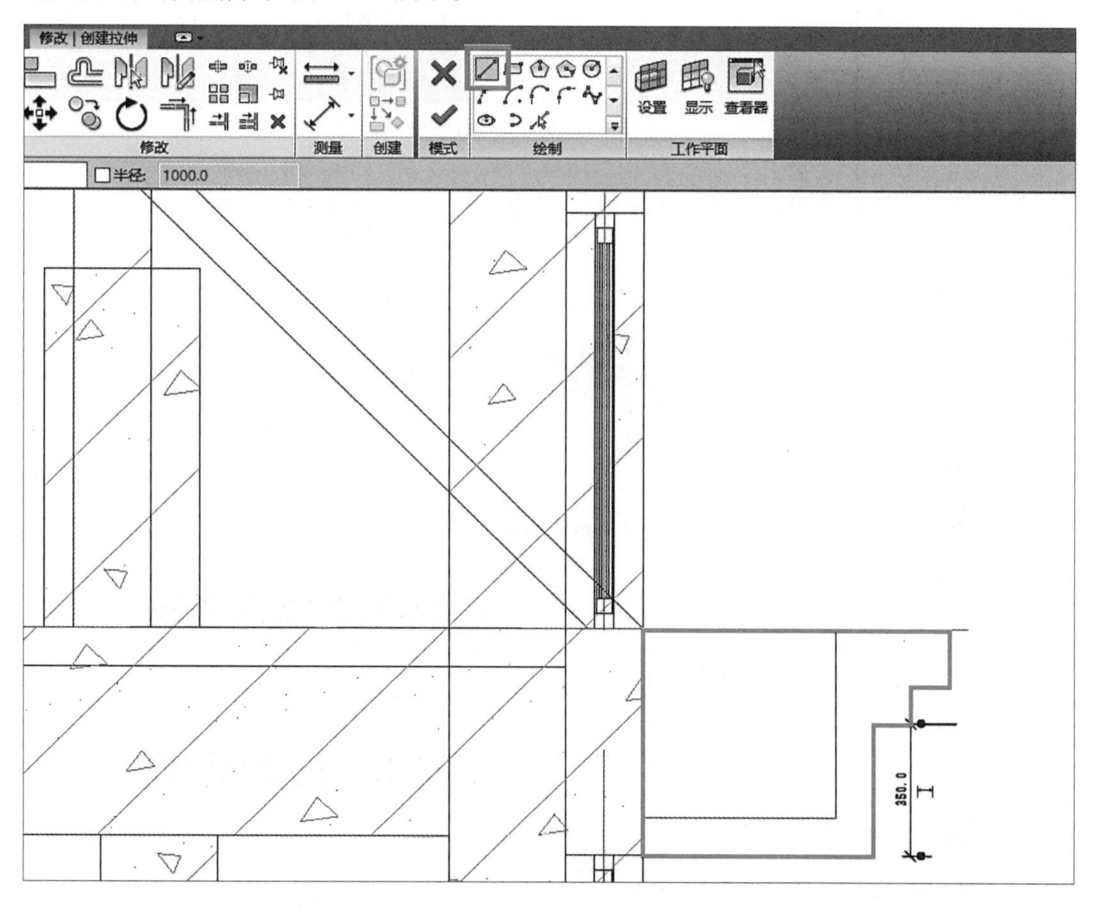

图 12-27 完成轮廓绘制

（28）绘制完成后，单击“完成”按钮，如图 12-28 所示。

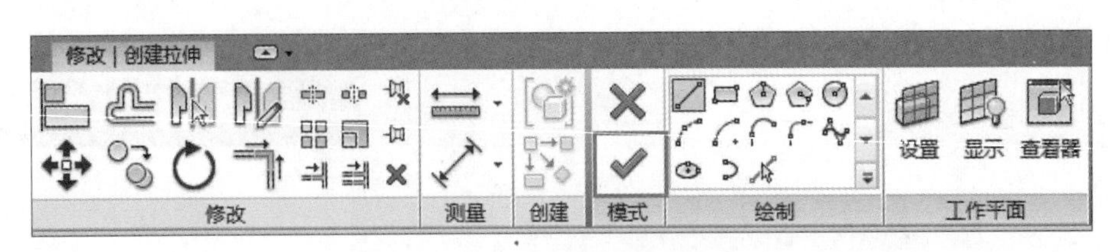

图 12-28 单击“完成”按钮

（29）完成模型的创建后，进行材质的修改，如图 12-29 所示。

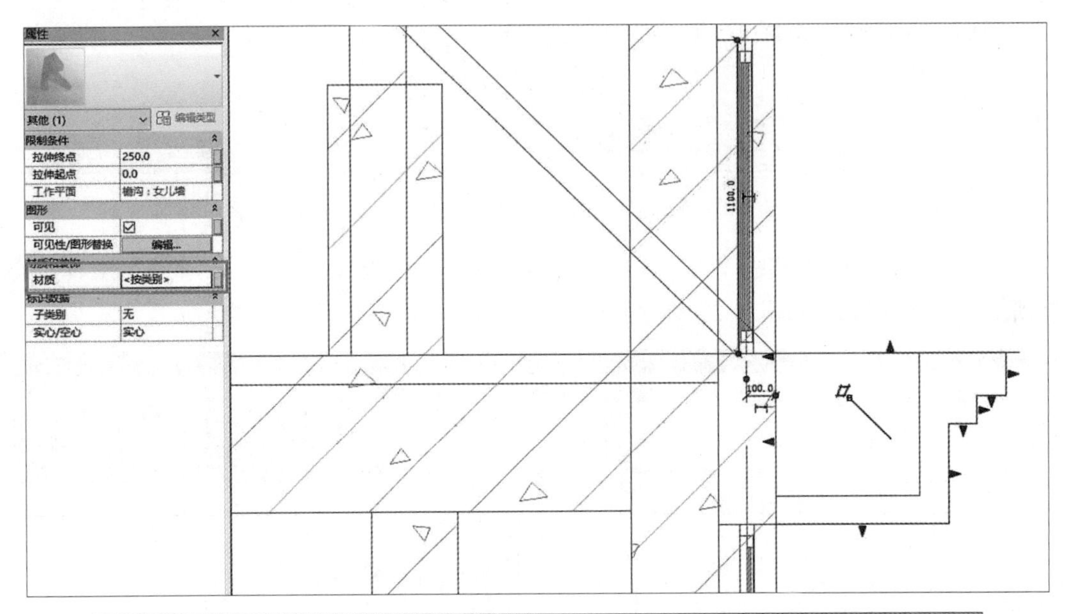

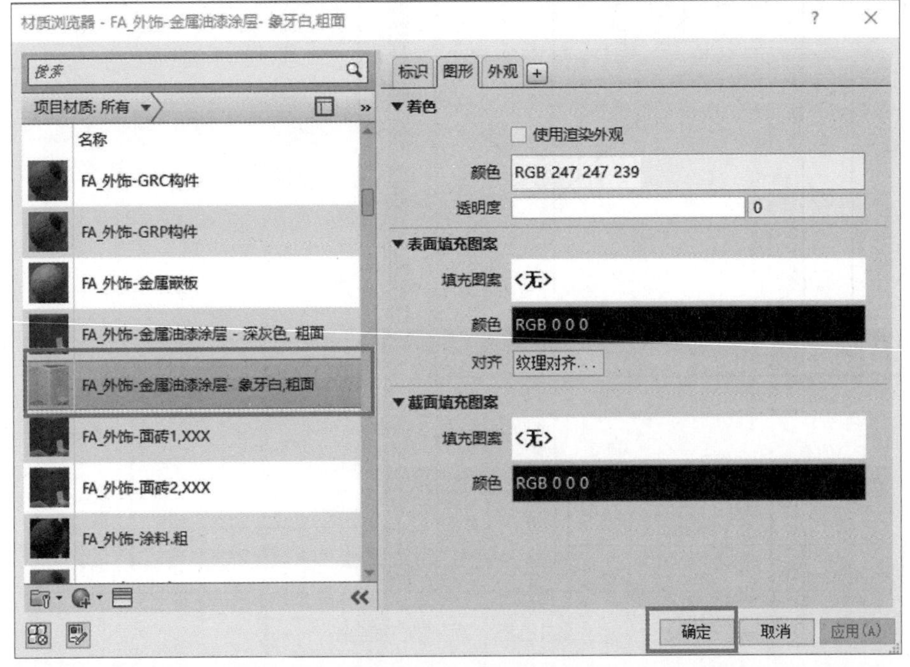

图 12-29 修改材质

（30）完成上述操作后，单击“完成模型”按钮，如图 12-30 所示。

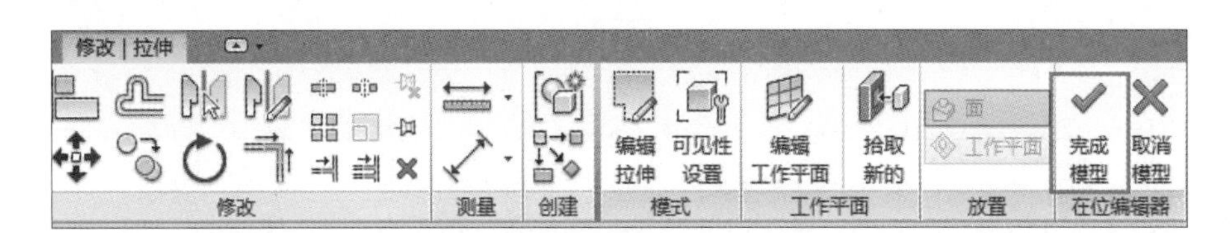

图 12-30　完成模型创建

（31）创建拉伸后的效果，如图 12-31 所示。

（32）调整收口位置，如图 12-32 所示。

图 12-31　创建拉伸后的效果

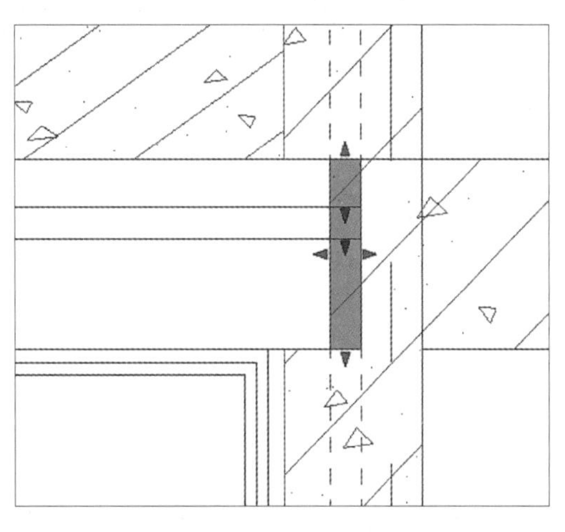

图 12-32　调整收口位置

（33）使用“连接”工具连接挑檐，如图 12-33 所示。

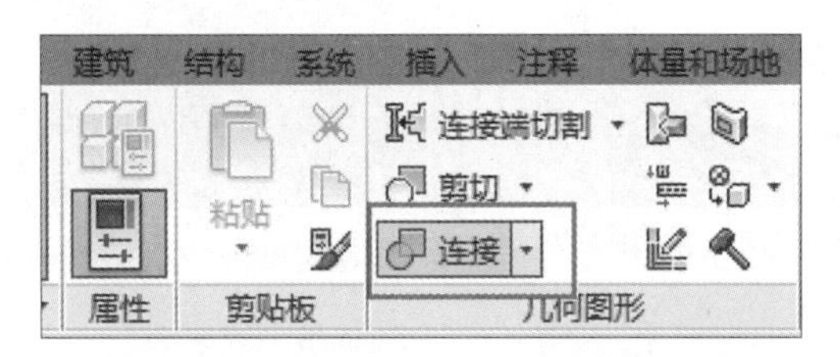

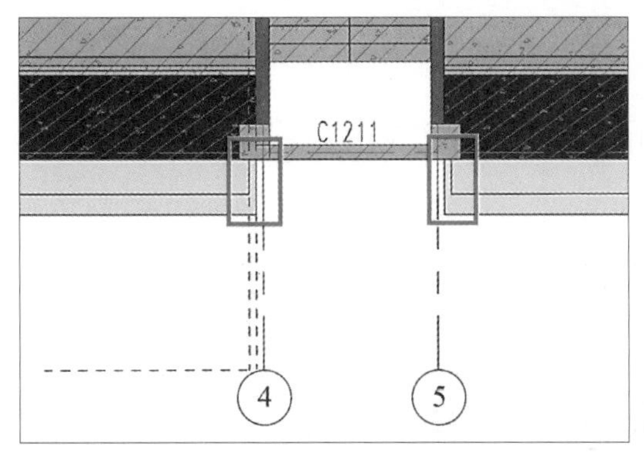

图 12-33　挑檐的连接效果

（34）完成后保存模型，如图 12-34 所示。

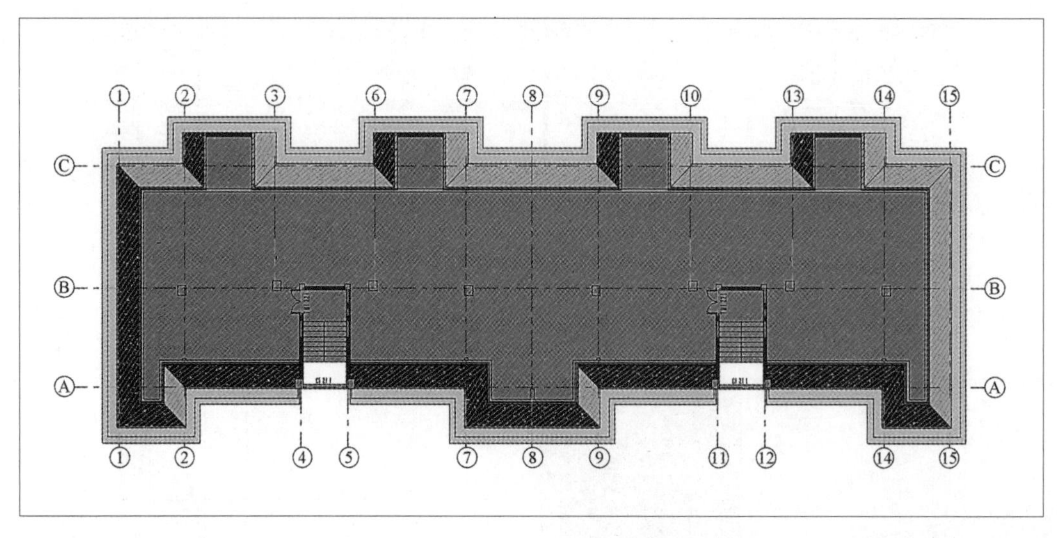

图 12-34　完成后的模型效果

12.1.2　添加墙饰条

（1）依次单击“插入”选项卡→“从库中载入”面板→“载入族”工具（图 12-35），弹出“载入族”对话框，载入“装饰条”。

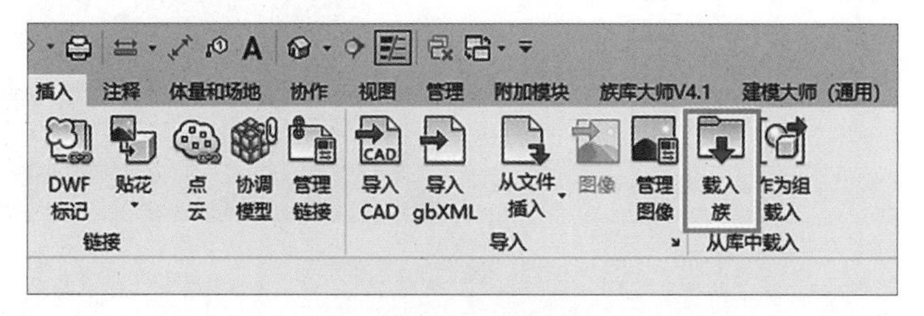

图 12-35　载入族

图　12-35（续）

（2）进入三维视图，依次单击“建筑”选项卡→“构建”面板→“墙”工具，在弹出的下拉列表中选择“墙：饰条”命令，如图 12-36 所示。

（3）单击“编辑类型”按钮，弹出“类型属性”对话框，新建墙饰条类型为“线脚 A”，设置轮廓为“装饰条”，材质为“金属 - 油漆涂层 - 象牙白，粗面”，单击“确定”按钮完成设置，如图 12-37 所示。

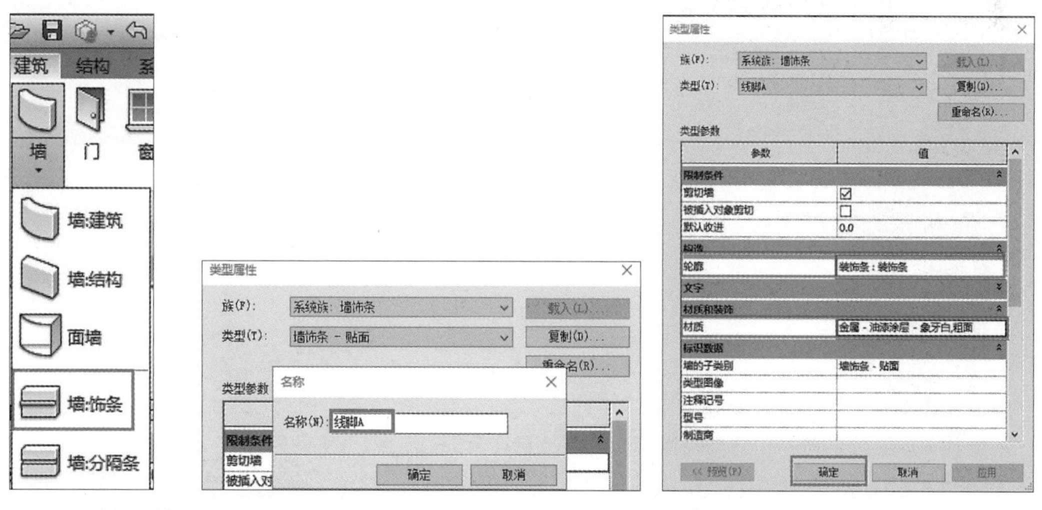

图 12-36　选择“墙：饰条”命令

图 12-37　新建墙饰条并设置类型参数

（4）在“墙：饰条”命令激活的状态下，保证放置时是“水平”，然后依次选择墙体放置，如图 12-38 所示。

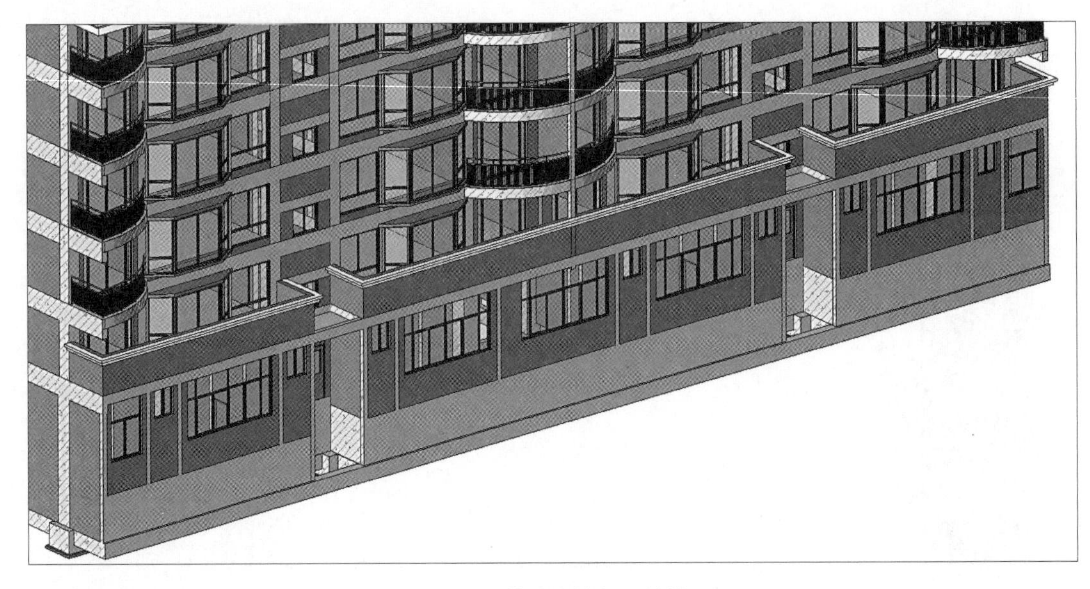

图 12-38　放置墙饰条后的效果

12.1.3　添加雨篷

（1）依次单击“插入”选项卡→“从库中载入”面板→“载入族”工具，弹出“载入族”对话框，载入“玻璃雨篷”，如图 12-39 所示。

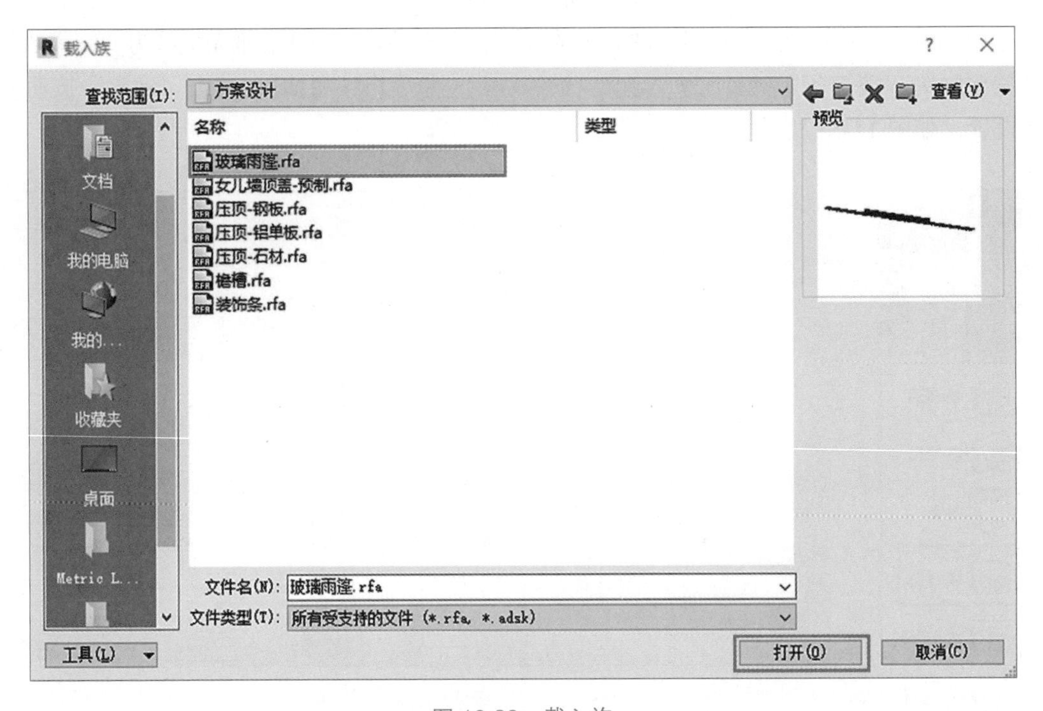

图 12-39　载入族

（2）进入三维视图，依次单击“建筑”选项卡→“构建”面板→“构件”工具，在弹出的下拉列表中选择“放置构件”命令，如图 12-40 所示。

（3）单击“编辑类型”按钮，弹出“类型属性”对话框，新建雨篷类型为“小区雨篷”，雨篷长度设置为“45400”，单击“确定”按钮完成设置，如图 12-41 所示。

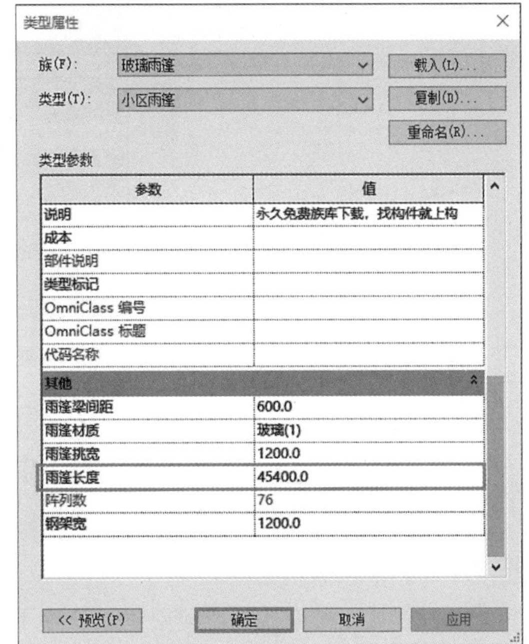

图 12-40　选择“放置构件”命令

图 12-41　雨篷类型属性设置

（4）进入 F2 平面视图进行放置，放置完成如图 12-42 所示。

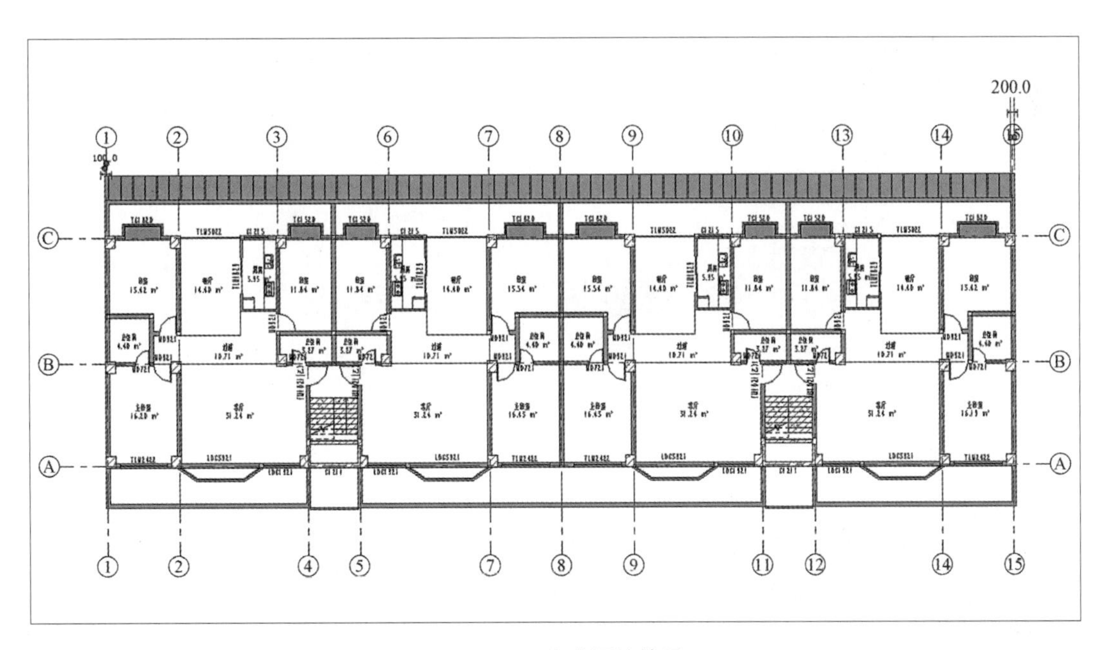

图 12-42　完成雨篷放置

（5）修改限制条件，“标高”设置为“F2”，如图 12-43 所示。

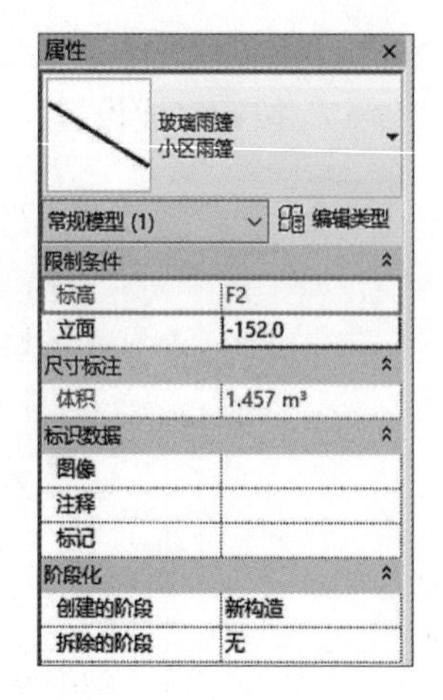

图 12-43　雨篷限制条件设置

12.2　方案阶段平面、剖面深化设计

12.2.1　平面图纸初步深化设计

（1）在项目浏览器中“楼层平面”项下的“F3”名称处右击，依次选择“复制视图”→“复制”命令，右击新复制的“F3 副本 1”，并重命名为“标准层平面视图”，单击“确定”按钮，如图 12-44 所示。

注意

复制视图的目的在于将建模的视图和出图的视图分开。

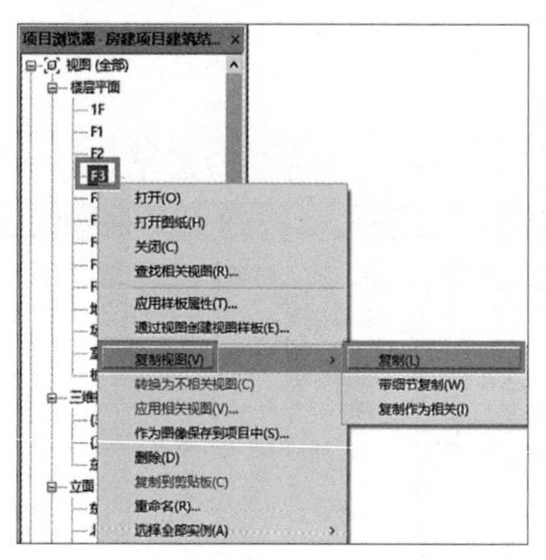

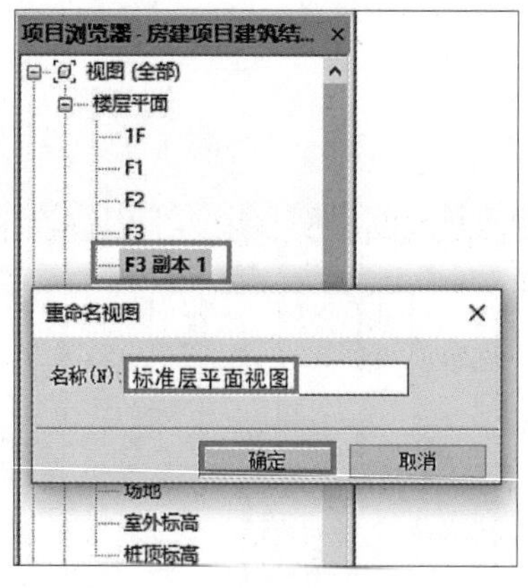

图 12-44　复制视图

（2）在新建的视图名称处右击，选择“应用样板属性”，在弹出的对话框中选择“BIM-建 - 平面图出图”视图样板，单击“确定”按钮应用到当前视图中。

注意

应用“视图样板”的目的在于快速统一调整相关视图显示设置。设置平面图出图样板时，设置内容包括隐藏参照平面、隐藏立面符号、设置视图比例及视觉样式等。

（3）调整轴号标头的位置至建筑外围符合出图标准距离，方便添加尺寸标注或放置到图纸中。

（4）为了快速地为轴网添加尺寸标注，单击“墙”工具，任意选择某一墙类型，使用“绘制”面板中的“矩形”工具从左上角至右下角绘制墙体，如图 12-45 所示，保证墙体与所有轴网相交。

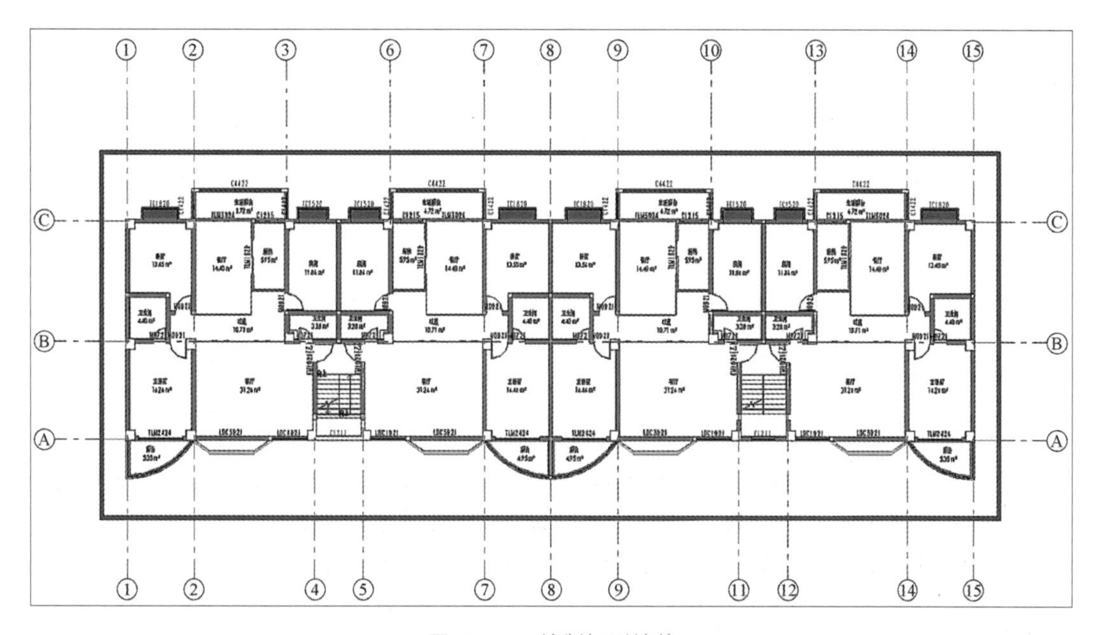

图 12-45　绘制矩形墙体

（5）依次单击“注释”选项卡→“尺寸标注”面板→“对齐”工具，设置选项栏中“拾取”为“整个墙”。单击“选项”按钮，在弹出的“自动尺寸标注选项”对话框中选中“洞口”“宽度”“相交轴网”选项，单击“确定”按钮完成尺寸标注设置，如图 12-46 所示。

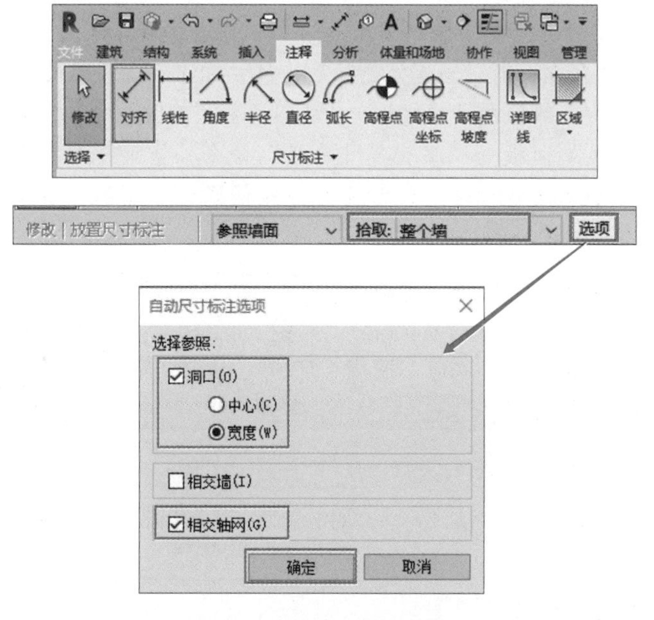

图 12-46　尺寸标注设置

（6）在矩形墙体上单击将创建整面墙以及与该墙相交的所有轴网的尺寸标注，在符合出图标准要求位置单击放置尺寸标注，如图 12-47 所示。

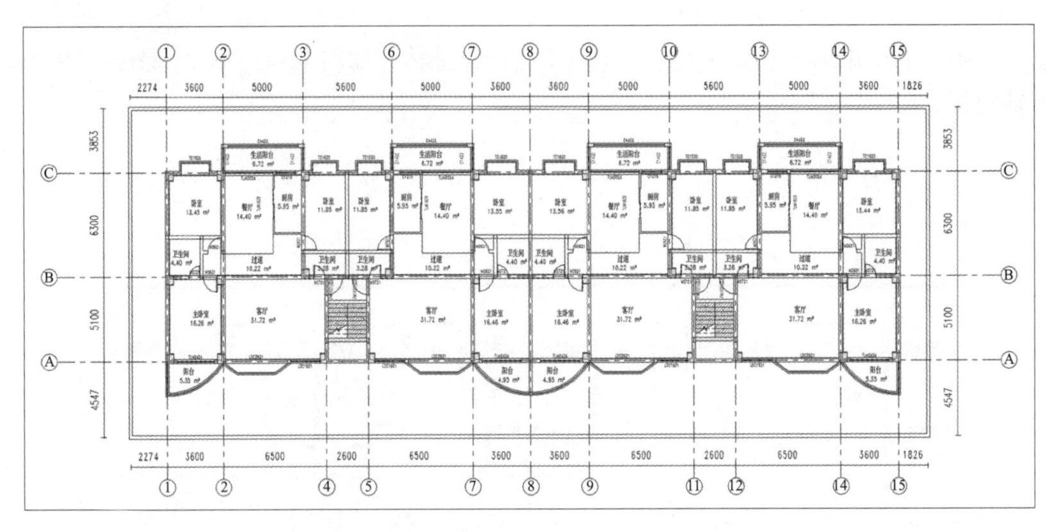

图 12-47 放置尺寸标注

（7）选择并删除辅助标志的矩形墙体，使用“尺寸标注”面板中的“对齐”工具再添加两道尺寸标注（整体尺寸标注和洞口尺寸标注），将轴号标头变为 2D，调整轴号标头的位置，隐藏不需要的轴线，完成整个视图尺寸标注的调整添加。

注意

① 轴号标头变为 2D 的目的是仅调整当前视图轴网，不会影响其他视图的轴网。

② 隐藏不需要的轴线方法是选中相应的轴线，依次单击“修改 | 轴网”上下文选项卡→“视图”面板→“隐藏图元”工具，将图元隐藏。

③ 在 Revit 中，尺寸标注依附于所标注的图元存在，当参照图元删除后，依附的尺寸标注同时也会被删除。上面的操作中添加的尺寸是借助墙体来捕捉到关联轴线，只有端部尺寸依附于墙体存在，所以当墙体删除后，尺寸标注只有端部尺寸被删除。

④ 选择刚绘制的上部轴网尺寸标注，自动切换至“修改 | 尺寸标注”上下文选项卡，依次选择“尺寸界线”面板→“编辑尺寸界线”命令，借助 Tab 键单击左侧外墙面及右侧外墙面，添加半墙尺寸标注。添加完成后在任意无参照的位置单击即可结束尺寸界线的编辑，如图 12-48 所示。

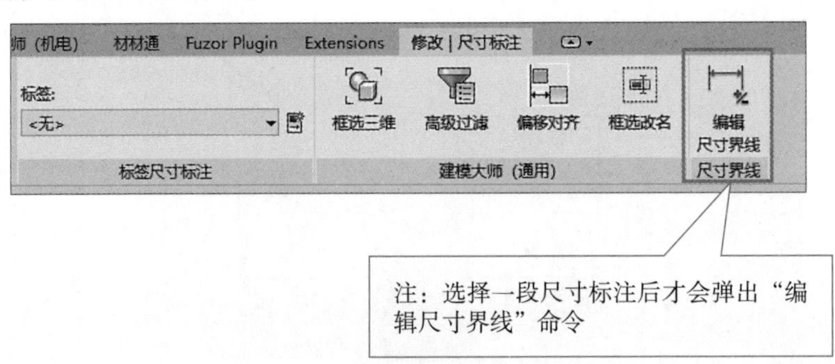

图 12-48 编辑尺寸界线

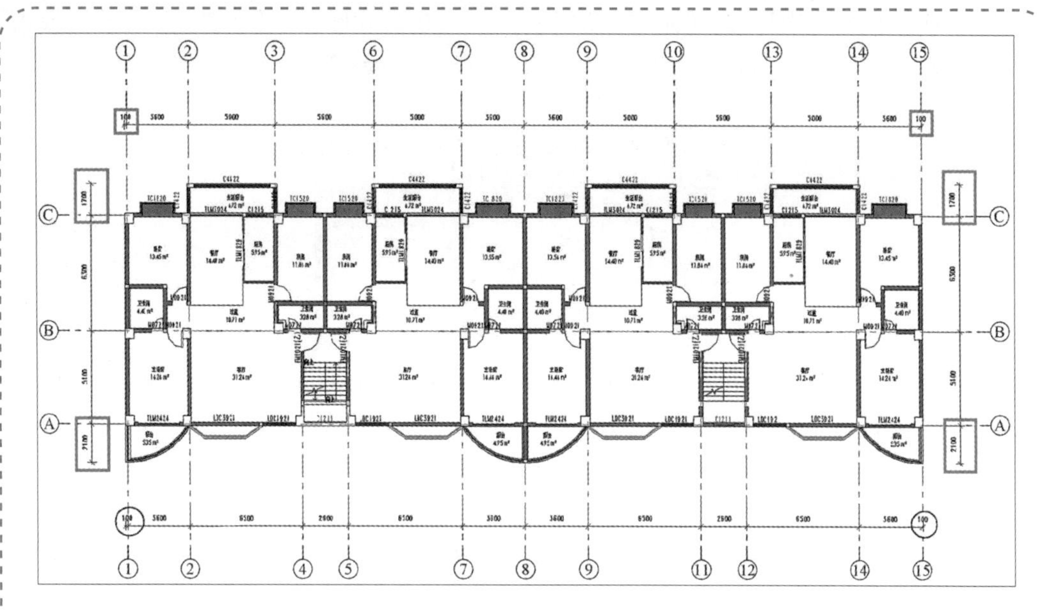

图　12-48（续）

⑤ 依次单击“注释”选项卡→“尺寸标注”面板→“对齐”工具，设置选项栏拾取后的选项为“单个参照点”，光标依次单击左侧外墙面、右侧外墙面并向外拖曳至适合的位置，单击放置总长度尺寸标注。采用同样的方法绘制其他 3 个方向的总长度尺寸标注，如图 12-49 所示。

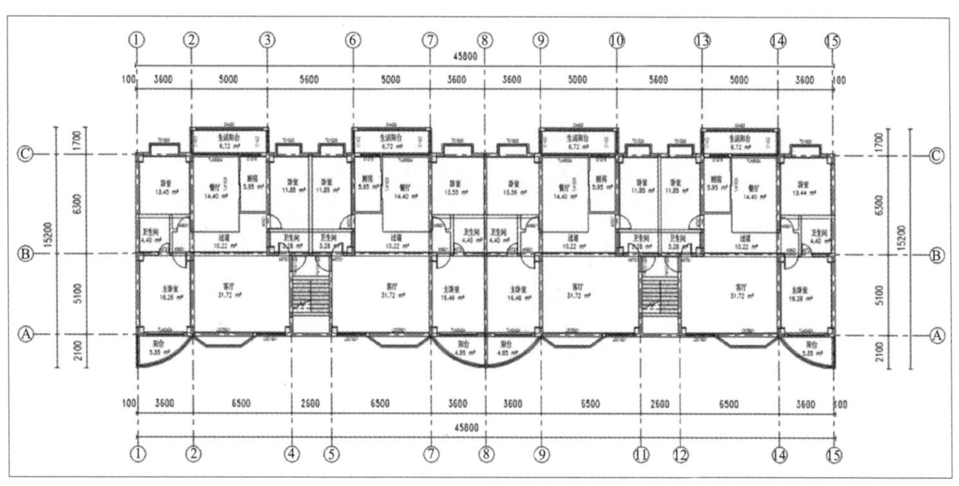

图 12-49　完成尺寸的标注

（8）对房间标记样式进行修改。

说明

在方案设计阶段，设计师为了达到理想效果，一般的标注、注释等都可以通过类型属性的修改在项目内完成设置，如门窗标记、房间标记等需要通过对族的编辑来达到预期的效果，这里通过对房间标记的修改来举例说明。

（9）选择平面图中任意房间标记，依次单击“修改 | 房间标记”上下文选项卡→“模式”面板→“编辑族”工具，如图 12-50 所示，进入房间标记的族空间。

图 12-50　选择“编辑族”工具

（10）选择“房间名称”标签，单击“属性”面板中的“编辑类型”按钮，在弹出的“类型属性”对话框中设置“文字字体”为“华文细黑”，“文字大小”为“3”，单击“确定”按钮，如图 12-51 所示。

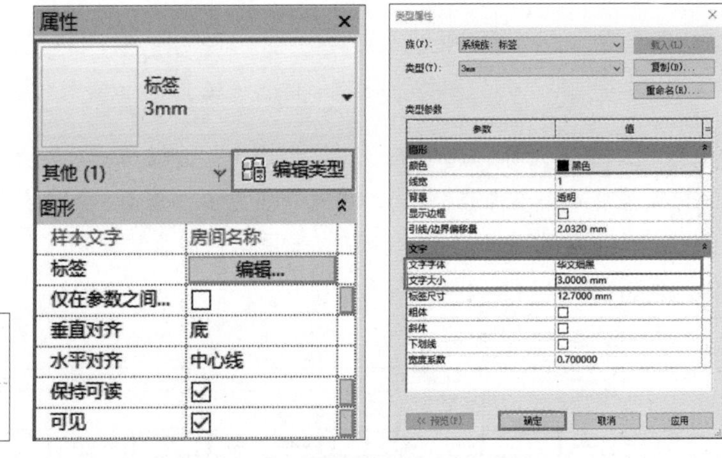

图 12-51　房间类型属性设置

（11）依次单击“族编辑器”面板→“载入到项目”工具。在“族已存在”对话框中选择“覆盖现有版本”选项，项目中的房间标记将被替换，如图 12-52 所示。

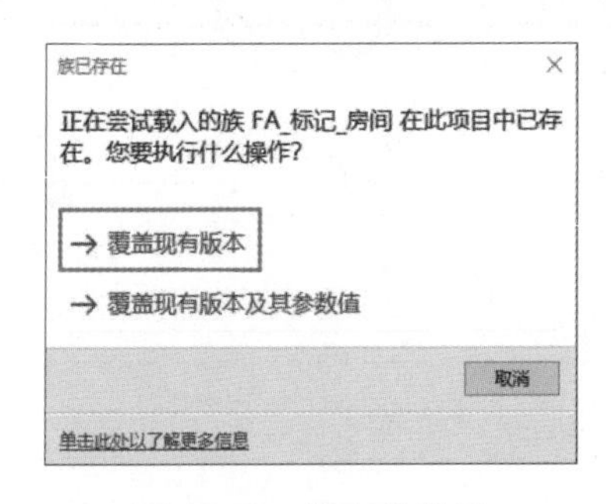

图 12-52　载入族提示

（12）依次单击“注释”选项卡→“颜色填充”面板→“颜色填充 图例”工具，光标移动至绘图区域适当的位置，然后单击放置图例。在弹出的“选择空间类型和颜色方案”对话框中单击“确定”按钮完成房间添加颜色方案的操作，如图 12-53 所示。

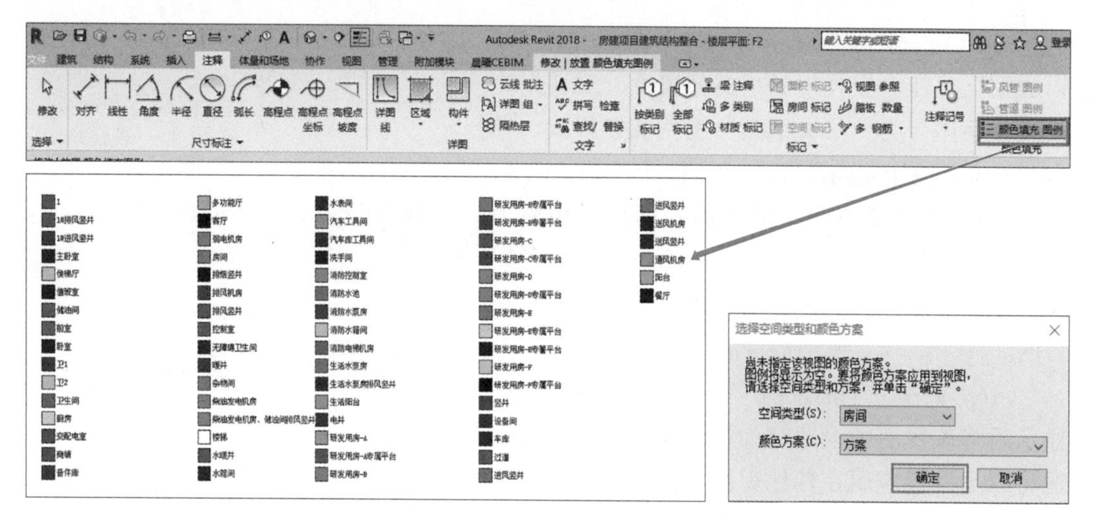

图 12-53　为房间添加颜色

（13）选择图例，自动切换至“修改 | 颜色填充图例”上下文选项卡，依次选择“方案”面板→“编辑方案”命令。在弹出的“编辑颜色方案”对话框中设置“方案”选项卡中的“类别”为“房间”；“方案定义”选项卡中的“颜色”为“名称”，并选中“按值”选项，排除多余的颜色，如图 12-54 所示。

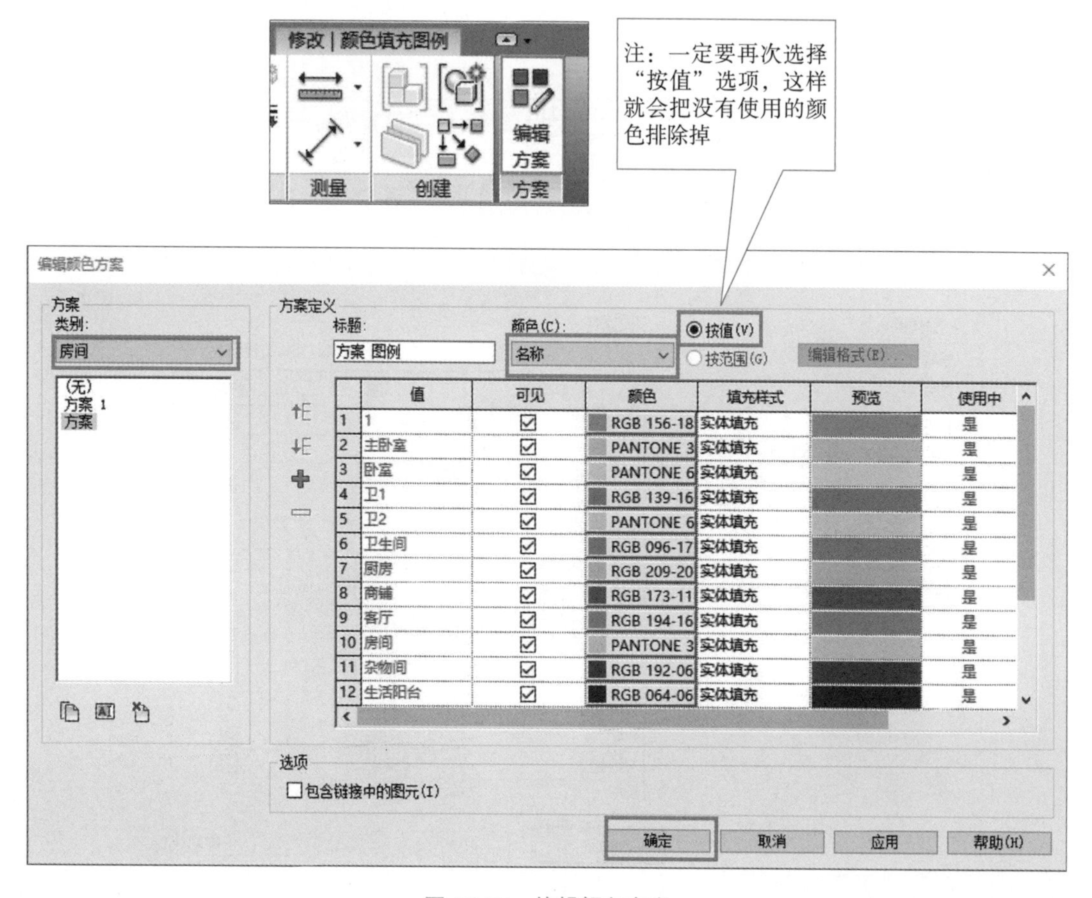

图 12-54　编辑颜色方案

（14）选择图例，单击“属性”面板中的“编辑类型”按钮，在弹出的“类型属性”对话框中设置“字体”为“华文细黑”图例文字样式，单击“确定”按钮完成设置，如图 12-55 所示。

图 12-55 图例类型属性设置

（15）如果希望图中墙体的平面显示为黑色实体填充，除了逐一设置材质的方法外，还可以通过视图过滤器达到修改所有承重墙平面显示的目的。

（16）调整完平面视图“标准层平面视图”的显示后将该视图的设置存为视图样板，可以方便地将以上设置应用在其他视图。在项目浏览器中展开“楼层平面”，右击视图名称“标准层平面视图”。在弹出的对话框中选择“通过视图创建视图样板”，在弹出的“新建视图样板”对话框中输入视图名称“FA- 平面视图 -100”，单击“确定”按钮后弹出“视图样板”对话框，直接单击“确定”按钮即可完成视图样板的创建，如图 12-56 所示。

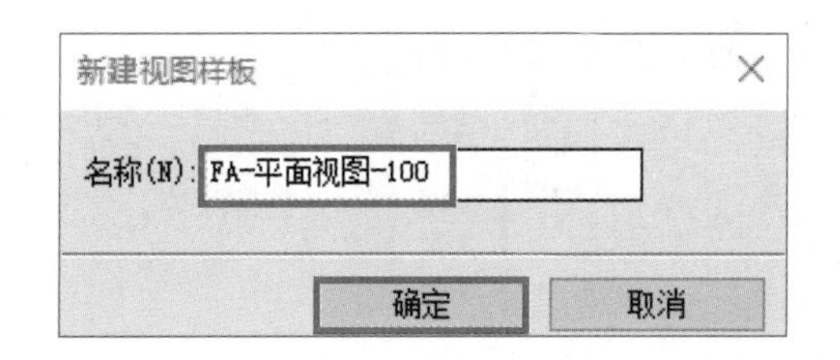

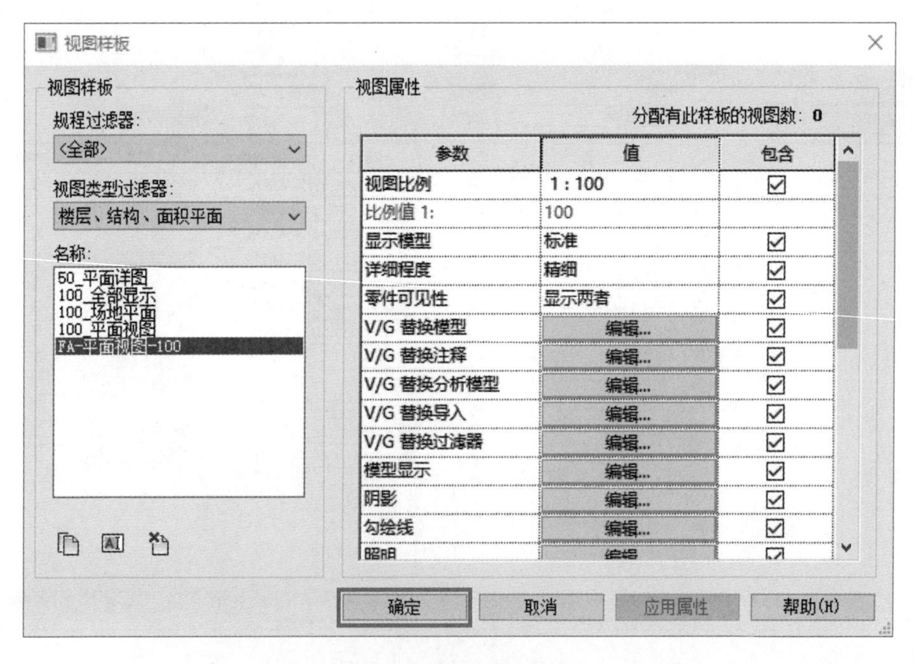

图 12-56 新建视图样板

（17）单击软件界面左上角的“应用程序菜单”按钮，在弹出的下拉菜单中依次选择“导出”→“图像和动画”→“图像”选项，在弹出的“导出图像”对话框中按图 12-57 所示进行设置，单击“确定”按钮即可导出指定格式的图像。

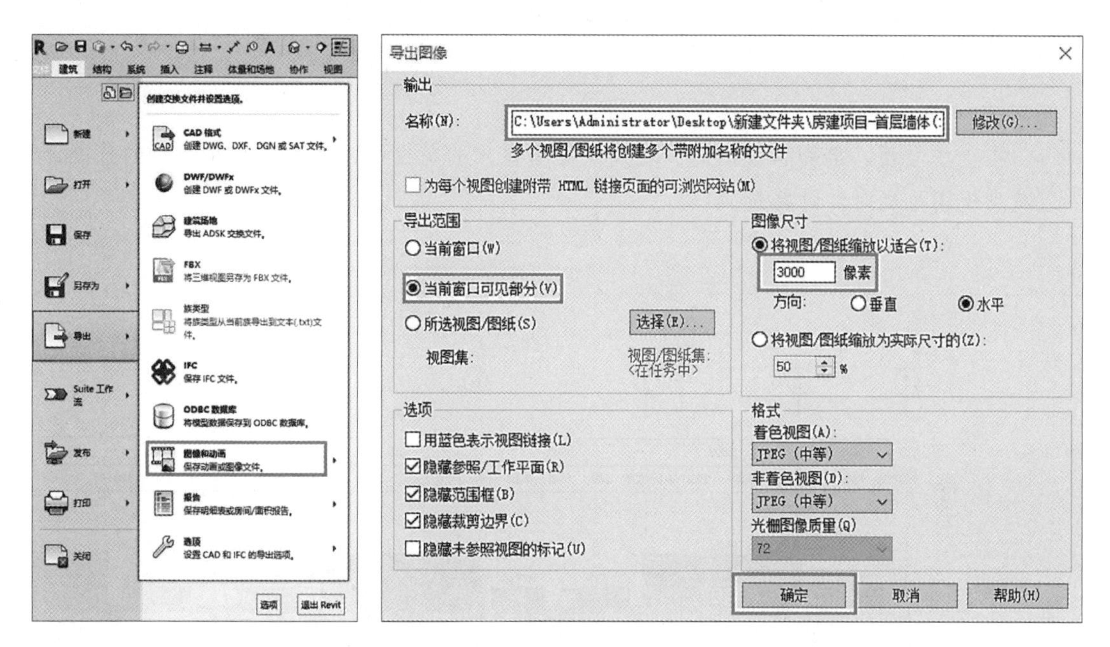

图 12-57　导出图像

（18）效果如图 12-58 所示。

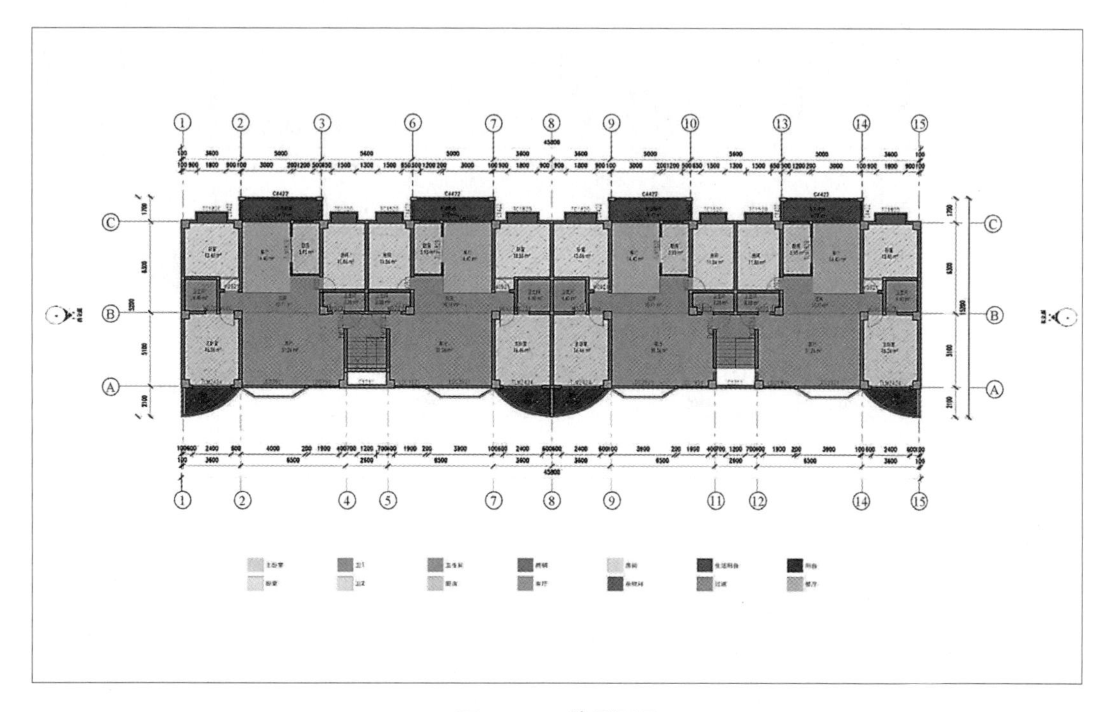

图 12-58　效果展示

12.2.2 剖面图初步深化

（1）打开标准层平面视图，依次单击“视图”选项卡→“创建”面板→“剖面”工具，在 8 轴与 9 轴之间绘制平行于 8 轴的剖面，单击创建的剖面线，拖曳至裁剪区域，如图 12-59 所示。

说明

在生成立面、剖面等视图时，在满足图面显示的前提下，尽可能缩小裁剪的范围，以减少视图生成时的计算量。

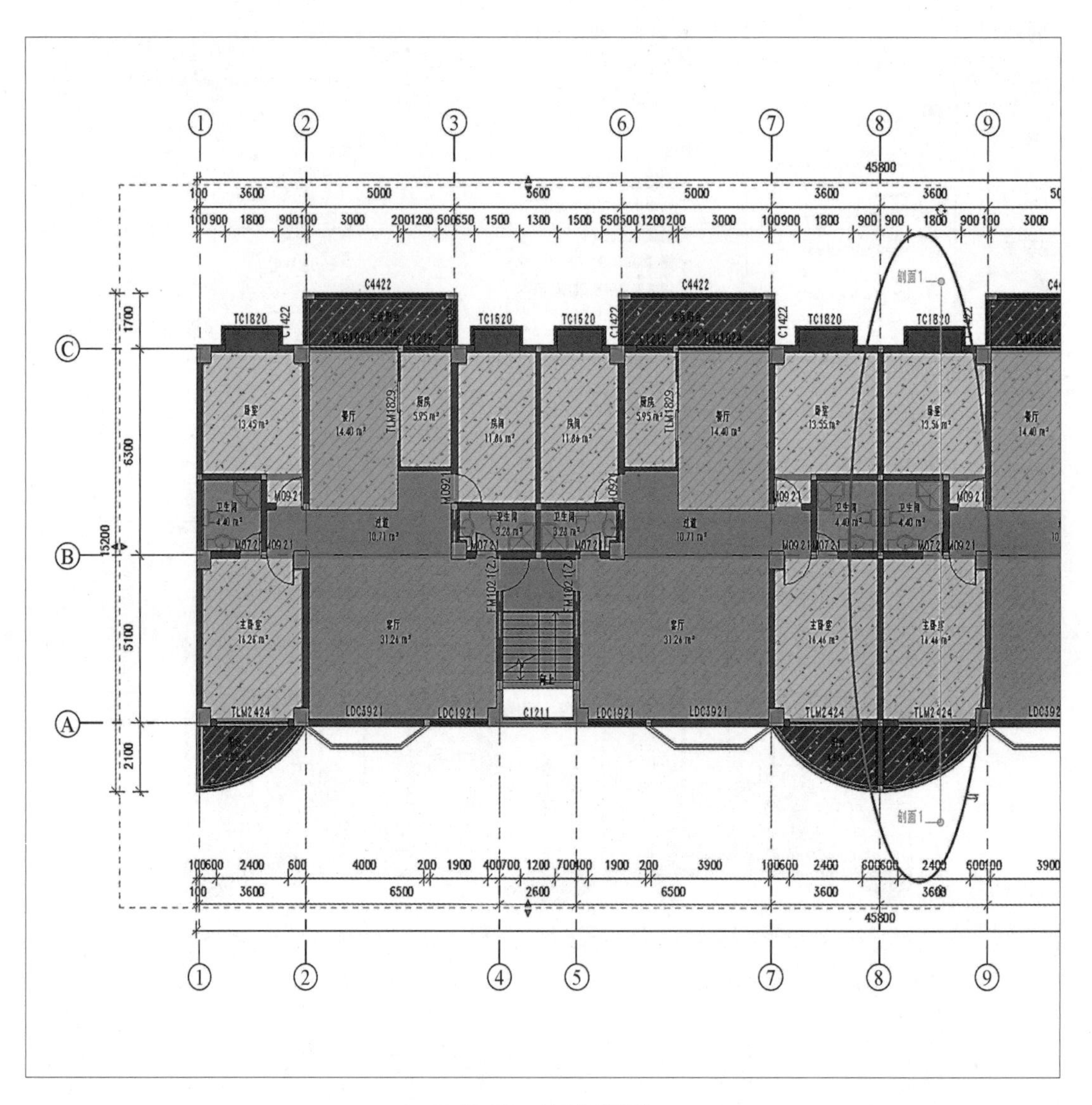

图 12-59　绘制剖面线

（2）单击选择“剖面线”，在“属性”面板中设置实例属性，将“详细程度”设为“精细”，取消勾选“裁剪区域可见”选项，“视图名称”设为“剖面 2”，单击“应用”按钮完成修改，如图 12-60 所示。

（3）选择“剖面 2”，单击剖面线中间的“线段间隙”，拖曳控制柄，效果如图 12-61 所示。

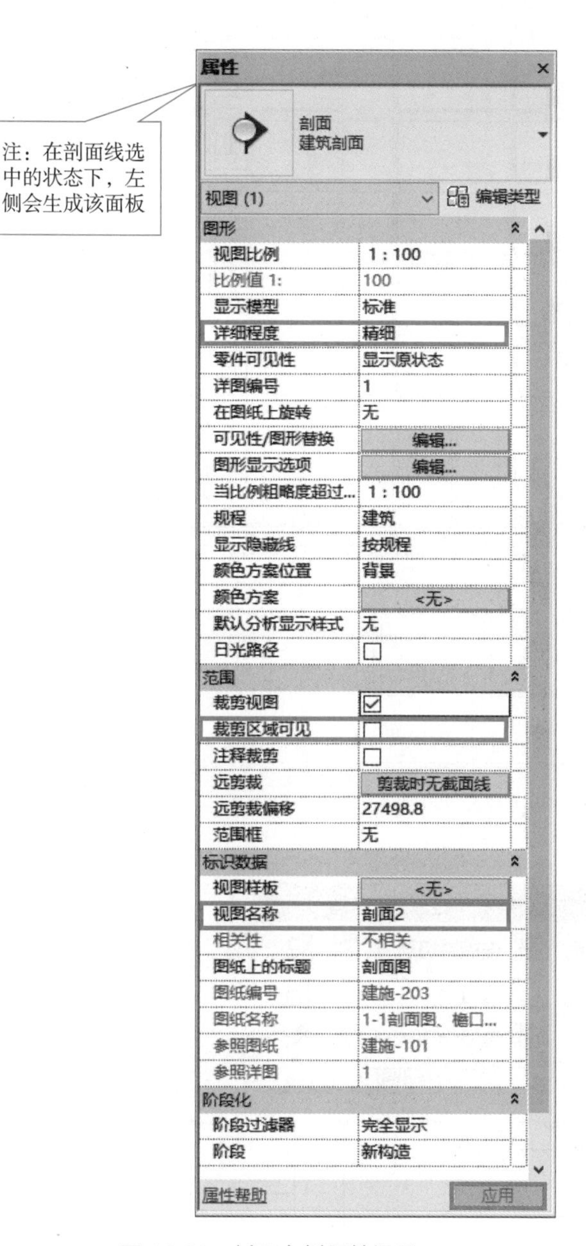

图 12-60 剖面实例属性设置

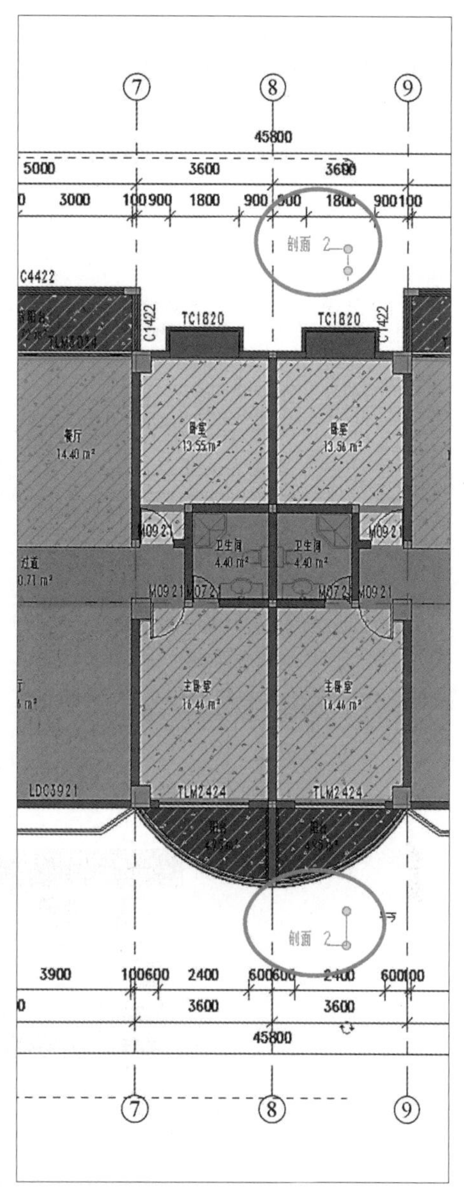

图 12-61 拖曳剖面控制柄

（4）双击蓝色剖面标头，进入剖面 2 视图，保留 A、B、C 轴线，将其他轴线隐藏。单击选择 A 轴，在“属性”面板中单击“编辑类型”按钮，在弹出的“类型属性”对话框中设置“非平面视图符号（默认）”为“底”，调整 A、B、C 轴线标头为底端显示，如图 12-62 所示。

（5）依次单击“修改”选项卡→“几何图形”面板→“连接”工具，在图 12-63 所示的 4 个交接位置依次单击墙与楼板，可得到图示效果，执行相同的操作完成其他标高墙与楼板交接的修改。

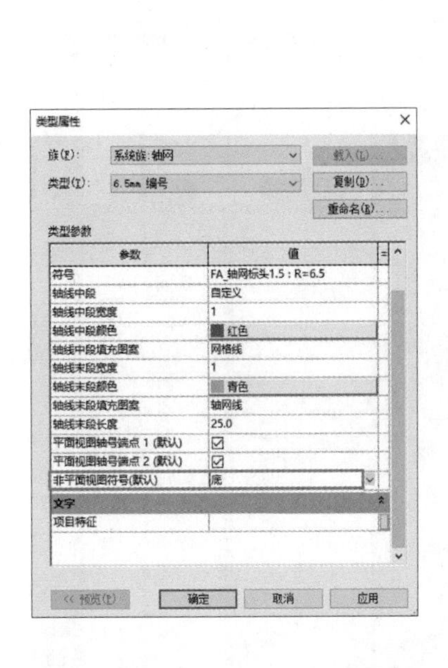

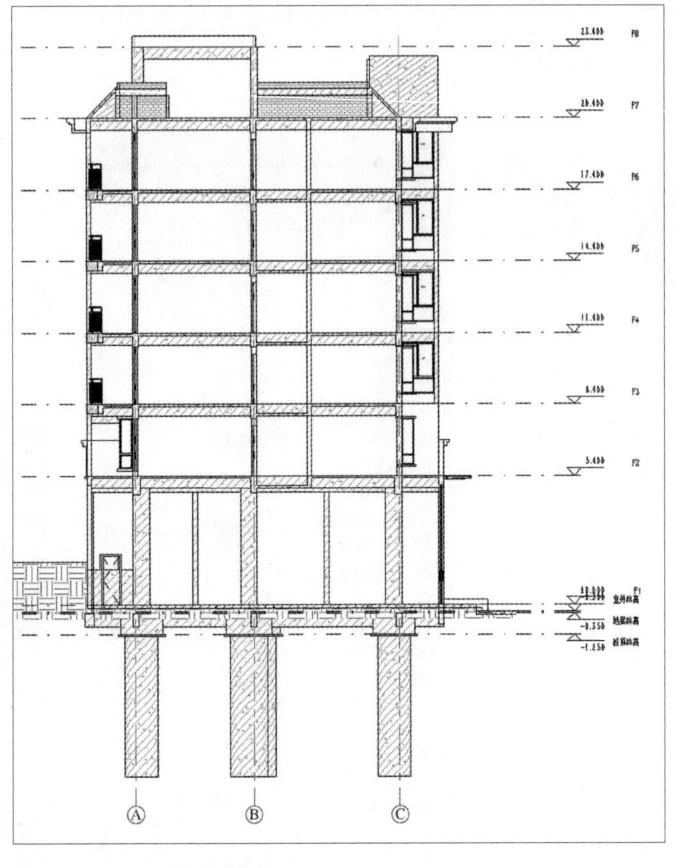

图 12-62　剖面图

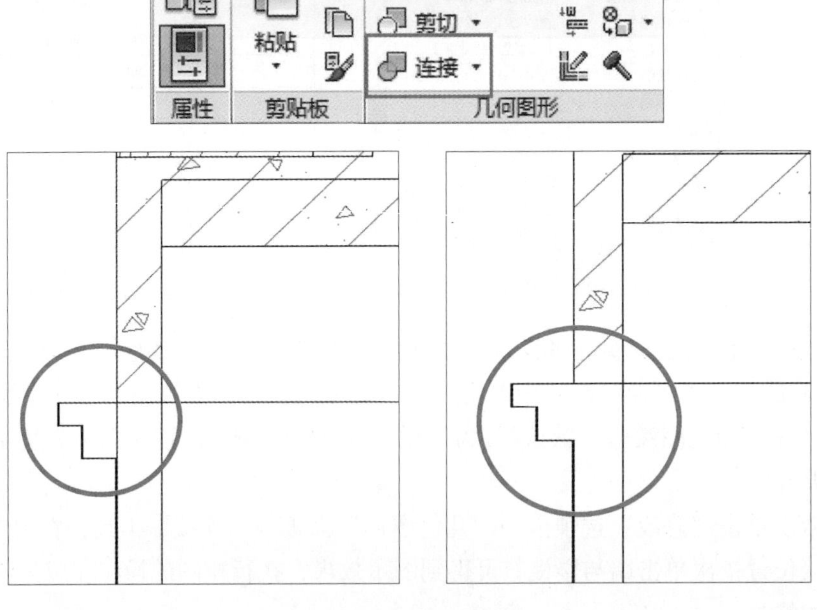

图 12-63　连接墙与楼板

说明

在对两个图元使用“连接”命令之后，图元材质相同且接触的构造层会自动连接，但具有相同填充样式而不是相同材质的构造无法消除公共边。

（6）依次单击“注释”选项卡→“标记”面板→“全部标记”工具，在弹出的“标记所有未标记的对象”对话框中选择“房间标记”为“FA_ 标记 _ 房间:房间”，单击“确定”按钮完成添加，如图 12-64 所示。

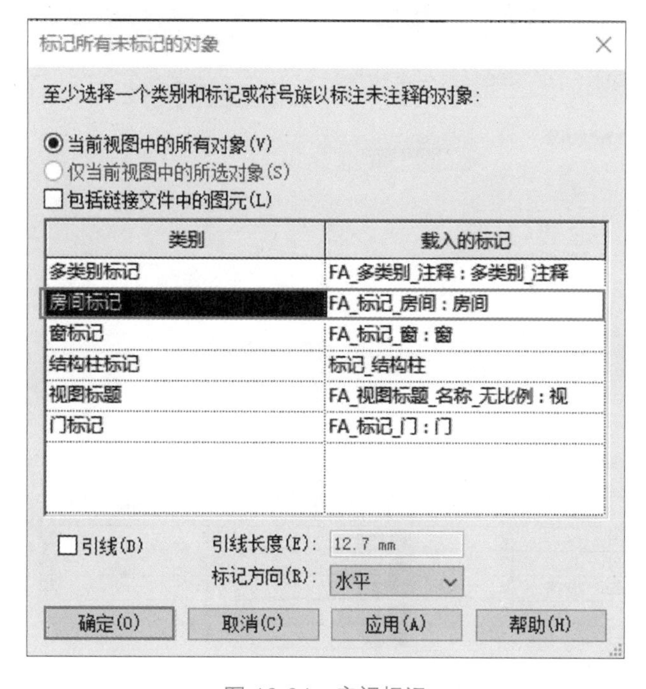

图 12-64　房间标记

（7）单击“属性”面板中的“可见性 / 图形替换”右侧的“编辑”按钮，在弹出的“剖面：剖面 2 的可见性 / 图形替换”对话框中勾选“截面线样式”选项，单击“编辑”按钮，如图 12-65 所示。

（8）在图 12-66 所示的对话框中进行设置，三次单击“确定”按钮完成设置。

（9）依次单击“注释”选项卡→“尺寸标注”面板→“对齐”工具，添加建筑总高度及层高尺寸，完成剖面图的制作，效果如图 12-67 所示。

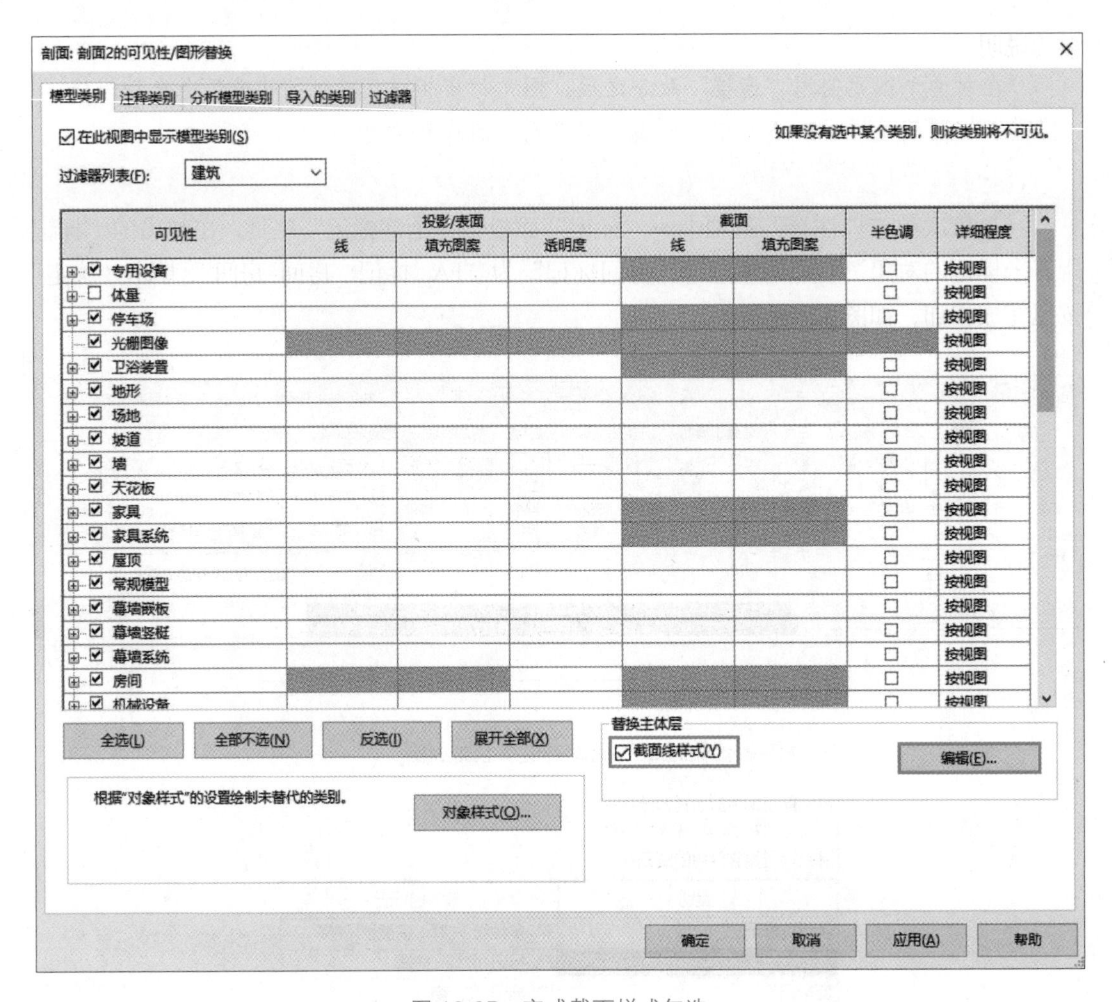

图 12-65　完成截面样式勾选

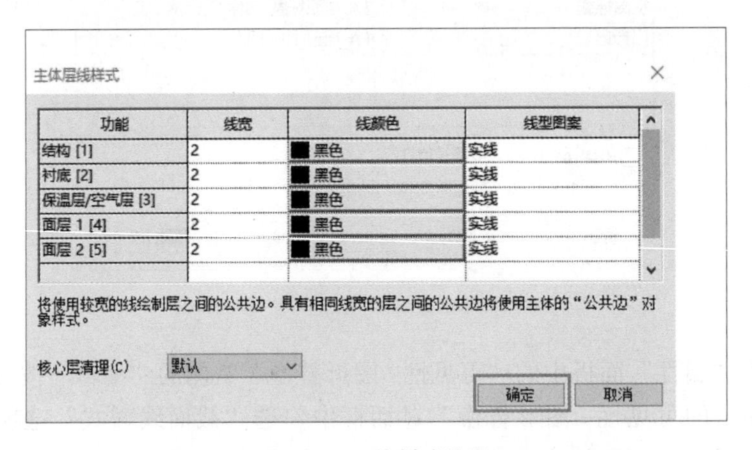

图 12-66　线样式设置

12.2.3　明细表工程量提取

（1）依次单击“视图”选项卡→“创建”面板→“明细表”工具，在弹出的下拉列表中选择“明细表 / 数量”命令。在弹出的“新建明细表”对话框中选择“类别”为“房间”，将“名称”修改为“FA- 房间明细表”，单击“确定”按钮完成，如图 12-68 所示。

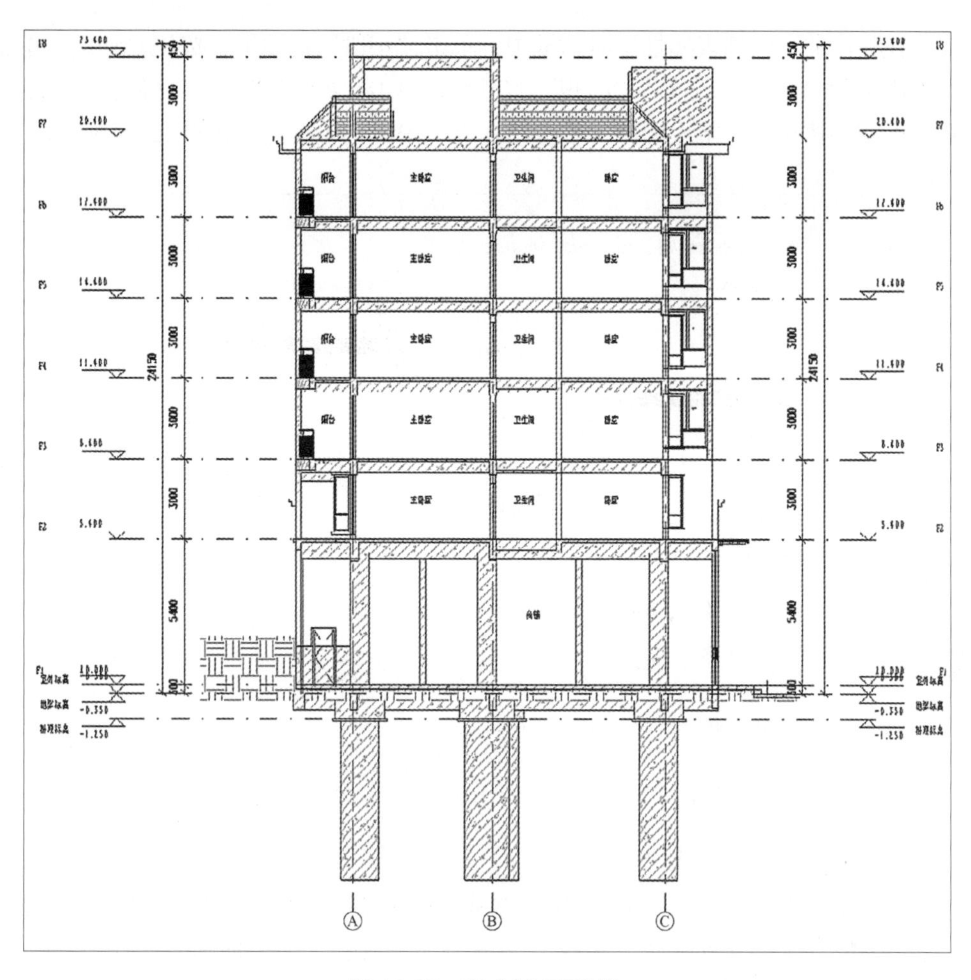

图 12-67　完成剖面图制作

图 12-68　新建“FA- 房间明细表”

（2）在弹出的“明细表属性”对话框中，单击“字段”选项卡，按住 Ctrl 键，单击选择多个可用字段“标高”“名称”“面积”“合计”，单击“添加”按钮，并使用下方的“上移”和“下移”按钮调整字段顺序，单击“确定”按钮完成设置，如图 12-69 所示。

图 12-69　明细表字段属性设置

（3）切换到“排序 / 成组”选项卡，选择“排序方式”为“标高”，并勾选“页眉”选项。选择第一个“否则按”为“名称”，第二个“否则按”为“面积”。勾选“总计”选项，选择“仅总数”。同时取消勾选“逐项列举每个实例”选项，完成明细表“排序 / 成组”属性的设置，如图 12-70 所示。

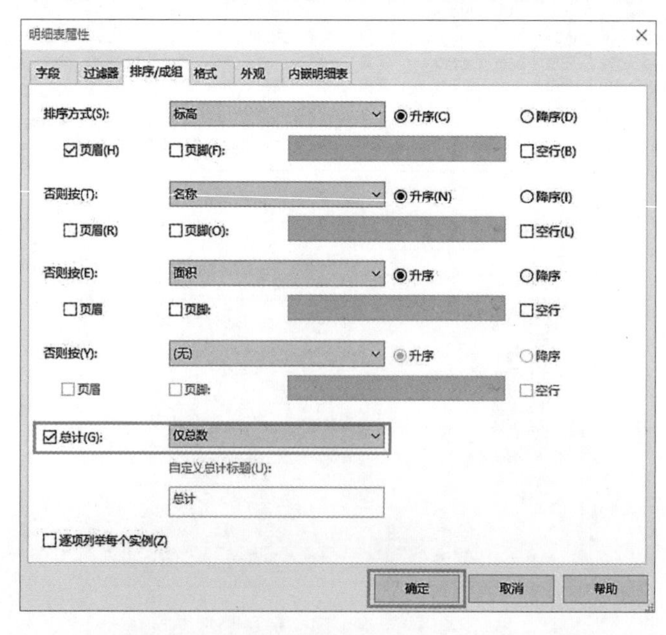

图 12-70　明细表“排序 / 成组”属性设置

（4）切换到“格式”选项卡，选择“合计”字段，选择右下角的“计算总数”，在弹出的下拉列表中选择“计算总数”选项，单击“确定”按钮完成房间明细表的创建，如图 12-71 所示。

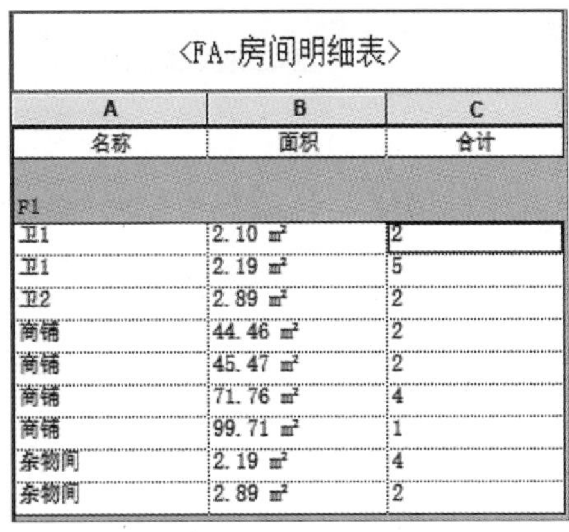

<FA-房间明细表>		
A	B	C
名称	面积	合计
F1		
卫1	2.10 m²	2
卫1	2.19 m²	5
卫2	2.89 m²	2
商铺	44.46 m²	2
商铺	45.47 m²	2
商铺	71.76 m²	4
商铺	99.71 m²	1
杂物间	2.19 m²	4
杂物间	2.89 m²	2

图 12-71　房间明细表创建

（5）在创建的明细表“FA- 房间明细表”标题上右击，依次选择“复制视图”→“复制”命令，在打开的“副本：FA- 房间明细表”对话框上单击表格标题，输入新标题为“FA- 房间明细表 A”。图 12-72 所示为新创建的房间明细表。

（6）右击“FA- 房间明细表 A”，选择“属性”选项，在弹出的“属性”面板中单击“排序 / 成组”右侧的“编辑”按钮。在弹出的“明细表属性”对话框中勾选下方的“总计”选项，并选择“仅总数”选项作为总计的内容，单击“确定”按钮，如图 12-73 所示。

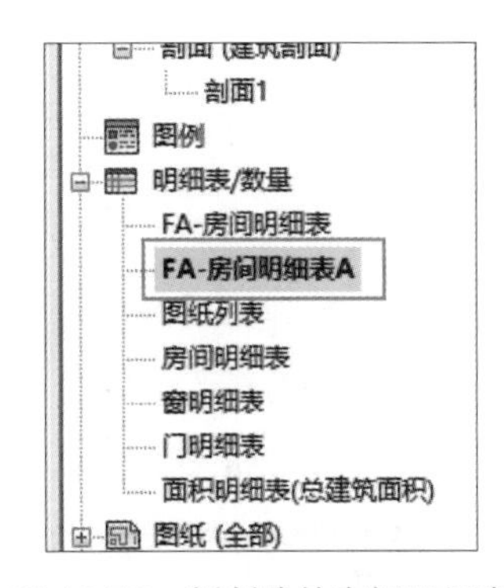

图 12-72　新创建的房间明细表

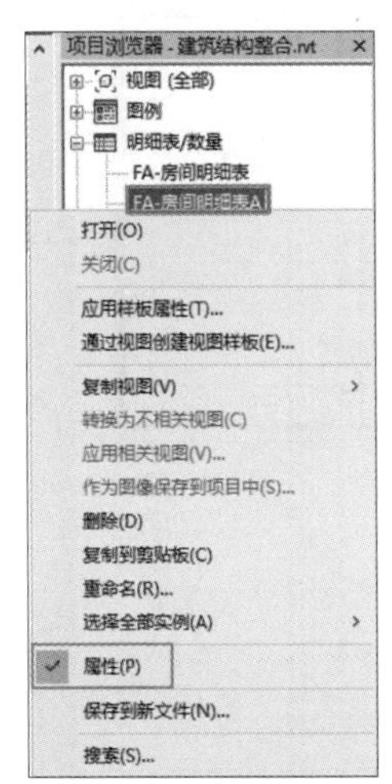

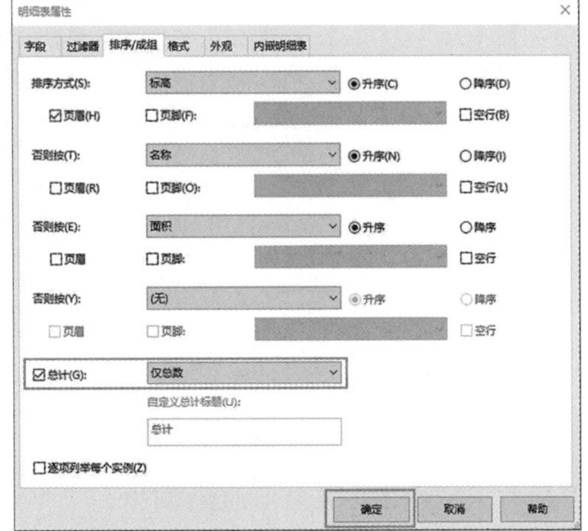

图 12-73　“FA 房间明细表 A”属性设置

（7）切换到“格式”选项卡，选择“面积”字段，勾选右下角的“计算总数”选项，如图 12-74 所示。选择“合计”字段，同样勾选“计算总数”选项。

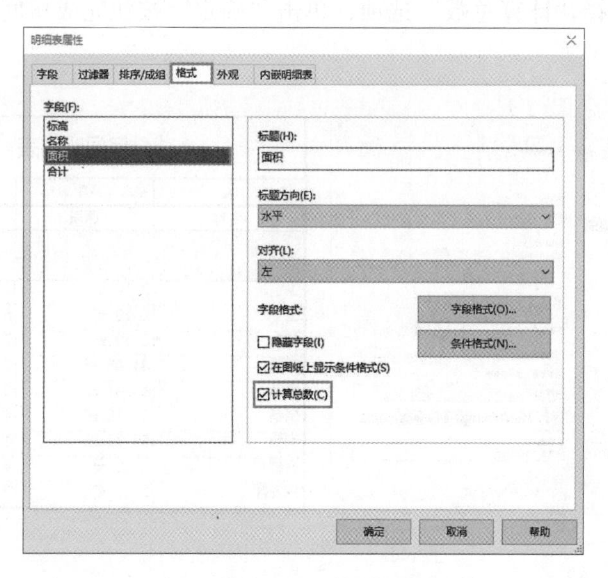

图 12-74　明细表属性设置

说明

当在“面积”字段下勾选“计算总数”选项后，房间名称后对应的面积为当前标高的所有相同房间名称的总面积。两次单击“确定”按钮后观察编辑的明细表，如图 12-75 所示。

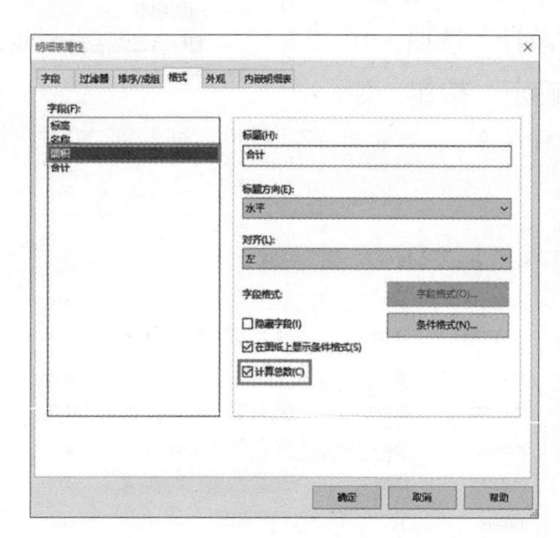

<FA-房间明细表A>

A	B	C
名称	面积	合计
F1		
卫1	4.20 m²	2
卫1	10.94 m²	5
卫2	5.77 m²	2
商铺	88.92 m²	2
商铺	44.90 m²	1
商铺	45.47 m²	1
商铺	287.04 m²	4
商铺	99.71 m²	1
杂物间	8.76 m²	4
杂物间	5.77 m²	2

图 12-75　房间明细表及设置

12.2.4　新建相机视图与渲染输出

（1）打开平面视图 F1，依次单击“视图”选项卡→“创建”面板→“三维视图”工具，在弹出的下拉列表中选择“相机”命令，在视图中设置相机，如图 12-76 所示。

（2）进入生成的三维视图 1，拖曳裁剪区域形成如图 12-77 所示的效果。

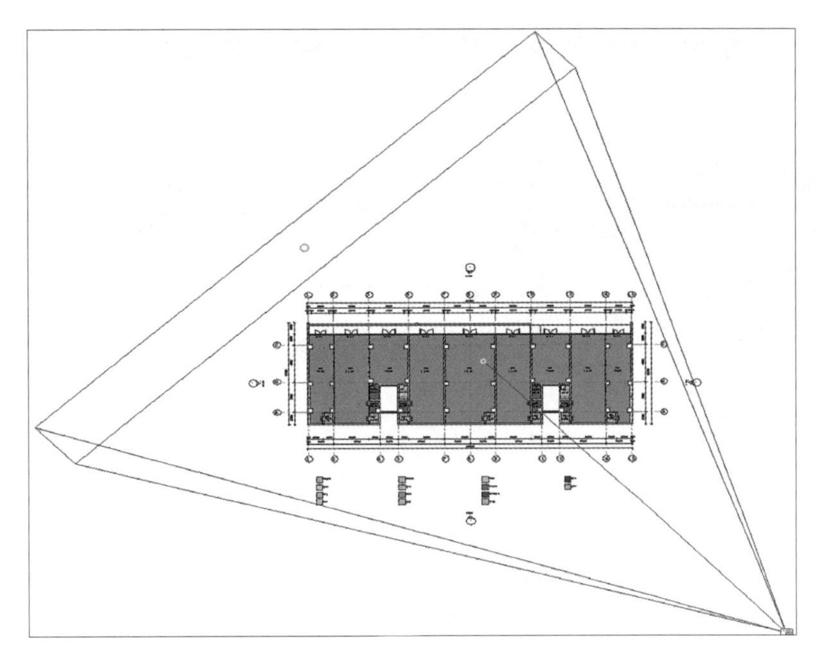

图 12-76　在视图中设置相机

图 12-77　案例工程效果图

（3）单击软件界面下方视图控制栏中的模型图像样式，选择“着色”，同时单击“阴影”按钮，如图 12-78 所示。

透视图

图 12-78　单击“阴影”按钮

（4）单击软件界面下方视图控制栏中的模型图像样式，选择“显示渲染对话框”选项，并按图 12-79 所示的内容进行设置。

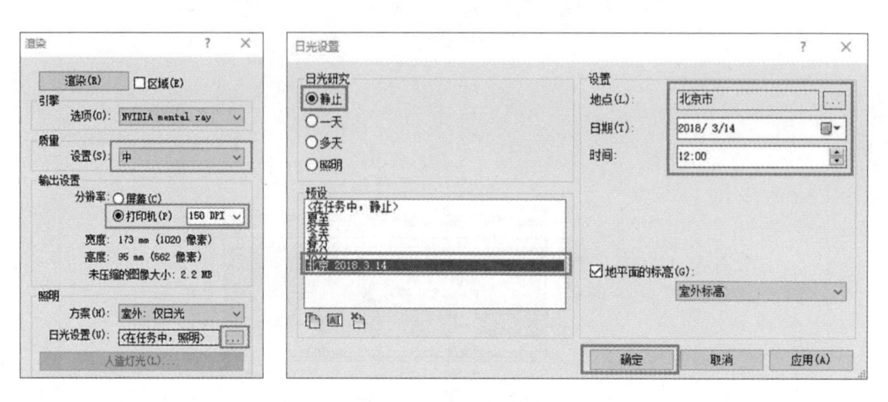

图 12-79　渲染设置

（5）单击“渲染”按钮，开始进行渲染，完成后单击“保存到项目中”按钮，并将图像命名为“东南透视图”，如图 12-80 所示。

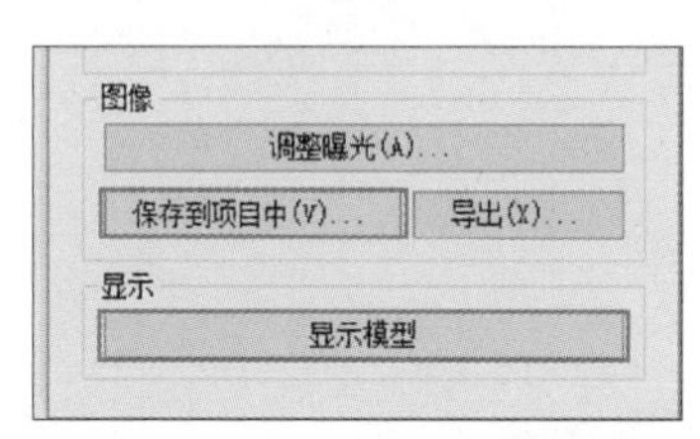

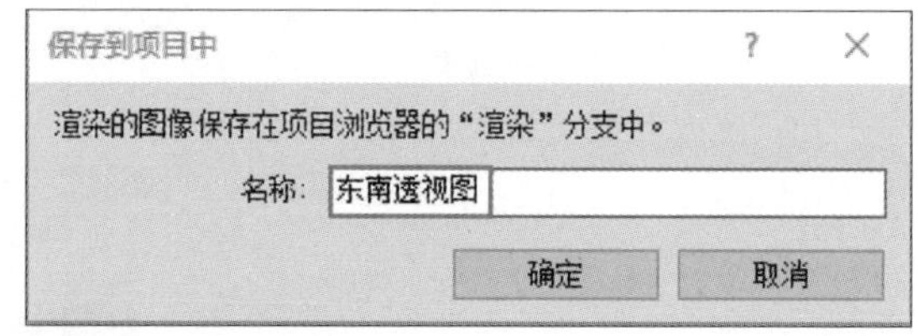

图 12-80　保存渲染图像

（6）在项目浏览器中单击“渲染”栏打开“东南透视图”，单击软件界面左上角的“应用程序菜单”按钮，在弹出的下拉菜单中依次选择“导出”→“图像和动画”→“图像”选项，进行导出设置。

（7）在弹出的“导出图像”对话框中按图示内容进行设置，如图 12-81 所示。

（8）打开导出的图片，效果如图 12-82 所示。

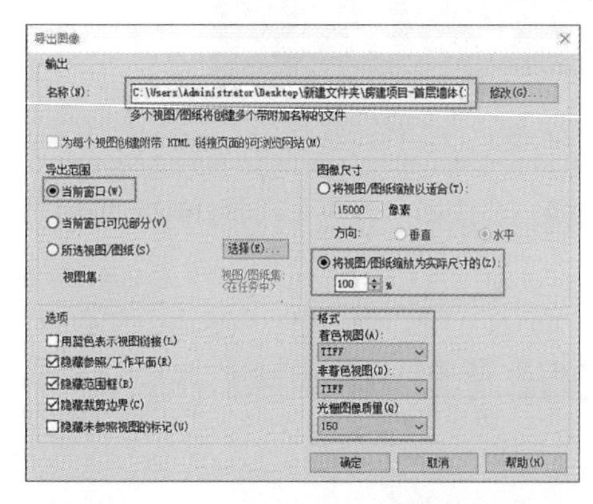

图 12-81　导出图像设置

图 12-82　渲染效果图

12.3　施工图深化设计

12.3.1　建筑平面图深化

（1）选择图中轴线尺寸，单击编辑尺寸边界线，进行修补，依次单击“注释”选项卡→“尺寸标注”面板→“对齐”工具，在图示位置添加第 3 道洞口尺寸和控制尺寸标注，如图 12-83 所示。

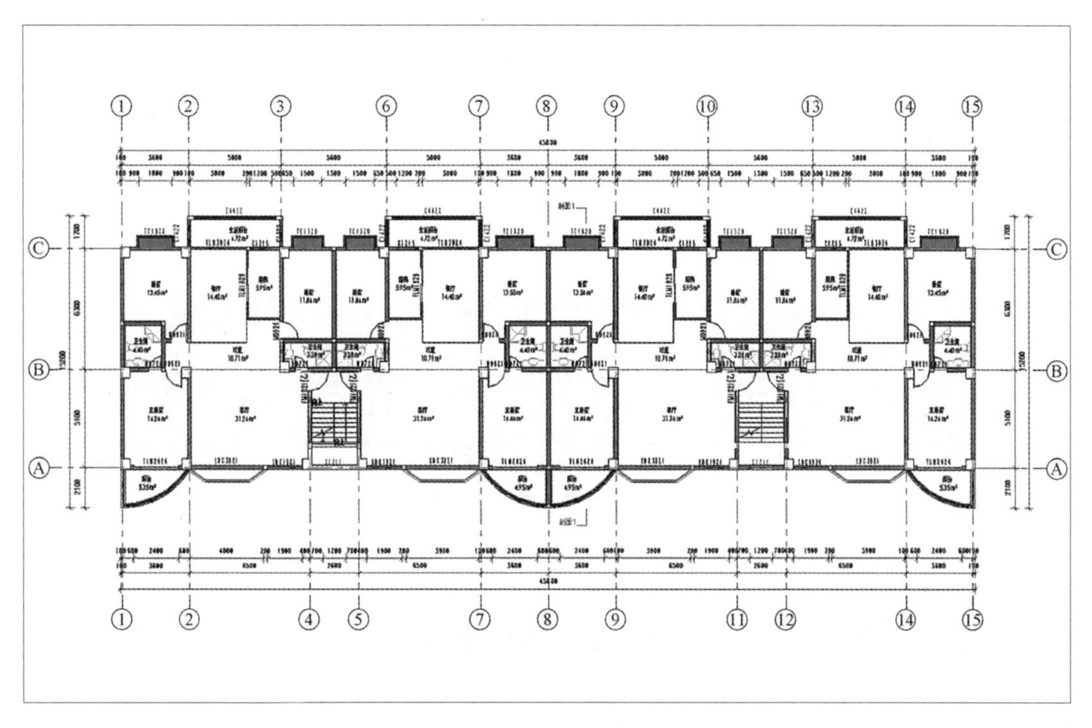

图 12-83　添加第 3 道洞口尺寸和控制尺寸标注

（2）依次单击“注释”选项卡→“文字”面板→“文字”工具，创建新的文字类型为“5mm 华文细黑”，在“类型属性”对话框中设置对应属性，如图 12-84 所示。

（3）设置好文字后在图示位置放置并修改内容，如图 12-85 所示。

（4）依次单击“注释”选项卡→“尺寸标注”面板→“高程点”工具，使用“MC_高程 . 平面”标注图示位置的高程，如图 12-86 所示。

（5）鼠标指针移到适当位置单击放置标高符号，如图 12-87 所示。

图 12-84　文字类型属性设置

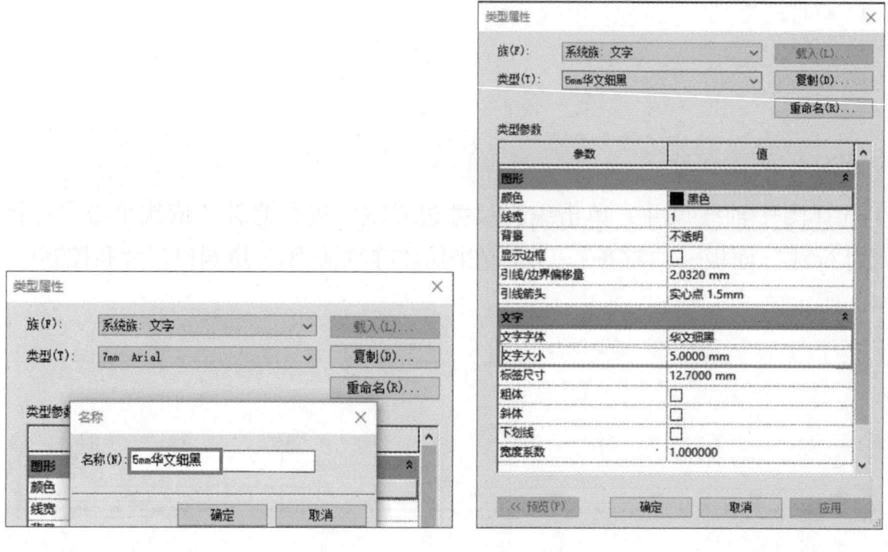

图 12-84（续）

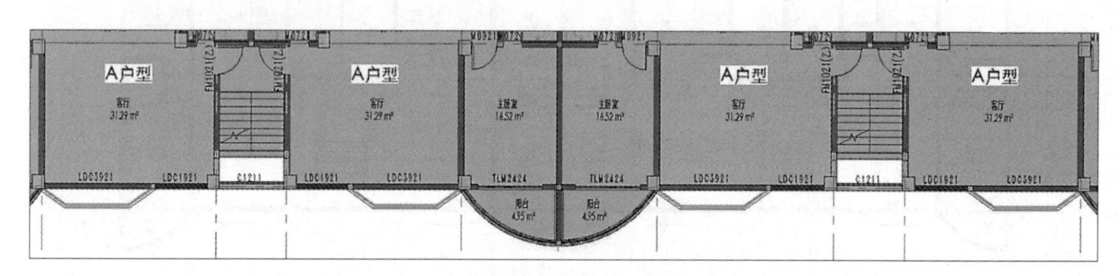

图 12-85 修改文字内容

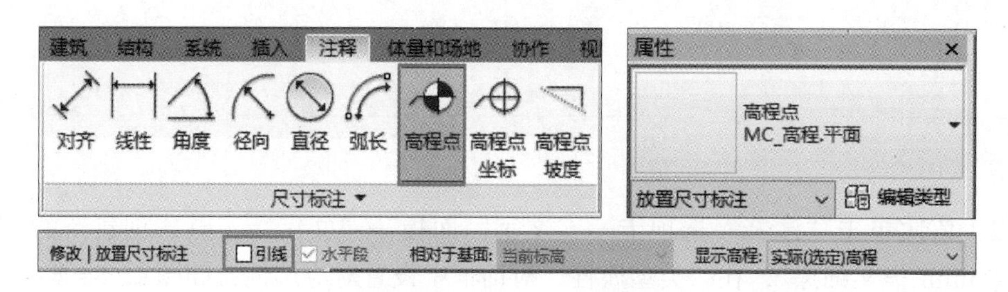

图 12-86 高程点属性设置

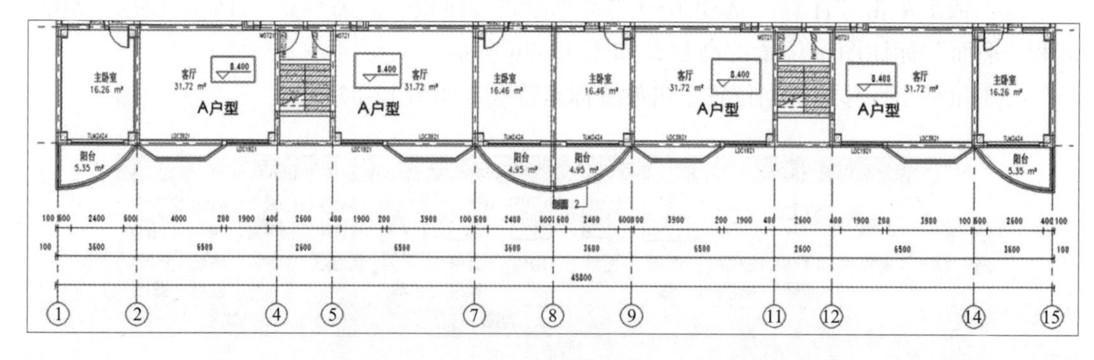

图 12-87 添加高程

说明

高程符号的放置步骤如下。

① 在图示位置单击确定放置点。

② 鼠标指针上下移动可改变高程符号的上下表达方式；鼠标指针左右移动可改变高程符号的左右表达方式。

③ 单击完成高程符号的放置。

（6）其他楼层平面图深化均按照标准层平面图深化设计处理。

（7）在项目浏览器中的“F1”视图处右击选择“应用视图样板”，在打开的“视图样板”对话框中选择样板“SG- 平面视图 -100”，单击“确定”按钮，如图 12-88 所示。

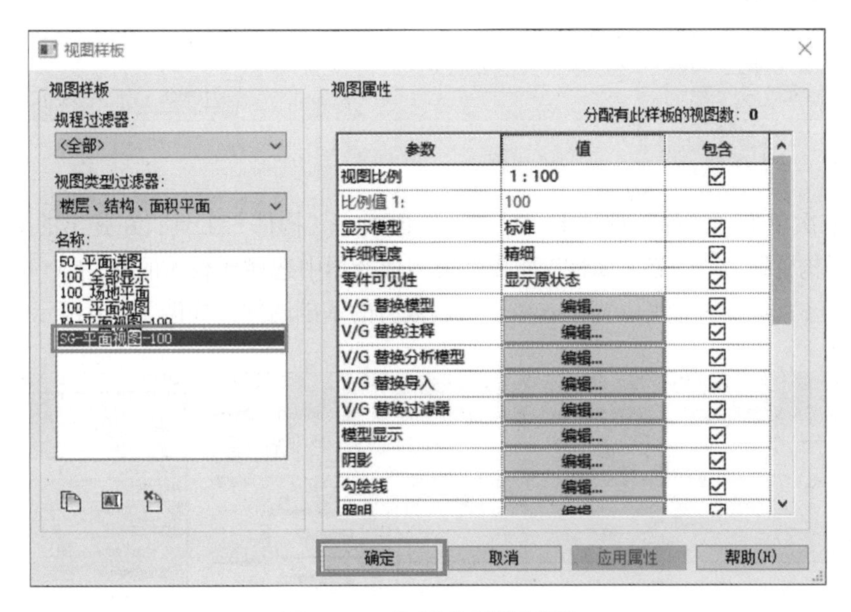

图 12-88　选择平面视图样板

12.3.2　立面、剖面施工图深化

（1）进入北立面视图，在视图控制栏中修改视图显示方式为“隐藏线”，详细程度为“精细”。

（2）依次单击“插入”选项卡→“从库中载入”面板→“载入族”工具，打开施工图纸深化设计案例所需文件族“FA_ 立面底线 .rfa”，如图 12-89 所示。

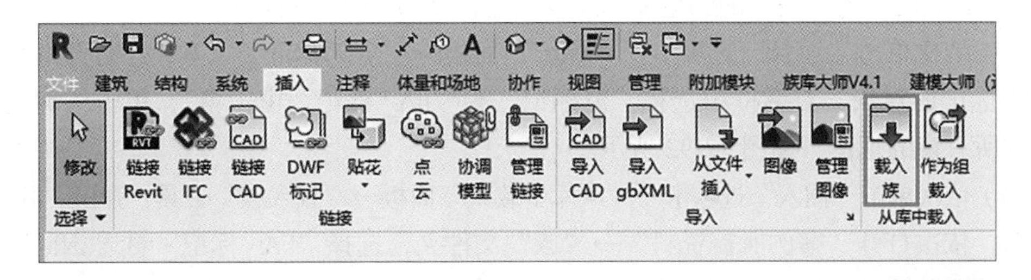

图 12-89　载入族

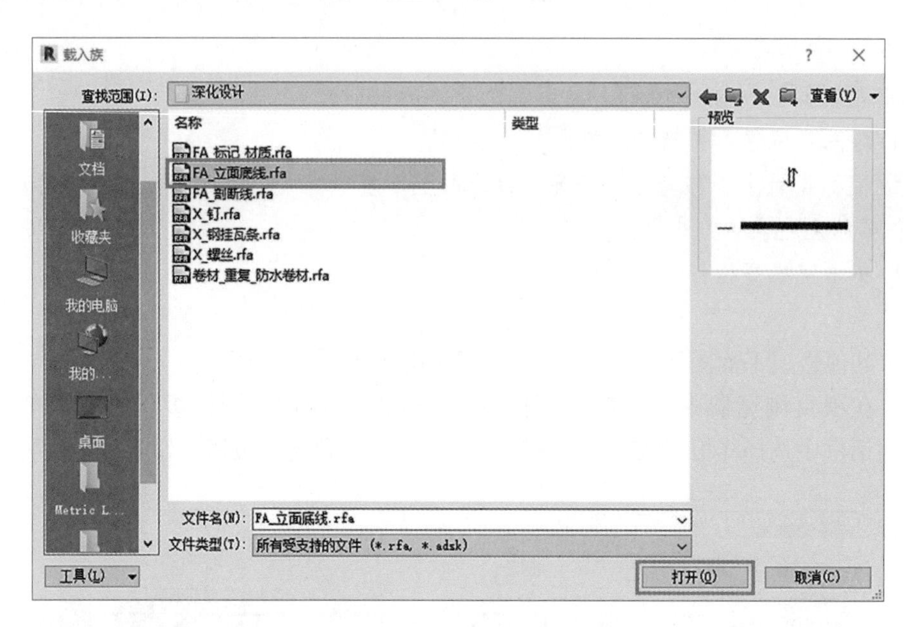

图 12-89（续）

（3）依次单击“注释”选项卡→“详图”面板→“构件”工具，在弹出的下拉列表中选择“详图构件”命令。在“属性”面板的类型选择器中选择新载入的族“FA_ 立面底线”，放置于立面 F1 标高基准线位置，遮挡住未被裁剪的基础墙体，如图 12-90 所示。

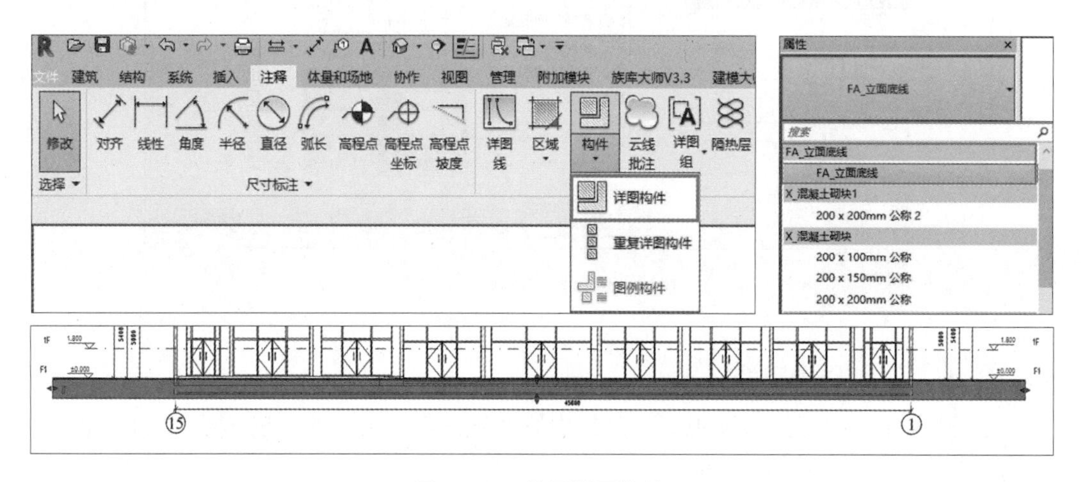

图 12-90　放置详图构件

（4）使用快捷键 VV 调出“立面：北立面的可见性 / 图形替换”对话框，设置“扶栏”在“投影 / 表面”中“线”的颜色显示为浅灰色，如图 12-91 所示。

（5）依次单击“注释”选项卡→“标记”面板→“全部标记”工具，在打开的“标记所有未标记的对象”对话框中选择“窗标记”为“FA_ 标记 _ 窗：窗”，单击“确定”按钮完成所有窗的标记，如图 12-92 所示。

（6）依次单击“插入”选项卡→“从库中载入”面板→“载入族”工具，弹出“载入族”对话框，依次打开“案例所需资料”→“族”文件夹，选择“FA_ 标记 _ 材质 .rfa”文件，单击“打开”按钮，如图 12-93 所示。

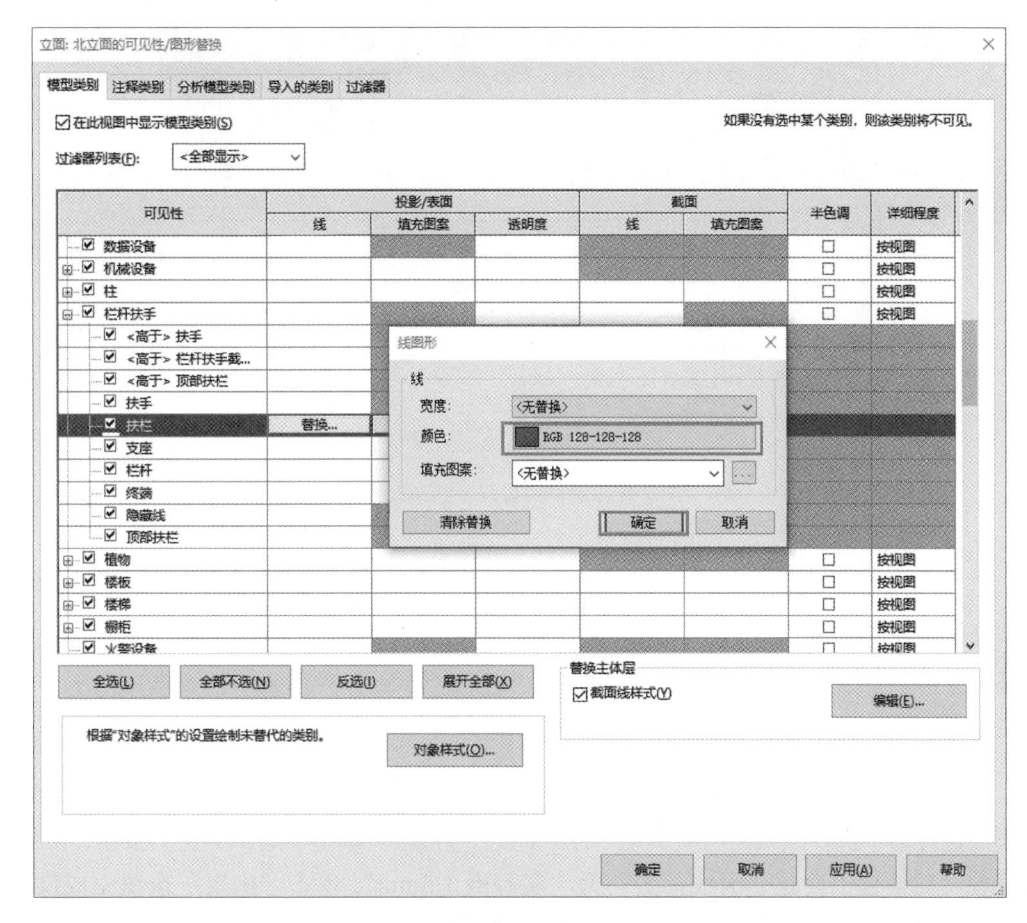

图 12-91　北立面扶栏可见性设置

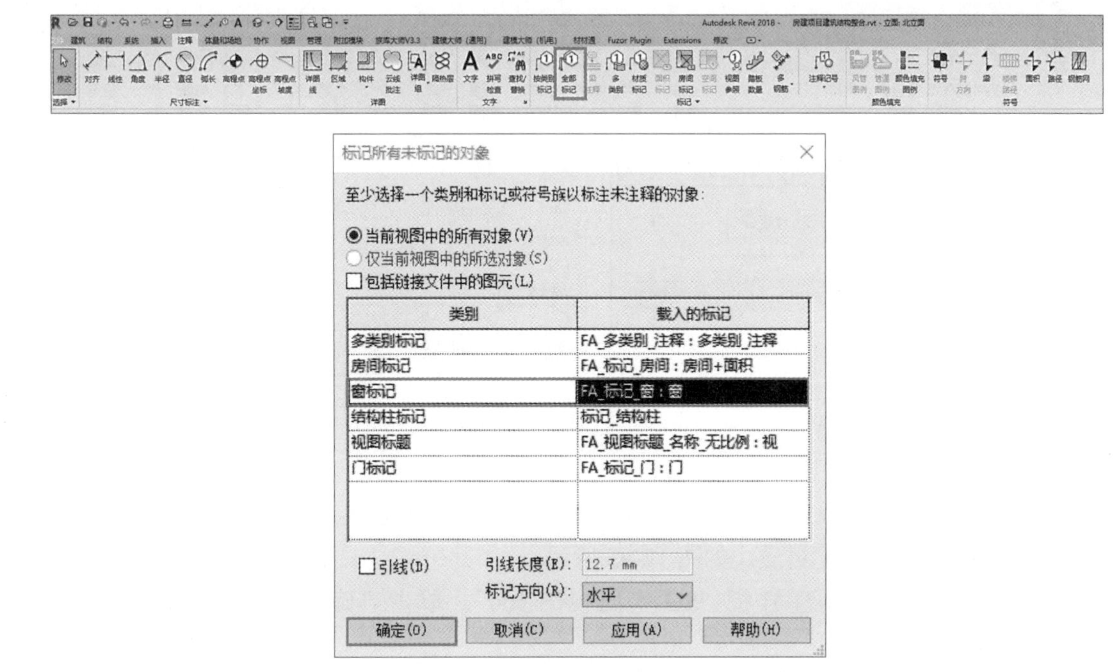

图 12-92　添加窗标记

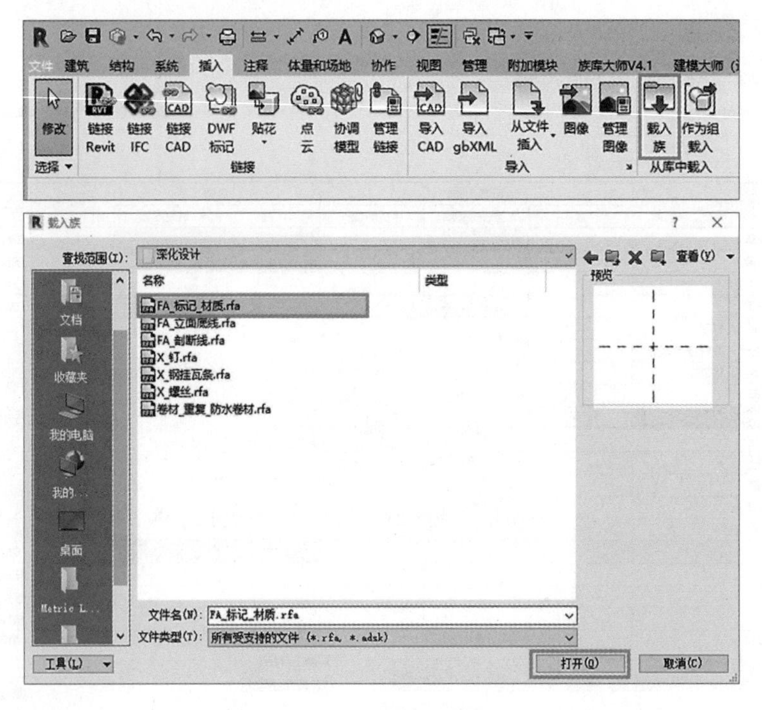

图 12-93　标记族载入

（7）依次单击“注释”选项卡→“标记”面板→“材质标记”工具，在“属性”面板的类型选择器中选择载入的材质标记“FA_标记_材质”。单击“编辑类型”按钮，在“类型属性”对话框中设置“引线箭头”为“实心点 1.5mm”，单击“确定”按钮完成设置，并在选项栏中勾选“引线”选项，如图 12-94 所示。

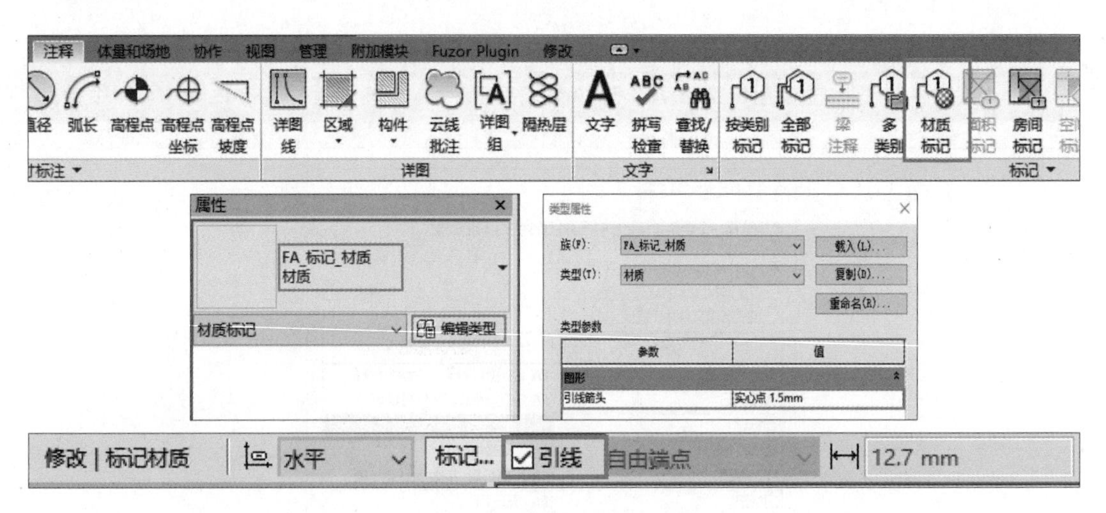

图 12-94　材质标记属性设置

（8）在北立面中标记材质，如图 12-95 所示。

（9）从当前视图创建样板“SG-立面视图-100”，单击“确定”按钮，如图 12-96 所示。

（10）北立面深化后的效果如图 12-97 所示。

（11）南立面深化后的效果如图 12-98 所示。

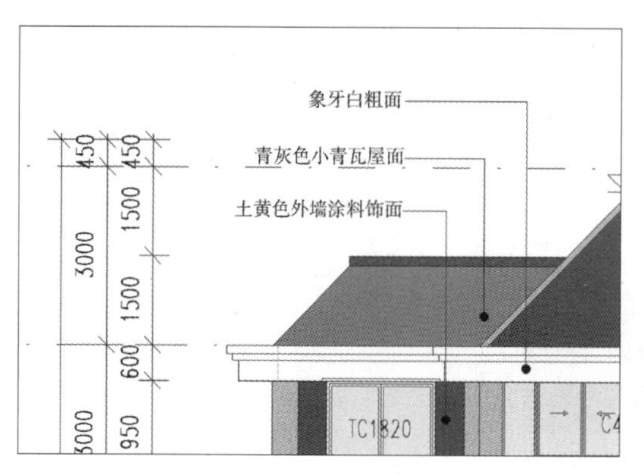

图 12-95　材质标记

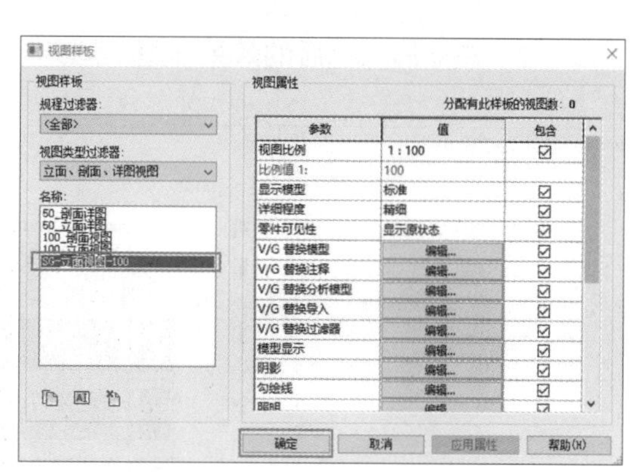

图 12-96　创建视图样板

图 12-97　北立面深化后的效果

图 12-98　南立面深化后的效果

（12）东立面深化后的效果如图 12-99 所示。

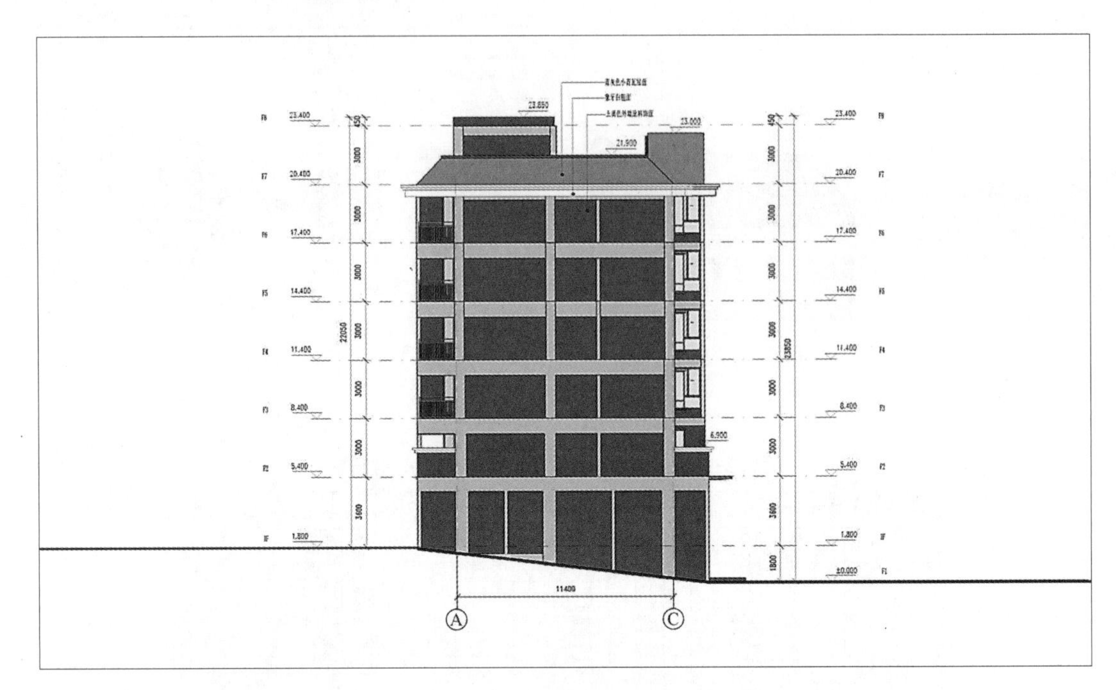

图 12-99　东立面深化后的效果

（13）西立面深化后的效果如图 12-100 所示。

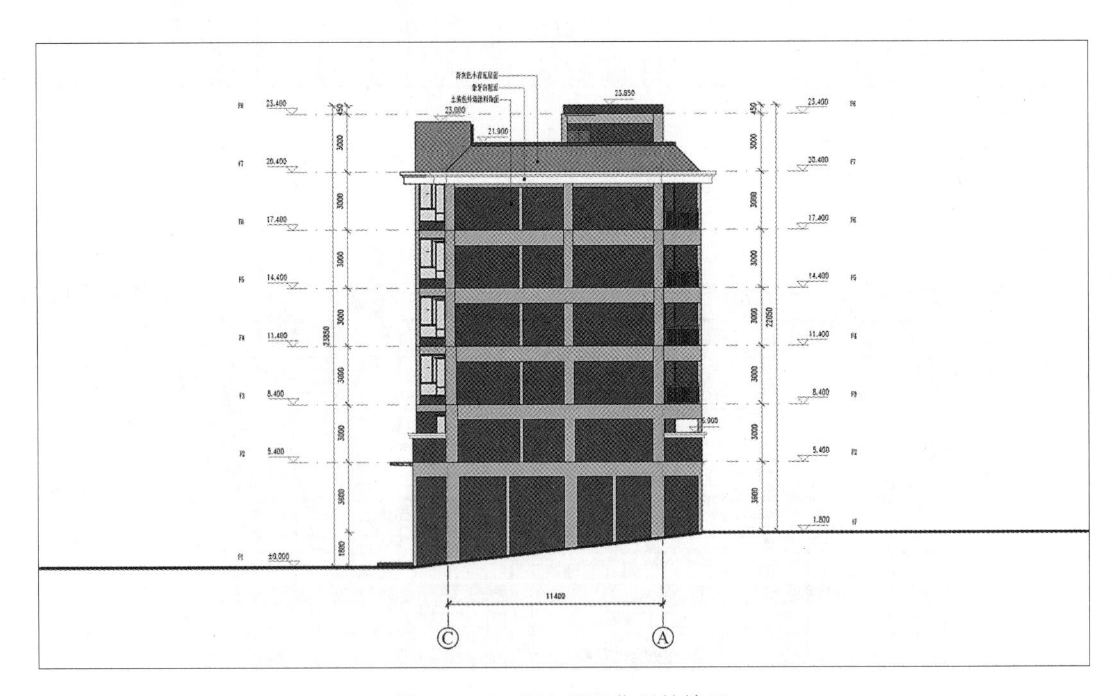

图 12-100　西立面深化后的效果

（14）剖面 2 视图的深化。选择“剖面 2”视图，如图 12-101 所示。

（15）放置调整“立面底线”，如图 12-102 所示。

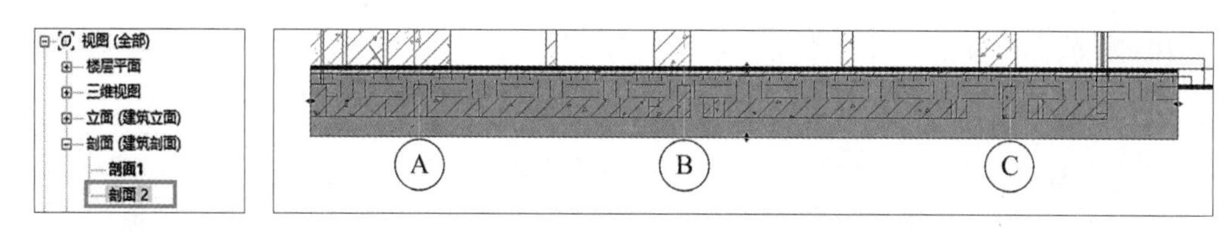

图 12-101　剖面选择　　　　　　图 12-102　立面底线

（16）依次单击“注释”选项卡→“详图”面板→“构件”工具，在弹出的下拉列表中选择“重复详图构件”命令，在类型选择器中选择“素土”，使用绘制方式直接绘制素土，如图 12-103 所示。

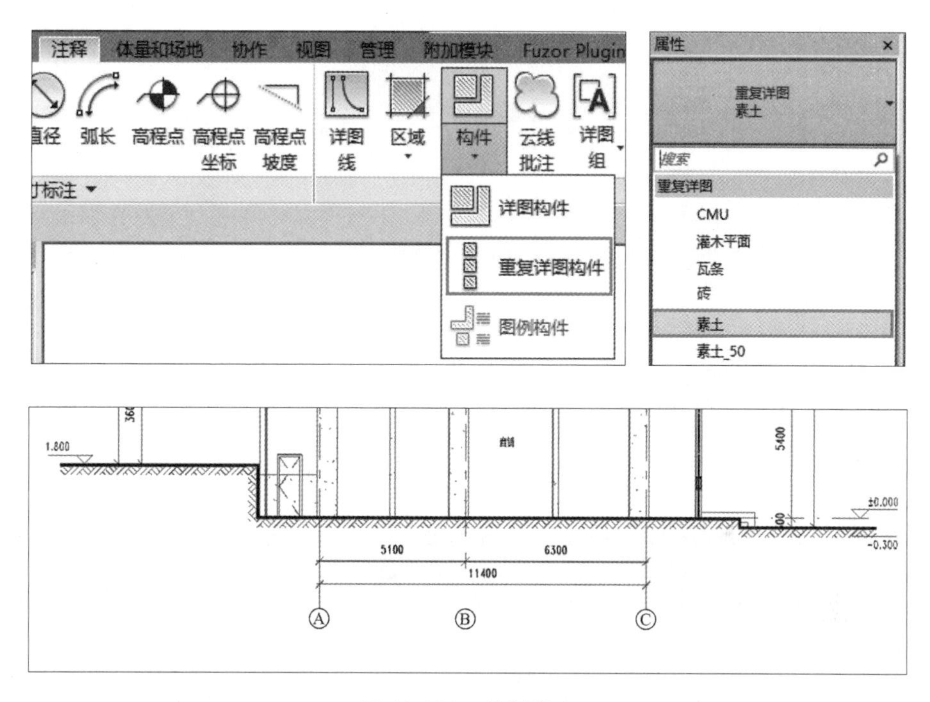

图 12-103　绘制素土

（17）添加高程点。依次单击“注释”选项卡→“尺寸标注”面板→“高程点”工具，选择“高程点：MC_ 高程 . 立面”，在图示位置添加，如图 12-104 所示。

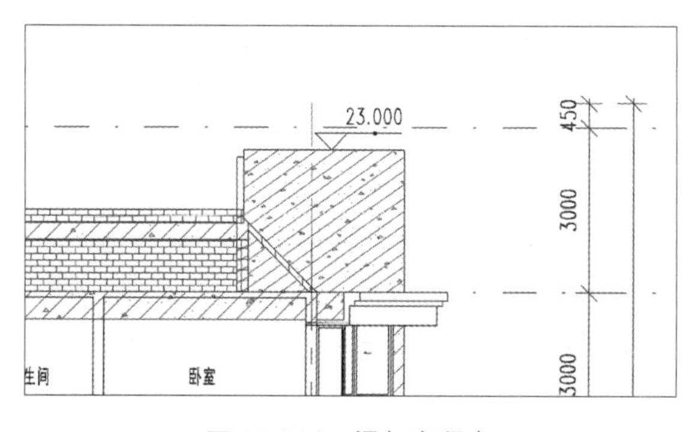

图 12-104　添加高程点

（18）在“剖面：剖面 2 的可见性 / 图形替换”对话框中设置栏杆的投影为灰色，如

图 12-105 所示。

（19）两次单击“确定”按钮后观察栏杆会灰显，如图 12-106 所示。

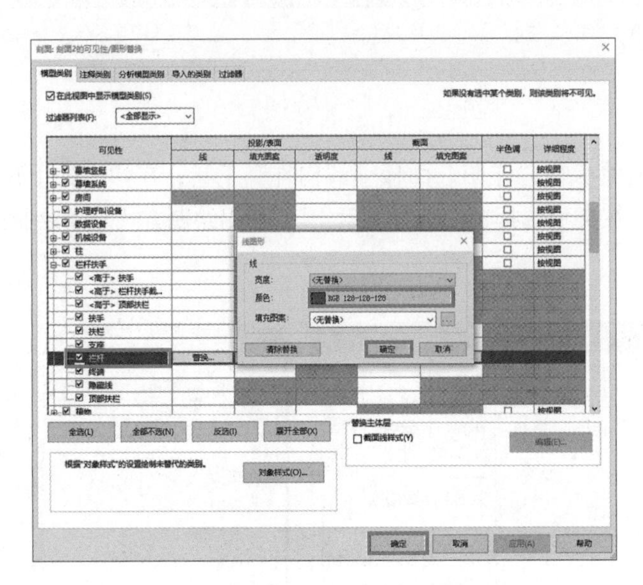

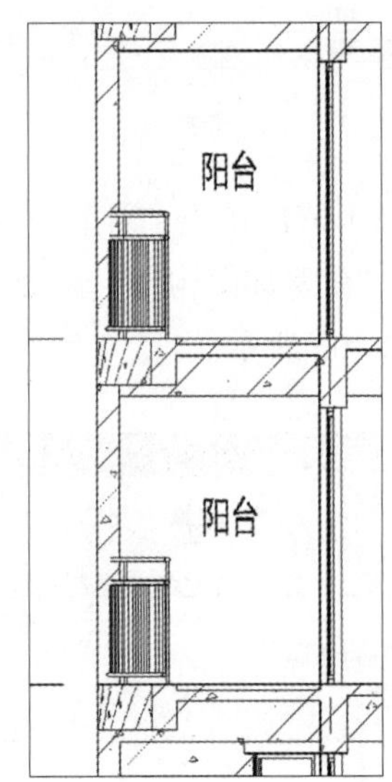

图 12-105　栏杆可见性 / 图形替换设置　　　图 12-106　栏杆灰显效果

（20）在剖面图中标记材质。依次单击“注释”选项卡→“标记”面板→“材质标记”工具，并在选项栏中勾选“引线”选项，单击拾取材质的点，拖曳放置位置，如图 12-107 所示。

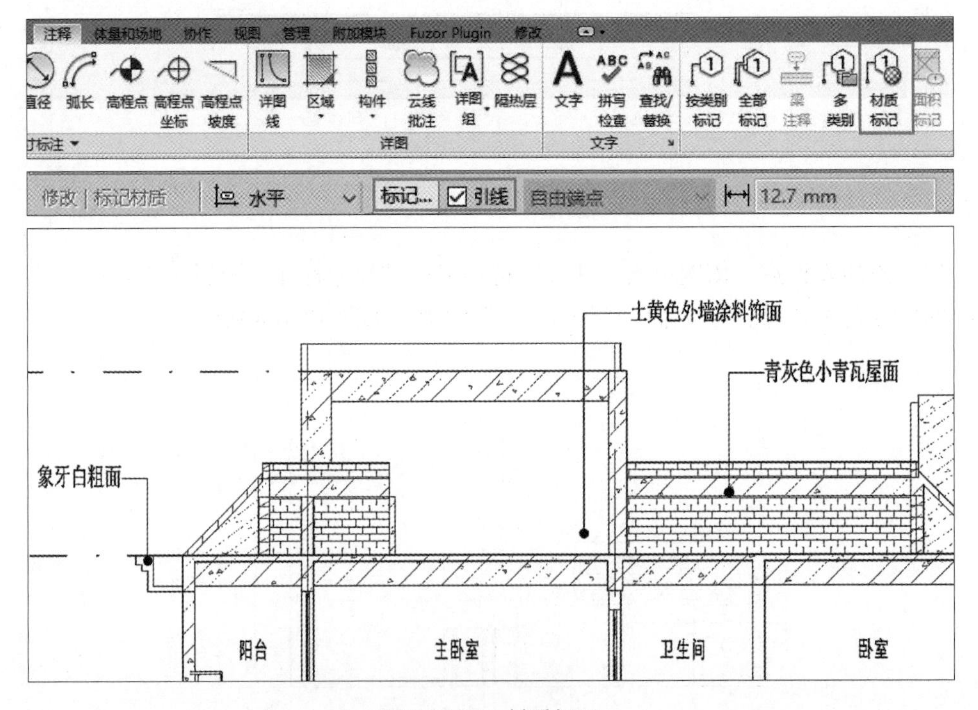

图 12-107　材质标记

（21）从当前视图创建视图样板“SG-剖面视图-100”，如图 12-108 所示。

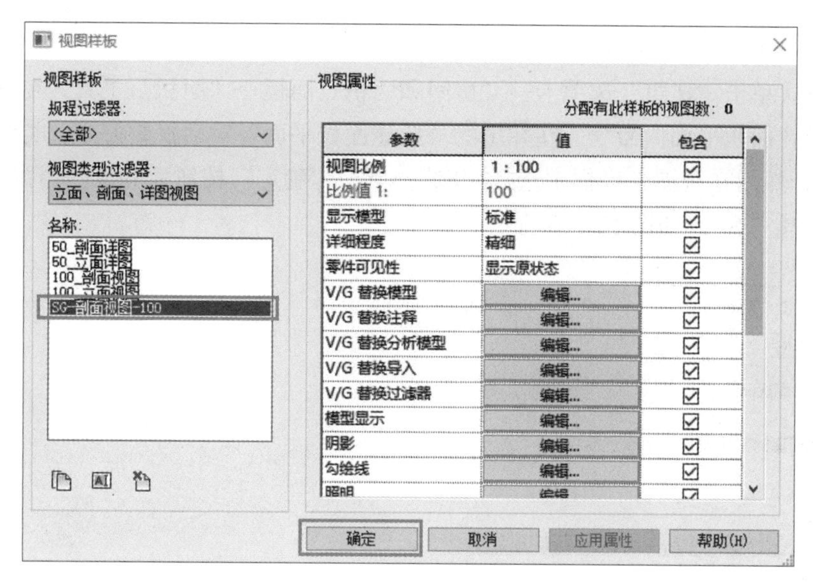

图 12-108　创建剖面视图样板

（22）剖面 2 视图的深化效果如图 12-109 所示。

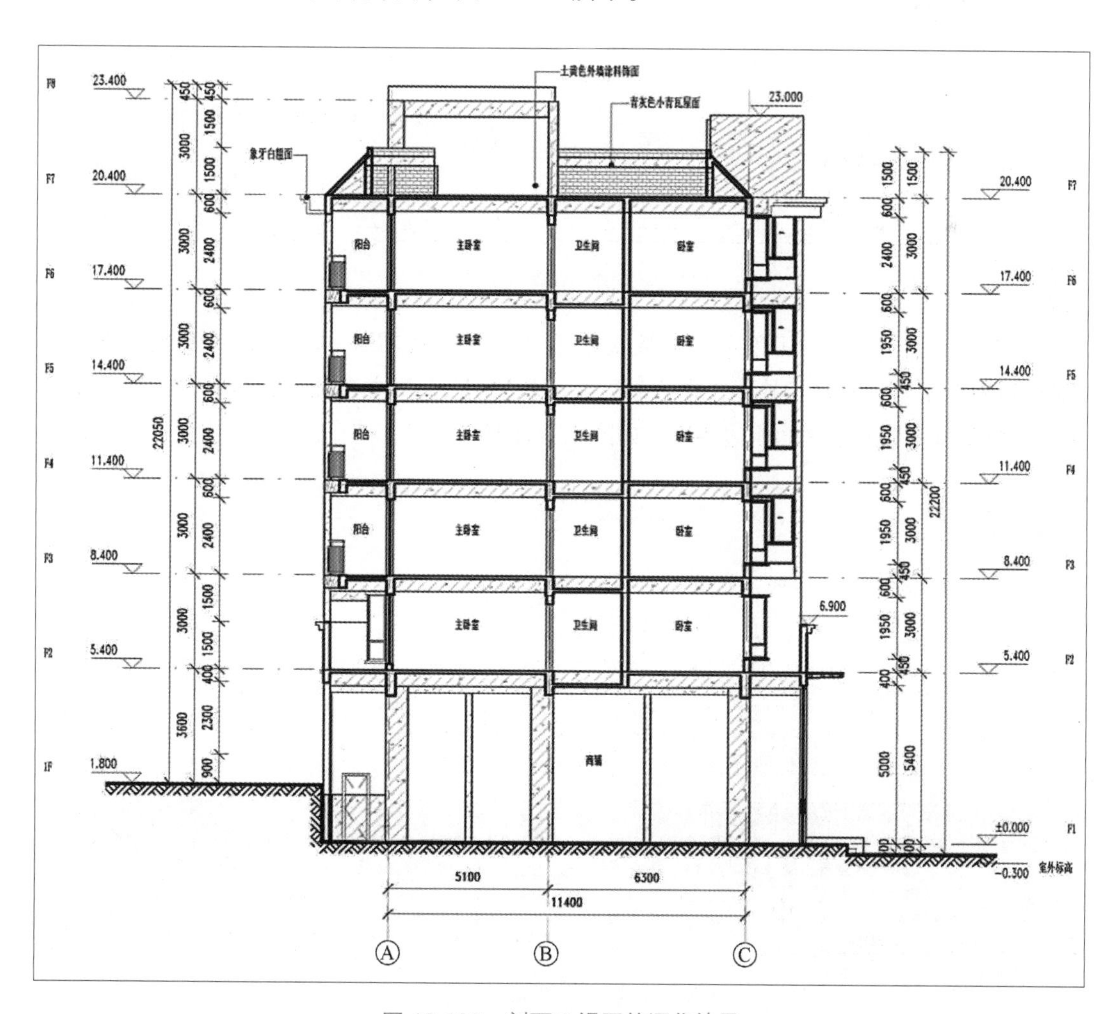

图 12-109　剖面 2 视图的深化效果

12.3.3 建筑面积统计

（1）依次单击“建筑”选项卡→“房间和面积”面板→“面积”工具，在弹出的下拉列表中选择“面积平面”命令。在弹出的“新建面积平面”对话框中修改“类型”为“总建筑面积”，然后在视图选择框中选择“F2”，单击“确定”按钮后完成。当弹出 Revit 对话框时，选择“否”，如图 12-110 所示。

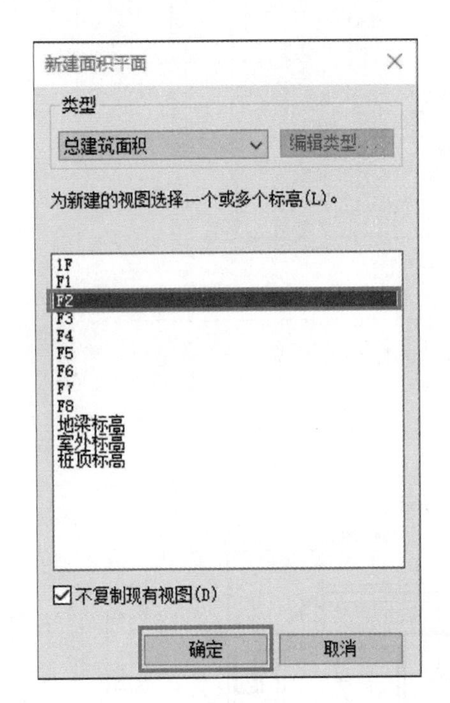

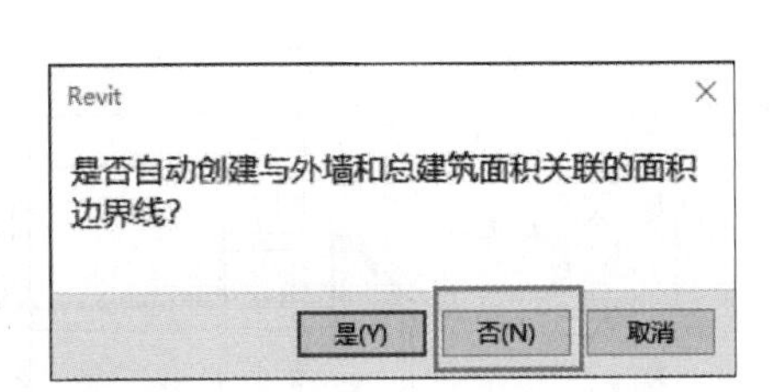

图 12-110 新建面积平面

（2）进入新建的 F2 面积平面，依次单击“建筑”选项卡→“房间和面积”面板→“面积边界”工具。自动切换至“修改 | 放置 面积边界”上下文选项卡，选择“绘制”面板中的“线”命令，绘制面积边界线，如图 12-111 所示。

在绘制 F2 面积平面时，需排除入口门厅的面积。

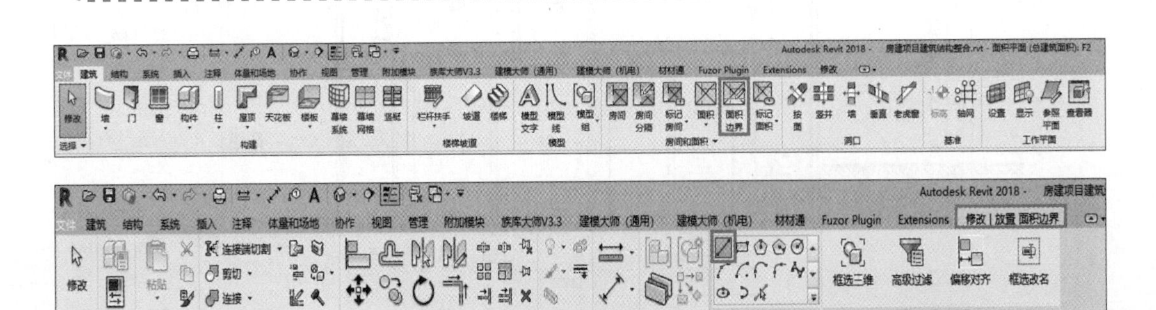

图 12-111 绘制面积边界线

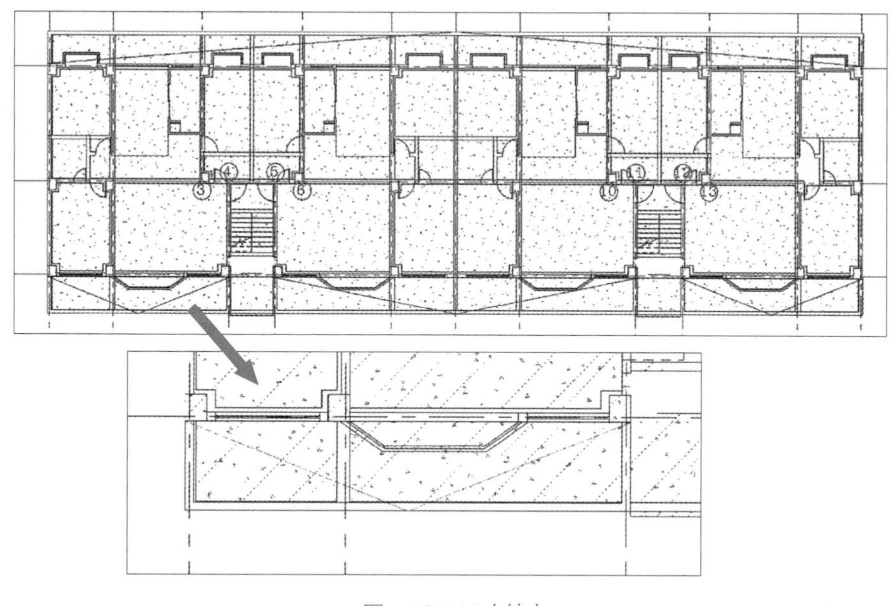

图　12-111（续）

（3）依次单击“建筑”选项卡→“房间和面积”面板→“面积”工具，在弹出的下拉列表中选择“面积”命令。自动切换至“修改 | 放置 面积”上下文选项卡，选择“在放置时进行标记”面板中的“在放置时进行标记”命令，在绘图区域的面积边界线内进行放置，如图 12-112 所示。

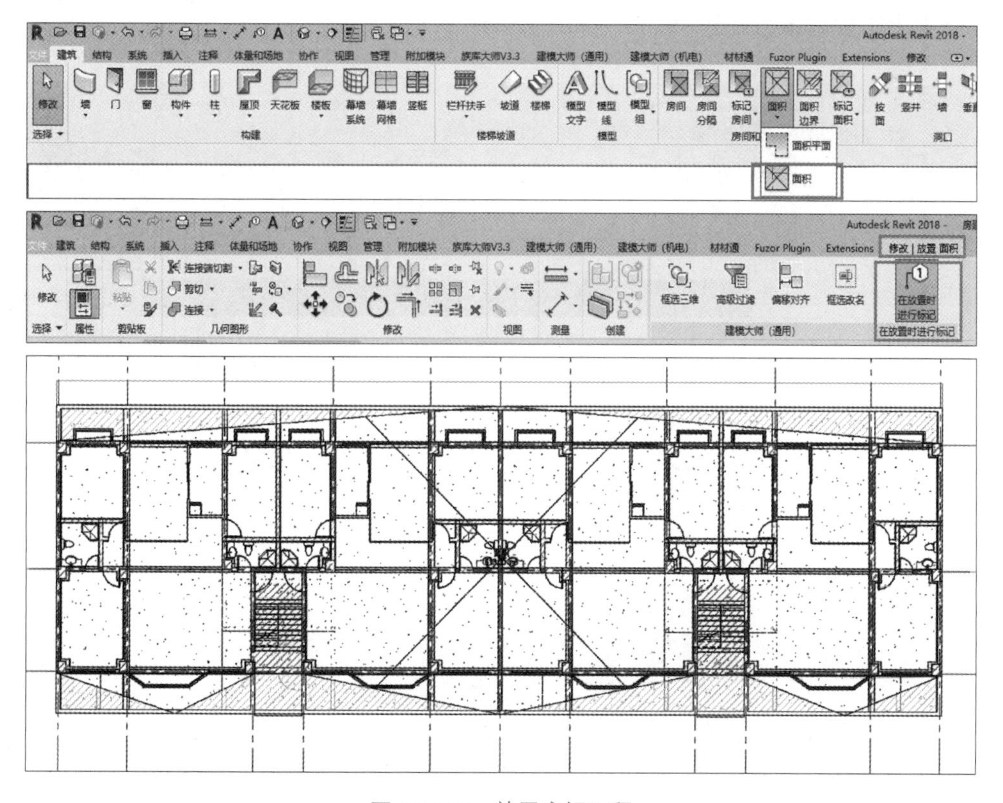

图 12-112　放置房间面积

（4）重复以上操作，完成 F1、F3~F6 面积平面的绘制及放置房间面积，其中 F3~F6 面积边界线完全相同，可通过在绘图区域选择绘制的房间边界线，再依次单击“剪贴板”面积→“复制到剪贴板”工具，然后单击左侧的“粘贴”工具，在弹出的下拉列表中选择“与选定的视图对齐”命令，在弹出的“选择视图”对话框中选择楼层平面“F4、F5、F6”，单击“确定”按钮快速完成绘制，如图 12-113 所示。

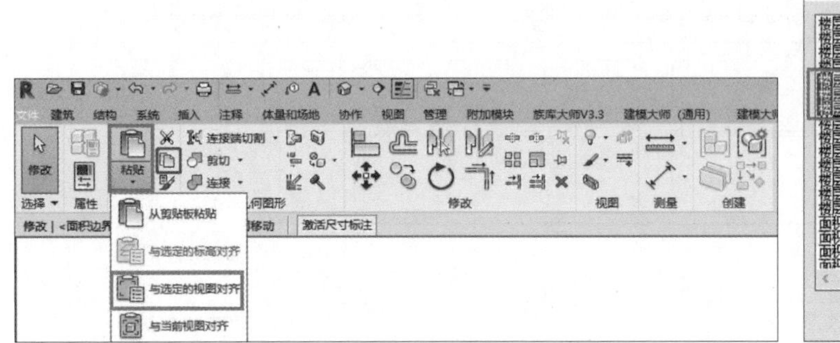

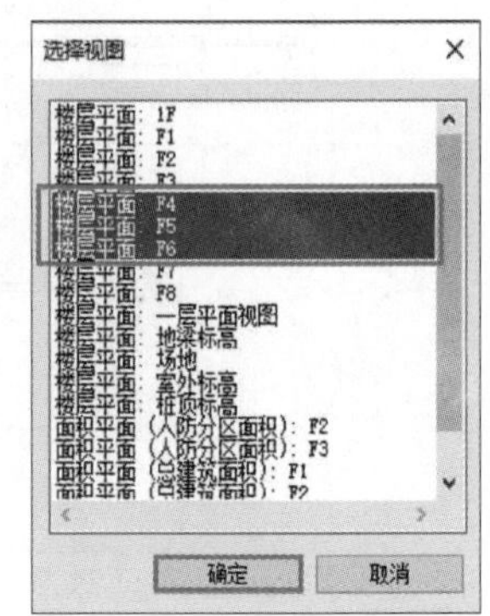

图 12-113 复制房间边界线

（5）依次单击“视图”选项卡→“创建”面板→“明细表”工具，在弹出的下拉列表中选择“明细表 / 数量”命令。在弹出的“新建明细表”对话框中选择“类别”为“面积（总建筑面积）”，输入“名称”为“建筑面积明细表（总建筑面积）”，单击“确定”按钮进入“明细表属性”设置对话框，如图 12-114 所示。

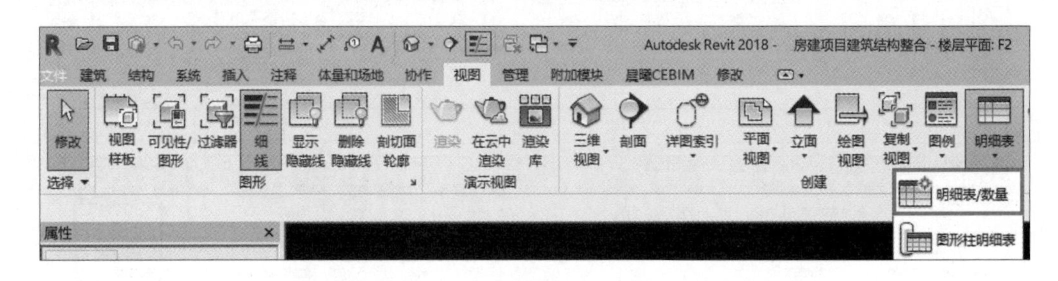

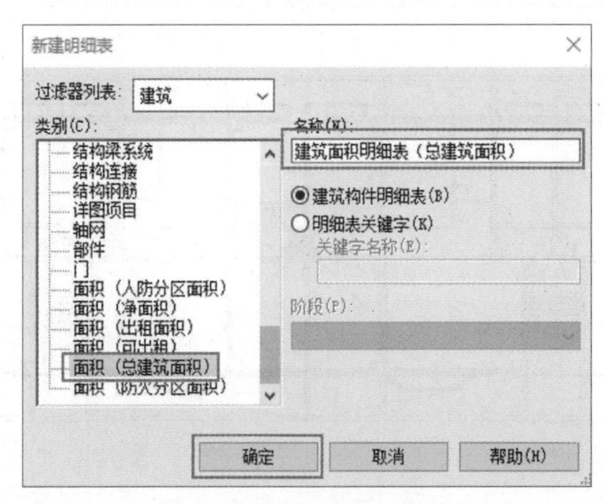

图 12-114 创建明细表

（6）在“字段”选项卡中依次添加“标高”“面积”“合计”作为明细表的字段内容，如图 12-115 所示。

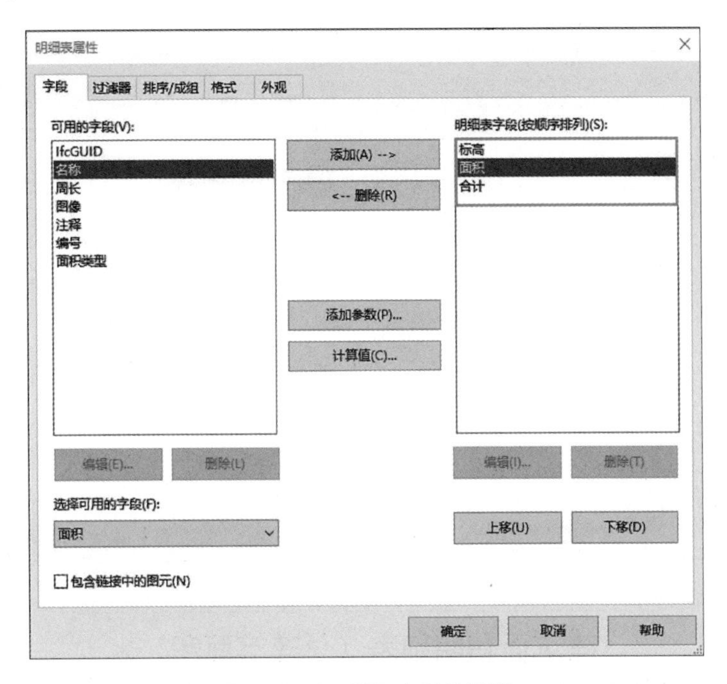

图 12-115　明细表属性设置

（7）在“排序 / 成组”选项卡中，以“标高”作为明细表的排序方式，勾选“总计”选项，并选择“仅总数”作为总计内容，如图 12-116 所示。

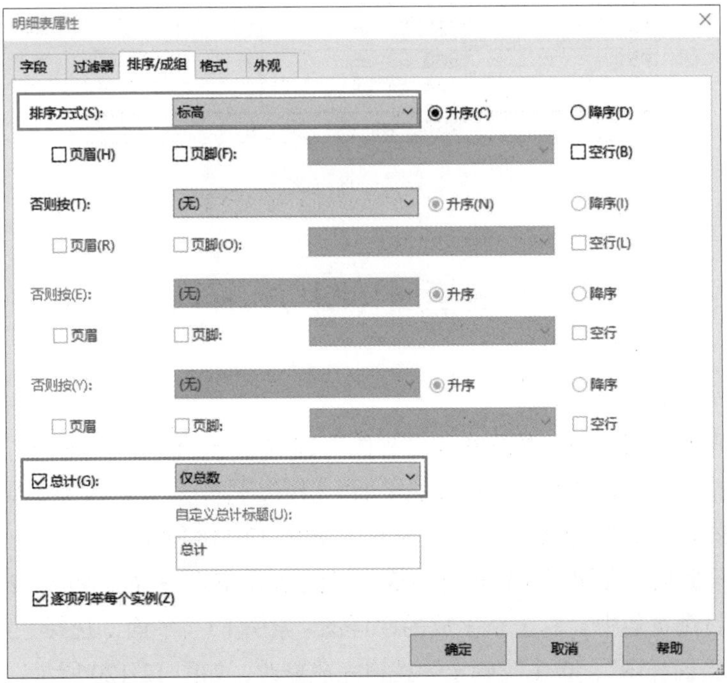

图 12-116　明细表属性设置

（8）在“格式”选项卡中分别选择“面积”及“合计”字段，勾选“计算总数”选项，单击“确定”按钮完成明细表属性设置，完成后的明细表如图 12-117 所示。

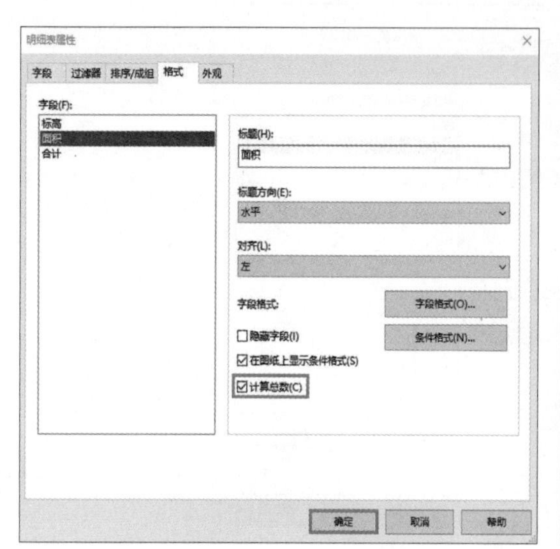

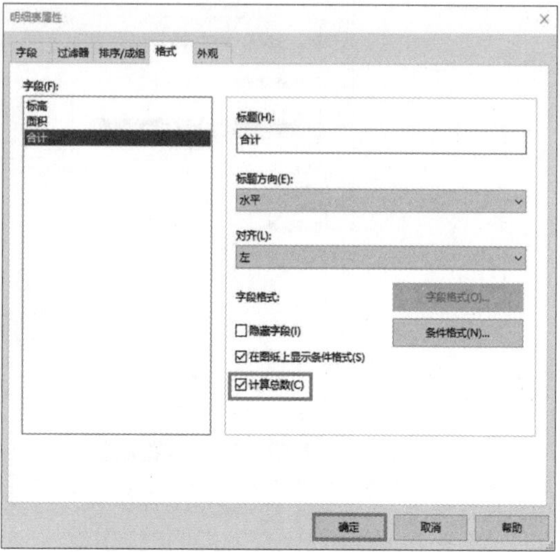

<建筑面积明细表（总建筑面积）>

A	B	C
标高	面积	合计
F1	705.32 m²	1
F2	613.52 m²	1
F3	560.48 m²	1
F4	560.83 m²	1
F5	560.53 m²	1
F6	560.59 m²	1
	3561.26 m²	6

图 12-117　明细表属性设置及完成后的明细表

12.4　施工图详图与大样设计

12.4.1　户型放大图详图设计

（1）进入平面视图“F3”，依次单击“视图”选项卡→“创建”面板→“详图索引”工具，在类型选择器中选择“系统族：楼层平面”“楼层平面”，并修改类型属性中“详图索引标记”为“R3mm”，“参照标签”为“Sim”，如图 12-118 所示。

（2）完成设置后，在图示位置框选生成“详图索引 -F3”平面，如图 12-119 所示。

（3）在项目浏览器中，右击新生成的“详图 - 索引 F3”平面，选择“重命名”选项，输入“户型 A 平面详图”，单击“确定”按钮完成修改，如图 12-120 所示。

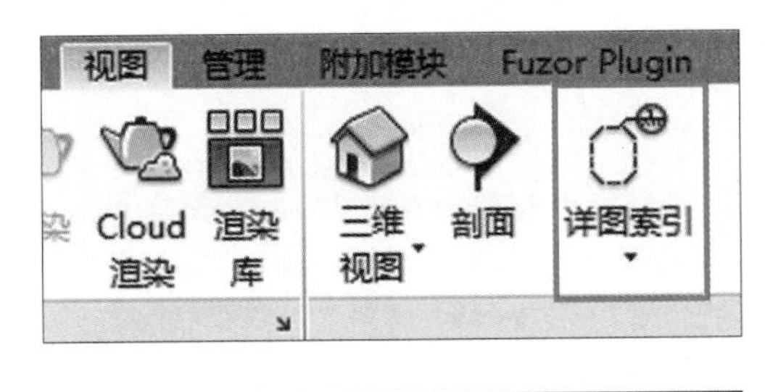

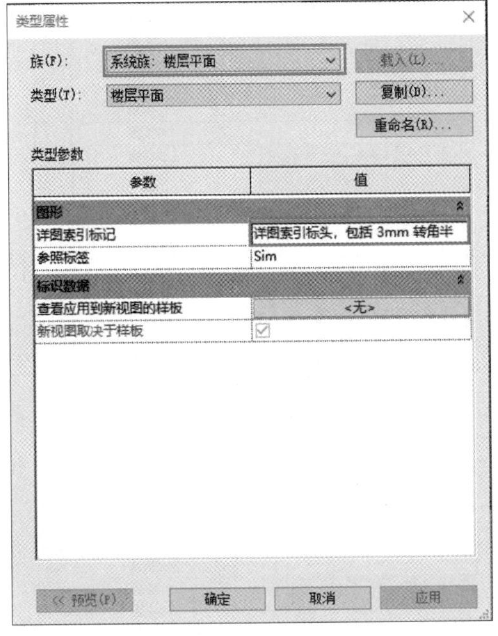

图 12-118 详图索引属性设置

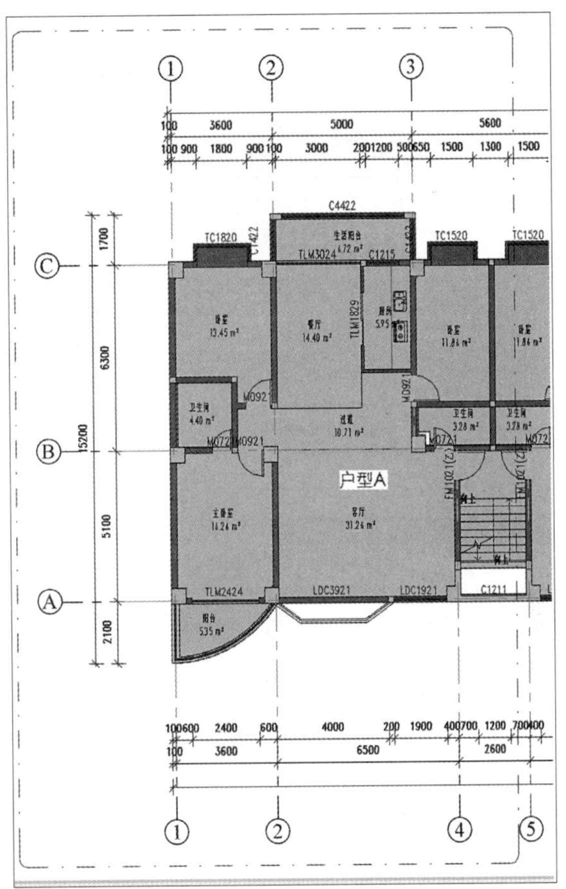

图 12-119 生成详图索引

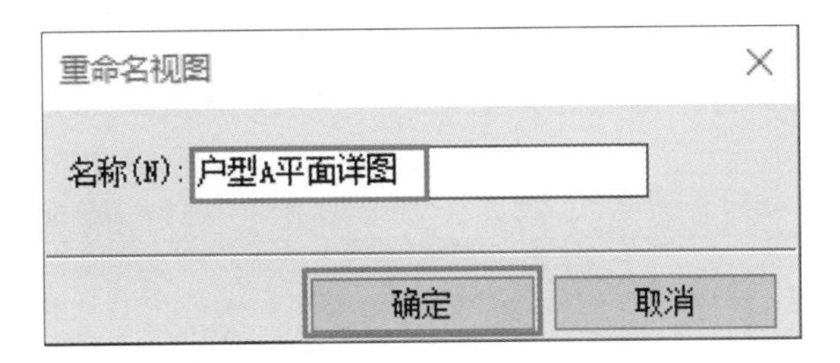

图 12-120 视图名称命名

（4）进入“户型 A 平面详图”视图，在视图中恢复家具构件的可见性。依次单击“视图”选项卡→“图形”面板→“可见性 / 图形”命令，在弹出的“可见性 / 图形替换”对话框中恢复“卫浴装置”“家具”“常规模型”“橱柜”“电器装置”“01_ 实线 _ 灰”的可见性，如图 12-121 所示。

（5）进入“户型 A 平面详图”视图，载入族文件“FA_ 剖断线 .rfa”，如图 12-122 所示。

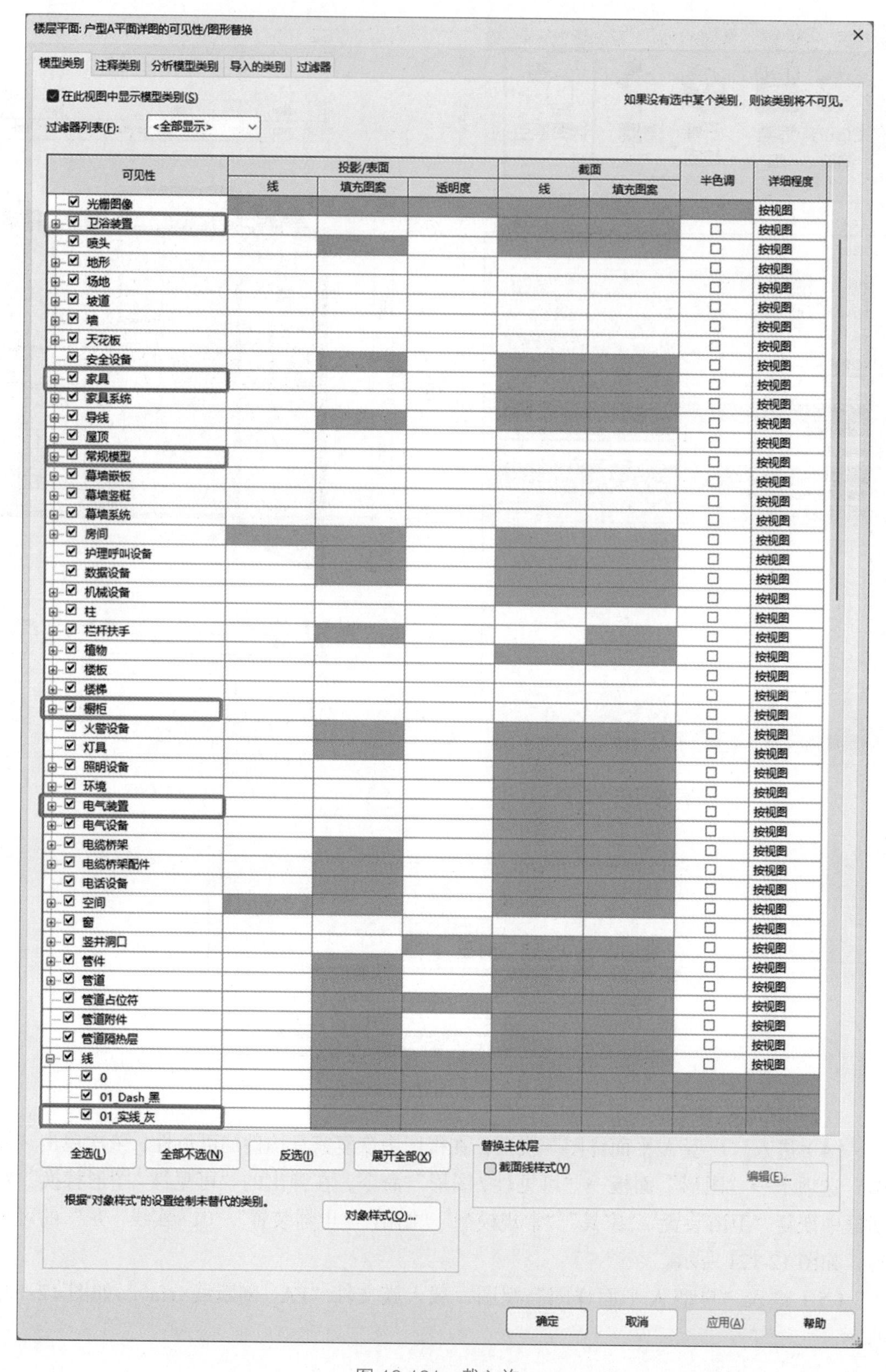
楼层平面: 户型A平面详图的可见性/图形替换
模型类别
注释类别
分析模型类别
导入的类别
过滤器
在此视图中显示模型类别(S)
如果没有选中某个类别，则该类别将不可见。
过滤器列表(F):
<全部显示>
可见性
投影/表面
线
填充图案
透明度
截面
线
填充图案
半色调
详细程度
光栅图像
卫浴装置
喷头
地形
场地
坡道
墙
天花板
安全设备
家具
家具系统
导线
屋顶
常规模型
幕墙嵌板
幕墙竖梃
幕墙系统
房间
护理呼叫设备
数据设备
机械设备
柱
栏杆扶手
植物
楼板
楼梯
橱柜
火警设备
灯具
照明设备
环境
电气装置
电气设备
电缆桥架
电缆桥架配件
电话设备
空间
窗
竖井洞口
管件
管道
管道占位符
管道附件
管道隔热层
线
0
01_Dash_黑
01_实线_灰
按视图
全选(L)
全部不选(N)
反选(I)
展开全部(X)
替换主体层
截面线样式(Y)
编辑(E)...
根据"对象样式"的设置绘制未替代的类别。
对象样式(O)...
确定
取消
应用(A)
帮助

图 12-121　载入族

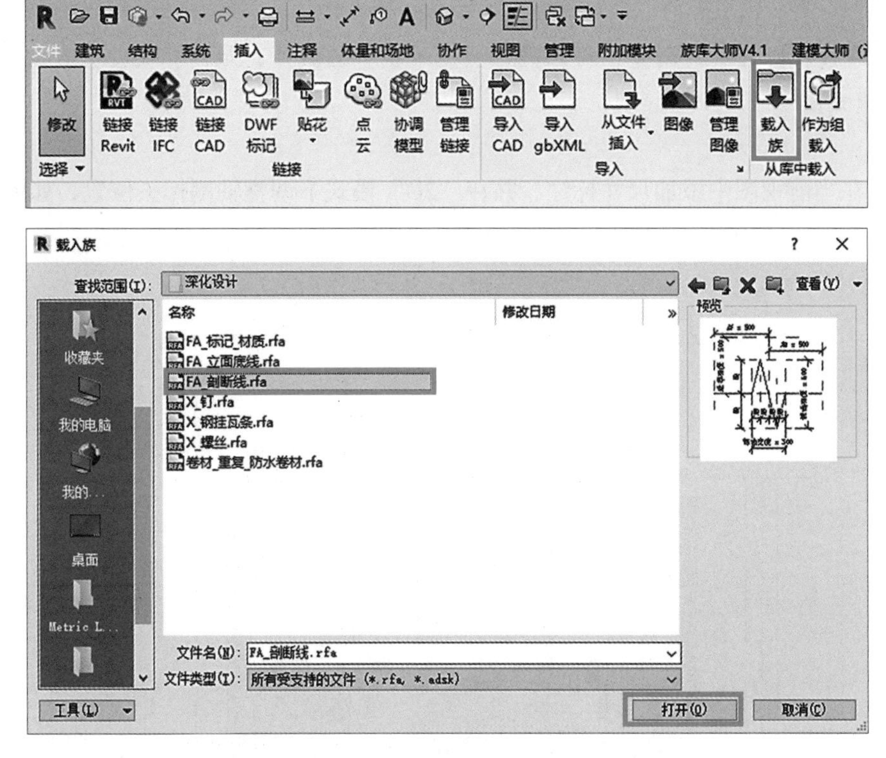

图 12-122　载入族

（6）在当前视图中添加剖断线，如图 12-123 所示。

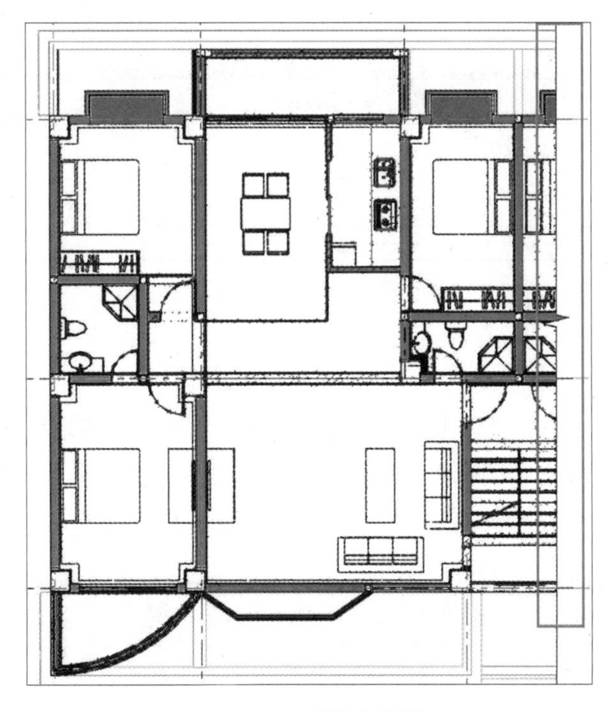

图 12-123　添加剖断线

说明

可通过裁剪区域的调整，将轴网标头置于裁剪区域外，轴网标头便会自动转变为“2D”模式。

（7）在当前视图中添加尺寸标注，并在“2D”模式下调整轴网标头位置，如图 12-124 所示。

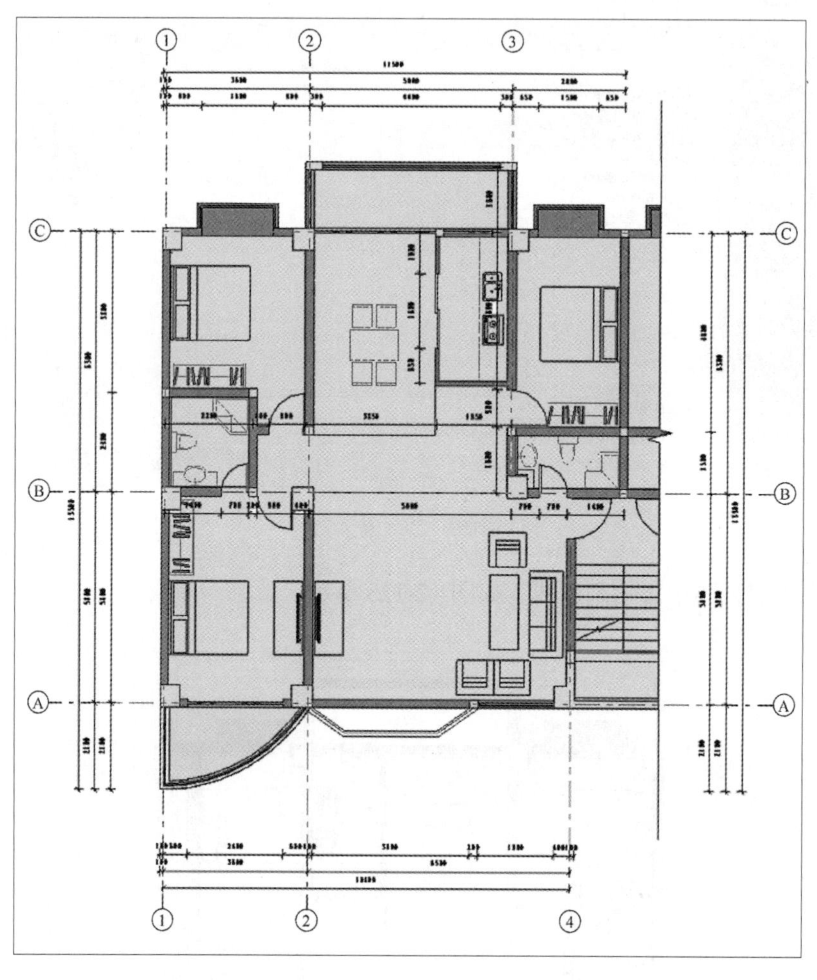

图 12-124　轴网标头位置调整

（8）依次单击“注释”选项卡→“符号”工具，在类型选择器中选择“FA_ 符号 _ 详图索引 图籍索引”，单击“编辑类型”按钮，在“类型属性”对话框中设置“引线箭头”为“圆点 0.75mm”，单击“确定”按钮完成设置，如图 12-125 所示。

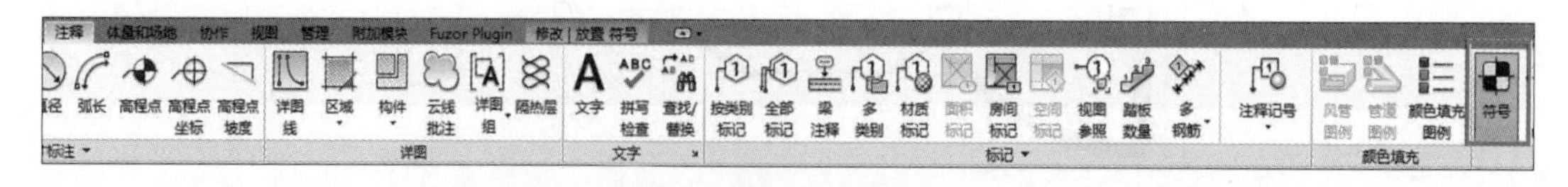

图 12-125　详图索引类型属性设置

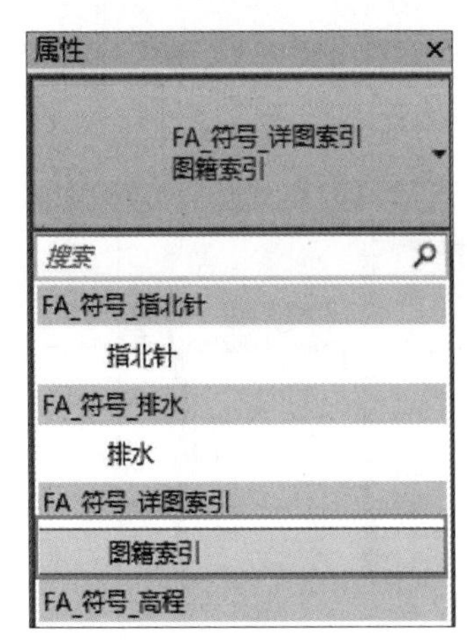

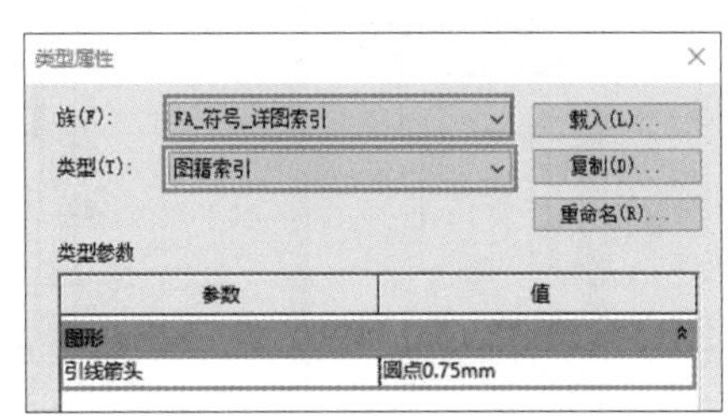

图　12-125（续）

（9）在“符号”命令激活的情况下，设置选项栏中“引线数”为“1”，将图籍索引符号放置于厨房排烟道的一侧，并拖曳引线端点到排烟道位置，如图 12-126 所示。

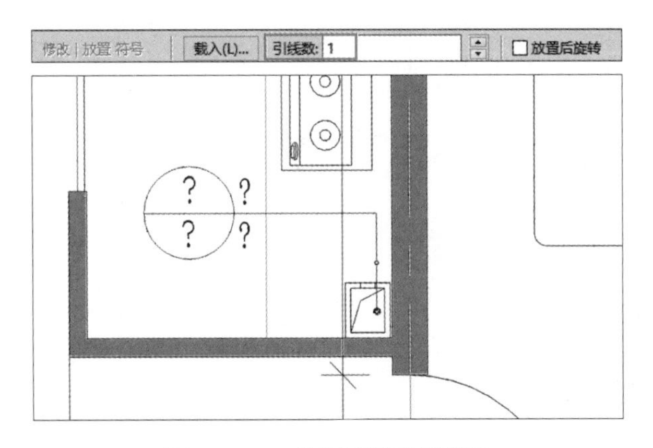

图 12-126　放置图籍索引符号

（10）双击图籍索引符号“？”标志，输入相关内容，如图 12-127 所示。

（11）用相同的方法为卫生间排气道添加图籍索引符号，如图 12-128 所示。

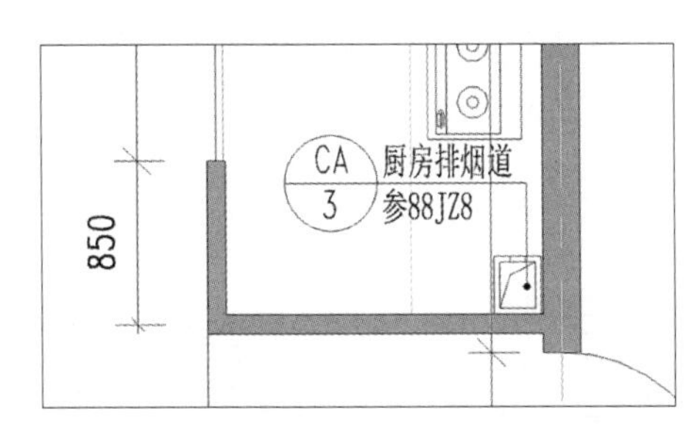

图 12-127　输入文字

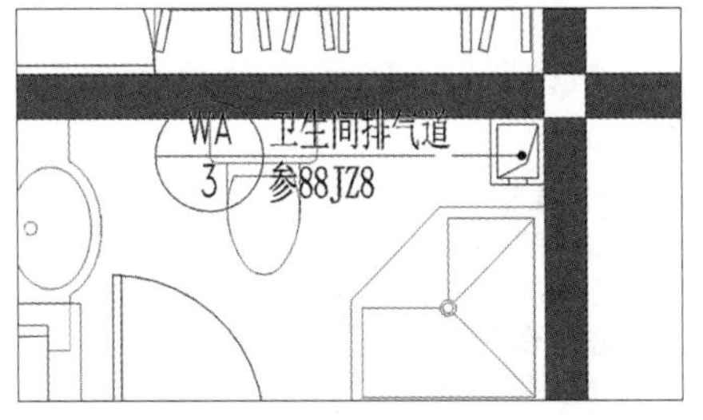

图 12-128　完成图籍索引符号的添加

（12）为该视图添加门窗标记，整体效果如图 12-129 所示。

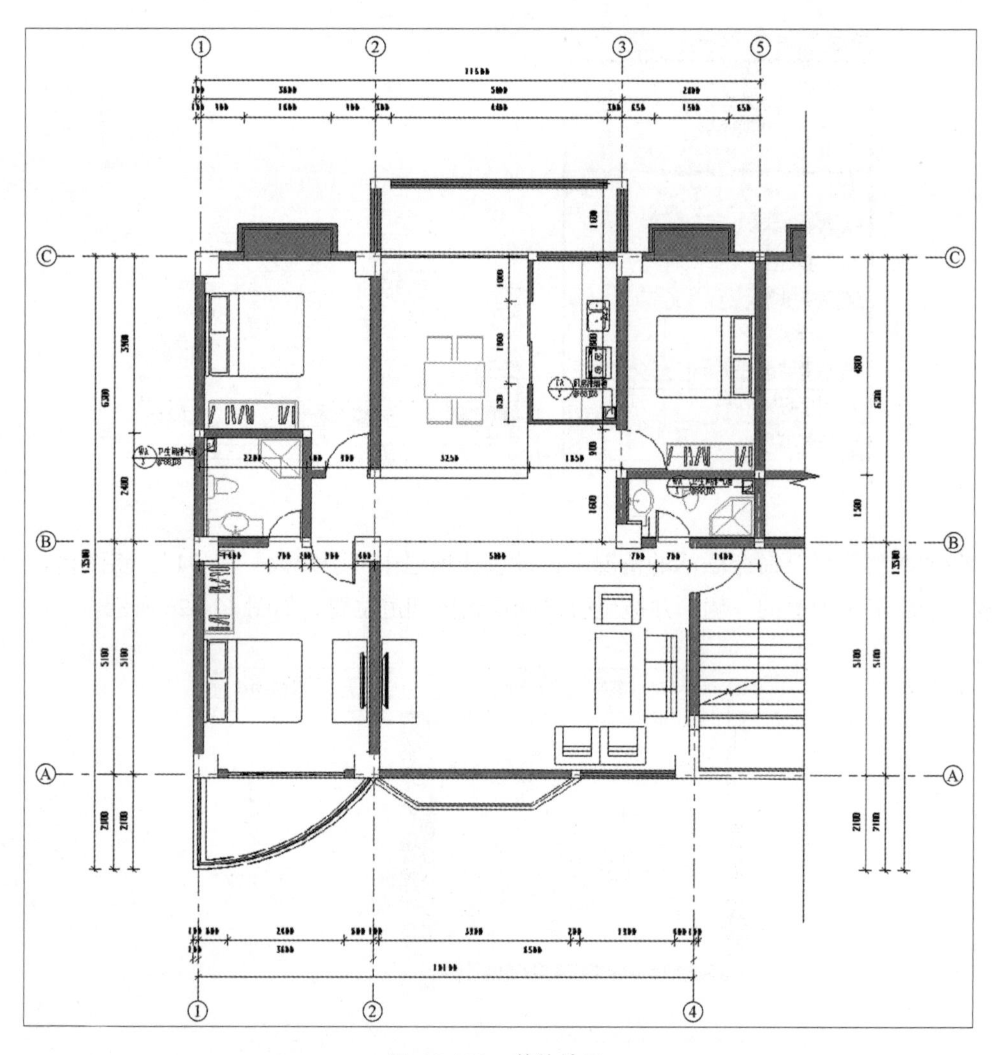

图 12-129　整体效果

12.4.2　外檐节点大样设计

（1）进入剖面图“剖面 2”，依次单击“视图”选项卡→“创建”面板→“详图索引”工具，单击“编辑类型”按钮，在“类型属性”对话框中按图示内容修改属性，单击“确定”按钮完成设置，在图示位置索引详图，如图 12-130 所示。

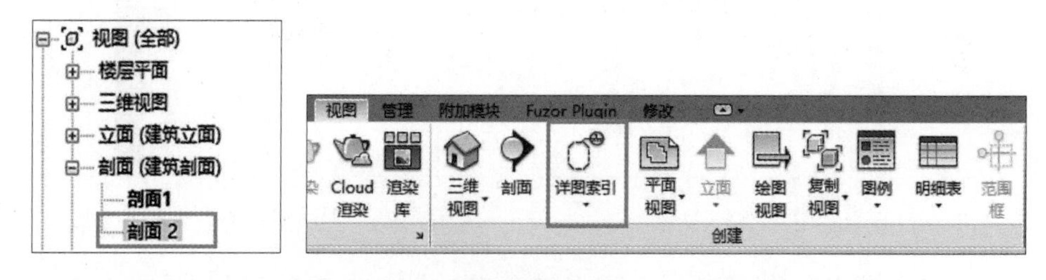

图 12-130　详图类型属性设置及详图的索引

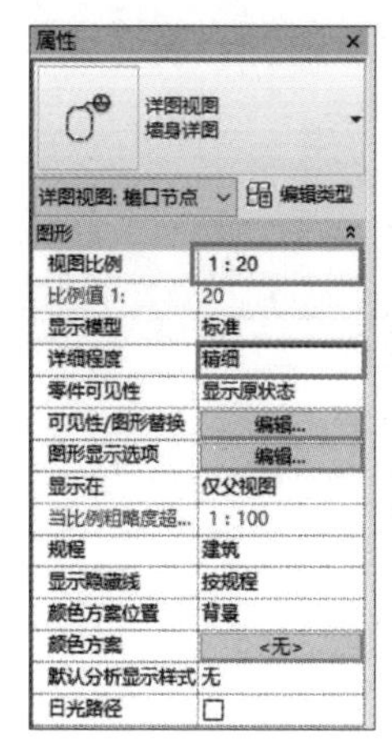

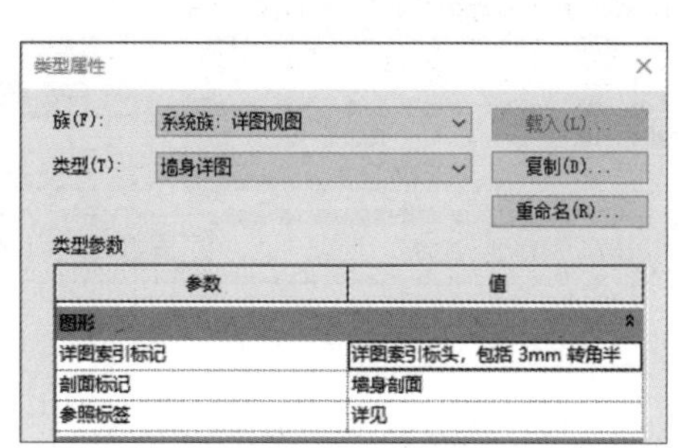

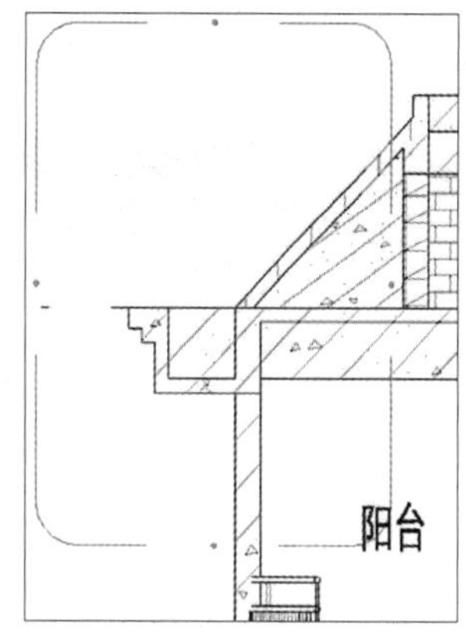

图　12-130（续）

（2）进入详图视图“详图 0”，依次单击“修改”选项卡→“属性”按钮，按图示内容修改实例属性，单击“确定”按钮完成设置，如图 12-131 所示。

范围	
裁剪视图	☑
裁剪区域可见	☐
注释裁剪	☐
远剪裁	剪裁时无截面线
远剪裁偏移	3000.0
远剪裁设置	不相关
父视图	剖面1
范围框	无
标识数据	
视图样板	<无>
视图名称	檐口节点详图
相关性	不相关
图纸上的标题	
参照图纸	建施-203
参照详图	1
阶段化	
阶段过滤器	完全显示
相位	新构造

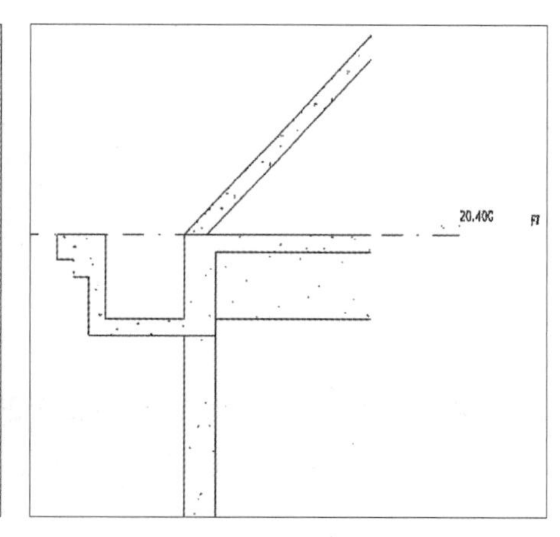

图 12-131　修改详图实例属性及效果

（3）将详图实例属性设置完成后的“详图 0”隐藏框架梁，如图 12-132 所示。

（4）框架梁隐藏后的效果如图 12-133 所示。

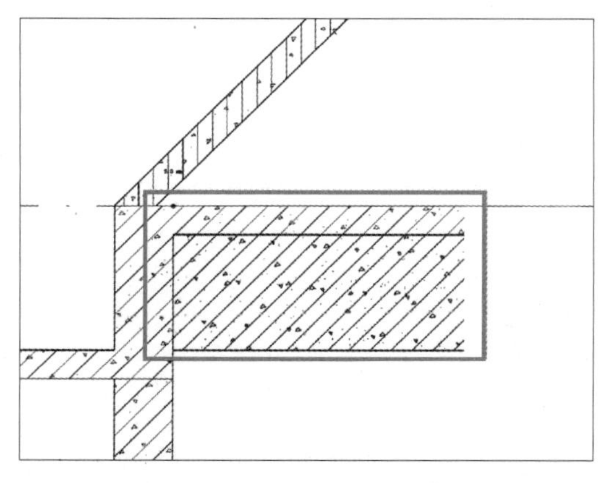

图 12-132　隐藏框架梁

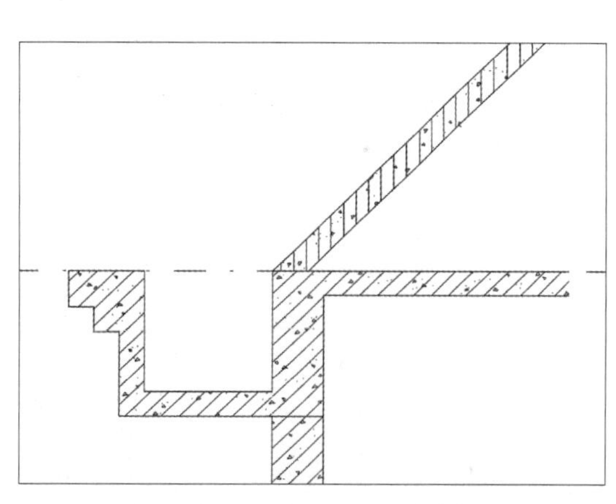

图 12-133　隐藏框架梁后的效果

（5）依次单击“注释”选项卡→“详图”面板→“详图线”工具，设置“线样式”为“02_实线_黑”，在选项栏中设置“偏移量”为“20”，如图 12-134 所示。

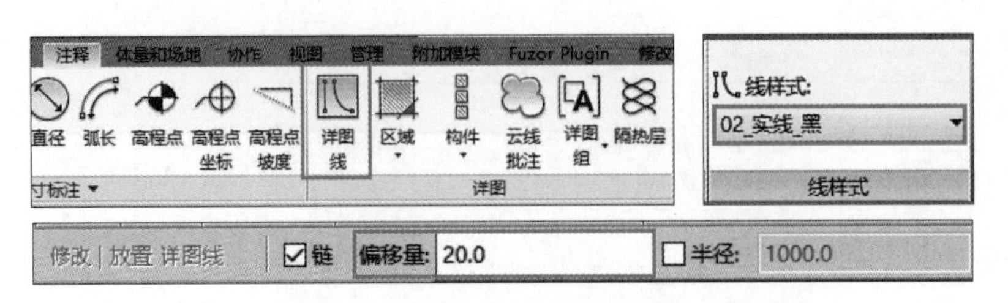

图 12-134　线样式设置

（6）绘制女儿墙防水砂浆找坡层，绘制效果如图 12-135 所示。

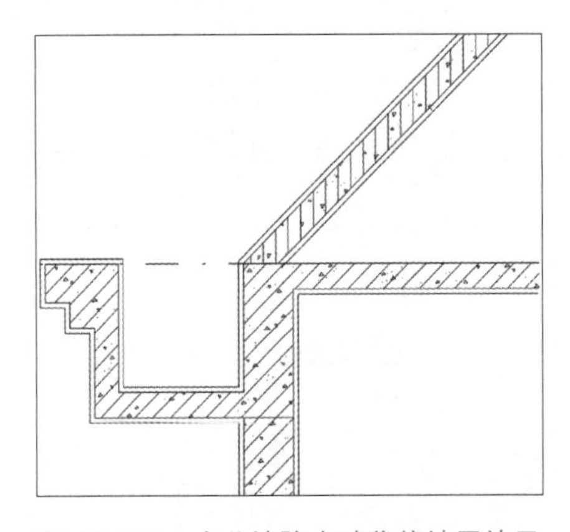

图 12-135　女儿墙防水砂浆找坡层效果

（7）继续上述操作，绘制另外一部分的保温隔热层，设置“线样式”为“02_实线_黑”，在选项栏中设置“偏移量”为“90”，如图 12-136 所示。

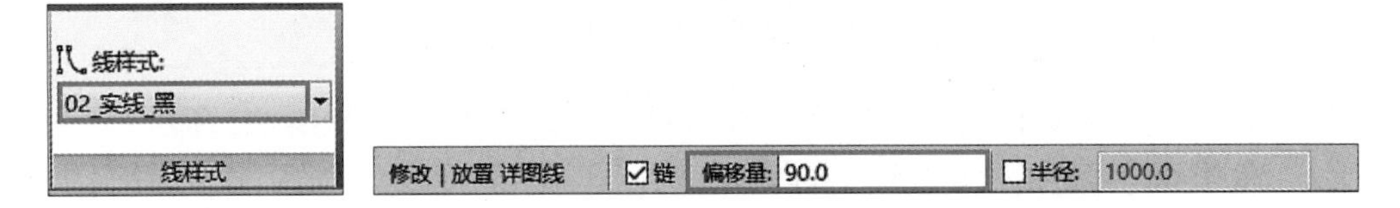

图 12-136　线样式设置

（8）绘制详图线，如图 12-137 所示。

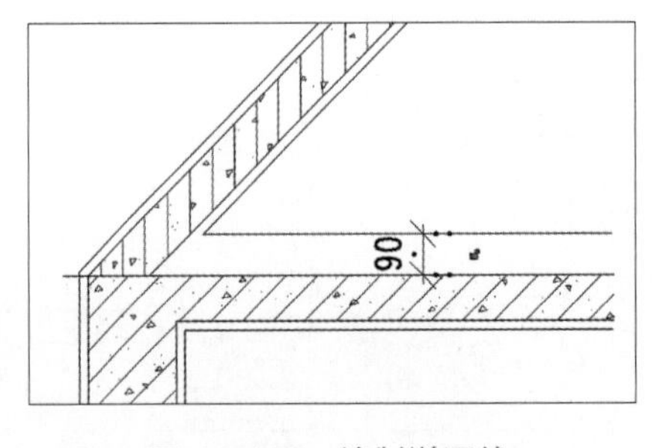

图 12-137　绘制详图线

（9）依次单击“建筑”选项卡→“工作平面”面板→“参照平面”工具，自动切换至“修改 | 放置 参照平面”上下文选项卡，选择“绘制”面板中的“直线”命令 ，在选项栏中设置“偏移”为“10”。在视图中绘制参照平面，如图 12-138 所示。

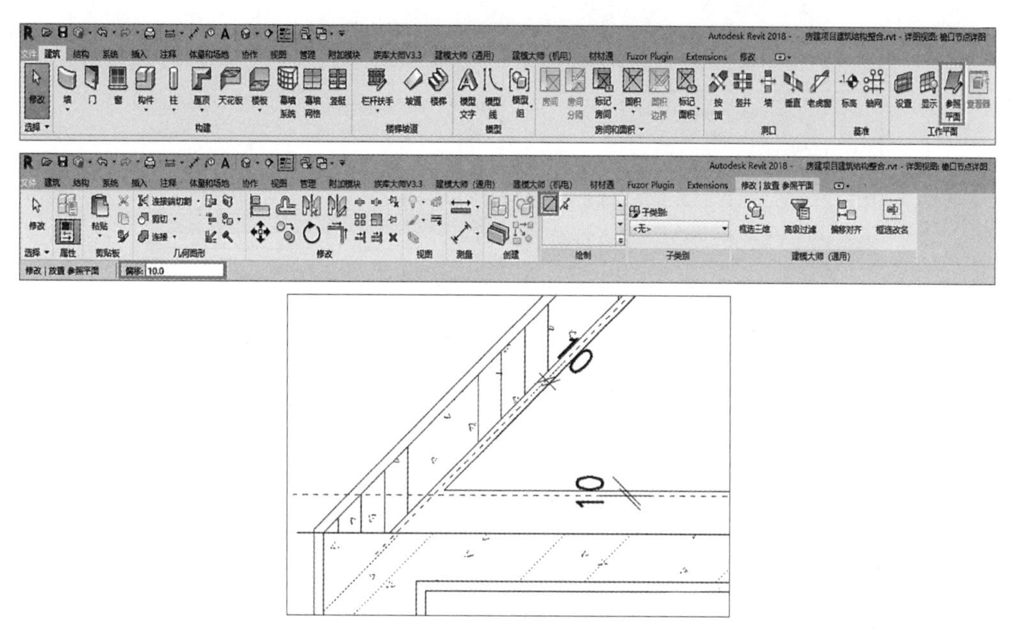

图 12-138　绘制参照平面

（10）依次单击“插入”选项卡→“从库中载入”面板→“载入族”工具，在弹出的“载入族”对话框中依次打开“案例所需资料”→“深化设计”文件夹，选择“卷材 _ 重复 _ 防水卷材 .rfa”文件，单击“打开”按钮载入族文件，如图 12-139 所示。

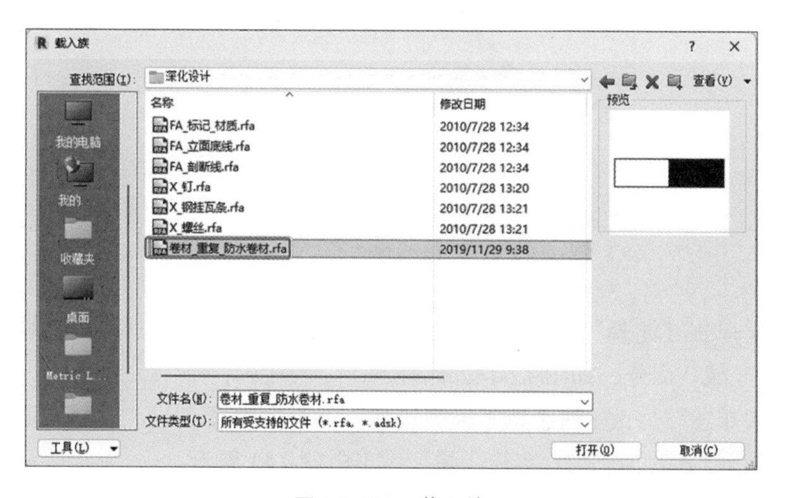

图 12-139　载入族

（11）依次单击“注释”选项卡→“详图”面板→“构件”工具，在弹出的下拉列表中选择“详图构件”命令。在类型选择器中选择“卷材 _ 重复 _ 防水卷材 防水卷材 - 黑白间距 _30mm”，设置详图构件的类型属性，如图 12-140 所示。

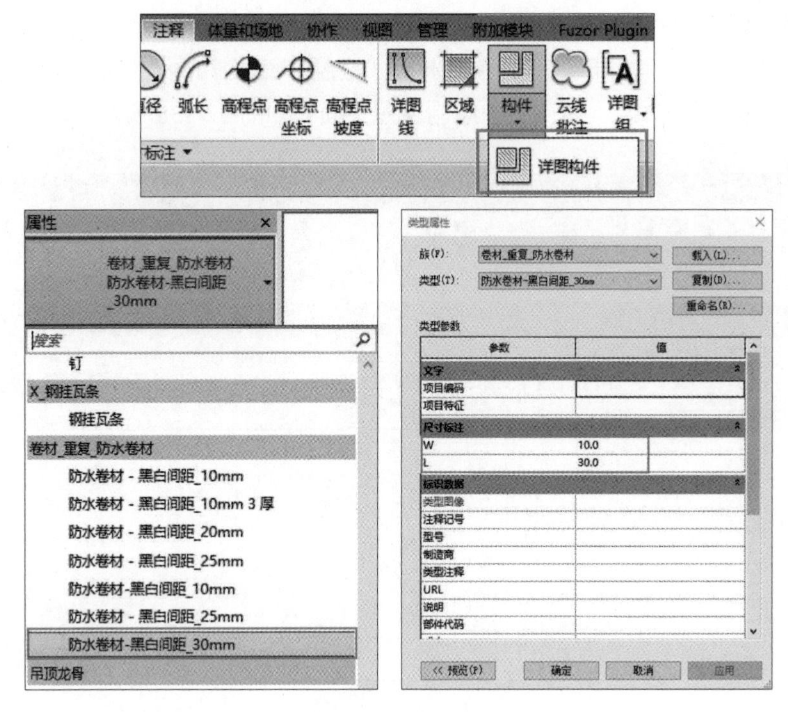

图 12-140 防水卷材类型属性设置

（12）绘制完成的屋面防水卷材如图 12-141 所示。

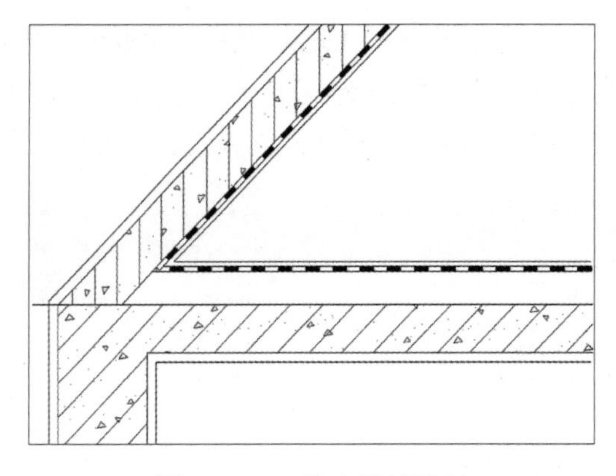

图 12-141 防水卷材绘制

（13）依次单击“注释”选项卡→“详图”面板→“区域”工具，在弹出的下拉列表中选择“填充区域”命令，如图 12-142 所示。

（14）依次单击“修改 | 创建填充区域边界”上下文选项卡→“绘制”面板→“直线”工具，设置“线样式”为“02_实线_黑”，如图 12-143 所示。

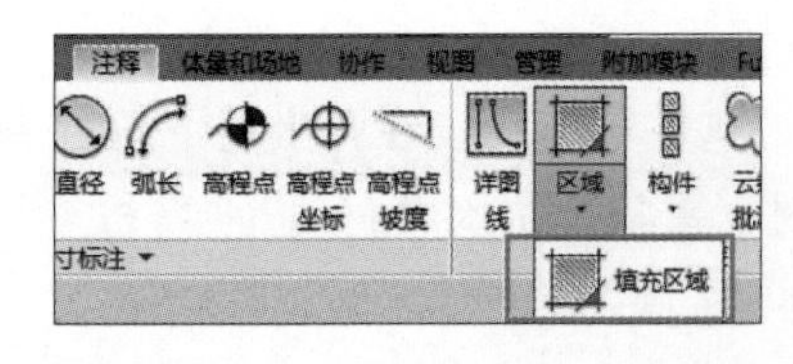

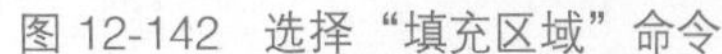

图 12-142 选择“填充区域”命令

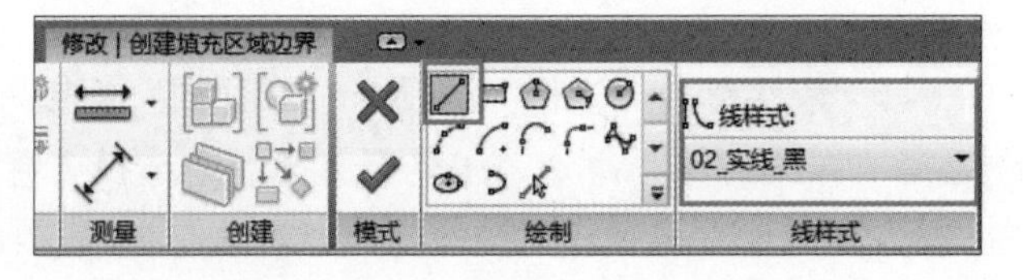

图 12-143 创建填充区域边界

（15）绘制填充区域，设置“偏移量”为“40”，绘制完成后单击“完成”按钮，绘制效果如图 12-144 所示。

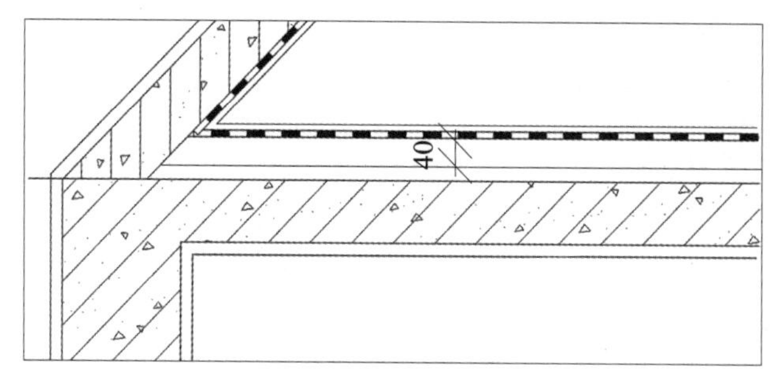

图 12-144　绘制效果

（16）单击“属性”面板中的“编辑类型”按钮，新建属性类型名称为“保温隔热层”，如图 12-145 所示。

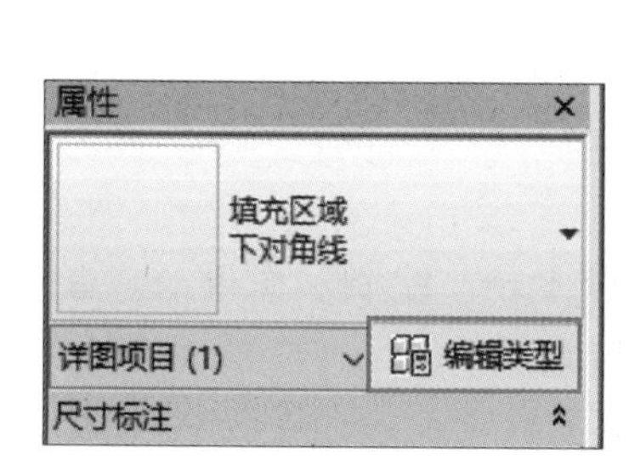

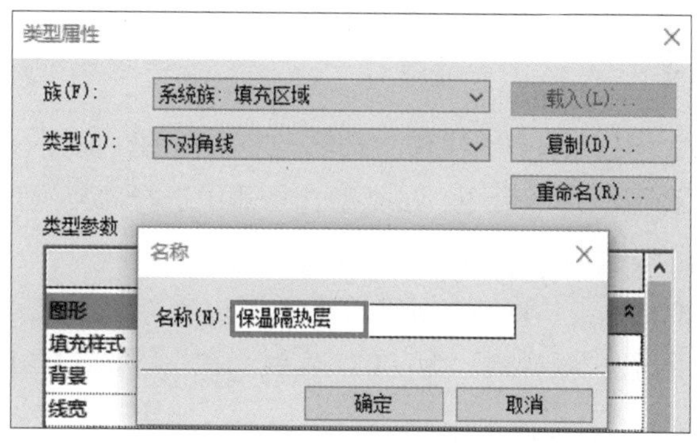

图 12-145　新建属性类型

（17）在“类型属性”对话框中单击“填充样式”右边的“浏览”按钮，在弹出的对话框中选择填充样式为“保温 - 聚苯 1”，单击“确定”按钮，如图 12-146 所示。

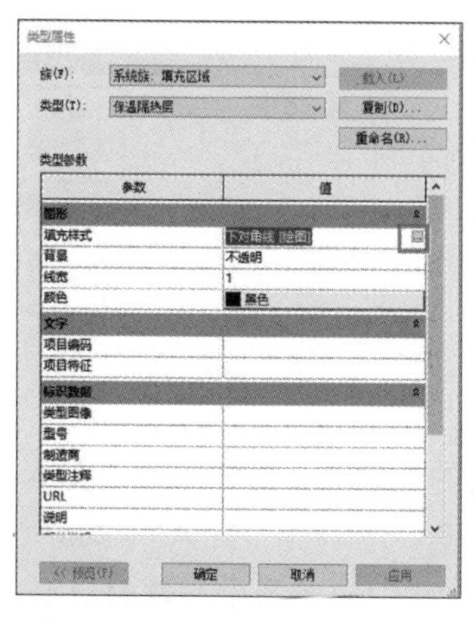

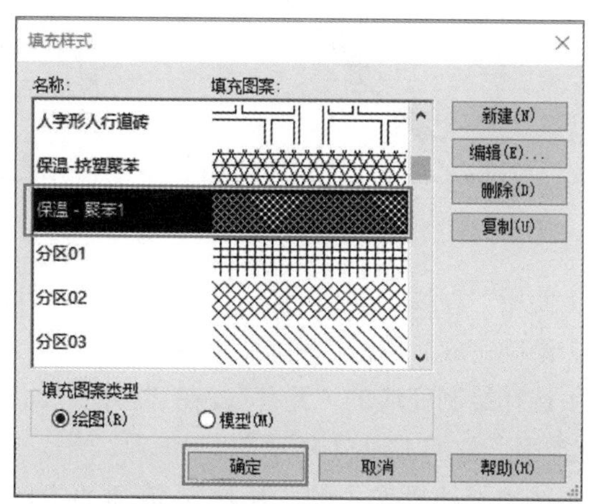

图 12-146　选择填充样式

（18）依次单击“插入”选项卡→“从库中载入”面板→“载入族”工具，弹出“载入族”对话框，依次打开“案例所需资料”→“深化设计”文件夹，选择“X_ 钉 .rfa”族文件，单击“打开”按钮载入族文件，如图 12-147 所示。

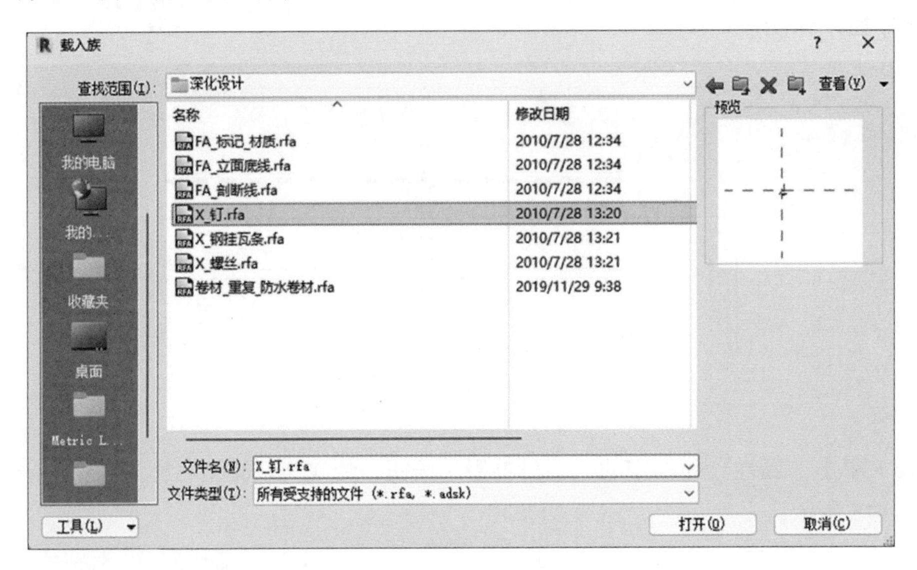

图 12-147　载入族

（19）依次单击“注释”选项卡→“详图”面板→“构件”工具，在弹出的下拉列表中选择“详图构件”命令，在类型选择器中选择“X_ 钉”进行放置，放置完成后如图 12-148 所示。

（20）单击“修改 | 创建填充区域边界”上下文选项卡→“绘制”面板→“直线”工具，设置“线样式”为“02_ 实线 _ 黑”，如图 12-149 所示。

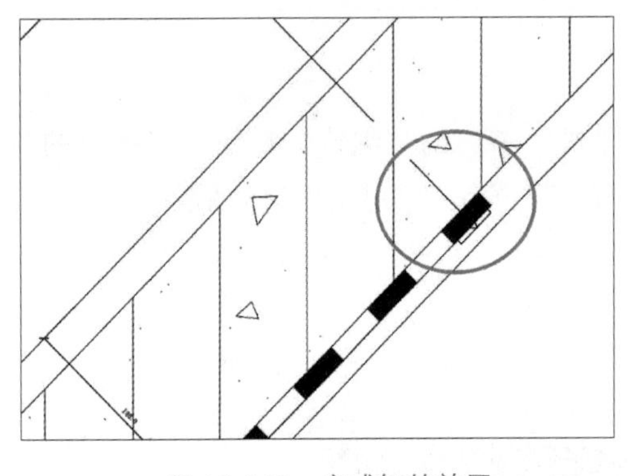

图 12-148　完成钉的放置

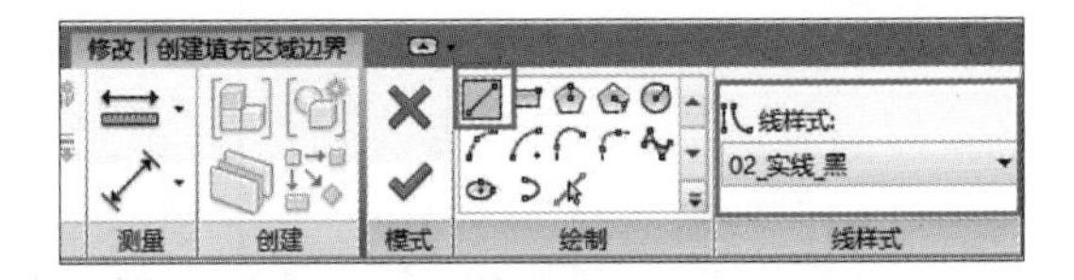

图 12-149　创建填充区域边界

（21）使用“直线”工具绘制“200*25”的瓦片，如图 12-150 所示。

（22）绘制完成后单击“完成”按钮。

（23）选择绘制完成的“瓦片”，在“属性”面板的类型选择器中选择“实体填充 - 白色”填充类型，如图 12-151 所示。

（24）选择上述操作中的“瓦片”，在垂直方向上以中心点为中心顺时针旋转 54° 后移动到相交处进行瓦片的放置，放置及完成效果如图 12-152 所示。

（25）依据女儿墙大样图，用详图线对其他构造层进行编辑，如图 12-153 所示。

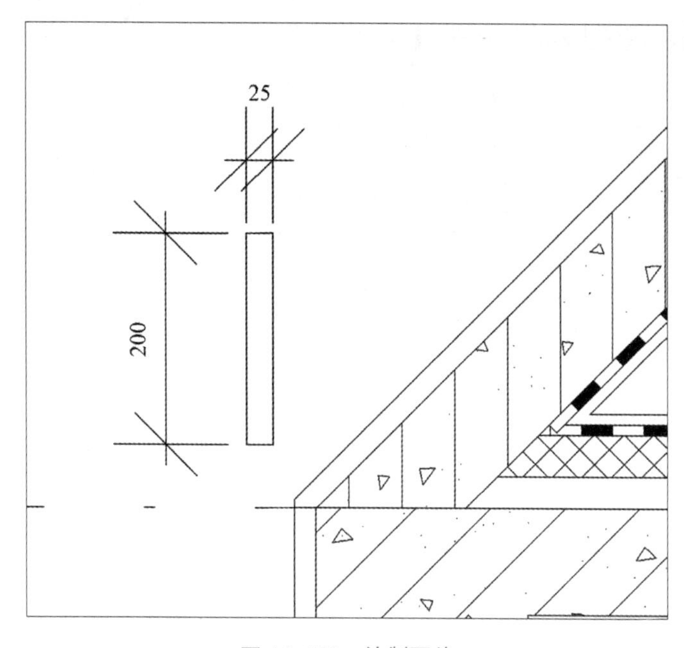

图 12-150　绘制瓦片

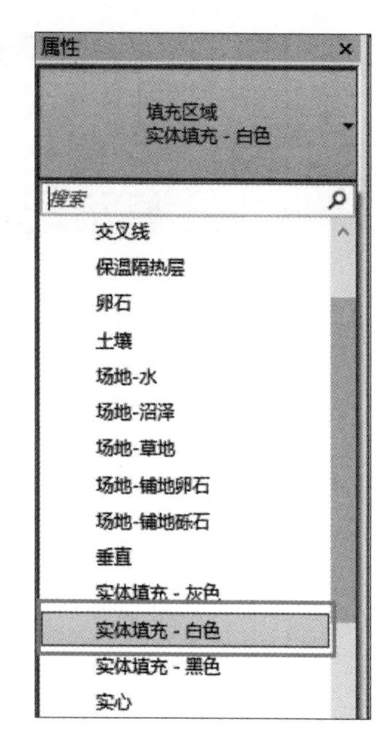

图 12-151　填充类型选择

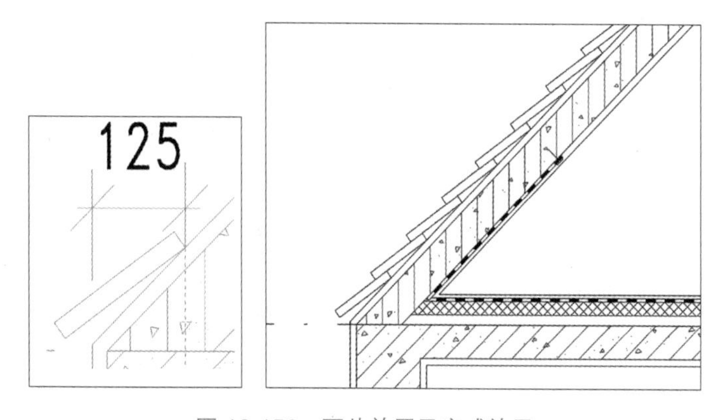

图 12-152　瓦片放置及完成效果

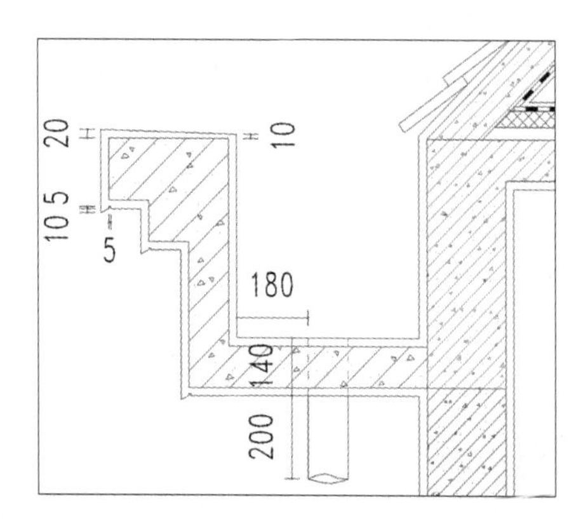

图 12-153　完成编辑

（26）依次单击“注释”选项卡→“详图”面板→“详图线”工具，如图 12-154 所示。

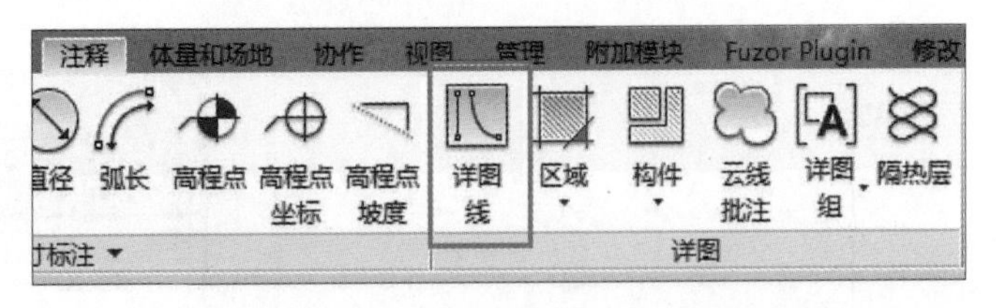

图 12-154　选择“详图线”工具

（27）在图 12-155 所示位置进行详图线绘制，完成绘制后添加文字。

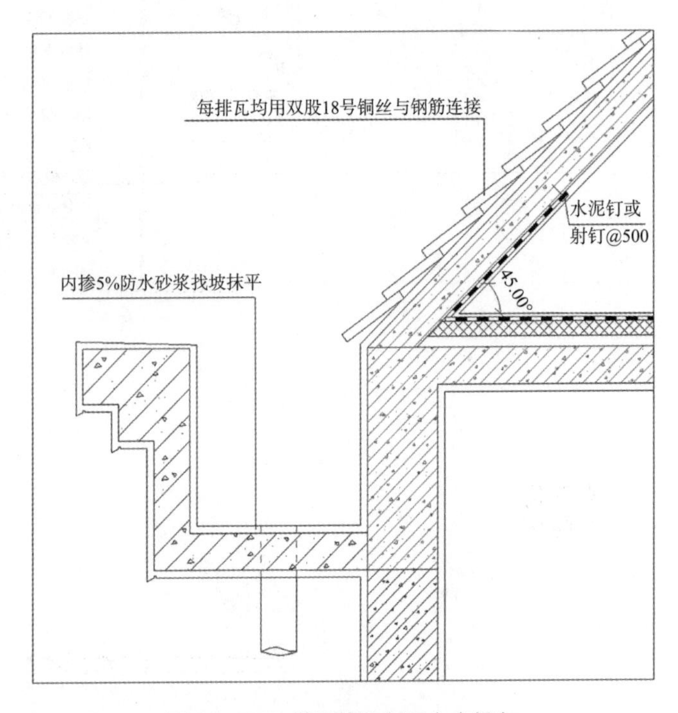

图 12-155　详图线绘制及文字添加

（28）依次单击“注释”选项卡→“详图”面板→“构件”工具，在弹出的下拉列表中选择“详图构件”命令，在“属性”面板的类型选择器中选择“FA_ 剖断线”。

（29）为图元添加剖断线，完成后的效果如图 12-156 所示。

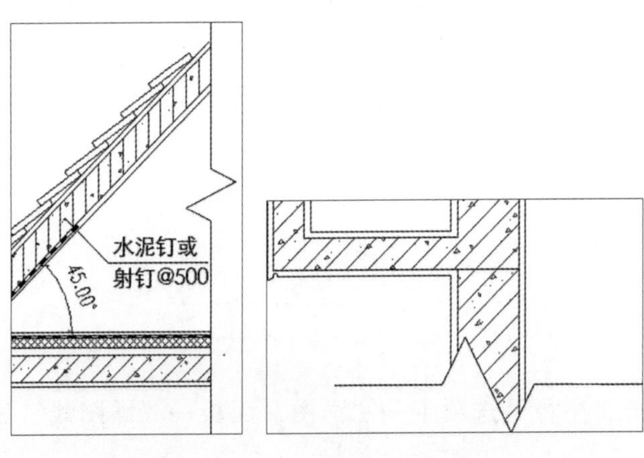

图 12-156　添加剖断线完成的效果

（30）为图元添加尺寸标注、角度标注、高程点及排水符号等，完成后的效果如图 12-157 所示。

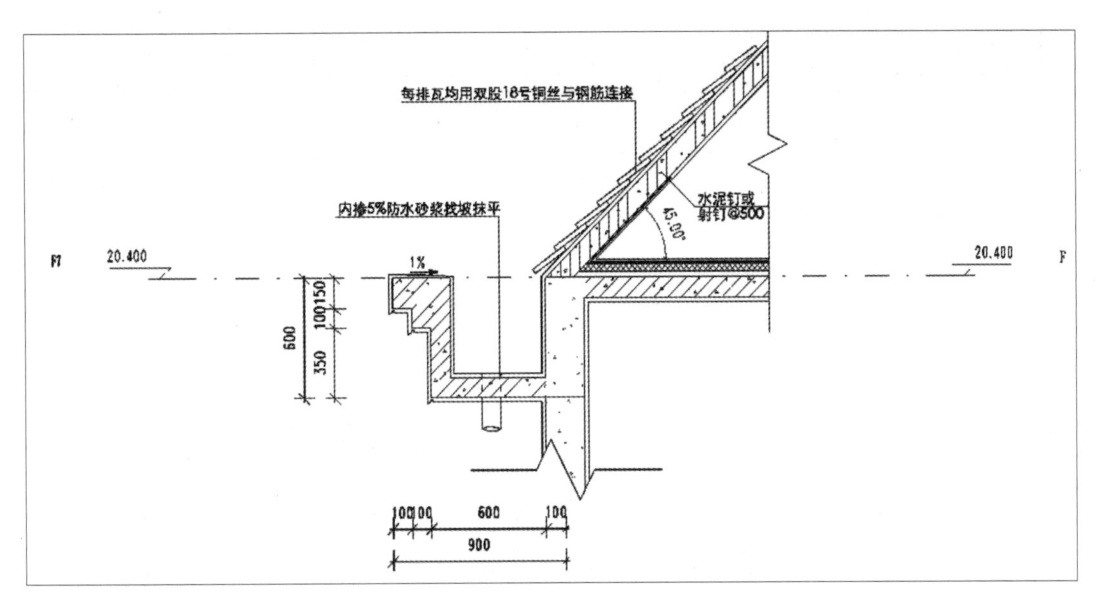

图 12-157 添加尺寸标注及角度标注等完成效果

12.4.3 门大样设计

（1）依次单击“视图”选项卡→“创建”面板→“图例”工具，在弹出的下拉列表中选择“图例”命令，如图 12-158 所示。弹出“新图例视图”对话框，命名为“门窗大样”。

（2）依次单击“注释”选项卡→“详图”面板→“构件”工具，在弹出的下拉列表中选择“图例构件”命令，如图 12-159 所示。

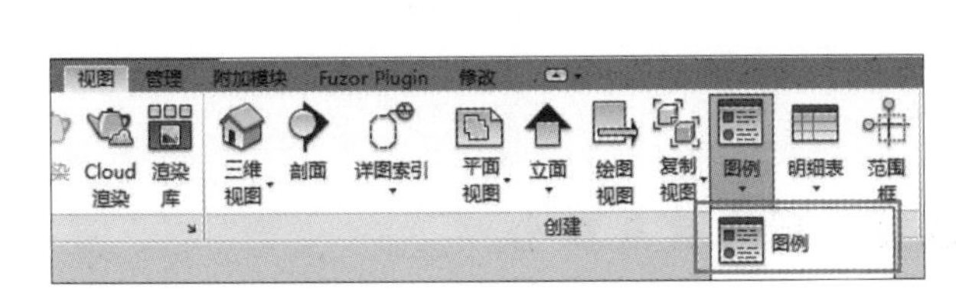

图 12-158 选择“图例”命令

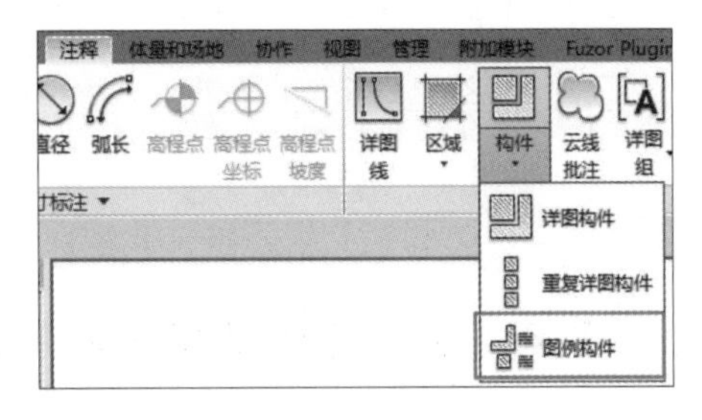

图 12-159 选择“图例构件”命令

（3）在选项栏中“族”的下拉列表中找到需要的族，同时改变“视图”显示样式，如图 12-160 所示。

图 12-160 改变“视图”显示样式

（4）放置所有项目中的门，如图 12-161 所示。

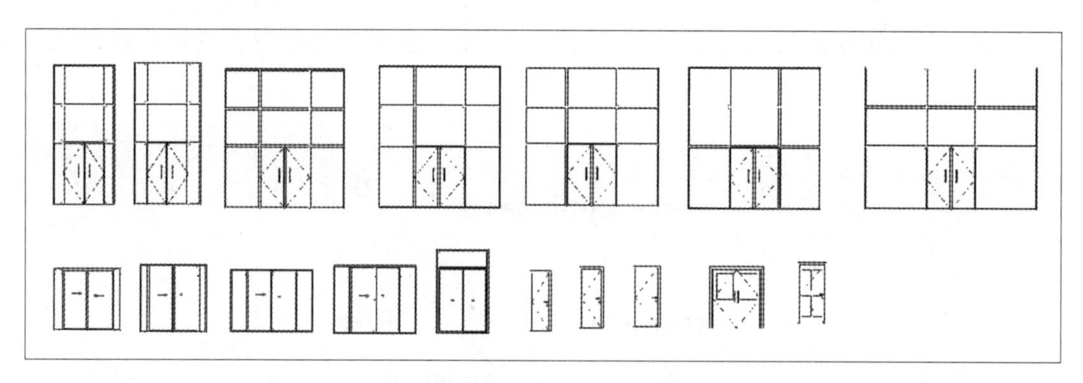

图 12-161　完成门的创建

（5）调整门窗排序如图 12-162 所示。

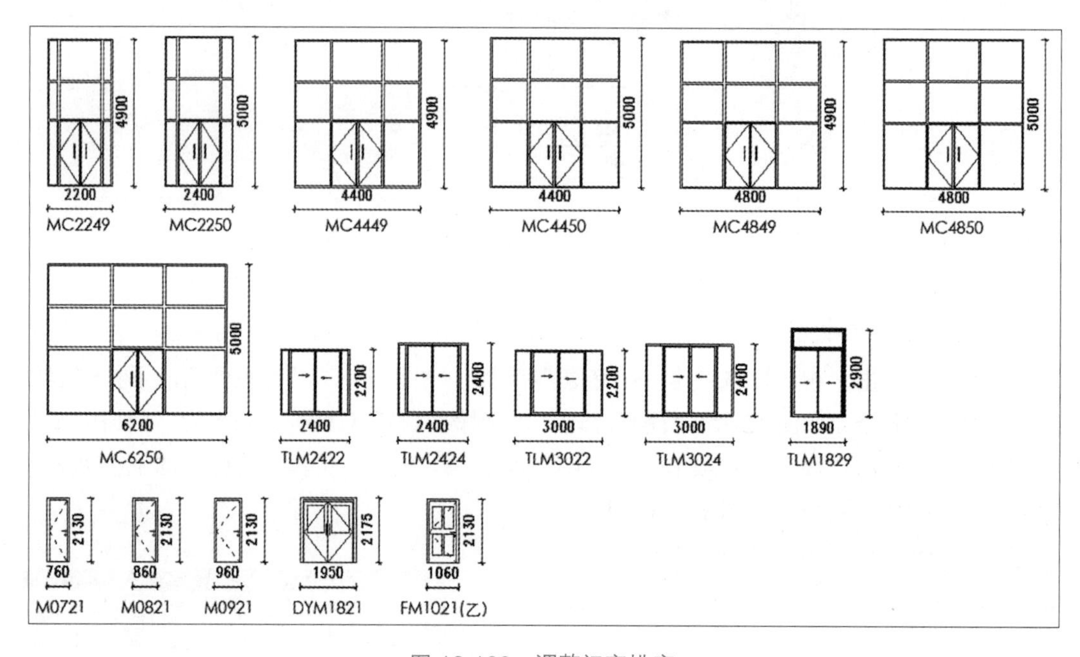

图 12-162　调整门窗排序

思政元素　可持续发展的价值观、绿色建筑理念

BIM 应用于亚洲最大生活垃圾发电厂

上海老港再生能源利用中心是目前为止（截至 2022 年）亚洲地区最大的生活垃圾发电厂，应用 BIM 技术使其在设计过程中节约了 9 个月时间，并且通过对模型的深化设计，节约成本数百元，实现了节能减排、绿色环保的效果，响应了国家号召，真正实现了老港再生能源利用中心的存在价值。

思考：还有哪些符合绿色建筑理念的举措？

课后练习

总结归纳创建明细表的目的与步骤，要求图文并茂。

第13章　施工图布局与出图

知识目标

1. 了解门窗明细表的创建方法。
2. 了解平面图、立面图、剖面图等视图。
3. 认识 Revit 中各类导出文件格式。
4. 了解图纸布局的概念。

教学视频：施工图布局与出图

能力目标

1. 能够使用 Revit 输出符合标准的建筑施工图。
2. 能够熟练运用 Revit 所有文件格式的导出方法。
3. 能够创建门窗明细表。
4. 能进行视图尺寸的设置、项目信息的添加、图纸名称命名。

素养目标

1. 培养职业精神。
2. 加深遵守行业标准、遵纪守法的意识。
3. 培养精益求精的工匠精神和高度的责任感。

思政元素　职业精神、遵守行业标准、遵纪守法

通过“建筑制图国家标准”的学习，了解工程图样作为技术交流和指导生产的语言和文件，无论是绘图还是读图都必须保证其科学性和严谨性，必须遵守制图的国家标准。

13.1　创建图纸与设置项目信息

（1）依次单击“视图”选项卡→“图纸组合”面板→“图纸”工具，在弹出的“新建图纸”对话框的“选择标题栏”列表中已有自定义标题栏 A0、A1、A1/2、A1/4 可供选择。选择“图签 _A1：A1”，单击“确定”按钮完成新建图纸，如图 13-1 所示。

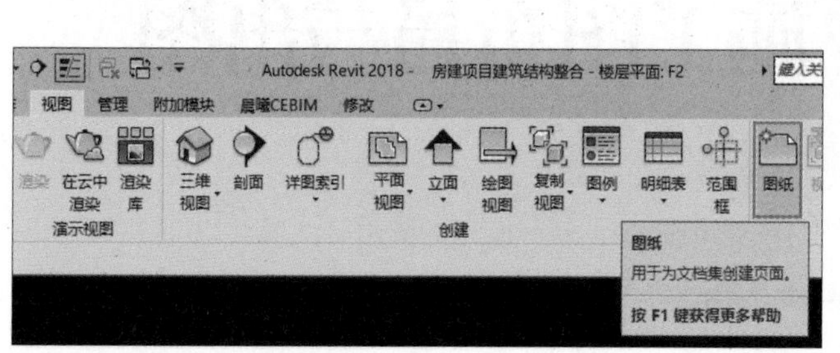

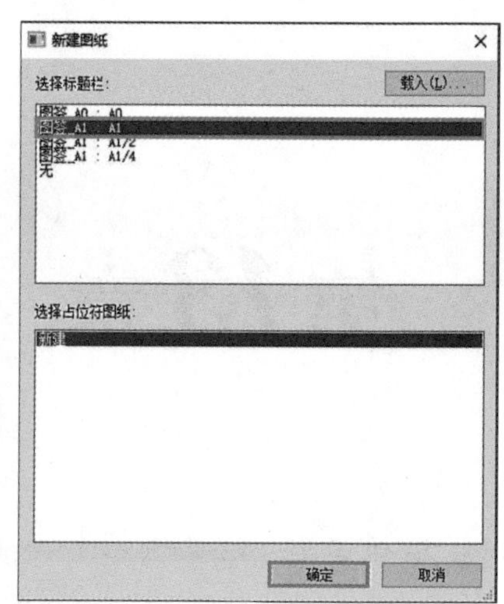

图 13-1 新建图纸

（2）此时绘图区域打开了一张新创建的图纸，并在项目浏览器中“图纸”项目下自动增加了图纸“A-306- 未命名”，如图 13-2 所示。

（3）在项目浏览器中展开“图纸”项，双击图纸“A-306- 未命名”并打开。依次单击“管理”选项卡→“项目信息”命令，按图示内容录入项目信息，单击“确定”按钮完成录入，如图 13-3 所示。

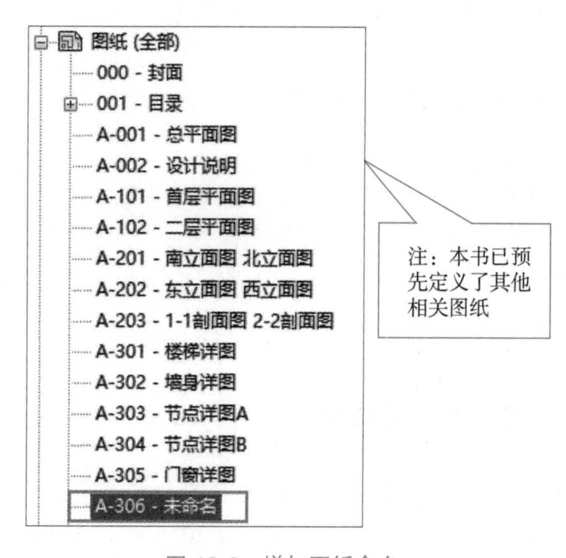

图 13-2 增加图纸命名

图 13-3 项目属性设置

（4）设置完成后，单击“确定”按钮，观察图纸标题栏部分，信息会自动更新，如图 13-4 所示。

（5）在视图中可以直接添加项目信息，双击“设计者”字样，录入“李某”，如图 13-5 所示，即可完成图纸的创建和项目信息的设置。

	姓名 NAME	签字 SIGN
审定 APPROVED BY	李某	
审核 VERIFIED BY	杨某	
设计主持人 DESIGN CHIEF	王某	
专业负责人 DISCIPLINE CHIEF	赵某	
校对 CHECKED BY	李某	
设计人 DESIGN BY	设计者	
制图人 DRAWN BY	作者	

专业 SPECIALTY	建筑
子项 SUB ITEM	1#楼
图名 DRAWING TITLES	

图 13-4　图纸标题栏

DISCIPLINE CHIEF	赵某	
校对 CHECKED BY	李某	
设计人 DESIGN BY	设计者	
制图人 DRAWN BY	作者	

图 13-5　项目信息的设置

思政元素　责任感和精益求精的工匠精神

图纸标题栏的签名落款非常重要。因为如果用于施工的图纸出现错误，造成重大经济损失或安全事故时，那签名落款可以帮助明确问题出在哪个环节或哪个人员的手中，按制度追究其责任。特别是在特殊时期或特殊领域的零部件，如用于疫情防控或军事所用的零件，必须严格遵守规定，不容许有任何差池。

13.2　布置视图

创建图纸后即可在图纸中添加建筑的一个或者多个视图，包括楼层平面视图、场地平面视图、天花板平面视图、立面视图、三维视图、剖面视图、详图视图、绘图视图、渲染视图及明细表视图等。将视图添加到图纸后还需要对图纸位置、名称等视图标题信息进行设置。

（1）定义图纸编号和名称。在项目浏览器中展开“图纸”项，右击图纸“A-306-未命名”，在弹出的列表中选择“重命名”选项，将其重命名为“建施 -101 图纸”，单击“确定”按钮完成，如图 13-6 所示。

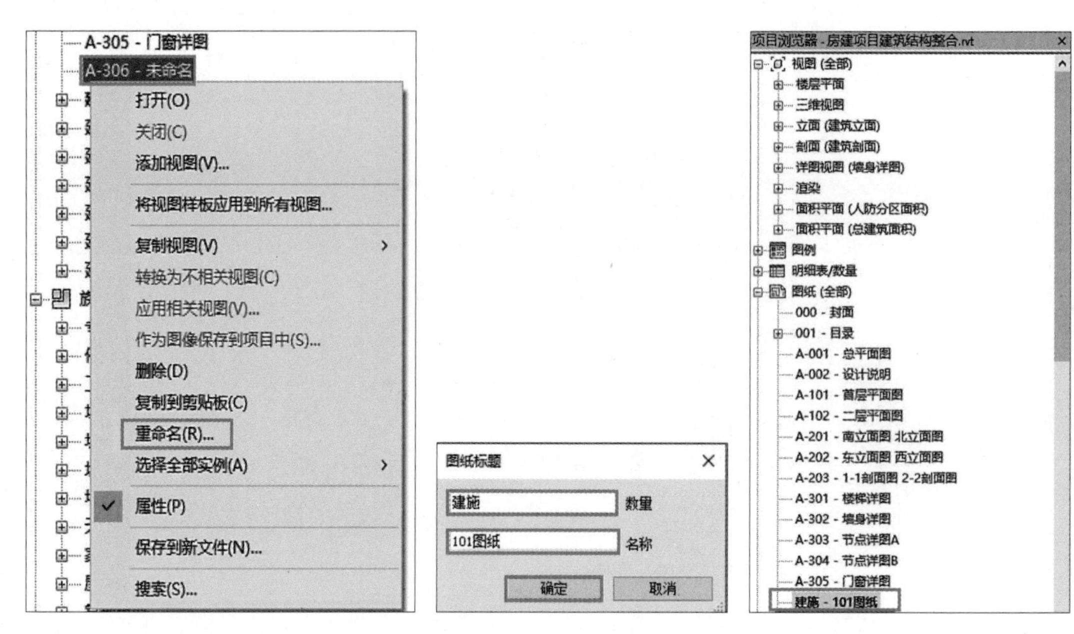

图 13-6 重命名图纸

（2）放置视图。在项目浏览器中展开“图纸”项，双击“建施 -101 图纸”，进入建施 -101 图纸视图。在绘图区域选择图签 A1，顺时针旋转 90°，如图 13-7 所示。

（3）在项目浏览器中分别拖曳楼层平面“F1”“F2”及图例视图中的“图例”，先放置到建施 -101 图纸视图的图示位置，再进行细部的调整，如图 13-8 所示。

（4）添加图纸名称。选择“楼层平面 F1”，修改“属性”面板中的实例属性，将“图纸上的标题”改为“首层平面图”，拖曳图纸标题到合适的位置，并调整标题文字底线到适合标题的长度，完成结果如图 13-9 所示。

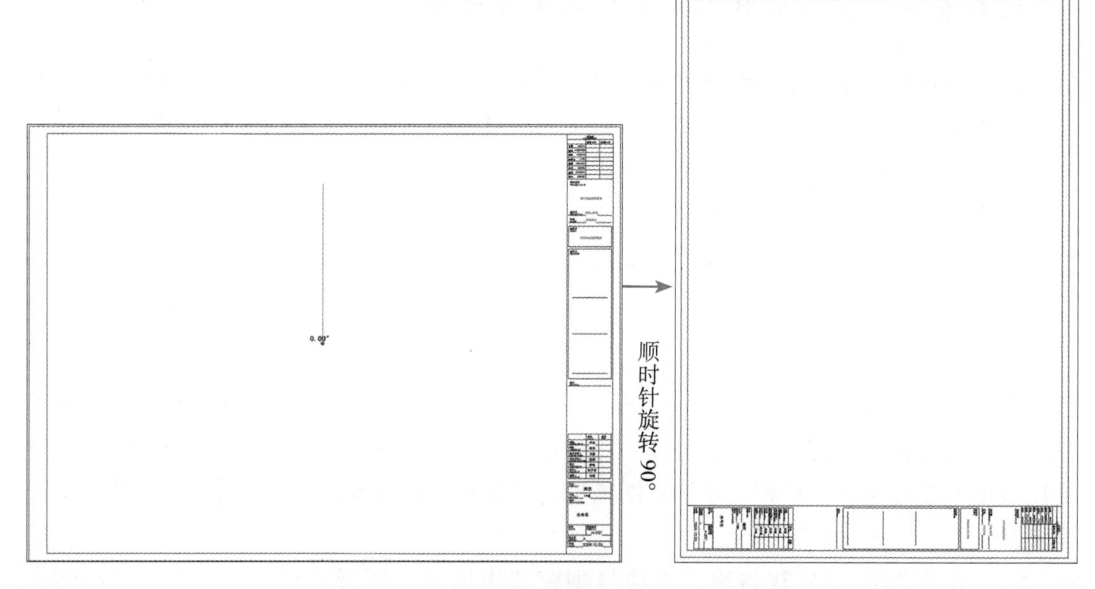

图 13-7 旋转图签 A1

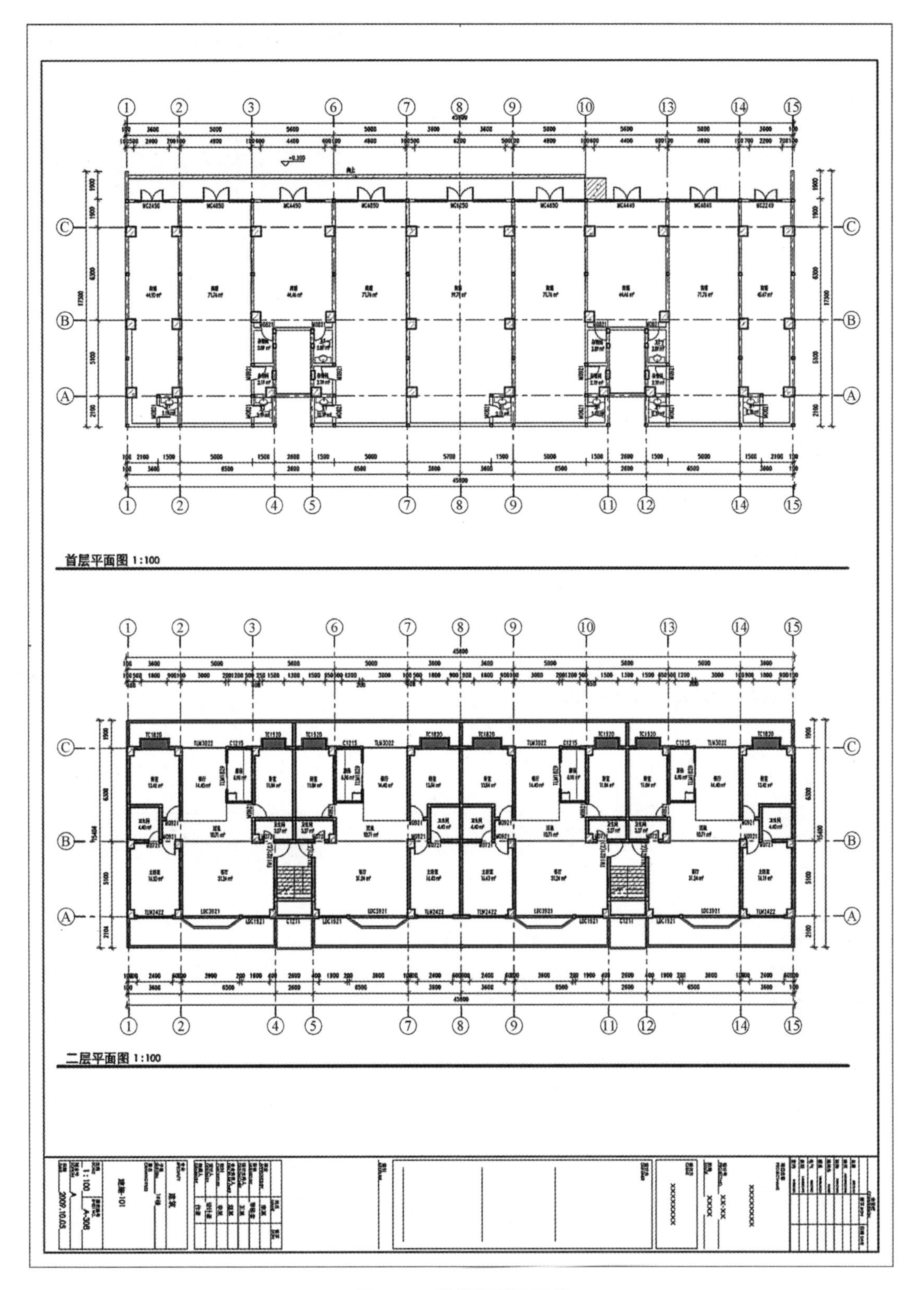

图 13-8　放置图纸及图例

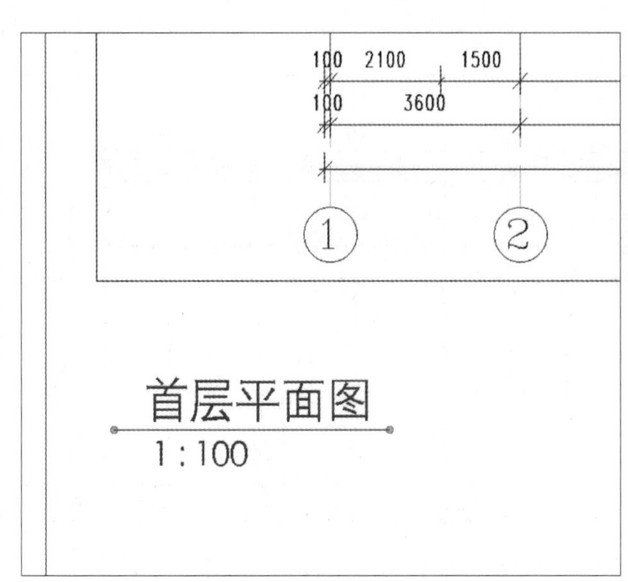

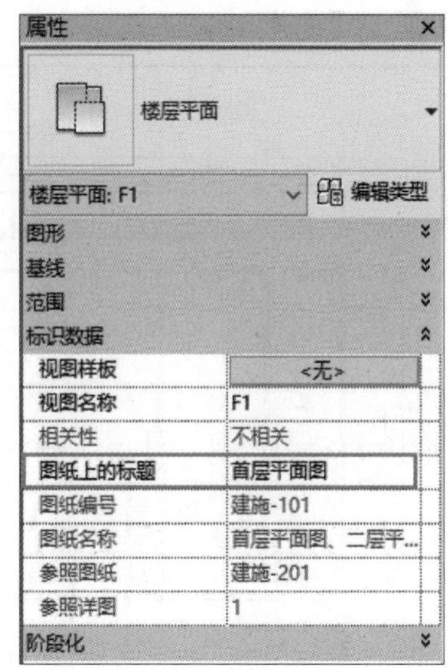

图 13-9　添加图纸名称

（5）在绘图区域单击选择“视口”，在“属性”面板中单击“编辑类型”按钮，弹出“类型属性”对话框，调整类型参数，单击“确定”按钮，完成视口的类型属性设置，如图 13-10 所示。

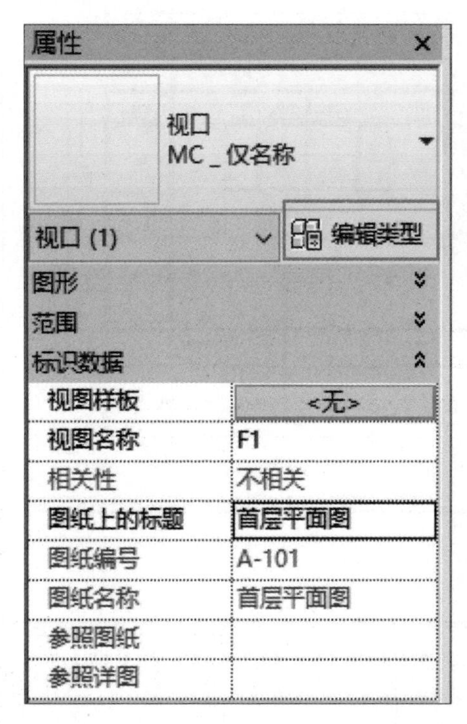

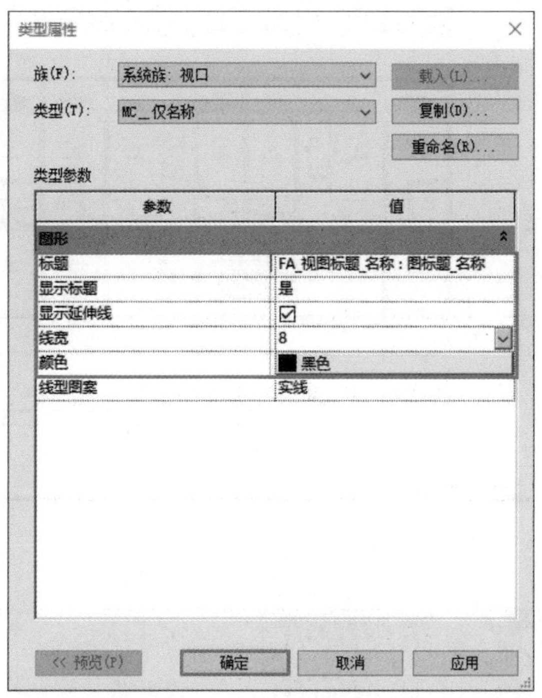

图 13-10　视口的类型属性调整

（6）在项目浏览器中展开“族”中的“注释符号”项，右击“FA_ 视图标题 _ 名称”，选择“编辑”选项，如图 13-11 所示。进入族编辑工作模式，调整视图名称。

（7）进入族编辑模式后，依次单击“创建”选项卡→“族编辑器”面板→“载入到项目并关闭”工具。自动弹出“保存文件”对话框，单击“否”按钮。自动弹出“族已存在”对话框，选择“覆盖现有版本及其参数值”选项，完成族的编辑与载入，如图 13-12 所示。

图 13-11　“FA_视图标题_名称”族的调整

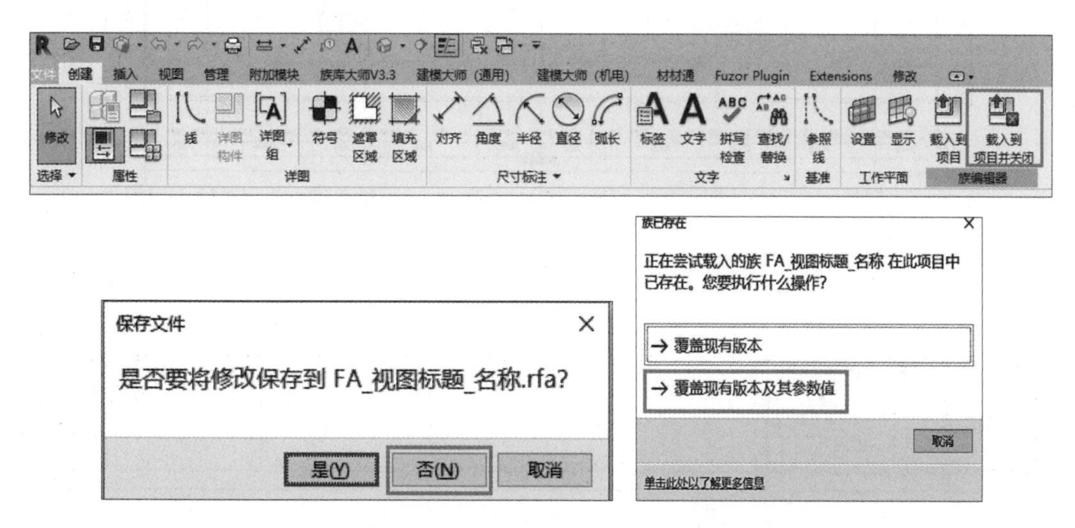

图 13-12　族的载入

（8）用相同的方法修改平面视图 F2 实例属性中“图纸上的标题”为“二层平面图”，调整后的整体效果如图 13-13 所示。

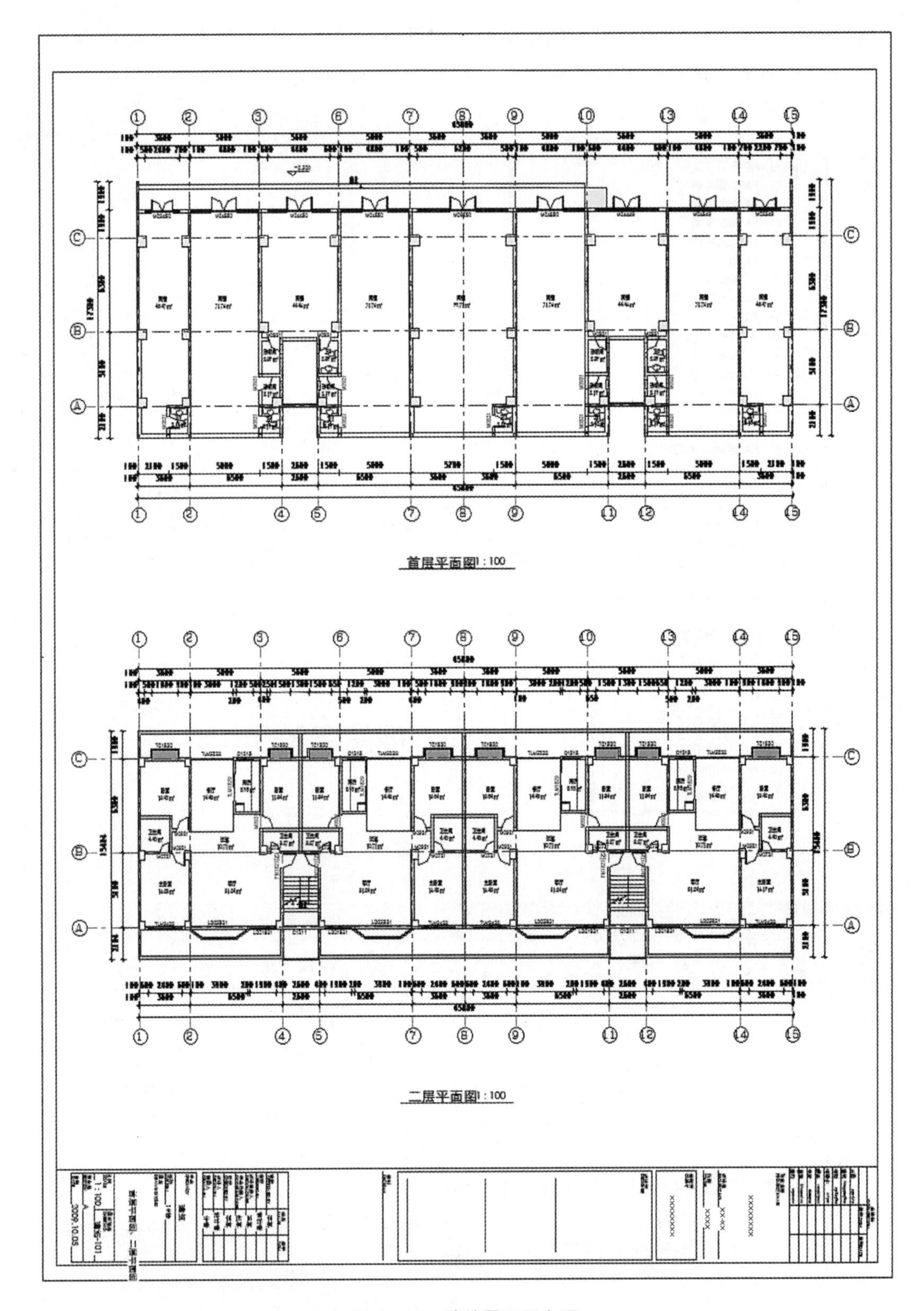

图 13-13　建筑平面图出图

说明

每张图纸可布置多个视图，但每个视图仅可以放置到一个图纸上。要在项目的多个图纸中添加特定视图，可在项目浏览器中特定视图名称上右击，依次选择“复制视图”→“带细节复制”选项，创建视图副本，可将副本布置于不同图纸上。

13.3　添加多个图纸和视口

（1）用相同的方法，从项目浏览器中“楼层平面”项下拖曳“F3”“F4”至图纸中合适的位置。调整视图标题位置至视图正下方，重命名图纸名称“A-102- 二层平面图”为“建施-102-三层平面图、四层平面图”，如图 13-14 所示。

（2）用相同的方法，从项目浏览器中“楼层平面”项下拖曳“F6”“屋顶平面”至图纸中合适的位置。调整视图标题位置至视图正下方，重命名图纸名称“A-103-未命名”为“建施-103-六层平面图、屋顶平面图”，如图 13-15 所示。

（3）用相同的方法，从项目浏览器中“立面”项下拖曳“北立面”“南立面”至图纸中合适的位置。调整视图标题位置至视图正下方，重命名图纸名称“A-201-北立面图、南立面图”为“建施-201- 北立面图、南立面图”，如图 13-16 所示。

（4）用相同的方法，从项目浏览器中“剖面（建筑剖面）”项下拖曳“剖面 2”至图纸左边合适的位置，拖曳“檐口节点详图”至图纸右边合适的位置，重命名图纸名称为“2-2 剖面图、檐口节点详图”，如图 13-17 所示。

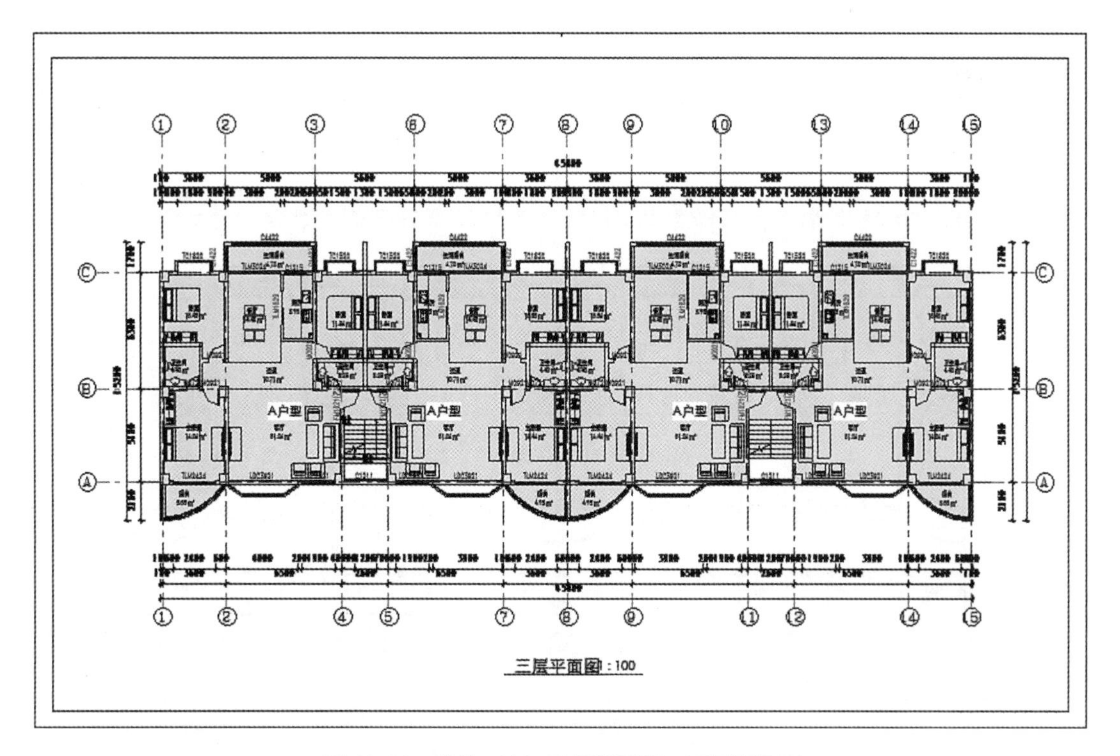

图 13-14　建施 -102- 三层平面图、四层平面图

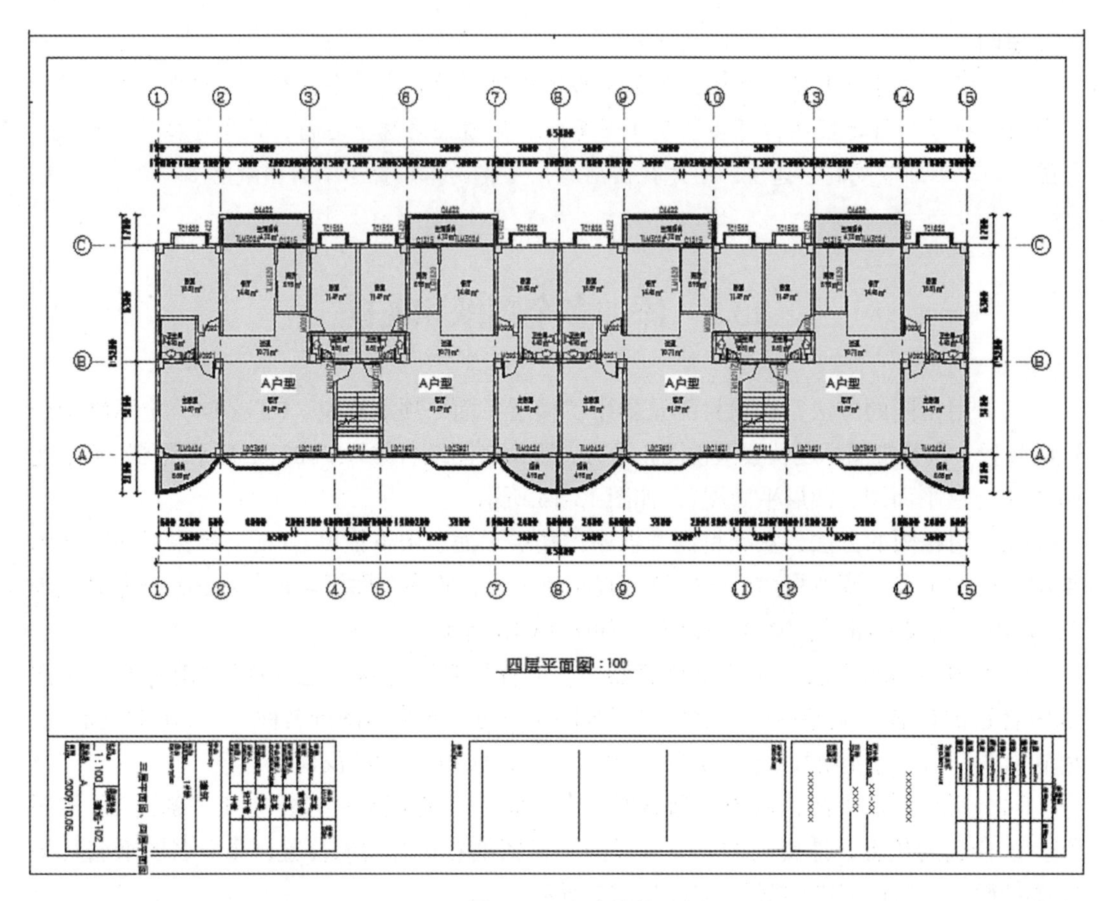

图 13-14 （续）

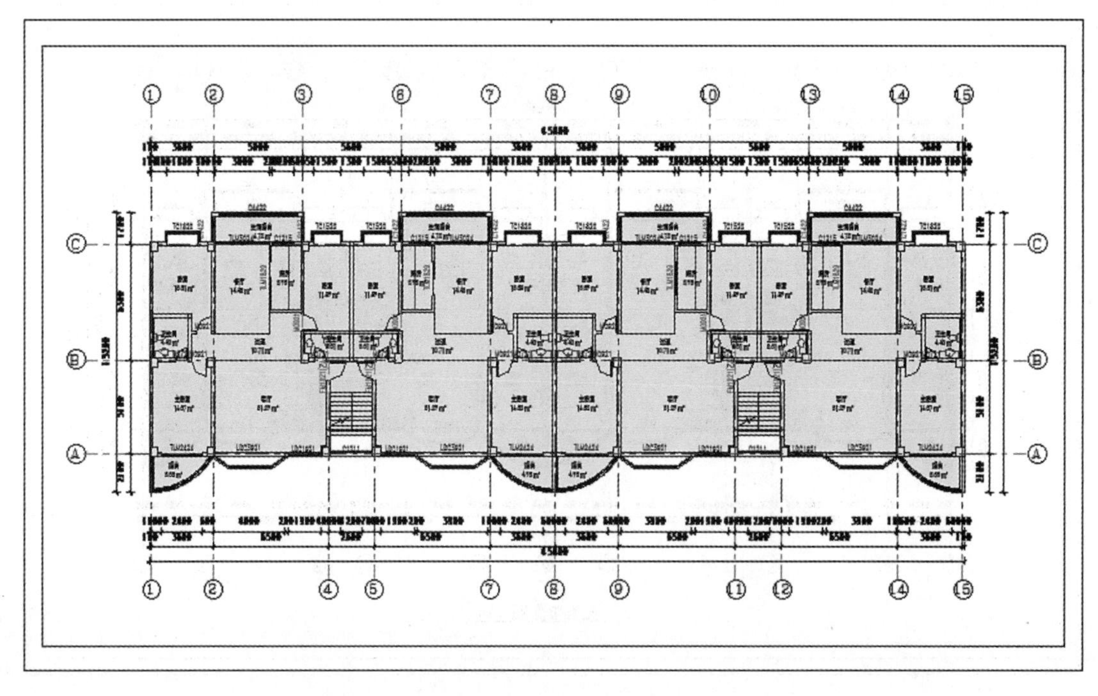

图 13-15 建施 -103- 六层平面图、屋顶平面图

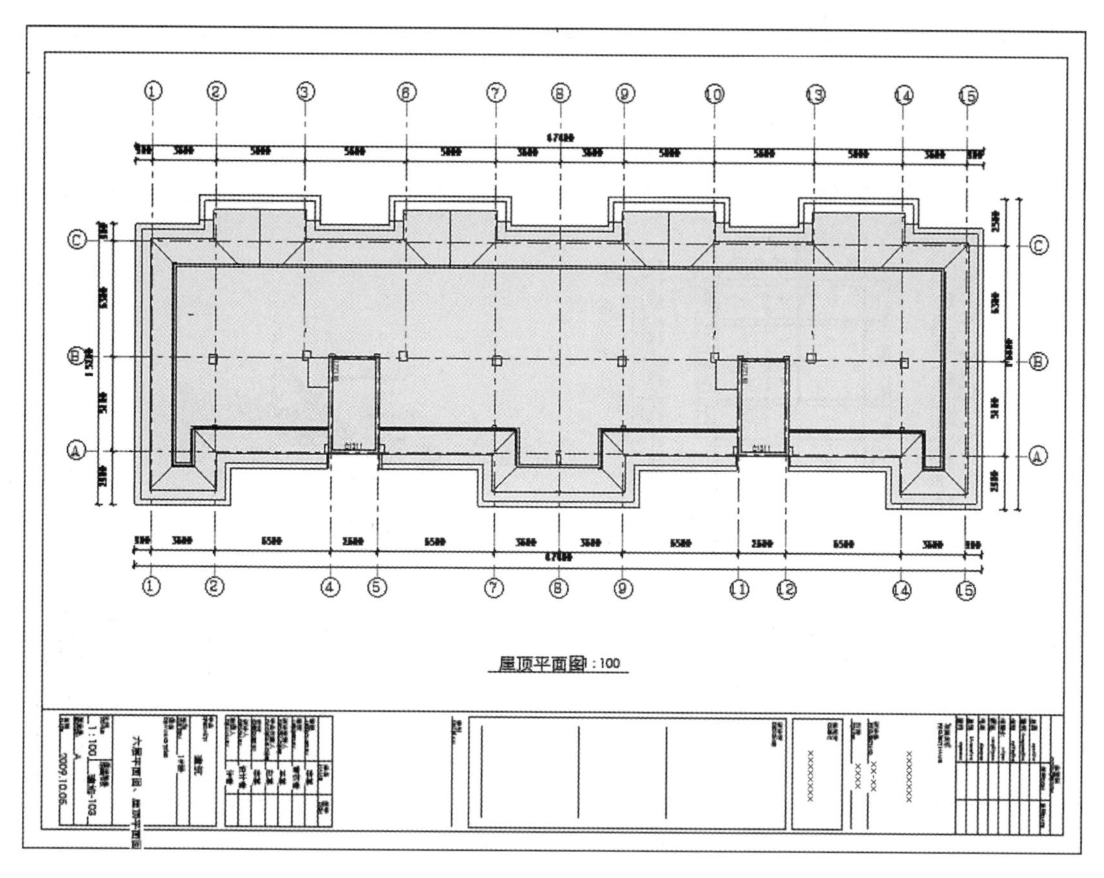

图　13-15（续）

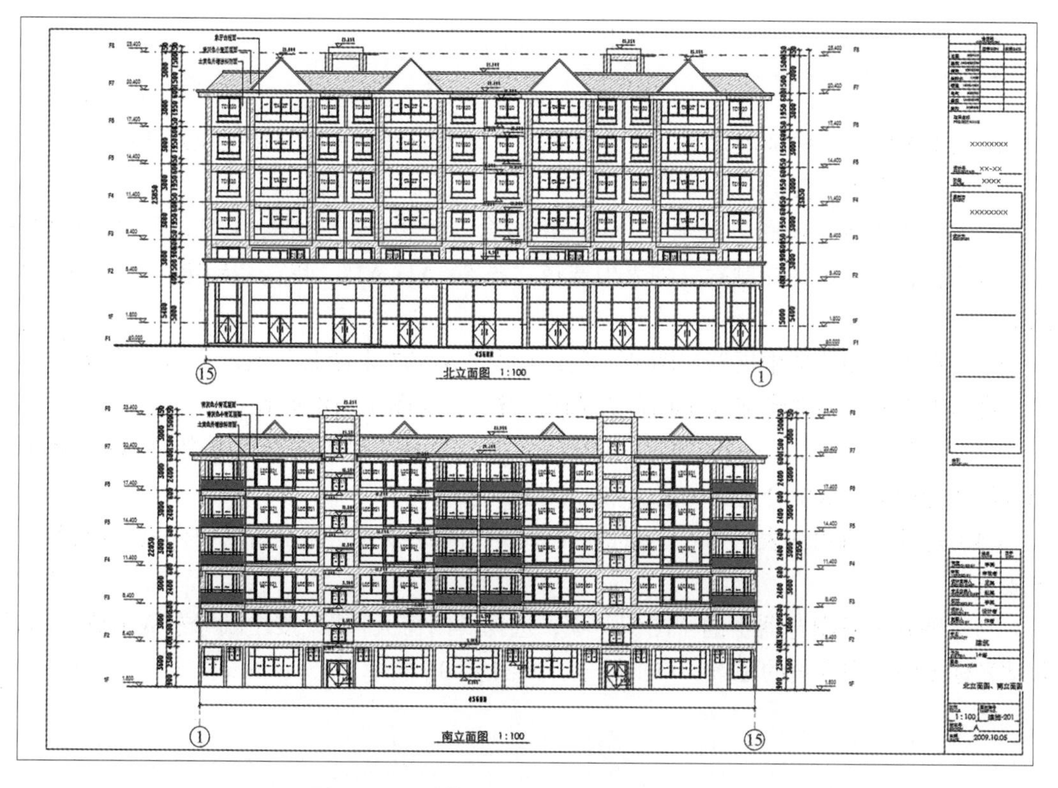

图 13-16　建施 -201- 北立面图、南立面图

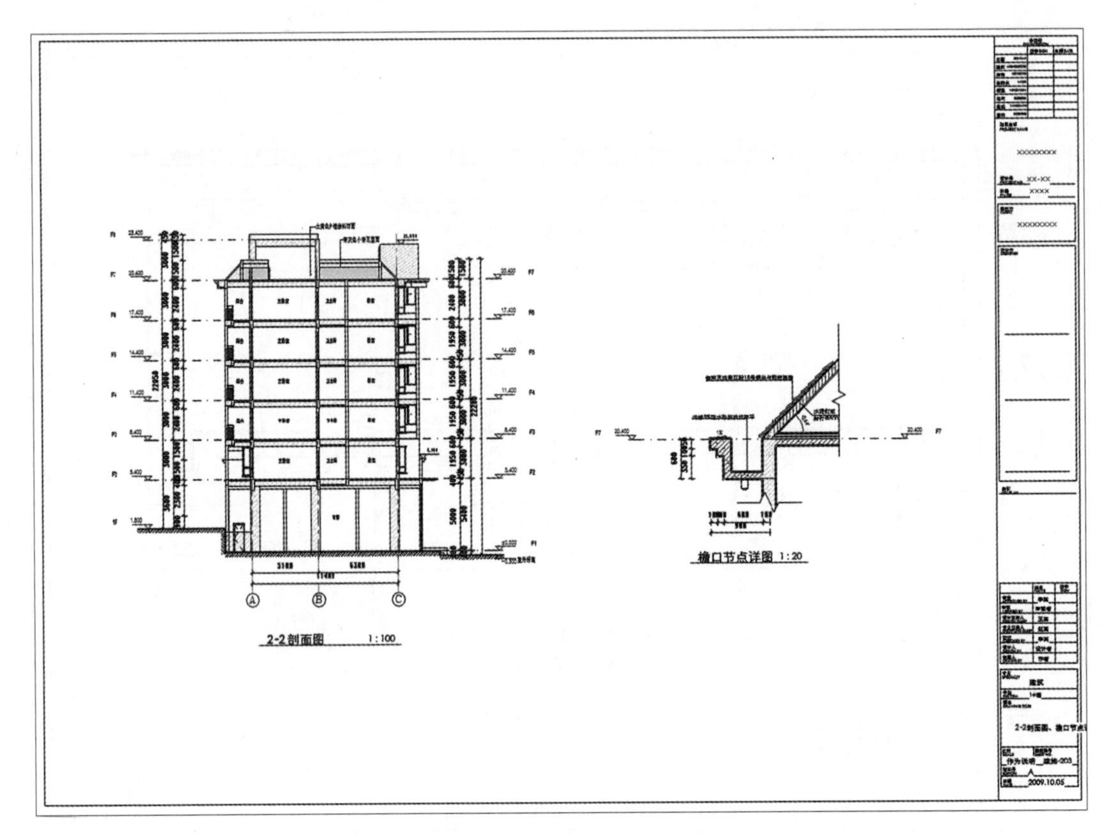

图 13-17　2-2 剖面图、檐口节点详图

13.4　门窗表创建

除图纸视图外，明细表视图、渲染视图、三维视图等也可以直接拖曳到图纸中，下面以门窗表创建为例进行说明。

（1）依次单击“视图”选项卡→“图纸组合”面板→“图纸”工具，弹出“新建图纸”对话框，在“选择标题栏”列表中选择“图签 _A1：A1”，单击“确定”按钮创建 A1 图纸。

（2）在项目浏览器中展开“图纸”项，右击“A-307-未命名”项，选择“重命名”选项，将图纸重命名为“建施-301-门窗表 门窗大样”，如图 13-18 所示。

（3）展开项目浏览器中的“明细表 / 数量”项，选择“窗明细表”，按住鼠标左键不放，同时移动光标至图纸中合适的位置，单击放置。

（4）选择“门明细表”，按住鼠标左键不放，同时移动光标至图纸中合适的位置，单击放置。

（5）展开项目浏览器中的“图例”项，选择“门窗大样”，按住鼠标左键不放，同时移动光标至图纸中合适的位置，单击放置，如图 13-19 所示。

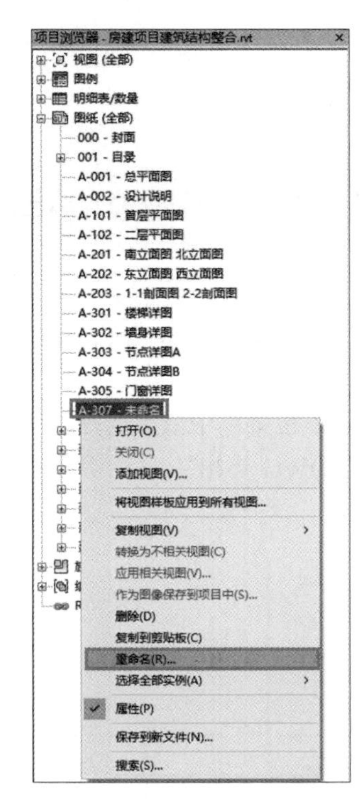

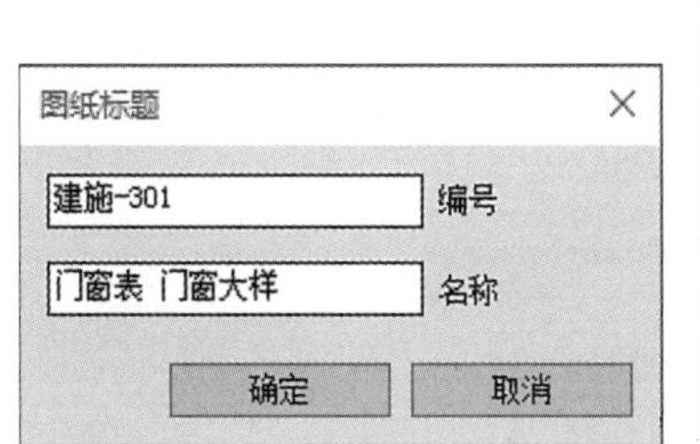

图 13-18　创建门窗大样

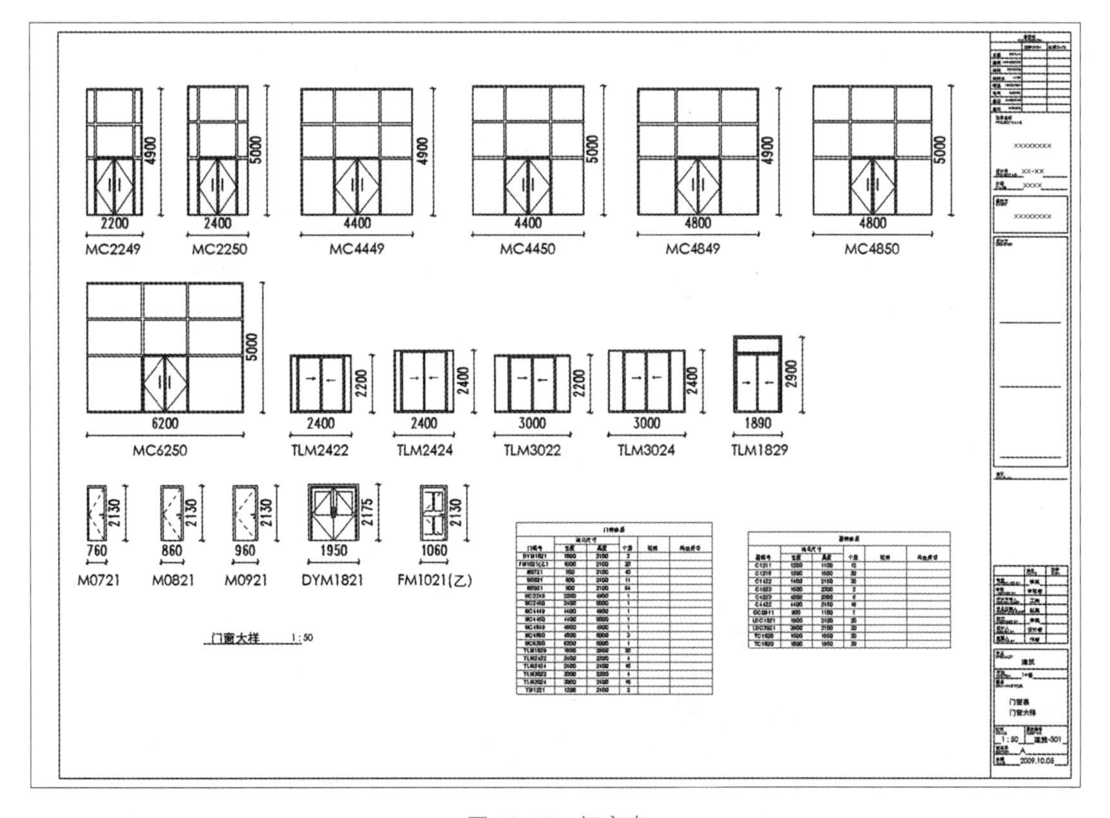

图 13-19　门窗表

13.5　DWG 图纸和二维图纸设置导出

在 Revit 中，所有的平、立、剖面、三维视图等都可以导出为 DWG 等 CAD 格式的图纸，而且导出后的图层、线型、颜色等根据出图需要可以在 Revit 中自行设置。

（1）依次打开“案例所需资料”→“族”文件夹，选择“25-布置视图 .rvt”文件。

（2）打开要导出的视图，如在项目浏览器中展开“图纸”项，双击图纸名称“建施-101-首层平面图、二层平面图”，打开图纸。

（3）单击软件界面左上角的“应用程序菜单”按钮，在弹出的下拉菜单中依次选择“文件”→“导出”→“CAD 格式”→“DWG 文件”选项，弹出“DWG 导出”对话框，按图示内容设置，如图 13-20 所示。

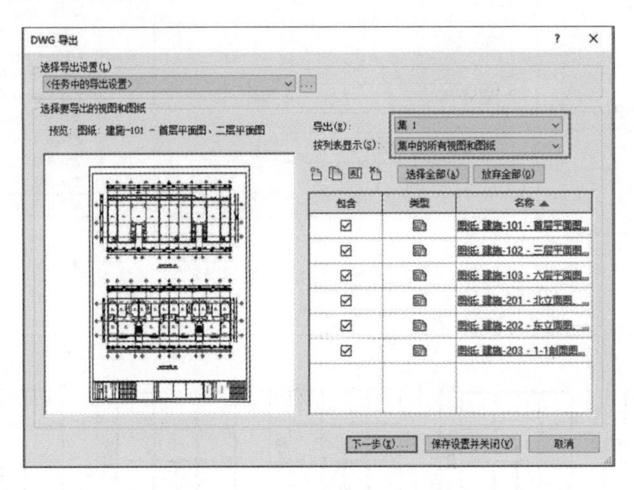

图 13-20　导出 DWG 图纸

（4）单击“DWG 导出”对话框中的 按钮，自动弹出“修改 DWG/DXF 导出设置”对话框，如图 13-21 所示。然后进行相关修改，将“轴网”图层重命名为“AXIL”，“轴网标头”图层重命名为“PUB_BIM”，单击“确定”按钮。

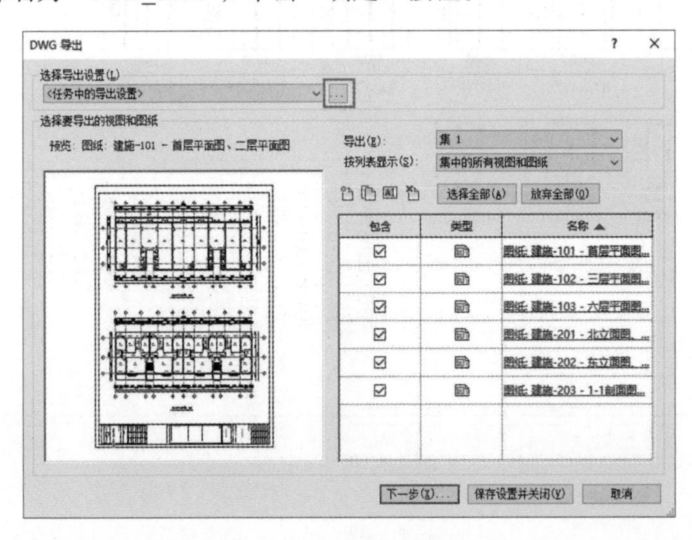

图 13-21　导出设置

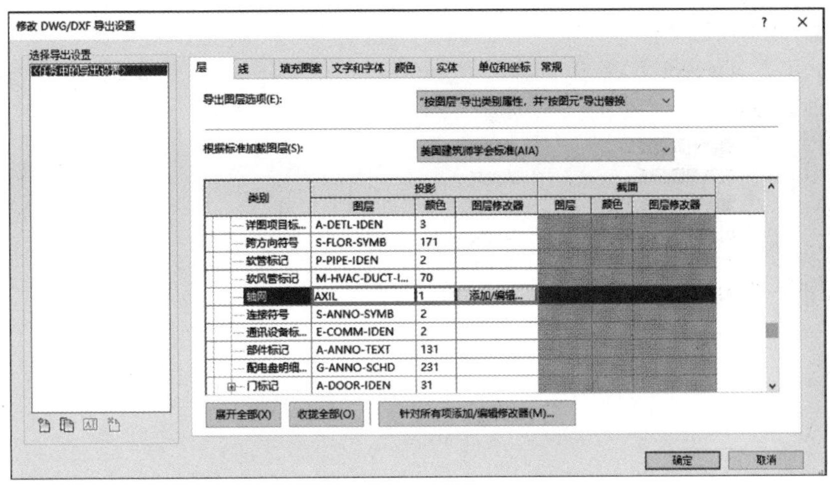

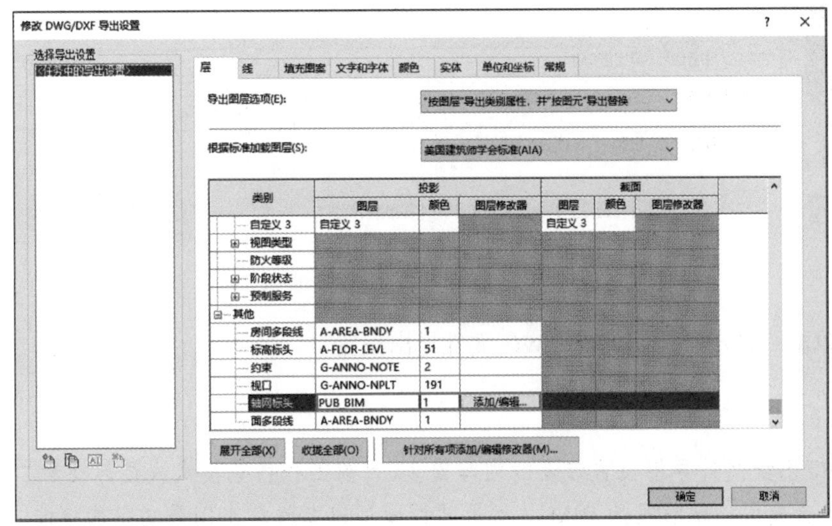

图　13-21（续）

说明

①“修改 DWG/DXF 导出设置”对话框中图层名称对应的是 AutoCAD 里的图层名称。以轴网的图层设置为例，向下拖曳，找到“轴网”，默认情况下轴网和轴网标头的图层名称均为“S-GRID”。因此，导出后，轴网和轴网标头均位于图层“S-GRID”上，无法分别控制线型和可见性等属性。

② 单击“轴网”图层名称“S-GRID”，输入新名称“AXIL”；单击“轴网标头”图层名称“S-GRID”，输入新名称“PUB_BIM”。

③“修改 DWG/DXF 导出设置”对话框中的颜色，如颜色 ID 设为“7”，导出的 DWG 图纸中显示为白色。

（5）在“导出 CAD 格式”对话框中，设置保存路径：单击“文件类型”后的下拉箭头，从下拉列表中选择相应的 CAD 格式文件的版本，在“文件名 / 前缀”后输入文件名称，如图 13-22 所示。

图 13-22 导出 CAD 图纸

（6）单击“确定”按钮完成 DWG 文件导出设置。

说明

DWG 图纸文件导出设置涉及的内容繁多，目前工程行业技术人员习惯看二维图纸，并不习惯看模型。现阶段的 BIM 技术员掌握模型出二维施工图是必需的技能。

课后练习

根据给出的平立面图、三维图，创建建筑模型（图 13-23 ~ 图 13-28）。

（1）按照给出的平、立面图要求，绘制标高轴网，并标注尺寸。

（2）按照轴线创建墙体模型，内墙厚度均为 200mm，外墙厚度均为 300mm。

（3）创建门窗，M0820、M0618，尺寸分别为 800mm×2000mm，600mm×1800mm；C0912、C1515，尺寸分别为 900mm×1200mm，500mm×1500mm。

（4）创建门窗明细表，包含类型、底高度、宽度、高度、合计字段。

（5）建立 A2 尺寸图纸，将模型的平、东立面、南立面、门窗明细表插入图纸中，图纸视图根据图纸内容命名，图纸编号自由编写。

（6）渲染模型“左前上”视图图片，并保存在项目中，模型以“岗亭 .rvt”保存。

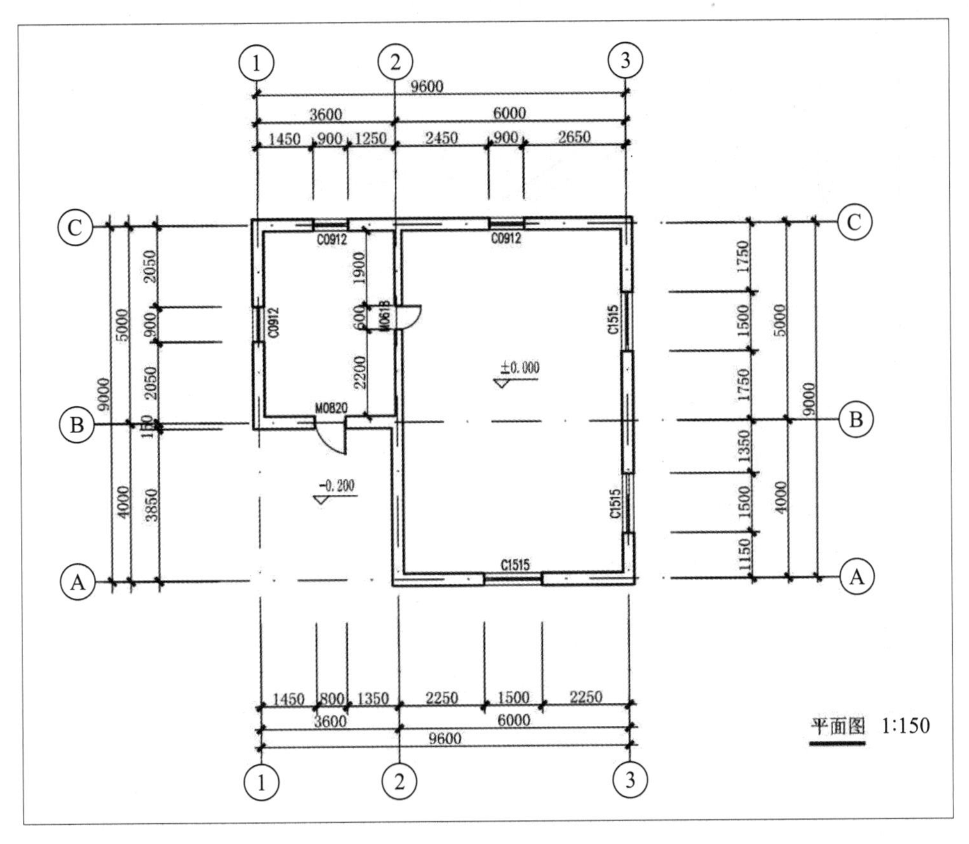

图 13-23　课后练习图 1

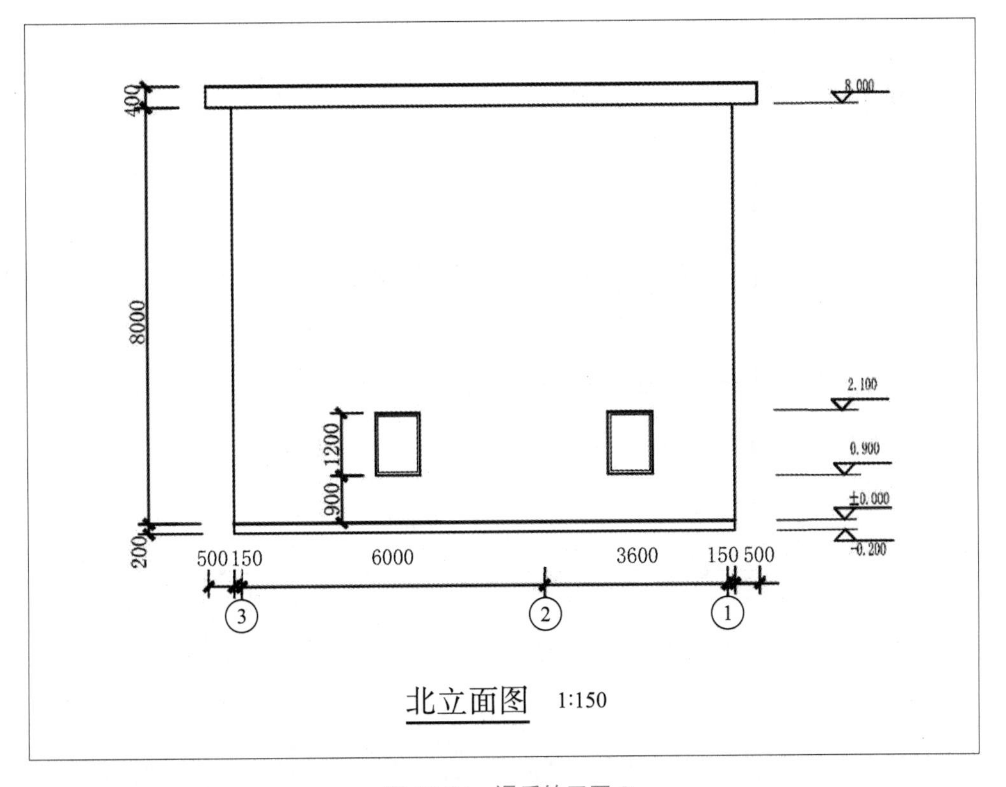

图 13-24　课后练习图 2

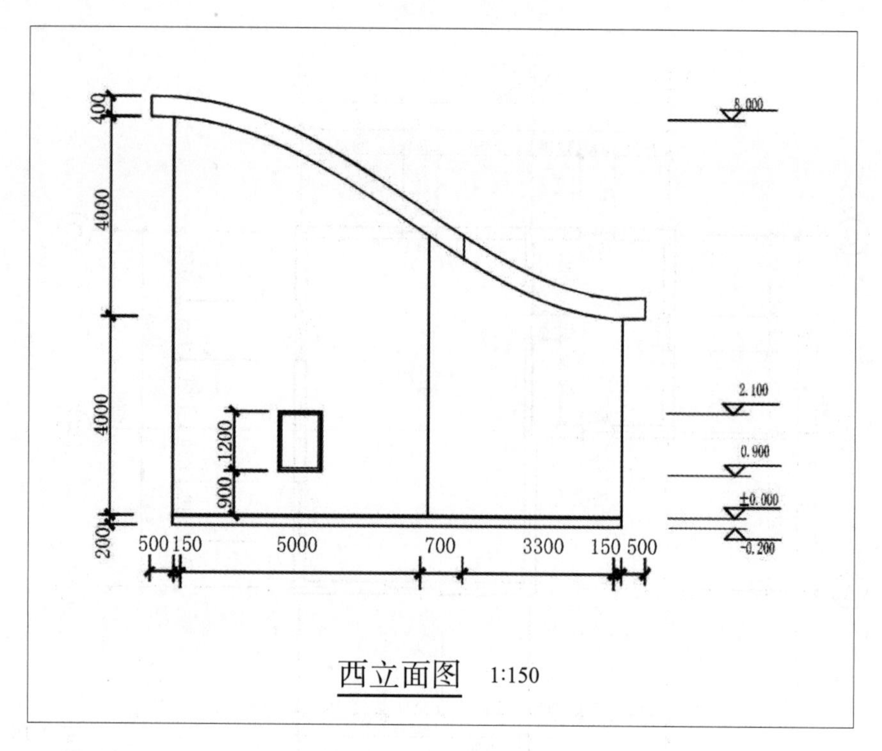

图 13-25　课后练习图 3

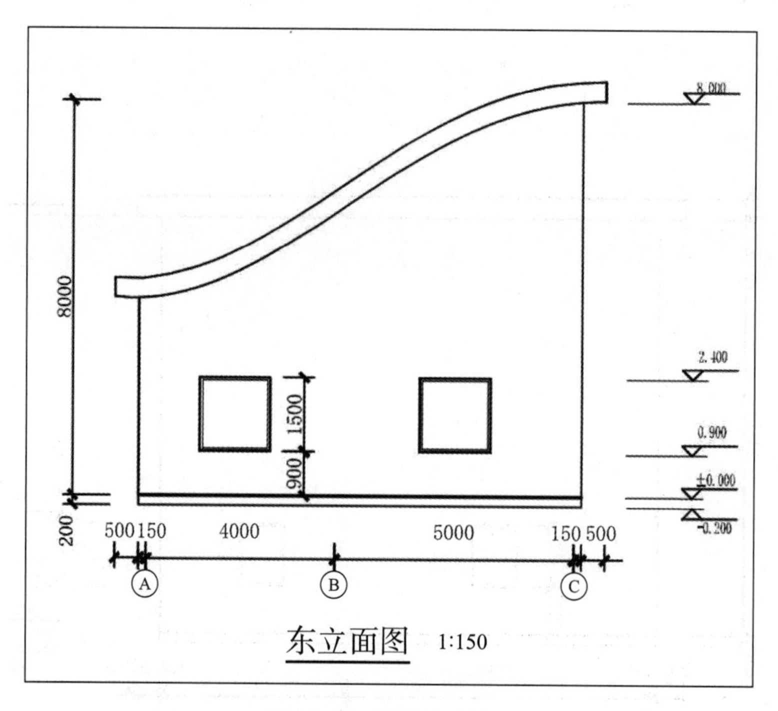

图 13-26　课后练习图 4

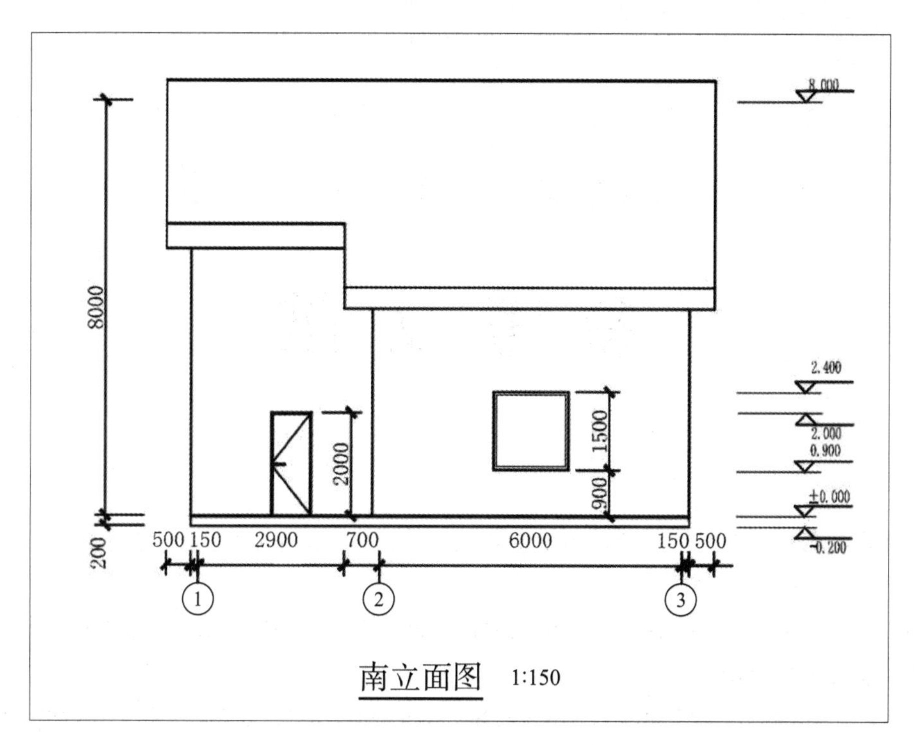

图 13-27　课后练习图 5

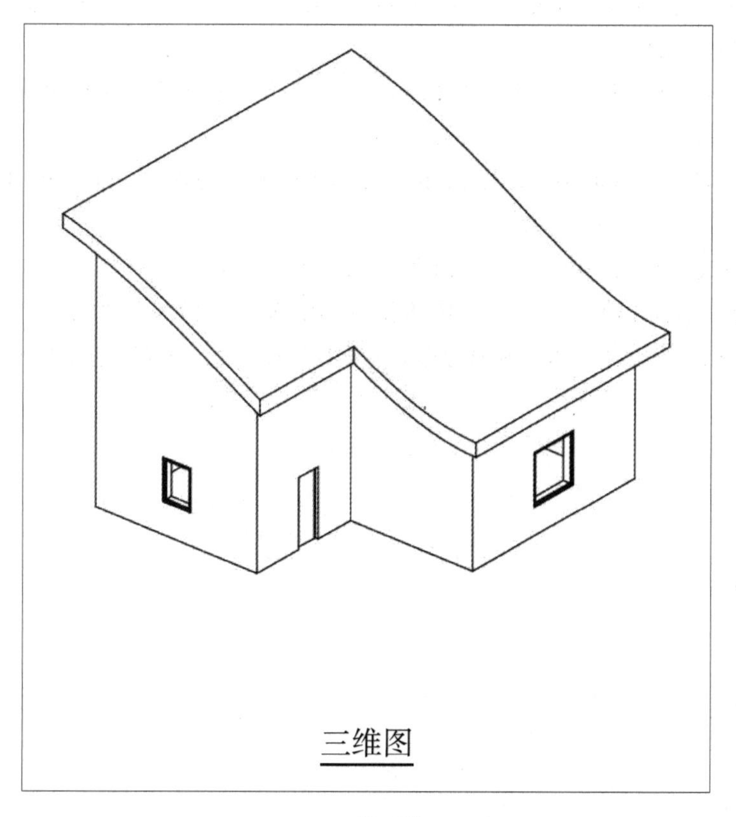

图 13-28　课后练习图 6

参考文献

[1] 中华人民共和国住房和城乡建设部 . GB/T 51235—2017 建筑工程施工信息模型应用标准 [S]. 北京：中国建筑工业出版社，2017.

[2] 中华人民共和国住房和城乡建设部 . GB/T 51212—2016 建筑信息模型应用统一标准 [S]. 北京：中国建筑工业出版社，2016.

[3] 中华人民共和国住房和城乡建设部 . GB/T 51269—2017 建筑信息模型分类和编码标准 [S]. 北京：中国建筑工业出版社，2017.

[4] 中华人民共和国住房和城乡建设部 . GB/T 51301—2018 建筑信息模型设计交付标准 [S]. 北京：中国建筑工业出版社，2018.

[5] 中华人民共和国住房和城乡建设部 . JGJT 448—2018 建筑工程设计信息模型制图标准 [S]. 北京：中国建筑工业出版社，2018.

[6] ACAA 教育，肖春红 . Autodesk Revit Architecture 2015 中文版实操实练 [M]. 北京：电子工业出版社，2015.

[7] 杨宝明 . BIM 改变建筑业 [M]. 北京：中国建筑工业出版社，2017.

[8] 李云贵 . 建筑工程施工 BIM 应用指南 [M]. 北京：中国建筑工业出版社，2014.

[9] 工业和信息化部教育与考试中心 . BIM 建模工程师教程 [M]. 北京：机械工业出版社，2019.